国家自然科学基金"江南水乡村镇低能耗住宅技术策略研究"(51278110)资助

村镇住宅低能耗技术应用

主编　杨维菊

审稿　许锦峰　张　宏

编委　石　邢　徐　斌　淳　庆
　　　金　星　李海清　吴　雁

东南大学出版社
SOUTHEAST UNIVERSITY PRESS
南京·2016

内 容 提 要

本书针对目前我国"美丽乡村"建设背景下村镇住宅的低能耗技术应用，涉及国内外村镇人居环境与可持续发展、江南水乡村镇低能耗住宅技术策略研究、夏热冬冷地区村镇建设低能耗技术应用、传统村镇住宅中被动式节能技术研究、村镇既有住宅建筑节能改造、村镇低能耗住宅的材料应用与检测等领域，对我国新型城镇化背景下村镇住宅建设研究具有重要的参考与学术价值，对高校学生、设计单位从业人员、科研单位研究人员有很好的参考与借鉴作用。

图书在版编目(CIP)数据

村镇住宅低能耗技术应用/杨维菊主编. —南京：东南大学出版社，2017.4
　ISBN 978-7-5641-6913-8

Ⅰ.①村… Ⅱ.①杨… Ⅲ.①农村住宅—节能设计—研究 Ⅳ.①TU241.4

中国版本图书馆 CIP 数据核字(2016)第 316802 号

村镇住宅低能耗技术应用

出版发行	东南大学出版社
出 版 人	江建中
地　　址	南京市四牌楼 2 号(210096)
网　　址	http://www.seupress.com
电子邮箱	press@seupress.com
经　　销	全国各地新华书店
印　　刷	虎彩印艺股份有限公司
开　　本	880 mm×1 230 mm　1/16
印　　张	21.75
字　　数	790 千字
版 印 次	2017 年 4 月第 1 版　　2017 年 4 月第 1 次印刷
书　　号	ISBN 978-7-5641-6913-8
定　　价	118.00 元

* 本社图书若有印装质量问题，请直接与营销部联系。电话：025-83791830

序

  21世纪以来,随着我国经济持续增长,城市化进程加速,新农村建设已成为我国现代化进程中的一个重要历史任务。党的"十八大"明确提出,坚持把国家基础设施建设和社会事业发展重点放在农村,深入推进新农村建设和扶贫开发,全面改善农村生产生活条件。与此同时,在城市化与经济快速发展中所面临的资源约束趋紧、环境污染严重、生态系统退化的严峻形势下,必须树立尊重自然、顺应自然、保护自然的生态文明理念,把生态文明建设放在突出地位,融入经济建设、政治建设、文化建设、社会建设各方面和全过程,努力建设美丽中国,实现中华民族永续发展。

  由此看来,坚持节约资源和保护环境的基本国策,坚持节约优先、保护优先、自然恢复为主的方针,着力推进绿色发展、循环发展、低碳发展,是关系人民福祉、关乎民族未来的长远大计;加快提升农村规划设计和基础设施建设水平,全面推进农村人居环境整治,全面推进美丽家园的建设,是党中央、国务院做出的重大战略部署,是转变经济发展方式、实现经济社会又好又快发展的必经之路。认真落实中央关于扎实推进农村的节能减排和绿色发展的工作部署,是农村建设工作中面临的一项十分重要而紧迫的任务,对于促进农村经济发展、实现国家节能减排目标具有重要意义。

  随着我国建筑能耗的问题日益严峻,以及新农村建设工作的开展,农村住宅能耗问题逐渐得到全社会的关注。在村镇住宅规划建设中推广新型墙体材料和节能技术的应用,开发利用各类可再生能源和清洁能源,有利于优化能源结构、缓解国家能源压力。当前,国家出台的关于大力推进农村建设的政策和相关文件有力地推动了现代农业的发展,促进了新农村的建设。同时,重点关注农民生活质量的提高,改变农村的能源消费结构,提高农民的居住环境和室内舒适度水平。但由于技术和设备相对落后等方面的原因,目前农村的能源资源利用效率还很低,节能减排的潜力巨大。

  因此,亟须提出以完善的村镇低能耗技术体系核心,改善农村住宅能源结构优化策略。以不同气候区典型的农村住宅为研究参照,对现有的技术体系和策略进行研究和优化提升,走出一条适合农村特色的绿色集约的道路。

  本书的文章及相关研究以理论指导实践,以实践提升理论,系统地从规划设计、建筑设计、各类技术应用以及传统村落的更新研究、政策推动等方面,以安全实用、绿色环保、节能舒适、技术合理、体系完善为目标,构建村镇住宅低能耗技术体系,并结合实际案例对自然环境、人文特点等方面,通过理论指导实践,对关键技术进行了详细的分析研究,这对我国村镇住宅的建设和发展具有重要的参考价值,希望该书的研究成果和宝贵经验能得以普遍的推广和应用。

2016.11.20

前　　言

为深入贯彻科学发展观和党的"十八大"精神,将绿色、低碳、智能、集约等生态文明理念融入城镇化进程中,以生态文明为指导,建设绿色宜居村镇;按照资源节约和环境友好的要求,依托村镇的资源和生态环境,推动绿色宜居村镇的建筑节能和能源节约利用。

同时,随着城乡统筹的发展和农村人居环境的优化提升,农村的居住条件得到了较大的改善,但当前农村住宅建设仍存在总体规划不合理、浪费土地严重、建筑技术低下、缺乏低能耗适宜技术的合理应用且相关研究仍处于起步阶段;同时也存在住宅功能不合理以及政策引导缺失等问题。因此,构建村镇住宅低能耗建设技术体系和绿色发展的道路,对促进我国农村经济与社会协调发展、改善农村居住环境和减少能源资源的浪费具有重要意义,是建设美丽乡村和特色小镇的有力举措和发展方向。

为了响应国家"十三五"规划的要求,实现全面建设小康社会的目标,进一步改善农村住宅的舒适型和人居环境,根据中国的国情倡导村镇住宅大力采用低能耗技术,推动村镇建筑业向"低碳、环保、可持续发展"的绿色飞跃,国家自然科学基金项目《江南水乡村镇低能耗住宅技术策略研究》(项目编号:51278110)课题组组织编制了本书。

本书分为4个专题进行编撰:

专题一　生态与宜居:村镇住宅的设计策略与探索;

专题二　转型与重构:村镇住宅的整体性能与技术体系;

专题三　理念与技术:低能耗技术的探索实践与经验推广;

专题四　传承与创新:传统村落的更新保护与可持续发展。

各专题均紧密围绕村镇住宅规划、建设的相关议题进行深入的研究;涵盖国内外村镇人居环境与可持续发展、江南水乡村镇低能耗住宅技术策略研究、夏热冬冷地区村镇建设低能耗技术应用、传统村镇住宅中被动式节能技术研究、村镇既有住宅建筑节能改造、村镇低能耗住宅的材料应用与检测、村镇低能耗住宅实践工程案例分析、村镇历史文化的保护与更新、村镇规划与低能耗住宅建设管理、绿色生态环境技术在村镇规划与住宅中的应用、可再生能源综合利用技术在村镇住宅建筑中的应用以及美丽乡村建设背景下对传统村镇规划建设的新要求等相关主题。

由于村镇住宅规划建设体系复杂,且我国地域广阔,各地经济文化资源条件不同,加之研究周期限制和水平有限,不妥与疏漏之处在所难免,恳请阅者不吝赐教。

走绿色、集约、可持续发展的道路,构建村镇和谐的人居环境是我国未来农村发展的主要方向,愿这本凝聚着课题组和各类科研人员心血和结晶的研究成果能为我国村镇人居环境的提升和可持续发展贡献我们的绵薄之力。

杨维菊

2016 年初冬于东南大学

目　录

专题三　理念与技术：低能耗技术的探索实践与经验推广

专题四　传承与创新：传统村落的更新保护与可持续发展

专题一 生态与宜居：

村镇住宅的设计策略与探索

江南水乡村镇民居传统建筑技术的特点及其探索*

杨维菊

1 江南水乡村镇地理及气候特点

1.1 江南水乡地理位置的界定

江南作为一个区域概念,范围并不严格,历史上不同阶段所指范围也有差别。吴良镛先生在其"论江南建筑文化"一文中说:"我国的江南地区是一个范围很广、历史很久的地域概念(图1)。阮仪三先生在其"江南水乡城镇的特色、价值及保护"一文中说:"江南泛指长江以南地区,近代专指江苏南部和浙江省北部一带,即通常所说的苏(苏州)、嘉(嘉兴)、湖(湖州)地区"。江南地区地势由西南向东北倾斜,地处长江入海口的冲积平原,地势平坦、湖泊众多、河网密布,素有江南水乡之称。

江南水乡地区是著名的鱼米之乡,该地区气候温润、山清水秀,拥有得天独厚的自然物质基础,地域文化植根于吴越文化的丰厚土壤之中,渗透着水的灵气,是中国经济发达的地区。该地区靠近太湖,古镇多而分布广,聚集较多的典型历史水乡古镇,其中以周庄、同里、乌镇、西塘、南浔为代表[1]。这些水乡古镇大多兴盛于明清时期,有着优越的地理环境和气候条件,成为当时的商业聚集地,具有深厚的文化底蕴,民居、宅院、寺庙等均具有典型的地域特色,使整个江南水乡建筑与人的生活和谐一致,并与周围环境协调统一(图2)。

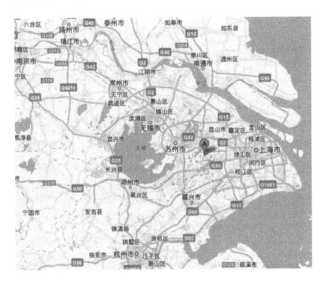

图1 江南水乡的范围
资料来源:百度地图

图2 江南水乡的水网河道
资料来源:作者自摄

杨维菊,东南大学建筑学院,210096
* 基金资助:国家自然科学基金项目(51278110)

1.2　江南水乡地域与气候特征

以太湖流域为中心的江南水网平原地势低平,海拔在黄海高程 2～10 m,江南水乡以水网密集而著称,平原占 75%,丘陵地区占 25%,而且坡度平缓[1]。长期以来,由于农业生产和交通需要,人们在太湖下游陆续疏浚了原有水系和新开凿了许多大小运河,特别是自隋唐始修建贯通南北的京杭大运河,并在以后历朝历代持续疏浚,形成了完整的以太湖为中心的水网体系。

江南的气候特点因其地理位置决定,北面紧邻长江,东临东海,南接南岭山脉。因此江南地区夏季多雨,而且湿热;冬季则阴沉、湿冷,特别在冬春季节,江南地区绵绵春雨异常湿冷。到初夏时节,因太平洋副热带高压季节性北上,南方的暖湿气流和北方南下的冷空气相遇产生锋面雨,江南进入梅雨季节——黄梅天。紧连着江南地区进入盛夏时节的伏旱天气,高温闷热的天气直到初秋。然而,江南居民所营造的聚落环境建筑,不仅能避免不利的气候因素,还能充分利用江南的江、河、湖、溪水系布局村落和房屋,形成江南"小桥、流水、人家"的水乡风貌。

2　江南水乡村镇建筑总体布局特征

江南水乡传统村落和村镇的建筑群多是随地形和功能需要进行灵活布置,跟水走,跟山走,能与地貌有机的结合,它们或是傍山、或是傍水、或向阳,集聚在一起,同植物一样自然的融于环境之中[2]。而江南水乡村落建筑多沿水系分布,其不同的水系条件会发展成不同的布局形态。

（1）线形布局:这种村落多位于山脚下、河流旁,房屋平行于等高线和水流。跟着山势、水势走。村落中有一条主要道路或街巷,序列感强。线状的村落,山势和水势是民居布局的决定因素。线状布局的村庄,有良好的画卷景观,例如古镇角直(图 3)。

（2）散点式布局:这类村庄多位于山溪涧谷中。耕农为了溪谷中的一小块耕地,以及山坡上几坪小旱地,选择散居的生活方式。

（3）团状式布置:村落乡镇布局另一种团状,一般处于谷口、盆地上的村落多数成团状。例如古镇同里(图 4)。

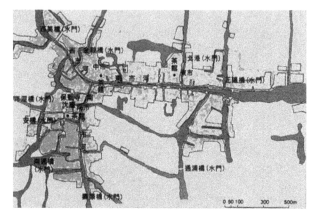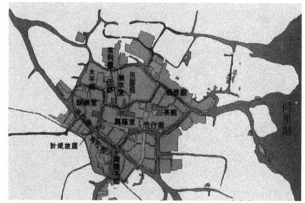

图 3　角直平面图
资料来源:《城镇空间解析》

图 4　同里平面图
资料来源:《城镇空间解析》

但是,高密度水网限制了江南地区村镇陆地的发展空间,使村镇、房屋和街道依河道方向布局,村镇网格以"井"形和线形为主,如枫泾古镇。房屋并不是按照坐北朝南的方式布局,而是沿着河道自西南向西北方向延伸开来,滨水房屋朝向与正北成 45°角。面对相似的地理条件,江南水乡不同村镇的选址环境比较统一。

3 水乡民居的建筑特征及主要形式

3.1 江南水乡传统民居的建筑特征

　　江南水乡民居外在的建筑特征形式大多延续了中国传统民居常见的中轴对称布局,建筑风格统一,由于江南高温、高湿、静风气候较多的自然环境孕育出江南独特的建筑文化个性,通过工匠的巧手,便形成了江南传统民居轻巧、秀美和雅致的建筑风格,这在建筑整体把握和细部处理上都有所体现。体量不大、屋顶陡峭等是江南传统民居基本造型特征,与北方传统民居相比,少了厚重多了轻盈,少了封闭多了通透,少了庄严多了活泼(图5)。

图 5　造型灵活的江南水乡传统民居

资料来源:作者自摄

图 6　与水乡环境相融合的民居建筑

资料来源:作者自摄

　　江南传统民居的山墙通常做封檐和马头墙,其建筑特点之一是高墙深院,这种做法一是防盗,二是防火。另一种特点是以高深的天井为中心形成的内向合院,四周高墙围护,外面几乎看不到瓦顶,防守严密,唯以狭长的天井采光、通风与外界沟通[3]。由于地理环境为平原水乡,居民以水运交通体系为主,所以民居大多沿河而建,这种沿河布置民居的方式使得冬季不冷,夏季不太酷热,从而将自然环境、文化和生活功能的需要加以充分地考虑,塑造了极富韵味的江南水乡民居的风貌和特色。单体上以木构、一二层、厅堂式的住房为多。建筑特征为青瓦、白墙、观音兜山脊或多变的马头墙,形成屋顶上的高度错落,变化多样,粉墙、黛瓦、庭院深邃的建筑群体风貌。水乡多河的环境出现了水巷、小桥、驳岸、踏渡、码头、石板路、过街桥等,富有水乡特点的建筑细部处理组成了一整套的水乡居住风貌并具有独特文化特色和天人合一,与环境、与水融合的江南水乡民居的整体造型(图6)。

3.2 传统民居的平面形式

水乡民居虽均临水,但因屋主建筑基地条件的差异,而有不同的规模,也产生了不同的水乡民居形态,如以苏州民居为例,规模较大的宅院多呈现中轴线对称,规模小些的有单座独立的民居,有多进院落的组合式民居。

江南水乡传统民居平面主要包括厅堂、居室和天井3种要素,而且通常是由1层或2层住房围绕构成一个天井庭院,最常见的是3面住房1面墙的三合式院落,底层北面3间正房,居中为厅堂,是全宅的核心。东西两侧为厢房,天井一般较为狭小。2层北面亦有3间正房,有的民居会用连廊将其与东西两侧的厢房串联起来。楼梯多位于正房与厢房之间,但也有的民居位于入口门厅附近以引导外来人流。较为常见的民居形式有三合院、四合院(图7)。

在江南,民居普遍的平面布局方式和北方的四合院大致相同(图8),只是布置紧凑、院落占地面积较小,以适应当地人口密度较高,要求少占农田的特点。一般民居大多采用大门中轴线,西面正房为大厅,后面院内大多建两层楼房,中间留有天井的基本

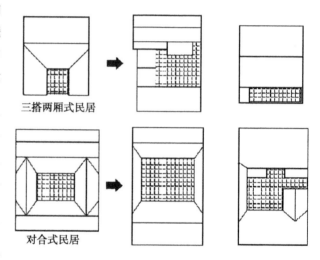

三搭两厢式民居

对合式民居

图7 江南水乡民居基本单元平面的衍生与变形
资料来源:作者自绘

模式,其次大户民居会有各自房屋用途的统一规格,设计庭院也是大户民居常用的设计手法,由四合院围成的小院子通称天井,可作采光、通风和排水之用。因为屋顶内侧坡的雨水从4面流入天井,所以这种住宅布局俗称"四水归堂"。占地小的,一般是两进,面宽多在1~3间,不像大宅有严格的对称轴线。与浙南民居相比形式也自由一些,但都以木结构为主。

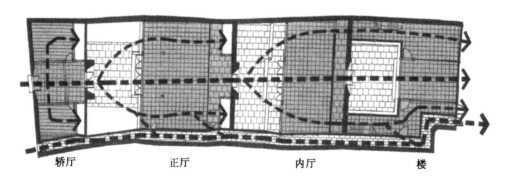

轿厅　　　　　正厅　　　　　内厅　　　　　楼

图8 江南水乡传统民居平面布局
资料来源:《适应气候的江南传统建筑营造策略初探——以苏州同里古镇为例》

4 江南水乡村镇传统民居适宜技术的生态性

江南水乡村镇民居的设计本身具有很多的优越性,能充分考虑利用地域气候条件,讲究住宅的选址和微气候调节,整体上合理布局,同时采用本土化建筑材料和适宜的生态技术,营造出与自然和谐相处的细部构造,并且多数住宅基本满足一年四季,特别是冬夏两季的室内舒适度的技术要求。

由于承担江南水乡传统民居的研究课题,我们调研走访了30多个村庄,也翻阅了很多研究资料发现,国内近十几年一直有很多专家和学者在研究江南水乡建筑的特点、保护和传承等问题上,发表了很多专著和学术论文。从他们的论文中可以看出,我们先人的聪明才智和所富有极高水平的生态观、人文、心理、文化的高素质和修养。我们也从江南水乡众多保留的村镇民居以及山山水水中就看到在早期古村落的建设中,早已考虑了今天所说的绿色生态性,与自然协调,考虑因地制宜,就地取材,依山就势,节约资源,以水降温,改善微气候环境等多种生态技术的应用。下面列举一些江南水乡原生态技术的应用。

4.1 水乡民居的选址

江南水乡民居一般依据基地的大小、地势情况加以灵活布置,多选择背山面水的地段来建造村镇或在山坡上建造村落的,通常把地基选址在山的阳坡,但为了求得面水,村镇则接近水岸,因而聚落的形态一方面取决于地势,但更多的还是取决于水岸的走向,或平直,或转折,形式丰富多变。

4.2 引水入村的格局

从村镇、村落的选址规划到单体建筑的建造几乎都依托水面进行。从被动地适应水环境,到将自然界的水体引入生活,水体已成为江南传统聚落的核心环境要素[4]。人们在其生活中积累了丰富的经验,创造了许多简便的,符合当时当地自然、经济和社会环境的适应性技术。通过利用水体调节环境气候,营造较为舒适的室内环境,并将人工环境与自然环境融为一体(图9)。

图9 江南水乡村镇中的河道
资料来源:作者自摄

4.3 水体、绿化对居住环境与气候的调节

江南水乡传统建筑中利用水体因素来调节局部微气候,水体与陆地存在温度差主要取决于3个因素:一是水面的反射率较地面小,因而获得的太阳辐射较多,使水体能吸收更多的热量,对气温具有增温

效应。二是水体的热容量比土壤大。在受热期间,水体能够吸收更多的热量储存于水体内,使得水面及水上空气相比于陆地升温较为缓慢,因而起降温效应。反之,在降温期间,水体可放出较多的热量,对气温具有降温效应[4]。除此之外,水体能通过吸附空气中的尘埃,起到净化空气、改善空气质量的作用,水体还可以起到能量输送和储存的作用,来降低能耗。同时在建筑环境中,水体主要是通过其特殊物理性来调节环境中的温度和湿度,配合通风来改善局部的微气候效应,提高人的生活舒适性(图10)。

图 10　水体调节下的微气候适宜夏季居民在室外的活动

资料来源:作者自摄

此外,植被是江南水乡特色景观的点缀,使水乡空间在色彩上变得更纯粹和协调,在动态上变得更柔和活泼,也在一定程度上给予了水乡浓郁的文化气息。在长期的生长过程中,江南水乡形成了自己独特的植被景观特征。绿地布局形式对于江南水乡村镇而言,形式相对简单,可分为:块状分散式、条状带式、楔形、面状覆盖式、混合式。在绿色生态化发展的研究背景下,维护自然生态平衡越来越重要,重视村镇绿地系统的生态价值可以有效地加强绿地系统的生态碳汇功能。在村镇这个环境中,茂密的植被、天然的河床、未经开采的山区及自然资源等,这些都有助于生态环境的塑造。

4.4　天井空间的生态性

江南水乡大多数民居形式都是由外墙封闭的四合院,中部向上开口,形成"天井",寓意"四水归堂"(图11)。不同于北方的四合院,这样的设计可将天井空间作为室内空间的延续,其屋面连续为一体。江南地区的天井尺寸一般较小,进深 2.0～2.5 m 之间,两层通高。庭院遮挡日照,这样在白天建筑受太阳辐射较少,降低了天井内空气的温度,形成阴凉空间。冷却后的空气从这里流向温度较高的室内,形成热

图 11　天井

压通风。夜晚,天井内的空气受民居的加热而上升。上空的冷空气沉降下来,积聚在庭院中形成空气的层流,并逐渐渗透到周围房间中发挥冷却作用。在民居建筑中设计"天井"作为气候缓冲空间创造了一种向自然半开放的环境空间,具有一定的可变性。它既是建筑与外界气候沟通最为密切的空间,也是连接室内外空间的纽带,一方面要抵御、缓解、消除外界气候环境的不利因素;另一方面接收、利用、强化外界气候环境因素中有利的一面[5],同时"天井"可使封闭的空间达到采光、通风、排水等功能要求。

4.5 结合聚落布局的风环境优化

水是人们生活的命脉,江南水乡地区水网密布,村镇住宅多沿水而建,且与河流水系的关系形式多样,村镇住宅有沿河流布置的,也有临大面积水域布置的。沿河布局的村镇住宅,河道自然成为村镇聚落中的风道,由于水的比热容比陆地的大,夏季的时候河流升温慢,河流表面的温度相对较低,经过河流表面的空气被降温之后带入到建筑中去,提高了来流风的舒适度;河流不仅起到了引风、导风的作用,还提高了室内的舒适度。因此,夏天把风引入到村镇聚落的内部,创造了良好的风环境。但是,冬天河道同样把寒风引入到村镇聚落的内部,所以在江南水乡地区民居的总体布局设计中,既要考虑夏季的通风,也要考虑冬季的防风,建筑前后的间距不能太大,也不宜太小。通常可以利用不同的建筑朝向与布局、植物的优化配置等方式减少冬季寒风进入,引入适量的风进入村镇聚落内部,以达到通风除湿、排除污染物的目的。同时,村镇住宅宜选址在夏季主导风向的迎风坡,冬季主导风向的背风坡(图12)。

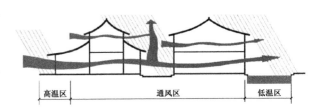

图12　河道位于建筑一侧的夏季气流分析示意图

资料来源:《绍兴传统水乡民居生态适应性研究》

4.6 缓冲空间檐廊的生态性

由于江南气候湿润多雨,为遮挡风雨,保护建筑木料构件不被雨水侵蚀,人们常在建筑的外檐加建檐廊(图13)。另外,江南民居建筑中多数设有遮阳设施的檐廊,可以遮挡过多的阳光照射,其次这些檐廊作为过渡空间,还能组织通风,因而能有效地帮助提高室内环境的质量,也充当了空气缓冲层作用。

图13　檐廊

资料来源:作者自摄

另外,檐廊还为居民提供活动和欣赏、聊天的场所,使视觉得以穿透延展,使室内空间显得开阔,这些檐廊所形成的交往空间是邻里和谐的社会组合,檐廊用较简单的形体、较经济的造价为居民提供能够活动的室外空间,有利于孩童的玩耍和老年人的健康。

4.7　街巷空间的生态性

在江南水乡的街巷体系中,除了沿河主要街道外,还有许多是垂直于河道的蜿蜒曲折的弄堂,墙与墙之间的距离大约在 1 m 左右的间隙,宽的约 2 m(图 14)。主要起交通作用,里弄两侧为高大无窗的山墙,白天巷道两侧建筑墙体吸收热量,但巷道内的空气加热速度低于外部空气加热速度,使巷道内凉爽空气滞留,达到日间抑制风压,自然通风的效果;夜间建筑墙体散热,巷道内的空气被加热,巷道内的热空气就会流向热压小的外部空间,形成热压自然通风,迅速带走热量,达到降温的效果[5]。

图 14　弄堂

资料来源:作者自摄

4.8　民居底层地面的防潮处理

江南水乡传统民居以木材为建筑材料,易于受到湿气的腐蚀。根据江南水乡地区多雨气候和临水亲河的特点,传统民居建筑的防潮主要考虑的是抵御来自地面的湿气和雨水的侵蚀。传统民居,尤其是临水民居,通常将建筑的台基升高,直接利用高差来使建筑避免受到来自地面湿气的影响。同时,在升高的台基或柱子底部进行一些贴面的处理,使其具有一定的美感,做到功能与形式相统一。另一方面,通常传统民居增加檐口出挑的距离,使得外墙和柱子更少地受到雨水的侵蚀。此外,一些关键部位为了增强其防水、防潮能力,也采用石材和金属材料来代替木材。例如,由于柱子埋入地下,为了防止地下的湿气沿柱子内部渗透,通常在柱子底部设置木块或者石块阻隔湿气上升,这种构造做法也有利于维护和维修。对于细微的空隙,民居建筑则通常采用防水砂浆来进行密封,防止湿气的渗透[6]。在室内的防潮上,江南传统民居通常多采用架空木地板,尤其是在卧室,架空层在外墙上开通风口来避免地面受潮(图 15)[7]。

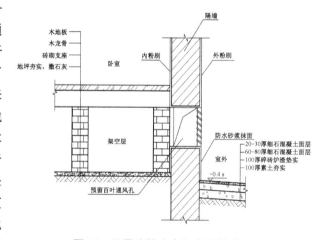

图 15　民居建筑室内架空层做法

资料来源:作者自绘

4.9 屋面防火措施——马头墙

在江南水乡,有不少民居上建有马头墙,有些传统的商业街,沿街的商铺立面上也设有马头墙(图16)。它们有不同的形式,如三叠式、五叠式。山墙马头墙高出屋檐,随屋顶斜坡呈阶梯形。墙是将一字形水平面高墙分成3部分,成为:凹型墙、两端为叠落式、当中水平式。一般进深大的房屋看上去高大,马头墙会做成五叠式。一个平面上的马头墙,外形层层叠叠,造成连续的韵律,在建筑转角处两组马头墙相互垂直还造成交错的韵律感,使得造型有一定的变化。而且经过调研,马头墙在屋顶上的这种做法起到一种防火的作用,同时也是江南水乡建筑造型中檐口处的传统做法之一。

图16 马头墙

资料来源:作者自摄

4.10 传统建材的生态性

江南水乡传统民居的建筑用料,基本上是采用地方材料,白墙、灰瓦、坡屋顶,看上去非常的清雅,如白墙本身就是一种技术措施,具有隔热作用。坡屋顶形式上看上去更有江南风格的代表性,而且坡屋顶使得屋面排水更通畅,同时具有一定的保温隔热作用。

另外,江南传统民居绝大部分是以木架构来做房屋骨架的,而梁架结构多系抬梁式和穿斗式,这种木构架结构体系自成一套完整的体系,用梁、柱来起承重作用,以保持自身的稳定性。墙体只起围护或分隔作用,但在江南各地民居建造中,由于地理环境的差异,使用建筑材料及架构方式均不同,有木结构承重,砖石墙承重,也有使用夯土墙结构承重(图17)。传统木构架建筑的围护墙多为砖石空斗墙,为了保温,

图17 砖石墙、夯土墙民居建筑

资料来源:作者自摄

墙内填土或填碎瓦片。现在看来,早先江南民居围护结构保温做法是一种经济的、低技术的,并充分利用地方材料,适应当地气候和地域特点的做法。

屋面采用小青瓦面材较多,也有用稻草盖的屋面,瓦的类型有:板瓦、筒瓦、瓦当、脊瓦等。就原材料而言,有泥制瓦、琉璃瓦、石板瓦、木瓦、铁瓦、铜瓦、竹瓦等等。瓦的种类不同,构成的各种屋顶的形象、气质也不同。江南民居屋面瓦不光是一种材料,也是屋面构件,是一种解决屋面防水的重要技术,同时小青瓦也是江南民居对传统材料防火技术的最好选择,兼顾了实用、施工维修方便的特点。

5 江南水乡村镇传统建筑技术的传承

江南水乡村镇传统建筑技术与自然知谐、融入自然的生态理念,是我们先人智慧的结晶,在建筑的群体布居和建筑风格上,具有独特的地域特色,它们的存在反映了中国历史上非常重要的一种经济和文化现象。因此,对其建筑技术的传承实际上具有多方面的价值和意义。

5.1 传承水乡的文化特色

江南水乡村镇反映出这一地区在不同的历史时期,人们的衣、食、住、行等生活状态和经济体制、生产力、生产关系等社会的状况,反映了该地区道德、理念、观念等深层次的文化内涵,因而它是民族文化与地域文化的典型体现和生活写照。为研究江南水乡地区文化的发展提供了重要的史料依据,具有高度的历史文化价值[1]。

5.2 传承建筑的艺术与生态特性

江南水乡村镇体现的人与环境的高度和谐,人与人的相互关系、经济的观念、家庭的观念、人的心理与居住空间层次的契合等,都是人们在不断地与自然、与社会相互融合、相互协调的基础上逐步形成和成熟的,并达到了非常高的水平,在中国城镇、村镇规划和建筑艺术史上具有重要的价值。

5.3 传承聚落地域特色

周庄、同里、乌镇等古镇虽历经千年,但仍保存了完好的市镇格局和传统风貌。如保留的建造于公元15～20世纪初的传统建筑和古街、古巷、石驳岸、石河埠、石拱桥、石栏杆等。古村镇中民风淳朴,依然保持着富有特色的民俗文化和风俗。在独特的水乡风情中透出浓浓的文化底蕴和温情的人性关怀,充分体现了自然、艺术和哲学的完美结合。因此保护江南水乡村镇对保护好江南水乡地域文化的整体性、多样性和独特性具有重要的意义,江南水乡村镇作为展示中国文化的又一典型实例在世界上越来越受到世人的瞩目[8]。

5.4 传承古镇街区的历史风貌

江南水乡古村镇目前已进行必要的维修和整治,对传统建筑和民居应严格做到"修旧如故,以存其真"的原则,编制详细的保护规划并在其指引下严格遵照不改变原状的保护原则进行修缮。诸如以周庄、同里、南浔、乌镇、西塘为代表的"中国江南水乡""江南古镇"的保护整治规划中,均明确提出了保护古镇,建设新区,开辟旅游、发展经济的战略方针,使现代化建设避开了古镇,为能完好地保留古镇风貌创造了条件。对古村镇的保护范围进行详细划定,对古镇风貌的保护,古镇空间格局的保护,古镇区建筑进行分层次的控制。目前,古镇传统文化还应按保护规划合理进行规划开发建设,在保护古镇风貌完整的基础上,逐步开发旅游事业,使这些不为人知的水乡古镇成为著名的风景游览地,并根据其价值确定为各级文物保护单位或被列入世界遗产[9]。

6 结论

中国自古即有"天人合一""道法自然"等整体性的环境观念,这种观念的形成也是中国传统民居生态价值的最本质反映。江南水乡传统村镇民居正是凝聚了村民不断积累的经验和智慧,体现了朴素的生态观,包含着古人对待自然的一种思辨精神,而这种对环境诸多因素取舍的思辨则完全取决于建筑最初的设计认知。

在对江南水乡地区村镇的保护更新改造中,应该在保护原有聚落风貌的基础上,立足于适宜性技术的研究之上,以寻求历史保护、经济性与生态价值最佳平衡,对上文中提到的传统生态技术策略加以整合发展,在改进与再创造的基础上集成应用各类传统生态经验以体现传统技术的现代价值,为现代建筑设计从选址、规划、营建等层面中,有选择的分级取舍与再创造应用这些传统生态做法提供借鉴和参考。

如今,传统技术向现代的继承转化也是具有时代性的意义。江南传统民居与现代民居营建的最大区别在于使用功能、建造技术、建筑材料、建筑功能等方面均有很大的变化,对传统民居进行现代化的发展则是对其建造技术、建筑材料的变革。如果一味的将高新的节能技术与材料应用于民居的建造中,不但难以得到普及,而且其生态性也是备受争议的。而如果完全不采用现代的节能技术和建筑材料,则无法满足现今人们日益提高的生活需求,进而失去了时代进步的意义。因此,这就需要在传统向现代转化的过程中,坚持运用适宜的技术手段对民居的生态性进行改造、优化与发扬。

在 21 世纪的今天,气候问题已经成为全球关注的焦点,在保持经济繁荣发展的同时,为广大人民营造舒适的居住环境,已成为人们的共识。继承传统,回归自然,摆正人与自然的关系,探索与自然和谐一致,共同发展的道路成了人类责无旁贷的选择。现今,我们肩负着时代赋予的重任,要立足于继承和发展中国传统文化与艺术,探索江南水乡民居的地方特征与自然生态、社会生态的可持续发展已是一项很重要的研究课题。

参考文献

[1] 阮仪三.江南水乡城镇今昔[J].同济大学学报(人文社会科学版),1991,2:55-62.
[2] 窦飒飒.跟山走、跟水走——江南民居环境意识解读[J].现代装饰(理论),2012,10:123.
[3] 余磊.旅游产业发展与西递古村落的保护[D].合肥工业大学,2009.
[4] 李敏.江南传统聚落中水体的生态应用研究[D].上海交通大学,2010.
[5] 王建华.基于气候条件的江南传统民居应变研究[D].浙江大学,2008.
[6] 赵贞.防潮视角下的江南古民居木结构发展与保护[J].城市建筑,2014,24.
[7] 陈培东,陈宇,宋德萱.融于自然的江南传统民居开口策略与气候适应性研究[J].住宅科技,2010,09:13-16.
[8] 本刊编辑部.历史文化名镇(村)之千年同里小桥、流水、人家[J].城建档案,2007,06:24-27.
[9] 阮仪三,邵甬,林林.江南水乡城镇的特色、价值及保护[J].城市规划学刊,2002,1:1-4.

严寒地区农村住宅院落现状调研及分析*

金 虹 邵 腾 张欣宇

　　庭院是严寒地区农村住宅的重要组成部分,是村民生活生产的主体,院落环境和村民的日常生活息息相关。虽然严寒地区冬季寒冷漫长,造成人们对室外恶劣环境的畏缩,但考虑到人们的生活生产和健康需求,也会进行一定的户外活动,而院落则是人们经常选择的场所。因此,院落环境的优劣在一定程度上影响着村民的使用舒适度,而这种影响尚未受到居住者及研究人员的重视。本文依托"十二五"国家科技支撑计划课题的研究,对严寒地区农村住宅院落进行了全面系统的调研与测试,掌握了大量的第一手资料,构建了基础数据平台。

1 调研方式及内容

　　根据严寒地区的气候特征及区域特点,调研选取了黑龙江、吉林、辽宁、内蒙古4个隶属于严寒地区的省份中具有典型特点的村镇,以求全面、真实的掌握严寒地区农村住宅院落建设的基本情况,目前已经对4个省份的15个乡(镇)42个村落进行了全面系统的调研测试,其中还包括鄂伦春族、蒙古族、满族等少数民族聚居的村落(图1)。本研究主要采用问卷调研、客观测试、村民访谈的方式,对严寒地区农村住宅院落开展调研工作。

　　问卷调查(图2)主要是对农村住宅院落基础信息的采集,包括庭院的建造年代、院落形式及使用舒适度、功能设置及布局、冬夏季使用情况及改善措施、院落平面图的绘制等;客观测试(图3)是对庭院的声环境、光环境、热环境等进行数据的测试与收集,同时对村民的主观感受进行记录,保证主观感受与客观测试的同步进行。此外,运用扎根理论与当地村民进行访谈,了解村民对生活环境的需求与改造倾向,对声、光、热等物理环境的要求等。

图1　调研区域分布

　　金虹,邵腾,张欣宇:哈尔滨工业大学建筑学院,哈尔滨 150001
　*　基金项目:"十二五"国家科技支撑计划课题(2013BAJ12B02)

图2　对居民进行问卷调查

图3　院落物理环境测试

2　结果统计分析

2.1　建造年代

　　为了对庭院的基本情况有较为全面、真实的了解，对庭院建造年代的选取呈正态分布趋势，着重对建于1980—2010年的庭院住宅进行调研。如图4所示，1980—1990年间建造的住宅占37.02%，1991—2000年间的占34.89%，2001—2010年间的占16.17%，而对80年代以前建造的老旧院落与2010以后新建的现代院落进行适当的调研，以了解庭院变化的基本趋势（图5）。

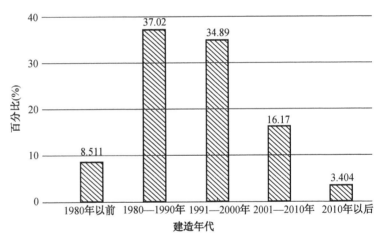

图4　庭院建造年代分布情况

（a）1990年建造的院落

（b）2009年建造的院落

图5　庭院的建造年代与类型存在差异

2.2 庭院布置形式

严寒地区庭院的布置形式主要有前院式、后院式、前后院式、院落在房屋一侧等形式(图6),村民最常采用的为前后院式,占到总数60%左右,而这种形式也是一直以来深受村民喜爱的布局模式:前院一般为较为开敞为公共活动区域,常用来养殖家畜家禽、存放薪柴、加盖仓房等,而后院较为私密,主要设置菜园和室外厕所。访谈可知,村民对不同类型院落舒适程度的满意度不同(表1),满意程度较高的为前院式和前后院式,更多的居民希望前院的面积更大一些,可以使房屋前侧的院落更宽敞一些,不显得拘谨。

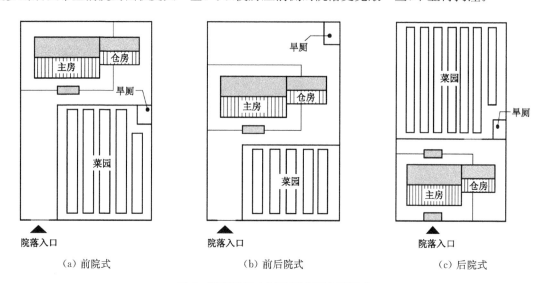

（a）前院式　　　　　（b）前后院式　　　　　（c）后院式

图6　严寒地区农村院落主要布局形式

表1　庭院类型与舒适满意程度交叉对比分析

| | | | 舒适程度 | | | | | 合计 |
			1	2	3	4	5	
庭院类型	前院式	计数	2	5	15	44	2	72
		舒适度比例	66.7%	21.7%	28.3%	31.4%	33.3%	29.9%
	后院式	计数	0	1	3	4	1	9
		舒适度比例	0.0%	4.3%	5.7%	2.9%	16.7%	3.7%
	前后院式	计数	1	16	30	88	3	141
		舒适度比例	33.3%	69.6%	56.6%	62.9%	50.0%	58.5%
	内院式	计数	0	0	0	1	0	1
		舒适度比例	0.0%	0.0%	0.0%	0.7%	0.0%	0.4%
	侧院式	计数	0	1	2	2	0	5
		舒适度比例	0.0%	4.3%	3.8%	1.4%	0.0%	2.1%
	其 它	计数	0	0	3	1	0	6
		舒适度比例	0.0%	0.0%	5.7%	0.7%	0.0%	2.5%
合计			3	23	53	140	6	241
			100.0%	100.0%	100.0%	100.0%	100.0%	100.0%

2.3 庭院功能设置

功能布置是庭院最核心的设计部分,也是评判庭院舒适度好坏的重要指标,严寒地区农村院落是由多个要素组成,它们与居民的日常生活息息相关。通过调研与走访,从根本上了解了农村院落的基本组成与各功能所占的比重,如图7、图8所示,菜园、厕所、仓房、晾晒、家禽家畜养殖几乎是各家各户院落必备的基本功能空间。近年来随着村民生活条件的不断提高,农机库与汽车库逐渐走进部分家庭,但是严寒地区农村家庭中采用可再生能源,如沼气、太阳能、风能的仍为少数,产生这种情况的主要原因是由于可再生能源利用技术在严寒地区尚不成熟,且利用效率受冬季低温和恶劣环境的影响较大。

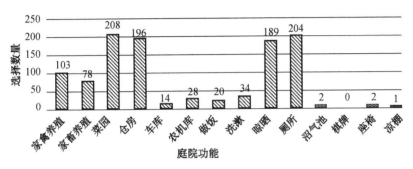

图7 庭院功能设置

(a) 菜地   (b) 养殖   (c) 仓房

图8 庭院内功能设置

从功能布局的角度分析,随着村镇经济水平的提高,居住庭院的功能更为多元复合,现有的单一功能布局已不能满足相应的使用需求;而且庭院入口单一,人流、车流及物流混杂,不利于庭院动静分区及洁污分区的形成;功能布局零散,庭院主要流线与次要流线过度干扰和交叉。此外,还缺少对气候防护需要的考虑,如庭院内建筑布局零散,不能有效抵挡冬季冷风,住宅及禽畜圈舍均需要考虑朝向、保温等问题。

2.4 庭院夏季、冬季使用情况

庭院是农村住宅的重要组成部分,是村民进行生产、生活的重要场所,但是庭院的使用受季节影响较大,同一个院落在冬季和夏季的使用频率与使用的功能区域存在很大的差异性(图9、图10),这主要是因为严寒地区受气候的影响不仅仅体现在建筑本身,对人的生活习惯和生活模式也有着重要影响。冬季受凛冽寒风与低温的影响,庭院的使用频率明显减少,且村民出入、使用庭院的目的性较为单一,即除生活、

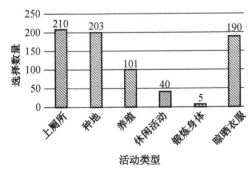

图9 庭院夏季使用情况

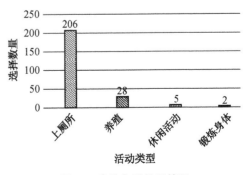

图10 庭院冬季使用情况

生产所必须要求的情况以外,基本都不会到院落内从事其他活动。

通过调研发现,影响庭院的主要因素有朝向、功能布局、住宅位置、与道路的位置关系、与周围房屋的间距、卫生安全、围墙的高度、温湿度、风速、植被绿化、室外照明、声环境等多个方面,然而不同村镇居民对庭院影响因素的重视程度存在一定差别(图11),大多数村民更重视院落的卫生安全性、朝向是否利于蔬菜生长、距离道路的远近程

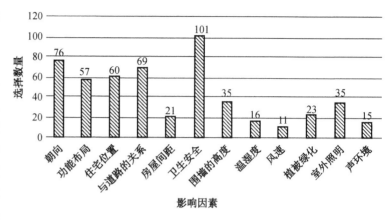

图 11　庭院影响因素重要程度分析

度、房屋的位置、院落内功能布局的模式等,但是对夜间室外光环境和庭院风环境、声环境以及温湿度即庭院物理环境的重视程度较低,产生这种情况的主要原因是物理环境属于较为抽象的客观物理量,虽然一直存在于人们的周边,并会对村民的生活舒适度产生影响,但是村民对此难以衡量,大多将其视为难以改变的现实情况。

2.5　庭院物理环境

2.5.1　庭院热环境

影响院落热环境的主要因素为太阳辐射与气温变化,而在诸多设计要素中,如院落布局模式、院墙高度等因素对热环境的影响效果甚微,只有绿化植被对热环境具有一定的调节作用。但由于庭院内一般均设有菜园,树阴对农作物的生长有着严重影响,当问到村民是否希望在院内种植树木时,76.38%的人给出了否定的答案。多数村民认为当因夏季室外温度过高或冬季室外温度过低而感到不舒适时,可通过进

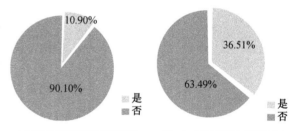

(a) 夏季降温措施采用情况　　(b) 冬季防风措施采用情况

图 12　夏季降温措施与冬季防风措施的采用情况

入室内来缓解这一问题,无论是庭院夏季降温措施还是冬季防风措施都很少被村民采用(图12)。因此,只能通过在主要干道、公共广场等位置配置绿化植被,以调节与改善村镇热环境。

此外,村镇居民对热环境的满意度评价与风速的大小有着直接的关系,通过对冬、夏两季温度主观评价与风速主观评价相关性分析可知(表2、表3),两者均在 0.01 水平上显著相关。因此,还可通过调节风环境来达到改善热环境舒适度的需求,通过适宜的设计策略在夏季适当减少太阳辐射和提高风速,在冬季提高太阳辐射量并降低风速。

表 2　冬季温度主观评价与风速主观评价的相关性

		温度主观评价	风速主观评价
温度主观评价	Pearson 相关性	1	0.192 * *
	显著性(双侧)	—	0.000
	N	540	361
风速主观评价	Pearson 相关性	0.192 * *	1
	显著性(双侧)	0.000	—
	N	361	390

＊＊在 0.01 水平(双侧)上显著相关。

表3 夏季温度主观评价与风速主观评价的相关性

		风速主观评价	温度主观评价
风速主观评价	Pearson 相关性	1	0.131**
	显著性（双侧）	—	0.000
	N	740	740
温度主观评价	Pearson 相关性	0.131**	1
	显著性（双侧）	0.000	—
	N	740	740

＊＊在0.01水平（双侧）上显著相关。

2.5.2 庭院光环境

严寒地区农村大多为自然形成的村落,建筑形式以单层独立式为主,各户的宅基地面积较大,住宅之间无遮挡,因此庭院内不存在日间遮阳及照度过低的问题,相反夜间光环境较差是亟须解决的重要问题。调研发现,村镇内部的道路两侧除主要干道之外均未设置路灯,而且大部分村落出于经济性方面的考虑,虽然道路两侧设置了路灯,但只会在重要节日或突发紧急情况时才会使用。因此,庭院的照明只能依靠每家每户的独立照明设施来实现(图13)。然而对于村民个人来说,为了节省电费院内的独立照明也并非经常使用,夜晚出行基本靠手电来实现,可见庭院夜间的光环

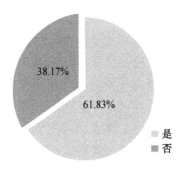

图13 庭院内独立照明设置情况

境极差。访谈中也可知,由于经济条件和技术水平的限制,在夜间照明方面村民均表示不满意,且在庭院内部活动所需的基本照度都难以满足。因此,如何降低照明成本、提高可再生能源利用率及照明设备的工作效率是光环境改善中急需解决的问题。

2.5.3 庭院声环境

调研发现,大多数农村院落较为安静、噪声较少,声环境良好,村民对声环境的满度较高(表4)。

表4 声环境主观评价

评　　价	频　　率	百分比	有效百分比	累积百分比
1 很不舒适	13	5.4	5.4	10.0
2 较不舒适	28	11.6	11.6	21.6
3 适中	78	32.4	32.4	53.9
4 比较舒适	91	37.8	37.8	91.7
5 很舒适	20	8.3	8.3	100.0
合　　计	241	100.0	100.0	

但农村的发展与建设多依托于交通要道与运输干线,因此部分院落也存在声环境较差的情况。如图14所示,其主要噪声源为交通噪声,受到较大影响的主要是位于主干道及铁路附近的住宅。测试表明,当火车或大型货车快速通过道路时,院落内声压级可达到75~85 dBA,有时甚至可达到90 dBA左右,严重超出人所能接受的声舒适范围。但对于如此严重的交通噪声影响,大部分村民都通过主观"习惯"来忽视噪声的影响,并没有采取有效的技术措施来解决,而农村主干路周边也尚未设置隔声屏障或绿化植物来降低交通噪声的影响。

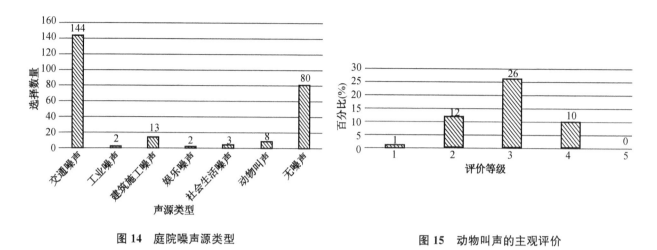

图 14 庭院噪声源类型 图 15 动物叫声的主观评价

此外,动物叫声,尤其是狗吠声,是村镇特有的声音之一,那些让城市居民较为苦恼的狗叫声在农村居民看来却不以为然,这主要是由于农村居住环境较为特殊,一方面狗是看家护院的功臣,当有陌生人经过时,它们便会狂吠以示警告;另一方面也充当着每户的"门铃"。因此,狗吠声等动物声被大部分村民所接受并习惯于这种声音,并不认为是噪声(图 15)。

综上所述,虽然个别村镇的交通、施工及工业噪声对村民的生活、健康产生诸多不利影响,但是村民往往已经习惯并接受了这个现状(图 16、图 17)。因此,要从根本上降低噪声对农村庭院的影响,应通过合理的村镇总体及院落布局、院落围墙设置、实体或绿化隔声屏障构建等方式。

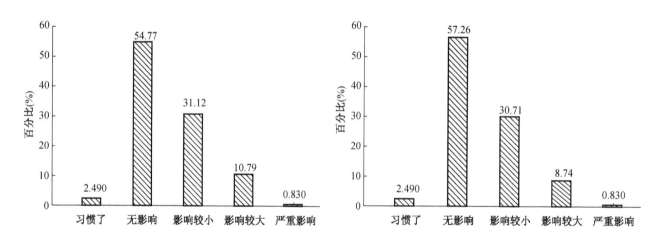

图 16 噪声对村镇居民生活的影响 图 17 噪声对村镇居民健康的影响

3 结论

通过对严寒地区农村住宅院落的系统调研与测试分析可知:农村院落布局模式、功能设置大多根据村民个人喜好建设,部分院落面积过大、布局散乱,缺少科学合理的规划。同时,缺乏对院落物理环境的营造,在热环境方面,多数村民选择"躲避"或被动接受的方式,对于热环境的改善缺少系统的设计方法;在光环境来方面,日间照度及建筑采光并不存在明显问题,夜间光环境较差是亟须解决的重要问题;在声环境方面,位于交通主干路两侧的院落声环境较差,受噪声影响较大,位于村镇内部的居民对声环境的满意度较高。

基于气候适应的单开间农村住宅优化设计探索

宋德萱　　周伊利

在全国各地正如火如荼地进行的新农村建设中，住宅的设计呈现出独栋化、单元化、成套化和平面功能综合化等多种趋势，使得农村新建住宅与城镇住宅形态渐趋相似，甚至雷同。在这里，我们姑且不单纯地讨论这些趋势是否合理，各种房型是否匹配各地的迥异的生活方式等问题，但这些农村住宅是否有生命力就不得不引起我们的关注。在城镇化较高的浙江温州市，其农村住宅深受城镇化的影响，近年来也出现了多种类型[1]，但其中有一种住宅类型——单开间住宅，依然保持强劲的增长势头，占新建住宅数量的大部分，这是多种因素影响的结果。因此，笔者认为有必要对这种大规模存在的住宅类型做一探究，并结合浙东南气候特点，对单开间住宅进行优化设计，为该地区农村住宅建设提供参考借鉴，具有重要的现实意义。

1　单开间农村住宅的由来

温州农村地区存在大量的单开间住宅，这些单开间住宅往往联排建造形成 1 栋建筑，少则 3、5 户，多则 10 户以上，最多的达 24 间，如平阳县湖门某宅（图1）。这种现象可能基于现实的多种因素，如人多地少、传统民居的形态影响、自主心态和邻里依赖以及自建模式特点。

1.1　人多地少的现实

温州地处浙江省东南部，从现有的行政区划看，包括市直属三区（鹿城、瓯海、龙湾）、两县级市（乐清、瑞安）、六县（永嘉、平阳、苍南、文成、泰顺、洞头）。温州农村大多地处丘陵地带，群山连绵，地形复杂，是典型的"九山半水半分田"的地区。2009 年底，人口为 912.21 万人[2]，其中居住在农村的人口为 310.01 万人，占 33.98%，人均耕地仅 0.30 亩，人地矛盾极为突出。为了获得更多农业可用土地，人们将宅基地缩至最小。一般来说，住宅都尽量背靠山（山丘），面朝农田，环布于山麓，这样就形成了住宅环山脚（或等高线）而建、朝向多变的现象（图2、图3）。由于缺乏平整大面积的建设用地，大多数家庭的宅基地的面积普遍较小，只有这样，才能在相同的土地上容纳较多人居住。与其说这体现居住者主动选择的意愿，不如说是他们被动适应的结果。在朝向有限的情况下，每户的面宽必须缩至较窄，又基于居住面积的需求，进深就比较大。这种人多地少的地理现实对该地区的居住形态、营造技艺、生活方式等诸多方面都产生了深远的影响。

图1　平阳县鹤溪湖门某宅

宋德萱，周伊利:同济大学建筑与城市规划学院,上海 200092

图 2　瑞安市鹤一村

图 3　瑞安市篁屿村

1.2　传统民居开间形态遗留

温州地区的传统民居的组合类型有一字式、曲尺式、三合院式和院落式,其中,一字式是最基本的组合布局形式。在一字式的传统民居中,当心间为上间,上间是家庭祭祀的场所。各户居室从上间往左右横向展开,檐廊连通各户,每户面宽较窄,在一丈二尺至一丈四尺之间,约合 3.24～3.78 m*,位置不同,面宽稍有差异,体现一定的长幼秩序(图 4)。近些年来,很多传统民居就地拆建时,人们以老宅的边界线和顺序为基础对新住宅的面宽和进深进行调整,往往形成各户面宽进深相近或相同的联排形态,体现朝向均好性和使用平等。这样形成的农村住宅顶天立地,每户家庭的各自归属感较强,虽然共同的院落中没有分隔,但各户的界限清晰(涉及红白喜事等习俗时),纠纷较少。因此,单开间新建住宅是对传统窄面宽空间模式的延续,是传统民居空间模式的再现。

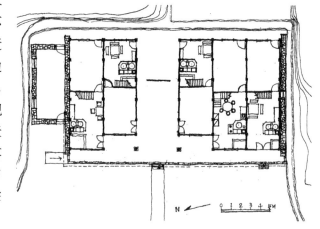

图 4　瑞安潘山某宅

1.3　自主又依赖的邻里关系

尽管温州农村宅基地紧张,每家每户的自主意识却很强,绝不容许自己的领地被侵占,习惯于"顶天立地"居住空间,因此每家每户在新建住宅时都会强调自己的利益,总要使自己的诉求最大化,在楼层高度、面宽、进深尽量扩至允许极限。这样,联排建造的各户势必要相互妥协,形成一定的共识。由于每户宅基地狭长,居住空间必然被挤压成片状形态。住宅横向墙体为承重结构,纵向墙体起到稳定联系作用,夏季台风来临之际需经受住纵向水平风力的压力。多户的联排建造可以使住宅的整体刚度大大提高,户数越多,刚度越大。从建造成本来说,每户可以承担砌筑一条横墙,而多余横墙的费用可以让每户分担部分,户数越多,分担部分越少。因此,单开间住宅联排建造既是家庭自主心态的反映,也是邻里相互依赖的体现,各户之间存在利益协调和相互妥协,这样就形成了比较稳定的邻居"共同体"。

---

*　1 m相当于当地营造尺:3 尺 7 寸;1 尺≈25.4 cm。

1.4　建造模式的适应

农村住宅新建往往采取半自建模式,虽然现在建房都需要正规设计图纸。然而在建造时,每户各自请有经验的建造师傅作为"现场设计师",或者合伙承包给乡村建造者,没有正式施工队,用户对自己的需求具有较大的发言权,往往对既有的设计图根据实际进行修改。在施工时,住户或其亲戚一般也参加劳动,配合工匠进行建造活动。可以想象,这样的施工组合,其建造力量是有限的,过长的建造周期必然会增加人力成本和外住成本[*],请建造能力较强的施工队也同样增加成本。另外,宅基地狭长并与邻居共用横墙,无法在土建层面进行分期实施,因此共建的相邻用户需要在约定的工期内完成基本土建工程。单开间住宅的建造周期一般不长,以 3 层楼加坡屋顶阁楼为例,建筑面积约 180 m²,土建工作完成周期约在 5～6 个月。单开间住宅适合在师傅的带领下每家每户出工出力的半自建模式,反过来,这种半自建模式下的建造能力也会成为建造住宅时考虑成本时的一个重要因素。

2　单开间农村住宅的气候适应现状

单开间住宅面宽通常 3.5～3.7 m,进深在 12 m 以上,层数 3～6 层。这种窄面宽大进深的户型有节约土地,明晰权属,代际分层居住,邻里界限纠纷少和建造成本低等优点,但也有气候适应方面存在不少问题。

温州市地处属中亚热带季风气候区,温暖湿润,光照充足,四季分明。最热月(七月)平均气温在 26～29 ℃,极端高温可达 42 ℃;最冷月(一月)平均气温为 6～9 ℃,极端最低气温零下 9 ℃。相对湿度全年平均值在 75%～80% 之间。夏秋之交有台风光顾,带来降水,也易引发洪涝。因此,夏季闷湿热,冬季阴湿冷和台风影响是该区域气候的主要特征。

单开间住宅主要面临室内空间效能不佳、气候缓冲空间不足、围护结构热工性能不佳等问题,归咎于单开间住宅本身固有特点、缺乏气候适应意识、受限于建造成本等。

2.1　室内空间效能不佳

单开间住宅空间限于两面相邻横墙之间,每层平面呈条状,楼梯、卫生间等辅助空间置于中央,两端设置卧室、家庭活动室等主要空间(图 5)。纵墙的间距就成为住宅的面宽。建筑墙体为空斗砌筑,墙体完成厚度约 240 mm,净宽约为 3.26～3.46 m,在家具摆设上比较拥挤。单开间住宅的进深一般在 14 m 以上,室内空间的采光完全靠两端的外窗。为了在房间较深处获得较好的采用,采取尽量抬高外窗的高度,一般直接以圈梁作外窗过梁。在夏季,室内空间往往需接受过多的直射阳光,导致空间使用者的视觉

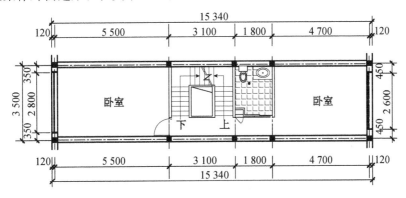

图 5　单开间住宅典型平面图

---

[*] 外住成本是指住户为新建住宅,先暂居亲朋处或租住别处的成本。

不舒适。同时,在楼梯间和卫生间,几乎没有自然采光,导致白天照度严重不足,依赖人工照明。单开间住宅的层高在 3.3 m 左右,底层更高,常见的有 3.6~3.9 m。尽管较高的层高能一定程度上改善室内采光,但也造成空间过高,使用率过低,需要在装修时降低层高,以减少采暖和制冷时的能耗。从这个角度说,较高层高改善了卧室采光,也造成了空间浪费和成本上升。

2.2 气候缓冲空间不足

传统空间注重对不利气候条件的"缓冲、缓解"的作用,目的在于争取为建筑系统提供良好的微气候生态环境,提高内部使用者的舒适度。传统民居的气候缓冲空间有:有效遮阳挡风的底层厦廊、檐下空间、外廊和有隔热作用的阁楼空间等。在新建住宅中,底层一般没有厦廊,只有 0.8~1.0 m,由二层或三层楼板的悬挑形成。由于挑廊深度较浅,在夏季无法很有效地遮挡日晒(图 6)。与较深的传统厦廊空间相比,挑廊的遮阳效果明显较弱(图 7)。部分住宅采用了平屋顶,使得建筑顶部的隔热作用大大降低,导致夏季顶层空间得热过多,不通过空调制冷不能正常使用空间,更不论舒适性了。

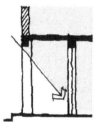
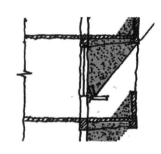

图 6　典型的单开间住宅　　图 7　柱廊和挑廊遮阳比较示意图　　图 8　凹阳台遮阳示意图

2.3 围护结构热工性能差

单开间住宅的外边面积较小,但由于是砖墙砌筑,面层为抹灰或贴面砖,没有专门的保温隔热措施。在连晴高温的夏季,由于墙体的传热系数较大,其从热空气中大量吸热并蓄热,夜间还向室内释放热量。同时,外窗面积较大,窗墙比在 0.5 左右,多数采用彩铝窗框和 6 mm 的单层玻璃,窗框没有通常断热措施,玻璃遮阳系数很低,不利于夏季隔热。建筑外围护结构热工性能较差,有建造技术水平低下的缘故,而更多是每家每户居住者气候适应的意识不够强,过于依赖主动方式来提高舒适度性。

3　基于气候适应的优化设计

优化设计是针对既有建筑本身固有特征,在分析其区域气候适应性的基础上,提出相应的更趋合理性的设计方法。

本文就是针对单开间住宅的社会属性和自身特点,根据温州所处的区域气候特征,从农村实际生产生活方式出发,在住宅设计中延续现有单开间空间布局、结构形式和建造水平的前提下,以适应气候为出发点,优化室内空间效能,设计气候缓冲空间,改善建筑的热工性能,减弱室外不良的气候影响,利用可再生能源减少能源依赖,

图 9　设计方案模型

从而达到提高居住舒适度和降低能源消耗的目的。

3.1 调整住宅面宽、进深及层高

调整住宅面宽、进深及层高是优化室内空间效能的基础。住宅室内空间效能不佳主要源于单开间住宅面宽过窄、进深过大、层高过高。因此,稍微调整住宅的三维尺寸不仅可以提高空间效能,还能增加居住舒适度,也不会改变对既有宅基地的使用。

3.1.1 增加面宽

单开间住宅面宽应适当加宽,宜在 3.6～3.9 m 之间,净尺寸在 3.36～3.66 m,不超过 4 m,以保持节约宅基地特点。面宽增大有利于家具的摆设和日常使用,能形成良好的空间感受,还可以增大立面实体墙面的比例,提高热工性能。

3.1.2 降低层高

现有层高过高,应适当降低,二层以上用于居住空间,可采用 3 m 以下的层高,底层适当加高,但也不超过 3.3 m。降低层高可以减少楼梯间的面积,有助于降低辅助面积比例。

3.1.3 缩短进深

现有住宅的进深应适当缩短,不超过层高的 4 倍。进深缩短的同时,应增加过渡空间,如檐廊、阳台等,缓解室外气候的影响。在楼梯井对应的屋顶部分可以采用亮瓦,通过楼梯井将自然光导入室内,改善建筑中部的采光。

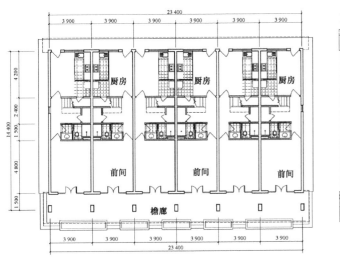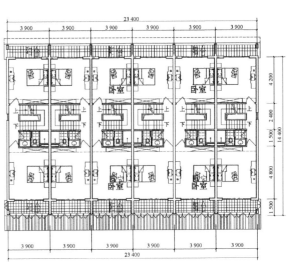

图 10　平面图:左为首层平面图,右为二层平面图

3.2 利用空间遮阳

遮阳的目的就是挡住夏季过多的阳光而不影响冬季的日照。外遮阳,是一种经济有效地节能方式。但对于农村住宅,由于成本的限制,应以空间遮阳利用为主,以构件遮阳为辅。在设计中,将遮阳与形态综合考虑。

3.2.1 底层檐廊

底层的檐廊可以形成较深的灰空间,能遮阳挡雨,成为人们日常生活、邻里交往的场所。檐廊是居民们室内活动延伸空间。以底层檐廊作为缓冲空间,底层朝阳的空间在夏季大部分时间遮蔽在阴影中,减少夏季午后室内空间的太阳直接照射,温度会降低。同时,檐廊具有导风、捕风的作用,能将风更多导向室内,通过自然通风来疏散热量,促进致凉。

3.2.2 凹阳台

凹阳台深度较大,通常在1.2~1.5 m,对于各个朝向住宅都有的遮阳效果(图8),尤其是东西朝向,减少外墙直接辐射得热,室内的光线也更加柔和。同时,凹阳台还可以作为晾晒空间。凹阳台还是个良好的导风口,对于各角度来风均有不同程度的兜风作用。

3.2.3 坡屋顶阁楼

坡屋顶阁楼具有良好的隔热作用。目前,农村住宅建造过程中,在平屋顶的隔热方面效果不佳,而且缺乏有效的措施,在防水方面也成问题,"十屋九漏",因此从建造技术角度看,目前农村住宅适合坡屋顶。同时,阁楼也是不可多得的储藏空间,可以收纳每户家庭不可胜数的物品。

3.3 提高窗墙隔热保温性能

窗和外墙是建筑外围护结构主要部分,窗墙的隔热保温性能直接关系到室内空间的舒适性和潜在能耗。因此提高窗墙隔热保温性能对于改善室内环境具有重要意义。

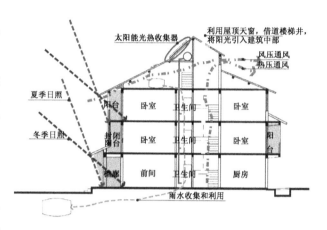

图11 优化设计示意图

单开间住宅多数采用横墙承重结构,纵墙为自承重墙体。也有少数采用框架结构,纵横墙均为自承重墙体。不管何种结构,外墙部分都应加强隔热措施。保温砂浆比较适合夏热冬冷地区,尤其是台风影响的区域,无机保温砂浆内外组合能保持外墙节能系统的长期安全,有一定抗台风、地震的性能。保温砂浆价格较低,施工周期短,与墙体基层附着力强、容易操作、防霉、防冷凝、稳定性极佳、不老化。

在农村住宅中,民居建筑门窗采用双层中空玻璃虽成本较高,与单层玻璃窗相比,但具有良好的隔热、保温、隔声性能,将会带来较高的边际效应。

目前,农村窗框主要是木框和铝合金框,气密性差,风渗透现象严重,导致隔热保温性能不佳。采用气密性较好的塑钢框,可减少夏季室外热风和冬季室外冷风的渗透,提高隔热性能和保温性能。窗玻璃和窗框已经成为提高外围护结构热工性能的短板,如在这方面多些投入,将会带来事半功倍的效果,切实提高建筑的热舒适度。

结语

在温州农村地区,单开间住宅是分布最广、数量最多的住宅类型,反映了当地窄面宽、大进深的宅基地利用现状,传统民居的形态遗留、家庭自主性和邻里依赖性与当地的建造模式。但这类住宅存在室内空间效能不佳、气候缓冲空间不足、围维护结构热工性能差等问题,对影响村镇居民的室内舒适性的要求。本文从当地气候特征出发,建议调整面宽、进深及层高,利用气候缓冲空间,设置遮阳构件,进一步提高门窗、外墙隔热保温性能,以提高室内舒适性。

参考文献

［1］ 周伊利,宋德萱.浙东南地区农村新建住宅的五种类型[J].住宅科技,2011(9):8-12,2011(10):1-11.
［2］ 温州市2010年第六次全国人口普查主要数据公报.

重庆农村住宅节能改造与热环境研究*

宋 平 唐鸣放 杨真静

在发展低碳经济的背景下,全面推进建筑节能势在必行。我国村镇既有建筑量大面广,存在巨大的节能潜力,推广农房建筑节能改造技术,具有重要的理论意义和现实需求。现有的研究中有针对围护结构材料性能对能耗的影响[1],也有对农村地区既有和新建住宅改造策略的研究,如朝向、平面布置、体形系数控制和围护结构方面[2,3]。重庆是一个人口大市,农村人口多,农房总面积大,重庆农村住宅节能改造对节约能源资源具有重大意义。重庆地区农村住宅节能改造侧重于围护结构的保温隔热方面[4,5],同时将农村住宅节能改造部位分为屋顶、地面、外墙、楼板和门窗等方面进行有针对性改造[6]。本文对重庆既有农宅进行相关节能改造并加设附属阳光间,由于重庆地区冬季日照时数较少,所以将加设阳光间作为一种尝试。

1 农宅基本情况

改造农宅位于重庆市江津区柏林镇兴农村,毗邻国家级 5A 风景区四面山,海拔 636 m 远高于重庆市区,由于农宅朝南向冬季能够获得充足的日照。住宅为自建房且结构形式为砖混,楼面为钢筋混凝土,屋面为木构檩瓦坡屋面(图 1),建筑占地面积 110 m²,总建筑面积 330 m²,建筑共 3 层,每层的平面功能布局完全一致,总高度 10.1 m,图 1 为建筑平面图。农宅紧邻风景区,修建的目的主要是用于单元式旅馆出租,目前农宅正处于改造环节,无人居住。

实景图

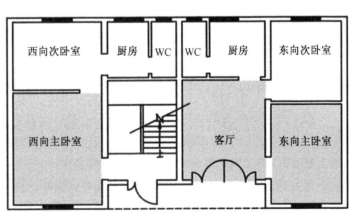

平面图

图 1 建筑平立面(阴影为被测房间)

宋平,唐鸣放,杨真静:重庆大学建筑城规学院,重庆大学山地城镇建设与新技术教育部重点实验室,重庆 400044
* 国家自然科学基金项目:南方地区农村住宅被动降温设计基础研究(51478059),2015-2018

2 农宅热环境现状测量

2.1 测量方法

测量内容为住宅客厅温度、卧室温度、围护结构内表面温度以及室外温度。测量房间位置为图 1 中阴影房间,测量仪器为 TR-52 型自记温度仪,仪器精度为 0.3 ℃,设置数据记录间隔为 10 min。室内温度测量仪布置在被测房间中离地面 1.0 m 左右的高度,室外温度测量仪布置在屋檐下空气流通且没有直射阳光的位置。测量分为夏季、冬季两个阶段,夏季为 2014 年 7 月 27～29 日共 3 天;冬季为 2014 年 12 月 15～22 日,共 8 天。

2.2 测量结果分析

夏季、冬季测量期间各测点温度平均值见表 1。夏季室外平均温度 31.0 ℃,各楼层房间温度为 1 楼房间＜2 楼房间＜3 楼房间,原因是一楼房间地面夏季具有蓄冷作用,而三楼房间屋顶未做隔热处理,白天获得较多的太阳辐射。冬季室外平均温度 5.6 ℃,一楼房间温度仍旧高于二楼房间温度,而地面平均温度 8.8 ℃,表明在冬季地面具有蓄热作用。一楼房间温度基本上符合《农村居住建筑节能设计标准》的规定。

表 1   各测量点温度平均值(℃)

季节	室外温度			各楼层房间温度			维护结构内表面温度	
	最低	平均	最高	1 楼	2 楼	3 楼	外墙	地面
夏季	—	31.0	37.0	28.0	29.8	31.4	29.9	—
冬季	2.9	5.6	—	8.0	6.4	—	—	8.8

3 改造方案

根据实测结果分析,农宅夏季室内热环境较好,主要是因为夏季通风良好与农宅周边微环境。而冬季只有一楼房间平均温度达到 8 ℃,仅仅满足《农村居住建筑节能设计标准》所规定的低限值,所以针对导致农宅冬季室内热环境较差的原因,提出相关改造方案。

3.1 围护结构

农宅墙体材料为砖墙,室内墙体为清水水泥砂浆且未做保温隔热;所以在改造过程中将墙体采用内保温,材料选用 30 mm 厚膨胀玻化微珠保温。而原有的窗户材料为单玻塑料窗,为了减少窗户位置在冬季大量失热,将原有塑料窗框保留,将单玻换成 6 mm＋9A＋6 mm 中空玻璃,以减少窗户位置的冬季失热。原有的屋顶为木构檩瓦屋面,同样未采取保温隔热措施,改造时将屋面增加 30 mm 厚岩棉保温装饰复合板,以提高保温隔热性能。

3.2 加设附属阳光间

农宅正立面开设的门窗面积较大,冬季失热较为严重。在进出二楼房间的同时会经过外走廊,使得冬季室内热环境受到影响。为了给一楼内凹房间和二楼外走廊房间提高冬季保温性能,故设置附属阳光间(图 2),以提高冬季室内热环境。考虑到重庆地区更看重夏季通风,所以将阳光间设置为可开启式(图

3)，同时在一楼阳光间两侧搭设藤架，种植绿色攀爬植物，这样不仅可以遮阳，又可以为农户提供一个聊天乘凉的场所，从而避免阳光间造成的夏季过热现象。

图 2　改造后冬季阳光间

图 3　改造后夏季阳光间

4　模拟与热环境分析

4.1　模型与设置

为了研究农宅节能改造前后的效果，下面以改造的农宅作为模型，应用 Designbuilder 软件建模，模型相关参数按照农宅实际情况设置。农宅为砖混结构，围护结构为：水泥地面、黏土砖墙、钢筋混凝土楼板、木构檩瓦坡屋面、单玻塑钢窗户、铝合金门。由于农宅处于改造状态无人居住，所以模型中不考虑内热源与人员活动情况。所以将按照实际情况所建模型作为参考工况，将节能改造后增加相关措施的模型作为使用工况。

利用实际测量的室内各房间数据对模型进行验证。模拟的一楼房间平均温度 8.2 ℃ 与实测一楼房间温度相同且波形一致；模拟的二楼房间平均温度 7.1 ℃ 比实测二楼房间略高，出现的最大相对误差为 5% 在允许的范围内。

根据《中国建筑标准气象数据库》中重庆典型气象年数据选取典型日进行节能改造前后效果分析。典型日选取冬季一月份的两种代表天气：晴天和平均天气。

4.2　模拟结果分析

根据重庆标准气象年气候数据选取冬季一月份的两种代表天气。其中晴天为 1 月 27 日，室外平均温度 7.1 ℃，水平面平均太阳辐射 111 W/m²，以反映阳光间在较强太阳辐射天气所能给房间提高的温度幅度；平均天气则是指一月份中每天的太阳辐射逐时平均所等效的一天，表明阳光间在日常天气平均太阳辐射下的保证率，该天为 1 月 12 日，室外平均温度 8.3 ℃，水平面平均太阳辐射 59 W/m²。

4.2.1　晴天

晴天室内各房间节能改造前后对比(图 4)。客厅(参考工况)平均温度 11.1 ℃，客厅(使用工况)平均温度 17.9 ℃，节能改造之后客厅平均温度提

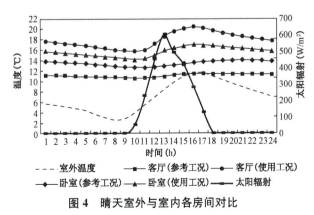

图 4　晴天室外与室内各房间对比

高了6.8℃。卧室(参考工况)平均温度13.4℃，卧室(使用工况)平均温度15.7℃，平均温度提高2.3℃。所以表明在冬季一月份太阳辐射较强天气，经过节能改造之后，客厅平均温度可以提高6.8℃，卧室提高2.3℃。

4.2.2 平均天气

平均天气室内各房间节能改造前后对比如图5所示。客厅(参考工况)平均温度11.3℃，客厅(使用工况)平均温度14.2℃，节能改造之后客厅平均温度提高了2.9℃。卧室(参考工况)平均温度12.1℃，卧室(使用工况)平均温度13.8℃，平均温度提高1.7℃。所以表明在冬季一月份平均太阳辐天气里，经过节能改造之后，客厅平均温度可以提高2.9℃，卧室提高1.7℃。

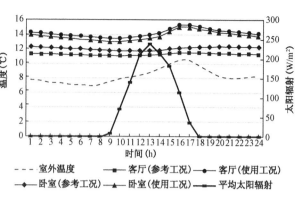

图5 平均天气室外与室内各房间对比

5 结论

(1) 农宅实测数据表明，夏季室外平均温度31℃时，室内主要房间平均温度均低于30℃，满足《农村居住建筑节能设计标准》规定值；冬季室外平均温度5.6℃时，室内主要房间均未超过8℃，表明农宅冬季室内热环境较差。

(2) 针对农宅的节能改造措施中，表明现有农宅围护结构保温性能较差，应加强保温；同时增设的附属阳光间不仅兼顾了改善冬季室内热环境，同时阳光间设置可开启窗户以及搭设藤架种植攀爬植物，也避免了阳光间引起的夏季过热现象。

(3) 农宅经过节能改造之后，冬季晴天室内房间平均温度能提高4℃左右；平均天气能提高2℃左右。

参考文献

[1] 曾芳金,李琰,等.农村墙体材料热工性能研究[J].新型建筑材料,2013(4):90-94.
[2] 解万玉,蒋赛白,等.农村住宅节能现状与节能设计策略研究[J].建筑节能,2014:53-55.
[3] 林晓枝.夏热冬冷地区农村住宅建筑节能技术研究[J].福建工程学院学报,2013(6):226-230.
[4] 罗丽江.重庆地区农村建筑围护结构节能改造研究[D].重庆:西南大学,2011.
[5] 王肖芳.重庆既有住宅节能改造研究[D].重庆:重庆大学,2007.
[6] 张龙龙.重庆永川区乡村住宅建筑节能改造措施研究[D].重庆:西南大学,2014.

扩张与整治双重视野下村镇生态环境设计策略研究

——以安徽省狸桥镇为例

李向锋　杨路遥

当前地方的城镇化"迁村并点"政策一般把乡村居民点分为 3 类：扩张发展型、维持现状型和限制收缩型[1]。在此过程中，村镇扩张与整治问题成为并行的研究热点。随着生态文明建设和新型城镇化国家战略的推进，走以人为本、人与自然和谐共生的城镇化发展道路成为共识[2]。然而，现有的村镇规划设计多遵循城市规划理论经验，忽略了乡村自然环境特征和生态系统格局，缺乏乡村个性和特色。在生态主义价值观下，村镇发展应具有适宜性，应有助于村镇的动态平衡和人与自然的和谐发展[3]。本文尝试在具体案例中实践以上理论，在村镇扩张与整治双重任务下，探索村镇聚居环境的可持续发展规划设计。

1　研究对象与方法

1.1　研究对象

狸桥镇位于安徽省东部，地处苏皖边界，依托塔山、云山、狸桥河等自然山水资源诞生和延续。20 世纪 90 年代之后，由于矿石开发加工产业的快速增长，其居住区和工业用地经历了无序发展的阶段（图 1）。村镇规模不断突破自然边界，由山环水绕的小镇逐渐发展壮大，最终脱离了山水格局。2000 年之后狸桥镇经历了 3 次撤乡并镇过程，形成省级中心建制镇，是众多正在经历扩张与整治的村镇中较为典型的案例。

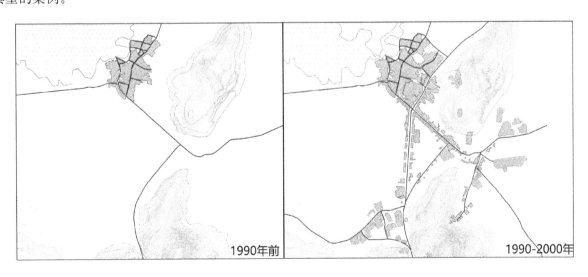

1990年前　　1990-2000年

李向锋，杨路遥：东南大学建筑学院，南京 210096

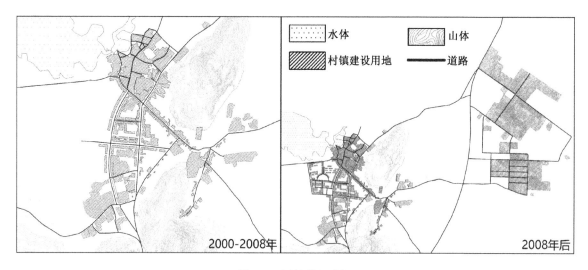

图1　狸桥镇发展路径

1.2　研究方法

　　课题于 2015 年 2 月至 2016 年 4 月期间,依托狸桥镇城市设计项目,对其展开调研,详细了解村镇目前的生态环境特点,记录并总结当前在扩张与整治当中生态环境存在的现状问题。对调研成果进行分析梳理,用类型学的方法分析狸桥镇山体、水体及其周边地区空间环境的类型与特征,对其进行提取筛选,结合特定现实需求进行空间原型的转译[4],寻找解决城镇发展与生态协调之间矛盾问题的方案。

2　问题的提出

2.1　村镇扩张过程中山水的边界问题

　　狸桥镇由蜿蜒在狸头河与塔山之间的商业集市逐渐发展形成。村镇形成初期,居民逐水而居,住宅朝向并非依据南向采光原则,而是顺应山体水体走向及等高线等自然要素依次建设,此时自然的山体和水体作为生活资源与村庄共处。伴随着 20 世纪 90 年代矿石生产加工业的快速发展,以及撤乡并镇带来的人口迅速增长和居住需求,山体成为采矿的基地,村镇规模不断沿山体向南扩张。最终突破山体的限制,继续向东延伸,将塔山和云山分割开来。如今,山体和水体作为城镇的生产资源,边界条件变化巨大。自然山水在城镇中的定位,由生活资源向生产资源转变的现象,对生态环境带来了颠覆性的影响,这种视角的转变,带来了生产边界与生活边界的界定问题。

2.2　村镇整治过程中人与自然的互动问题

　　随着城镇化进程的加速,村镇居民的环境意识以及对绿色环境的祈望越来越高[5]。因此,老镇区的整治要避免停留在美化沿街立面、种植花草树木的层面,而要将重点放在拉近人与自然的距离,增加人与自然的互动关系,进而讨论乡村旅游等产业发展的可能。狸桥镇在近几十年的发展中,除了开山建屋建厂之外,与山体并无其他形式的互动。登山入口和路径隐蔽且稀少,云山顶部的大王庙鲜有人问津。山脚下绵延不断的建筑,不仅阻断了人与山交流的空间体验,也造成视觉廊道的缺失,影响了人对山体的感知。狸头桥滨水空间仅有两处简单的供居民洗衣洗菜的预制混凝土板伸出驳岸,缺乏亲水空间,岸线较为均质。塔山西麓的月湖周边杂草丛生,湖西岸是工厂区,直接产生扬尘、废气、废水等污染物。总体来看,老镇区沿山和滨水的功能布局、空间品质和环境条件均有待提升,人与自然的互动关系有待加强。

2.3 村镇扩张与整治双重视野下生态体系的形成问题

调研显示,无论在扩张还是整治当中,狸桥镇的山水环境均没有被有效地纳入村镇空间体系,而是被视为阻碍发展的屏障。本应属于同一个生态体系中的塔山、云山由于扩张而被人为割裂,原本能够沟通成为水系的池塘,由于填补式的改造而强行中断。种种现象表明,城镇的扩张与整治未能保护原有生态环境,促使生态体系有序发展,反而生硬介入其中,打破生态系统的完整性,破坏其自我修复能力,生态环境体系的再造成为当务之急。

3 设计策略

3.1 以"两山一水"为核心构建城镇生态骨架

3.1.1 "养、观、游"为目标的山体融合策略

"养"指的是以养护山体生态环境为首要目标,打通塔山与云山之间的生态廊道,将塔山、云山作为一个整体统一进行保护与开发,恢复山体生态系统的自我修复能力。为了实现这一目的,需要对两山之间的旧有建筑进行整治,除学校近期保留现状之外,拆除其他建筑,并控制新建建筑的范围、形式、体量不能破坏廊道。

"观"指的是创造体验山体的视觉通廊。通过 GIS 分析,可知山体最高点与地面高度差在 150 m 左右,属于坡度较为平缓的丘陵地带,若要保证人对山体的感知度,就要严格控制建筑高度,保证竖向空间视觉通廊的完整性。

"游"指的是为人与山体的互动创造空间场所,采用优化山体边界形态,梳理登山路径的方法,规划游览线路。现状中山体西麓为散布住宅,山体东侧为工厂区。在老镇区整治时注意修正建筑布局与山体等高线之间的秩序,防止建筑对山体进一步的侵占行为发生,并注意梳理出登山廊道(表1)。

表 1 山体融合策略

整治前			
问题	建筑对山体无限制地侵占	建筑与山体硬质交接	生态廊道被建筑隔断
整治后			
策略	严格控制建设,形成秩序	贸出山-城视线廊道	打通两山之间的生态廊道

3.1.2 "梳、连、绕"为目标的水系疏浚策略

"梳"指的是对村镇水塘现状进行梳理,将镇区中丰富的水资源整合成为水系。老镇区重点梳理北通固城湖的狸头桥区域,恢复其作为老街发源地的公共空间形象,使其成为文化旅游中的一个重要节点。新镇区开发时,重点梳理临近宣狸公路的河道,将其作为贯穿新镇区南北的景观水系,同时整治塔山东侧月湖周边环境,结合旅游设施开发打造新镇区的核心景观。

"连"指的是将各水塘景观节点通过河道进行联系。将月湖、景观水系、狸头桥景观节点通过北侧的狸桥河进行串联,形成新老镇区一体的看山望水视觉绿廊。

"绕"指的是在扩张与整治中,逐步形成山环水绕的"山、水、城"相互渗透的景观格局(图2)。

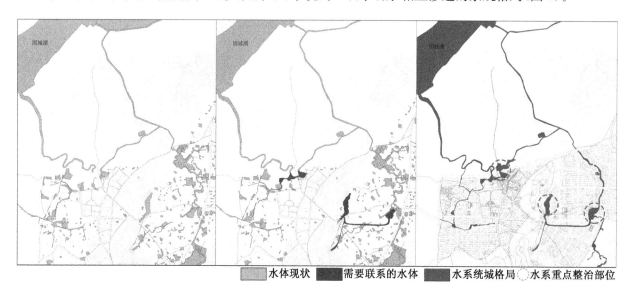

水体现状　　需要联系的水体　　水系统城格局　水系重点整治部位

图2 水系疏浚策略

3.2 在新镇区扩张中形成城镇生态主动脉

3.2.1 以带状村镇公园绿地为载体预留生态廊道

新镇区开发拓展在沿山一带,应避免密集开发,同时为生态廊道预留足够的空间,使山体向新镇区形成渗透,形成显山露水的整体格局(图3)。生态廊道作为村镇的绿肺,根据地形引导风廊、滨水廊道交织互通[6]。生态廊道一方面可以保证城镇的自然通风,调节微气候,夏季降温,冬季减缓气流速度;另一方面,可以通过打造生态公园控制雨水径流量、峰值流量与径流污染,逐步消解前几十年工业发展带来的污染遗留问题。

3.2.2 以点状绿地为核心形成组团式结构单元

新镇区开发采取生态小组团模式分期推进,避免全面铺开。结合类型学分析提取老街的居住形态、商业形态和公共空间原型,通过转译的方式进行规划设计,结合点状绿地,形成具有地方特色的组团式结构单元,使生态系统的构建深入到社区内部(图4)。

3.3 在老镇区整治中疏通城镇生态微循环

3.3.1 形成"三点支撑"的老镇区生态微循环架构

狸头桥滨水节点、老镇区门户商业节点和塔山北麓登山节点,是老镇区整治中分别代表狸桥镇的历史、生态旅游形象和现代生活配套的3个重要节点。老镇区的发展也将依托三个节点的整治改造,梳理镇区与水体的关系,疏通镇区与山体的连接,规范镇区商业旅游开发模式,带动整个老镇区的生态微循环(图5)。

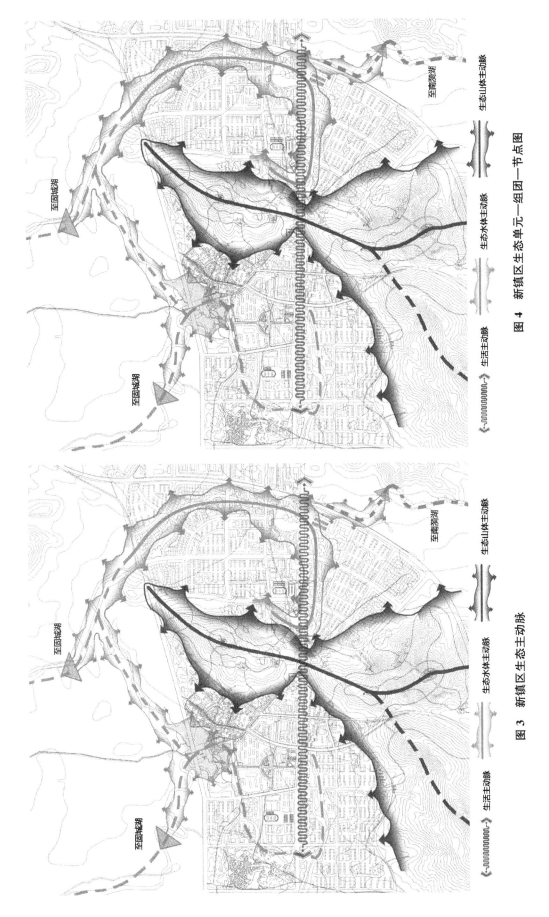

图 4 新镇区生态单元—组团—节点图

图 3 新镇区生态主动脉

3.3.2 形成"两轴五片区"的老镇区生态微循环体系

狸头桥地区是老镇区与山体、水体的重要连接部分,在"三点支撑"的总体架构下,以老街为生活主轴线,以连接狸头桥与山体的道路为山水连接主轴线,将一期整治范围划分为滨水活动区、风貌展示区、民居示范区、商业活动区、生活配套区,共 5 个片区,形成"两轴五片区"的老镇区生态微循环体系,并在各个片区内部,实现下一个层级的自我循环,与总体架构一起构成完整的老镇区生态微循环系统。

4 设计方案

4.1 以生态为基础的功能布局调整

恢复以云山、塔山为主的山体和狸头河支流水体作为城市绿地的完整性,将分布在山体、水体周围的工厂统一拆除,搬迁至狸桥镇的工业集中区,重塑塔山,云山为一体,成为贯通城镇南北的生态廊道。在云山、塔山东侧、月湖西岸布置旅游配套的月湖公园、度假酒店、生态社区等功能组团(图 6)。整治狸头桥滨水区域的公共空间节点,恢复联系狸头河与塔山的老街历史风貌区,重点整治塔山东侧的商业服务区。配合原有大王庙的整治,在山体上新增旅游观光节点。以生态为基础的功能布局调整,使各部分串联成为沿山东西两侧的旅游观光线路,并通过塔山云山之间的绿廊,使东西两侧的新老城镇有机沟通。

4.2 以缝合生态网络为基础的老镇区整治设计

为了实现老镇区与山体、水体生态网络系统的缝合,老镇区整治主要从两个方面入手,一是对狸桥镇发源地狸头桥 5 类滨水空间的整治;二是对老镇区与山体交界处南市路沿线 3 类观山节点的整治。

4.2.1 滨水空间节点整治

根据滨水地区的空间类型划分[7],狸头桥地段属于环水型滨水空间。设计中赋予该公共空间以旅游休憩功能,根据滨水要素岸线的开放与封闭性[8],可以将狸头桥滨水空间分为 5 类。下面分别选取代表性节点进行改造设计分析(表 2)。第一类是带有历史文化要素的开放广场空间,剖面分为 3 个层次,通过增加纪念雕塑石碑、引入树阵广场,提供文化纪念场所和休息活动空间;第二类是内向院落空间,剖面

图 5 老镇区生态微循环

图 6 功能布局图

分为 4 个层次,通过塑造自然驳岸,改造内向院落为树列或栏杆围合的院落,形成对周围居民友好的半开放空间;第三类是宅前围合的外向院落空间,剖面分为 6 个层次,通过向水塘延伸出公共活动亲水平台,在原公共空间中增加风雨连廊,提供观景戏水空间;第四类是开放向外塘的活动空间,剖面分为 6 个层次,通过在内河道设置联系活动平台与亲水平台的通道,提供联系其他类型空间的纽带;第五类是封闭性的院落内塘空间,剖面分为 5 个层次,通过恢复内塘水位,种植观赏性水生植物,并在邻接内塘处设置可进入的活动平台,打造半开放的内塘空间。

表 2　滨水空间分类整治设计示意图

滨水空间类型	节点位置	整治平面示意图	整治剖面示意
类型一:开放广场空间			
类型二:内向院落空间			
类型三:外向院落空间			
类型四:开放外塘空间			
类型五:封闭内塘空间			

4.2.2 观山空间节点整治

观山节点空间根据人与山的相对位置关系,主要分为远离山体感知、靠近山体观赏、接近山体通达3种类型。下面选取南市路沿线道路交叉口3处代表性节点进行整治设计分析(表3)。第一类是感知山的节点空间,以南市路与漪城路路口为代表,此处为登山入口,广场通过仪式感的轴对称设计,预留登山广场至山体的视觉廊道,形成感知塔山的空间;第二类是观赏山的节点空间,以南市路与云山路路口为代表,结合商业街区整治,在商业与山体之间预留门户广场,建筑设计形成视线开阔的连续的平台;第三类是通达山的节点空间,以南市路与九龙路路口为代表,此节点位于云山脚下,直接为居民通达云山提供路径,设计将入口建筑改造为登山服务配套设施,同时也使九龙路这条纵向道路与山之间形成对景关系。

表3 观山空间节点整治示意图

观山空间类型	节点位置	整治平面示意图	与山的对应关系
类型一:感知山空间节点		打通视廊　柔化边界	从南市路观塔山
类型二:观赏山空间节点		二层平台　观山广场	从门户广场观塔山
类型三:通达山空间节点		作为对景	从南市路看云山入口

4.3 以构建生态单元为基础的新镇区扩张设计

新镇区的扩张避免全面铺开,而是以生态单元模式进行布局和开发。将各生态单元划分成不同组团,组团之间预留出生态绿廊,并在各组团内部打造示范性的生态景观节点,从而实现整体提升村镇环境品质的目的。在此策略下,新镇区一期形成3个生态单元、10个生态组团、若干生态节点的生态体系架构(图4)。3个生态单元分别是塔山、云山以生态旅游为主的生态单元和云山东侧的居住生态单元。塔山生态单元分为滨水的商业旅游服务组团、门户商业组团和生态旅游组团。云山生态单元分为与镇区往来频繁的生态互动组团、包括大王庙景区的文化旅游组团和远离闹市的原生态景观组团。

塔山云山生态公园内部景观体系的设计方法是定点连线,织线成面。山体观赏休憩节点,以点状人工景观要素散布山间,并通过规划形成的游览路线串联成面。节点位置的选择依据两点,首先是选择山体的制高点,形成对城镇景观的整体眺望;其次是结合现状的庙宇和山体奇观扩展出生态节点。具有代表性的 4 处节点分别是塔山景观塔、云山眺望台、神仙洞、大王庙(表 4)。设计以保护自然生态、恢复历史人文原本面貌为原则,辅以配套设施,增加游览的趣味性,提升景点品质和可观赏性。

表 4　山体生态节点设计示意图

节点名称	节点位置	平面设计间向图
塔山景观塔		
云山眺望台		
神仙洞		
大王庙		

滨水的月湖公园组团,设计理念以尊重、保护原有生态资源为基础,以打造山水城相融的生态城镇为目标。根据对老街建筑类型的总结,提炼出院落组合模式,在与山体、水体保持适宜生态距离的前提下,以小体量、自由式布局分布在山水东侧,留出生态绿地廊道同时作为视觉景观廊道,将山水景色引入建筑之中,同时也将建筑有机融入山水之间,使建筑成为自然的陪衬与点缀,实现村镇与山水的相互渗透(图7)。

居住生态单元由四个生态居住型小组团组成。组团内部建筑体量以低层为主,多层为辅,保证建筑体量与山麓环境的和谐,组团之间留出生态景观廊道,同时组团内部建筑密度不宜过高,预留足够的绿地空间,并向山体空间开放,实现住区与自然环境的互动和渗透。

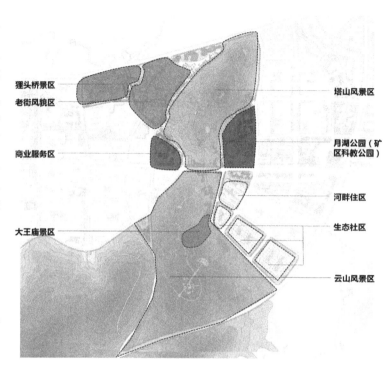

图7 月湖公园设计平面图

5 结论

本文基于对安徽省狸桥镇的调研,针对村镇整治与扩张过程中,存在的山水边界、人与自然互动和构建生态体系等问题,进行了类型分析,提出了以保护原有生态资源、实现显山露水,在整治中提升空间品质、恢复历史记忆,在扩张中建设宜居城镇、开发旅游资源的生态设计策略。并以狸桥镇云山和塔山及其周边地区为例,进行了适用于狸桥镇老镇区整治和新镇区建设的设计实践,提出了实现村镇与山水相互渗透的几种模式,为村镇的扩张与整治提供参考。

参考文献

［1］ 邵艳丽.我国乡村治理的本原模式研究——以巴林左旗后兴隆地村为例[J].城市规划,2015(06):59-68.
［2］ 李琳,冯长春,王利伟.生态敏感区村庄布局规划方法——以潍坊峡山水源保护地为例[J].规划师,2015(04):117-122.
［3］ 洪亘伟,刘志强.村镇聚居空间撤并特征及优化趋势研究——以2000年以来的苏锡常地区为例[J].城市规划,2016(07):81-104.
［4］ 李允,彭晓烈,张福昌.灾后重建背景下南口前镇传统风貌类型学分析[C].中国城市规划年会,2015.
［5］ 张云路,章俊华,李雄.基于构建"美丽中国"的我国村镇绿地建设重要性思考[J].中国园林,2014(03):46-48.
［6］ 赵广英,刘淑娟.新型城镇化背景下的城乡开发与生态保护策略研究——以宁乡县沩东新城战略规划为例[J].小城镇建设,2015(12):76-81.
［7］ 杨保军,董珂.滨水地区城市设计探讨[J].建筑学报,2007(07):7-10.
［8］ 韩冬青,刘华.城市滨水区物质空间形态的分析与呈现[J].城市建筑,2010(02):12-14.

基于"自维持住宅"理念的河北寒冷地区农村住宅设计研究*

高　巍　张晋梁

1　关于自维持住宅

1971年,英国剑桥大学学者Alex Pike首次提出"自维持住宅"理论,是欧洲对绿色建筑研究最早、最有代表性的理论。1975年,Alex Pike的学生Robert Vale夫妇先后出版多部著作,对"自维持住宅"进行了深入研究,如《The autonomous house design and planning for self-sufficiency》(1975)、《Green Architecture:Design for An Sustainable Future》(1991)、《The new autonomous house》(2000)等。这些著作奠定了Robert Vale夫妇在"自维持住宅"领域的领导地位,也给出了自维持住宅的具体定义:它是一个完全独立运转的住宅,不需要市政管网的供水、供电、供气和排污系统的支持,而是依靠和它紧密相连的自然界,利用阳光、风产生的能源代替供电,收集雨水代替供水,排污自行处理,并强调与周围环境的和谐共生[1]。他们也阐述了达到"自维持住宅"的具体方法:①利用太阳能热水器提供热水;②利用太阳能和风力发电提供室内电能;③通过建筑围护结构储存室内热量;④接收雨水,并做到住宅内中水循环使用;⑤住宅产生的食物垃圾、花园垃圾、卫生间排泄物等在住宅场地进行降解,产生堆肥。可以看出,"自维持住宅"的主要特点是使用可再生的清洁能源,最大程度减少污染,是一种高品质、运用综合技术的住宅产品。

几十年来,Robert Vale夫妇在英国、新西兰进行了大量建造实验,包括位于新西兰奥克兰港的维赫克岛屿上建有"自维持住宅"的实验地;于英国诺丁汉郡索斯韦尔城和豪其顿村郊的"自维持住宅"等。

1 阳光间　2 厨房　3 洗衣间　4 餐厅
5 起居室　6 卧室　7 卫生间　8 书房

图1　豪其顿村郊"自维持住宅"

资料来源:http://www.hockertonhousingproject.org.uk;平面图自绘

近年来,自维持住宅的理念与技术也日益受到国内村镇建设部门和研究学者的关注。自维持住宅的

高巍,张晋梁:北京交通大学 100044

* 科技部"十二五"国家科技支撑计划项目资助(编号:2013BAL01B03-5);中央高校基本科研业务费专项资金资助(编号:2015jbwy018)

理念虽然产生较早,但具有持久的生命力,与"零能耗住宅"及其他绿色建筑设计技术相比,"自维持住宅"多通过传统、简单的设备获得较多的热量,技术门槛小,造价低,利于在农村地区应用推广;同时,它强调自维持的适应性,对市政环境能源资源供给能力的依赖程度低,这对于我国尚不发达甚至偏远的农村地区具有极强的适应性和针对性。

2 河北农村住宅建筑及用能情况

河北农村地区住宅建筑既体现出农村住宅的建筑规律,又具有一定的地域特征,具体表现在建筑形态、用能情况等方面。

2.1 建筑形态

农村住宅的居住形态与城市住宅有着很大的不同,表现在必须满足居住和部分生产的双重功能、多代同居功能、密切邻里关系功能以及与自然融合功能,由此形成了独特的厅堂文化和庭院文化(图2)。厅堂在平面布局中位于中心位置,是组织生活的核心。庭院是居住生活和进行部分农副业生产(如晾晒谷物、衣被、饲养禽畜、种植蔬菜)的场所,也是家庭多代同居进行户外活动和邻里交往之所需,还使得住宅贴近自然。

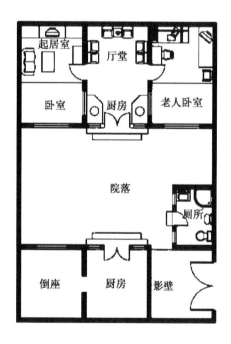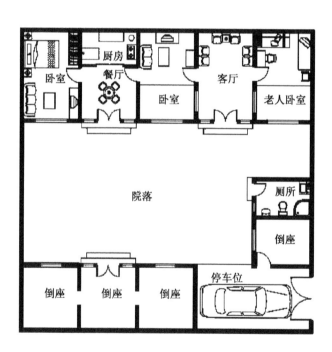

图2 河北地区典型三开间与五开间住宅

资料来源:自绘

河北农村地区住宅比较简单,正房一般有3～5间,开间3～3.3 m之间,进深约5 m,基本是3间房为一组并以厅堂为中心展开。厅堂又以灶台为中心,充分利用做饭余热来加热两边卧室的火炕,厅堂其余空间则安排会客和餐厅,部分卧室也作会客之用。对于不以火炕作为冬季采暖的房间,一般厅堂不设置灶台,专门设置一间厨房,内部安装煤炭采暖炉,而之前的厅堂仅作会客和餐厅,这样的组合一般为5间房。除正房外,一般还设置坐南朝北或坐东朝西的倒座,可用于杂物储存、夏季用厨房和小型作坊。有人家一般会在入口处设置影壁,也可以腾出空间当做停车位。

2.2 住宅节能情况

住宅的节能主要考虑围护结构性能,住宅能耗中有70%～80%是通过围护结构向外散失的。河北农村仍有大量危旧房亟待解决,这些住宅舒适性差,在围护结构上还存在较多问题,热损失较大,房子不节能。

通过对河北省霸州市的岔河集乡的刘庄、康仙庄乡的北豪村、煎茶铺镇的小宁口村、南孟镇的沈家营村等4个乡村100户农村住宅的实地调查,可以归纳出河北地区普通农村住宅的用能情况。

从调研和结论数据中发现,该地区住宅的围护结构有待提高。土木结构的住宅基本上是危房,抗震性能差,砖混结构的住宅相对较好,但仍需改进,特别是保温方面,大部分墙体没有保温措施,墙体厚度也不够。部分住宅采用木窗,保温气密性差。采用普通单层玻璃的房屋占绝大多数,而未作任何的保温处理,寒冷冬季结露明显,新建房屋的窗户过高过大,导致热量损失也较大等(表1)。

表1 住宅节能现状统计

围护结构内容		特 点	比例
结构形式	土木结构	木结构＋土坯,存在安全隐患,危房	18%
	砖混结构	安全牢固,使用寿命长	82%
门窗形式	木制	热工性能好,耐久性差,变形漏风	16%
	铝合金	耐用,但温度传导快,表面易氧化	48%
	塑钢	耐用,气密性好,保温节能	36%
玻璃层数	单层	普通玻璃,不做处理	78%
	双层	减少透过玻璃的传热量	22%
屋顶保温材料	无保温	无保温隔热能力	10%
	植物秸秆	材料、构造简单,有一定保温能力	65%
	保温板	保温隔热效果好	25%
墙体厚度	240 mm 无保温	保温效果最差	39%
	240 mm 有保温	保温效果好,节能节材	8%
	370 mm 无保温	保温效果稍好于240 mm墙体	53%

2.3 住宅节能情况

农村住宅用能现状,主要包括冬季采暖、夏季降温、炊事用能、热水供应以及照明和电器用能等方面。通过调研可知,住宅冬季采暖以燃煤为主,占到76%,耗煤量大,其余采暖以传统火炕居多,占到18%,但有逐渐被淘汰的趋势。夏季降温以电扇为主,空调为辅。罐装液化气使用方便卫生,已被绝大部分家庭采用,而柴禾的使用占液化气使用的一半,说明农村还很偏爱这种传统方式,但作为清洁能源的沼气却使用很少。热水供应方面,在100户中只有35户使用了太阳能热水器,主要是为了解决卫生间的洗澡问题,较少考虑热水供应,生活饮用热水一般由煤、液化气或电提供。

河北地区农村住宅现阶段仍以传统能源获取方式为主,虽然已经朝着清洁能源的使用方向发展,但仍存在许多问题(表2)。

表 2　能源技术与问题

能 源 技 术			需改进的问题
传统能源利用技术	供　暖	火　炕	炕面温度不均匀,蓄热能力不足的问题
		地窖燃池	要与其他采暖方式结合,形成联动机制
		火　墙	墙面易过热问题,要使之适应寒冷气候
	供　水	水　窖	过滤沉淀差的问题
太阳能及生物质能利用技术	供　暖	被动式采暖	阳光间热效率低和集热蓄热墙导致室内光线不足
	降　温	太阳能烟囱、地下冷源	材料、结构综合优化设计问题
	热　水	太阳能热水器	热水器形式选择与建筑结合问题
	供气供电	生物质能	冬季沼气池温度低的问题

3　农村自维持住宅技术设计

针对上述情况,农村自维持住宅的技术设计应当从实际情况出发,采用复杂程度和经济成本适宜的技术方法,具体可以包括以下几个方面。

3.1　以"土法新用"为方向的供暖设计

供暖方面的农村传统能源利用技术包括火炕、火墙和燃池,这些技术存在诸多不足,但发掘潜力巨大,很适合改进和完善,形成新的设计方法。因此,以"土法新用"为方向来推广适合农村"自维持住宅"的采暖方法,具有重要意义,如太阳能卵石蓄热炕采暖技术、独立式火墙与相变蓄热材料结合技术、火墙式火炕热水供暖技术和燃池火炕系统采暖技术等。

3.2　以被动式太阳能为主要方向的供暖设计

被动式太阳能适合于有限技术农村"自维持住宅"供暖,其造价低,效果显著。在被动式采暖中常采用集热墙和阳光间,但针对农村"自维持住宅"的具体要求,需要对这两种形式进行进一步更新,结合具体技术材料,可以开发出新型集热蓄热墙和阳光间地面蓄热方法。

3.3　以沼气利用为方向的供气、供电设计

对农村"自维持住宅"的供气、供电可以考虑使用沼气,沼气在农村易得,沼液和沼渣又可以还田,其综合价值要高。在供气方面,要考虑沼气的发酵温度,由于在河北寒冷地区,可以考虑设计太阳能沼气池解决冬季沼气产量低的问题。在供电方面,可利用沼气灯照明、沼气发电机发电。

3.4　以被动式降温为主要方向的通风设计

有限技术农村"自维持住宅"通风以被动式降温为主,其投资和运行成本低,适合大部分农户使用。但是为了提升居民生活品质,改善夏季通风质量,完全的被动式不一定可取。因此,有限技术农村"自维持住宅"通风以被动式降温为主,但可少量辅以机械通风方式,这样也体现了设计方法的多样化。如可以采用蓄冷蓄热通风方法和农村太阳能烟囱设计方法。

3.5 以雨水收集为主要方向的供水设计

"自维持住宅"的供水来源主要以雨水收集为主,为了保证用水量的充足,在农村还要辅以挖井取水或集体供水。在我国干旱少雨的西北高原,水窖是农户储存雨水的传统方法,依靠地表径流到地下所挖的窖中进行储存,而取水一般用水泵。水窖对夏季用水起到很好的补充作用,灌溉、洗衣、饮用均可,因此,可以将水窖应用到农村"自维持住宅"中,但是随着人们对水质要求的提高,传统水窖已不能满足人们的要求,其过滤系统需要进一步改善。

同时,农村"自维持住宅"还要涉及污水处理,污水净化后可用于农田灌溉,也可用于冲洗厕所。农村污水处理方法很多,有高效藻类塘、生物滤池、人工湿地、无动力地埋式生活污水处理、生活污水净化沼气池和地下土壤渗滤等。

4 农村"自维持住宅"建筑设计

针对河北地区农村住宅现状情况和技术设计分析,可以针对性地提出自维持住宅建筑设计方案,首先应当确定住宅的基本设计原则。

在功能组织方面:①满足多代同堂、居住和部分生产的功能;②保留以厅堂组织卧室房间的传统方式;③卧室空间根据家庭成员需要可以设置老人卧室、主卧室和次卧室;④重视餐厅成为住宅就餐空间和厨房的补充空间;⑤厨房和卫生间尽量布置在室内;⑥重视门厅在住宅室内外作为过渡空间的作用。

在技术层面:①采用火炕采暖时要与厨房灶台相联系或在火炕采暖房间室外设置独立燃烧室;②沼气池宜与厨房、厕所和猪圈结合布置,当条件不允许时,可只与厕所结合;③水窖应布置在有阳光照射的地方,不宜建在住宅背阴处;④住宅要设置地窖,用于储存、蓄冷蓄热通风或燃池采暖,但地窖不宜过大,以减少成本;⑤住宅通风上尽量使楼梯间与厅堂组成通风体系,并可形成穿堂风。

根据河北省农村宅基地的面积标准,我们选取 200 m² 指标作为用地面积,使其适应绝大部分地区的使用,方案如图 3 所示。

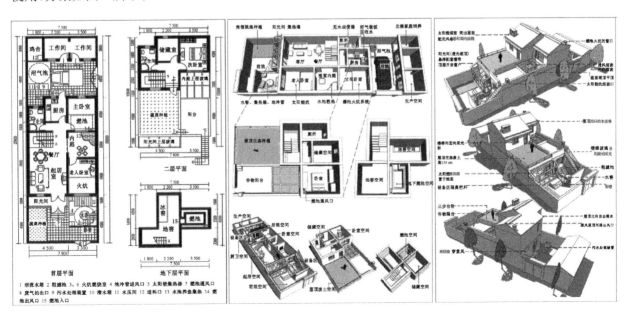

图 3 自维持住宅户型、空间与外形设计

方案采用砖混夹心墙的结构形式,能够体现居住和生产的双重功能。家庭活动以及"自维持住宅"设备的安放,前后两院的设置分区明确,使家庭活动和生产互不干扰。建筑空间布局考虑到了节能,北向辅助空间、南向缓冲空间、东向卧室空间和屋顶覆土空间。造型设计符合河北地区的风俗特色,由于地域广阔,因此主要参考调研地区的住宅样式,如门口、烟囱、屋顶等醒目部位。其次造型设计还要结合"自维持住宅"技术,如通风、采暖等。

供暖设计上,整个"自维持住宅"除使用太阳能卵石蓄热炕和地板采暖外,还使用了燃池采暖(图4)。为了实现燃池热量输送到二层房间,燃池结构被重新设计。在燃池主体与一层地面和周围墙体之间形成空腔,热量通过空腔和一层地面进行传热,而另一部分热量则从与空腔相连的燃池通风管道进入到二层,通过风扇装置将热量从管道出风口处排出进入到房间。而燃池主体内部排烟管道仍然与吊炕相连,充分利用了烟气余热。

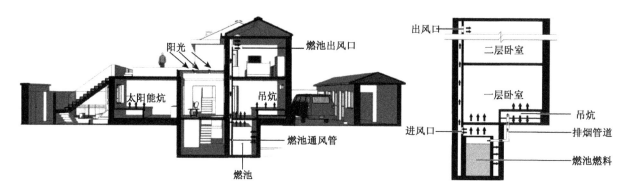

图4 住宅供暖剖面及燃池供暖

5 结语

"自维持住宅"是一种集居住功能和节能技术于一身的住宅,其设计不仅要满足农村居民的生产、生活要求,还要与"自维持"技术有机结合。由于自维持住宅通常关注有限技术和适宜技术的运用,因而技术简单,经济性好,其自维持的理念与农村现实环境契合,在我国广大农村地区具有很好的推广与应用价值。

参考文献

[1] Brenda Vale,Robert Vale. The New Autonomous House. London:Thames,2002,5.

[2] Alanna Stang, Christopher Hawthorne. The Green House:New Direction sin Sustainable Architecture. Princeton Architectural Press,2005.

[3] Simos Yannos. Solar energy and housing design. AA Publications,2006.

[4] 江亿,林波荣,曾剑龙,朱颖心.住宅节能.北京:中国建筑工业出版社,2006.

[5] 宋晔皓.关注地域特点——利用适宜技术进行生态农宅设计.北京:中国建筑工业出版社,2001.

[6] (日)清家刚,等.可持续性住宅建设.陈滨,译.北京:机械工业出版社,2005.

[7] 杨旭东,郑竺凌,等.新农村房屋节能技术.北京:中国社会出版社,2006.

[8] 郭继业,刘中秋.北方农村户用沼气池与燃池结合建造技术.新农业,2004,8:56-57.

[9] 吕爱民.燃池的困境与出路——对一种低技术采暖方式的分析.华中建筑,2005,3:46-47.

陕西关中农村学校能耗调查与
节能改造设计策略

张　奇

针对我国陕西关中地区农村学校建设滞后，尤其是卫生差、能耗大，建筑的运行高消耗、高排放、低舒适等严重的问题，笔者选取关中 5 所农村学校作为能耗调查对象，基于调研结果提出总体设计策略。同时选取陕西省西安市蓝田县玉山镇许庙中学作为样点学校进行农村学校生态节能改造设计。区别与一般性工程项目，该研究项目注重被动式节能技术的在地化运用，注重经济性原则，探索自然、经济、文化等多学科对方案设计的影响。在具体的技术操作上，以沼气、太阳能为核心的新能源技术与西安地区农村现实条件有机结合，从校区规划到单体改造的一体化设计。预期研究成果的应用，将为关中地区乡村校园的生态设计和技能技术实践开拓新的前景，并发挥极大的环境效益、社会效益和经济效益。

1　研究内容

本项目共分为两个阶段进行，在第一阶段主要是进行问题的发现和分析，第二阶段在解决问题的同时验证了设计方法的有效性。通过对 5 所学校进行实地观察、问卷访谈调查、仪器实测以及软件模拟，总结出关中地区学校建筑现状。这些实测数据的分析包括了自然及地域特点、学校建筑特点、学校冬夏室内外环境、中学用能现状以及卫生状况。之后结合对建筑规范和能耗规范、国内外技术水平、文献和案例的分析以及 Ecotect 软件对物理环境的模拟分析，提出来具体的改造策略。最后对方案进行具体的设计改造并进行成本估计和软件模拟(图 1)。

1.1　理论分析

现阶段我国已经针对沼气等清洁能源方面进行了大量尝试。沼气利用形式单纯但效率较低。它最显著的优势是分布广泛具有很大的潜力，同时就地取材，设备和技术简单。但使用中含杂臭气周期长，受温度的影响很大，维护和保养不普及。太阳能具有永久性无污染性，是人类可以利用的最丰富的能源。但现阶段装置成本过高，总体使用率不高，部分地区对太阳能的应用存在目视污染问题。

此外建筑本体的节能措施研究主要是对关中地区常见的围护结构的构造做法进行了资料的收集。结合关中地区夏热冬冷的气候特点，收集围护结构及散热器采暖的具体做法(表 1)。

张奇：重庆大学建筑城规学院，重庆 400045

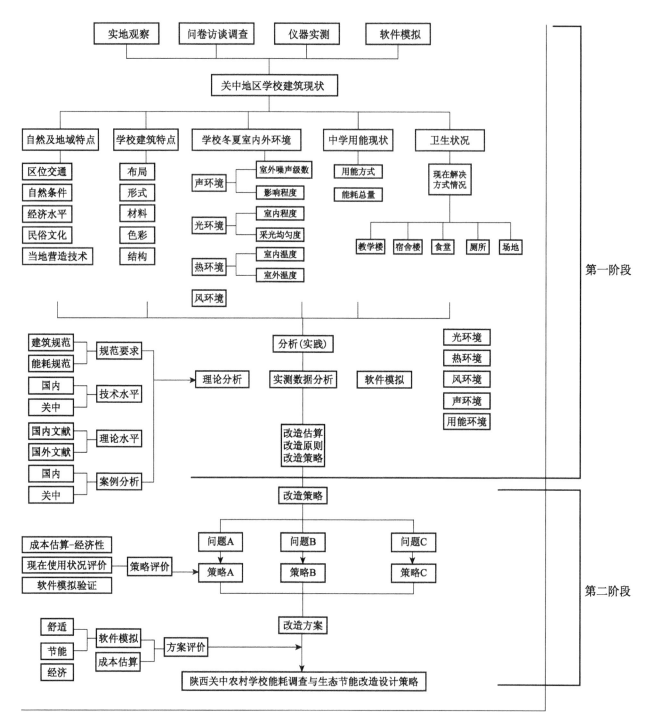

图 1　研究框架

资料来源:作者自绘

表 1　关中地区常见的节能构造措施

构造名称	墙体	屋面	门窗	散热器采暖
具体做法	5 mm 厚粉刷石膏玻纤网格布增强 20 mm 厚胶粉 EPS 颗粒浆料 25 mm 厚胶粉玻化微珠浆料 240 mm 厚多孔砖砌体 20 mm 厚水泥石灰砂浆及饰面层	防水层 水泥砂浆找平层 水泥膨胀珍珠岩版 轻骨料混凝土找坡层 钢筋混凝土板混合砂浆	1. 采用金属间隔框支撑、间隔框内装干燥剂、第一道丁基热熔胶密封、第二道弹性密封胶密封的中空玻璃 2. 采用暖变间隔条(有双刀密封效果)的中空玻璃	散热器宜采用明装,并应选择外表面为非金属性涂料的散热器。系统中管道全部采用钢管连接时,供水温度不宜超过 95 ℃,供回水温差不应小于 25 ℃;当系统中部分管道采用塑料管材连接时,供水温度不应超过 80 ℃,供回水温差不应小于 20 ℃

资料来源:作者自制

1.2　实地调研

在对 5 所学校的实地调研中,对学校的布局形式、材料运用、建筑色彩、围护结构进行了照片收集。选取的 5 所学校具有各自不同的规模和布局形式(表 2)。

表 2　调研学校布局形式

学校名称	学生人数	占地面积(m²)	建筑面积(m²)	活动场地面积(m²)	建筑布局	模型示意
三道河小学	133	10 005	420	450	一字形	
许庙中学	112	6 666	670	260	并列形	
八庙河中学	202	8 400	904	400	U 形式	
朱鹮湖中学	96	6 200	550	500		
周家坎完全中学	700	22 695.2	8 120	5 000	回字式	

资料来源:作者自制

　　5 所学校在建筑材料的运用上,并没有太大的差别,承重体系大多采用砖混结构或砖木结构(图 2)。材料多运用采用关中地区民居的常用材料,以红砖、青砖、青瓦为主,建筑主色多为灰、红两色(图 3)。走访中的有学校采用土坯墙面和夯土地面,建筑品质较差,不属于这 5 所学校。

图2 关中学校结构调研

资料来源:作者自制

图3 关中学校建筑材料调研

资料来源:作者自制

1.4 数据分析

在5个学校的实地调研中,针对老师、学生以及学校所在地居民进行了问卷调研。共发放问卷570份,时间从2013年7月持续到2014年2月,进行了冬夏两个季节的数据采集。对问卷回收统计以及现场对学生的访谈后可看出,这些农村学校普遍面临的情况是夏季热舒适性环境极差,原因在于维护结构的隔热功能差。秋冬季房间内部实测温度低,但学生普遍反映并不感到太冷,采暖方式主要是用煤(图4)。

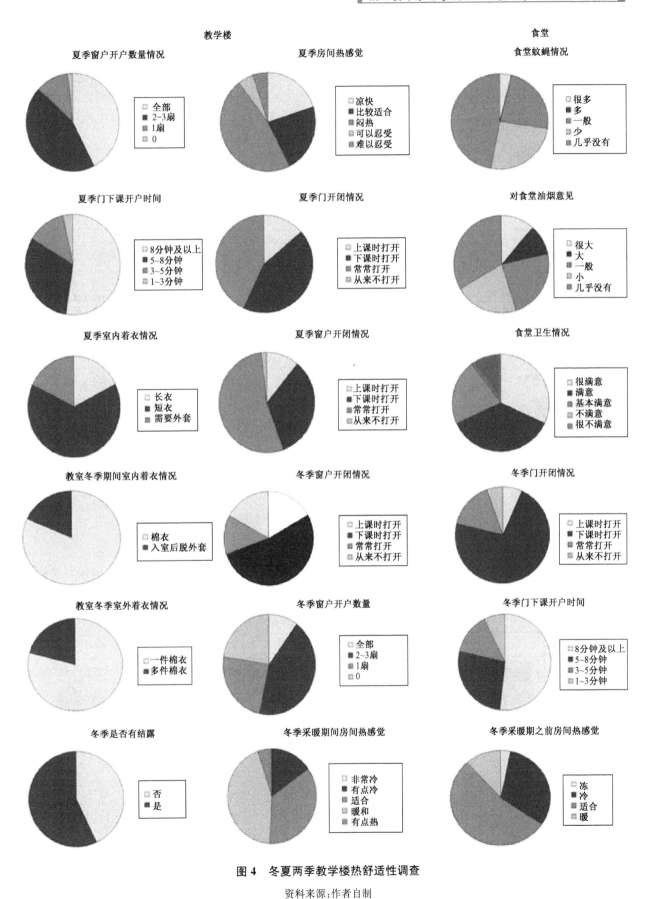

图4　冬夏两季教学楼热舒适性调查

资料来源:作者自制

考虑到后期设计中沼气与太阳能的运用,在调研过程中对学校内厕所情况以及学生老师们的节能意识进行了了解。发现很奇怪,虽然大部分学校基本上都采用集中旱厕的形式,厕所内卫生状况良好,并无纸屑或粪便堆积物等的存在,但是厕所气味很大,对校区布局会有影响,而且夏季蚊虫较多。总体来说节能意识较差,生活环境不佳。

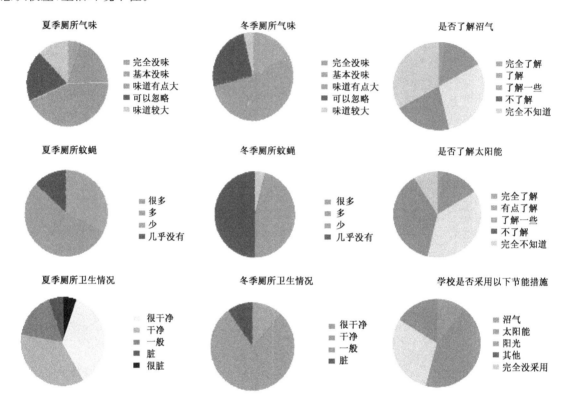

图5 夏两季学校厕所卫生状况及节能意识调查

资料来源:作者自制

节能措施的应用与经济性密切相关,特别是针对农村地区,只有便宜易操作的措施才会得到使用者的认同。在调研过程中通过与校长的访谈可以大致得出现有状况下,学校的用能状况和每年的花费。

表3 用能状况及经济费用

用 途	图 片	方 式	年 花 费	年花费占总花费比例
冬季采暖		燃煤锅炉	燃煤费:60 000 元/年	
夏季制冷		风 扇	电费:6 000 元/年	
照 明		白炽灯	电费:12 000 元/年	

用　途	图　片	方　式	年 花 费	年花费占总花费比例
厕所状况		旱　厕	保洁费:400 元/年	

资料来源:作者自制

2 实施方案

根据调研结果对学校的节能设计展开了技术层面上的研究。首先是校区的布局,针对 5 所调研的学校的不同布局形式,分别提出了各自合理的应对措施。之后选取蓝田许庙中学作为重点研究对象,进行校区内部的单体建筑改造设计研究。

2.1 校区布局

在总平面布局上的研究我们侧重于校区厕所、厨房以及菜沼模式沼气池的位置与教学生活空间的相互配合。厕所粪便是沼气生产的主要来源,厨房用火是沼气的主要消耗点,两者近距离布置方便原料的输送但是厕所气味会对厨房产生影响。同时教学楼走廊部分的照明用电也来源于沼气,故在能源输送这方面的考虑上沼气池的布置也应距教学楼较近。综合考虑后通常的解决方式在校区内配备植物园,和厕所粪便一同作为生产沼气的资源,沼气菜园贴近厕所布置,厕所设置于校区下风口。整体模式与学生生活区相靠近(图 6)。

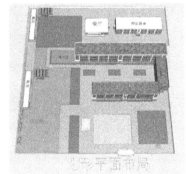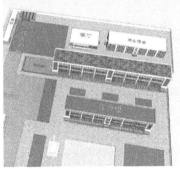

U形布局　　　　　　　　　行列式布局　　　　　　　一字型布局

图 6　运用菜沼模式沼气池的校区布局

资料来源:作者自制

2.2 单体改造

蓝田位于关中平原东南部,是省会西安市的直辖县,距西安市车程 1 小时,调研工作以及与当地政府、学校校长的沟通方面的工作相对容易进行。加之行列式的总体布局方式是关中地区农村学校最常见的排布方式,故选取蓝田许庙中学进行单体改造设计。

玉山镇属暖温带,半湿润季风气候,气候温和,光照热量充足,年平均气温 13 ℃,年平均最高气温 18.7 ℃,日照率为 49%。许庙中学位于蓝田县玉山镇许庙村南段,学校建成于 2011 年初,于 2011 年 4 月投入使用。对许庙中学的设计分为校区具体环境的分析、校区总体环境改造、外围护结构节能改造以及低级能源技术的利用。本文将对这几点分别论述。

2.2.1　校区具体环境的分析与总体环境改造

通过对校区的调研和测绘,使用 Sketch up 软件模拟出校区的环境。先对校区整体可视环境进行分析。校区地面为完全夯实泥土地,下雨泥泞使用不便,景观树木太少,应栽种乔木灌木,使用多层次绿化。厕所为旱厕,入口外部杂草丛生,且有积水容易产生虫蝇,后期可以铺设渗水砖。升旗处广场占地过大,可以与操场合并,此场地可以改为花园,增加绿化率。操场缺乏活动分区,与周围环境没有明显界限,噪声污染严重,砂石铺地在大风天气易扬沙,应四周建立绿林隔离带防噪防沙。操场雨天易积水,没有排水沟,道路旁有排水沟,但环境意识差垃圾都堆放于此,环境恶劣,且无盖有安全隐患,应设有盖排水沟。通过软件对校区进行日照辐射分析,可知学校过于空旷,夏季大部分区域都会暴露在炎炎烈日之下,继续增大绿化面积,栽种大型乔木遮阳(图7)。

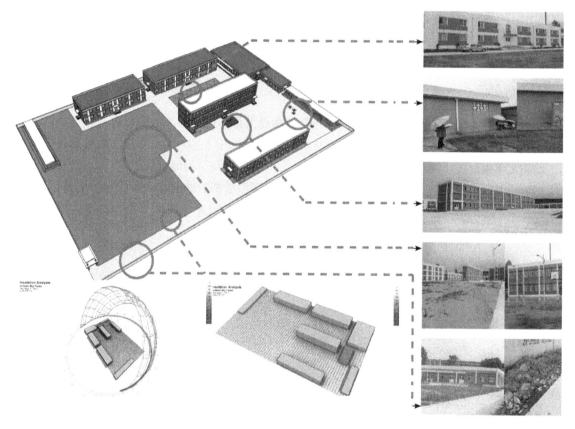

图7　总体环境分析

资料来源:作者自制

在总体改造过程中,重点进行了7个方面的改进。一是隔离绿带,道旁树能够起到分割动静空间、绿化、隔声的作用。二是中心花园的营造,置入绿肺、美化环境、调节微气候的作用。另外加铺渗水砖;设置太阳能路灯;进行垃圾分类,提高学校的卫生度和舒适度,回收可再生资源;在卫生间、住宿楼旁设置雨水收集池,用于洗涮拖把;另外改进排水沟,及时排散积水,并且雨水集中回收用于浇灌树木(图8)。

2.2.2　外围护结构节能改造

教学楼是校区内学生每天逗留时间最长的地方,选取教学楼作为重点建筑进行外围护结构的节能改造设计。教学楼位于学校中心位置,是学校的主体建筑,北面为教室公寓,南临实验楼,西临操场,东面是食堂和多功能厅。教学楼为外廊式、现浇混凝土楼板和砖混结构建筑,坐北朝南,共3层,每层4间教室,满足现有班级使用。学校刚投入使用,教学楼建筑外立面整洁干净,结构完好。教学楼的声光环境较好,

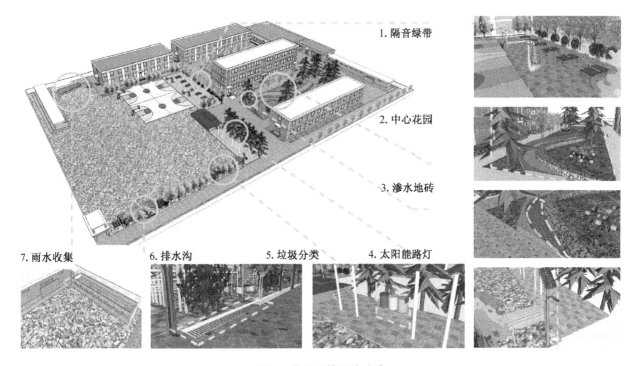

1. 隔音绿带
2. 中心花园
3. 渗水地砖
4. 太阳能路灯
5. 垃圾分类
6. 排水沟
7. 雨水收集

图8　校区总体环境改造

资料来源:作者自制

但仍存在冬季室内寒冷,自然采光状态下室内昏暗的状况。设计过程中对墙体、阳光廊、屋顶各部位进行了节能改造。之后运用 Ecotect 软件对改造前后进行了模拟分析。

墙体的改造是对普通砖墙的内外面构造层增加了使用秸秆做成的保温层。秋收后剩余秸秆是十分好的保温隔热材料。将其做成土砖贴在外墙面有很好的保温隔热效果;将其制作成纤维板,作为一种多孔材料贴在隔墙表面能提高内墙的防噪性能。另外在外墙面增加菱形网格状种植网架,增加垂直绿化美化外立面的同时提高了墙体的保温性能(图9)。通过对墙体表面材料的再选择达到了以下目的:保护主体结构,延长建筑使用寿命;提高室内热环境品质;是室内温度保持稳定;提高墙体防噪性能;美化丰富里面;就地取材,提高墙体性能的同时避免资源、能源的浪费(图10)。

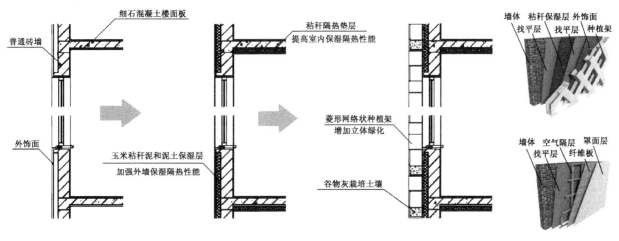

图9　墙体改造措施

资料来源:作者自制

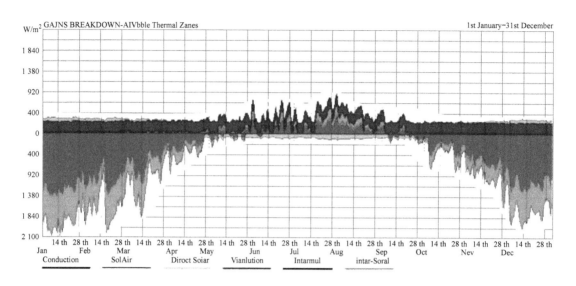

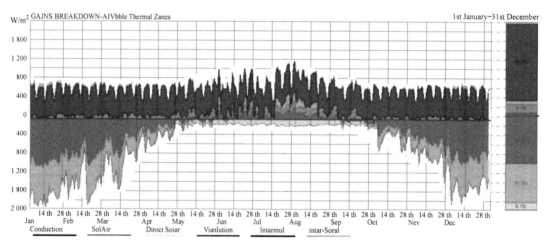

图10 改造前后室内全年得失热状况

资料来源:作者自制

原有教学楼为单侧外廊形式,在关中地区,处于南侧的封闭式外廊在夏季是良好的蓄热体,冬季能一定程度阻挡室外冷空气,相对而言孩子在廊道的活动也更加安全。但同时南向封闭廊道严重影响教室的采光,仅采用简单的砖墙和玻璃做维护材料,蓄热能力不显著。将外廊墙体原有的普通铝合金窗户改为双层玻璃并适当增加窗墙比,使得阳光廊冬季保温性加强,在冬季能有效阻挡室外冷空气的进入,从而使得冬至日的室内温度始终高于室外。透光性增强,对室内的遮光影响减弱,形式更加现代(图11)。

现状

相关数据

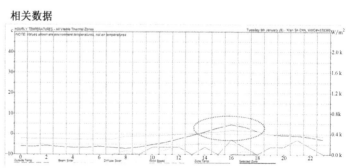

改造后

相关数据

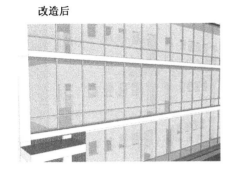
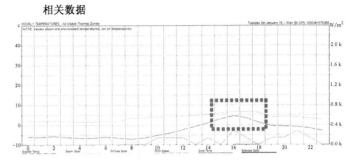

图11 阳光廊改造

资料来源:作者自制

建筑物的屋顶是与室外环境直接接触的表面,在所有围护结构中,受到的太阳辐射热、风、雨、雪的直接作用最强,对顶层室内热舒适状况有着很大的影响。在经过平改坡后,给顶层房子加了空气隔热层,既可防水又阻隔了热的直接传导。在改造的过程中,仅在平屋顶保温层上再加坡顶,实施起来比较容易,对下层影响较小。加建屋顶斜面的坡度限制在30°以内。屋顶又有构造层承担内保温的作用,新增坡屋顶主要解决了防水问题。但由于新加屋顶在顶层架起一定的空间,给顶层加了空气夹层,因此在一定程度上也起到了保温隔热的作用。图12示意了坡屋顶的分层构造。在屋顶结构层之上铺设轻型桁架,南侧桁架上铺太阳能板光伏电板,北侧采用当地材料红瓦。

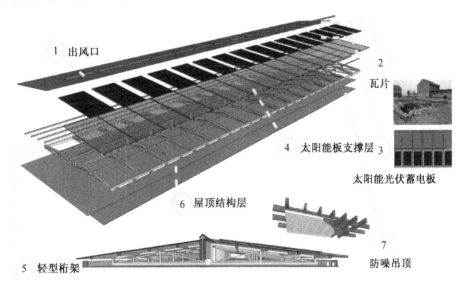

1 出风口

2 瓦片

4 太阳能板支撑层 3 太阳能光伏蓄电板

6 屋顶结构层

7 防噪吊顶

5 轻型桁架

图12 屋顶构造层次

资料来源:作者自制

屋顶设置通风口,夏季进风口打开,通过风压和热压的作用,冷空气从下方进风口进入,热空气从上方排除,出风口涂成深色,加快空气排出,设置防雨帽防止雨水流入;冬季,进风口关闭,坡屋顶形成大的空气间层,能有效地保温隔热,同时有效降低积雪荷载。通过软件模拟计算,室内夏季温度明显下降,全年的制冷采暖能耗有了大幅度的减小(图13)。

用软件对教学楼改造前后温湿度进行对比,图14显示出室内温度与室外温度之间的相互关系。不难发现改造后温度曲线斜率变小了,说明室内温度受室外温度变化的影响减小,室内温度趋于稳定。图15是全年温度分布曲线,显示全年不同温度累计时间。改造后室内温度区域平稳,而且4℃以下的气温累计时间明显降低。

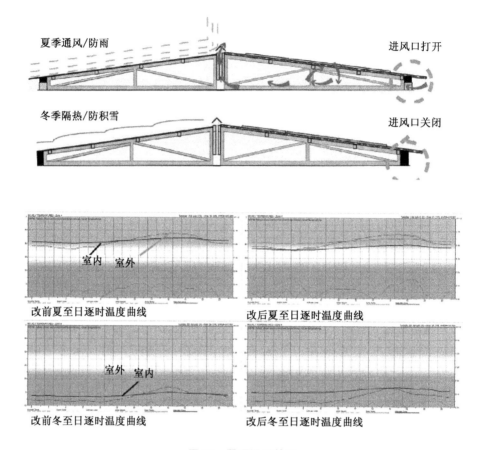

夏季通风/防雨　　　　　　　　　　　　　　　进风口打开

冬季隔热/防积雪　　　　　　　　　　　　　　进风口关闭

改前夏至日逐时温度曲线　　　　　　　改后夏至日逐时温度曲线

改前冬至日逐时温度曲线　　　　　　　改后冬至日逐时温度曲线

图13　屋顶通风效果

资料来源:作者自制

改造前　　　　　　　　　　　　　　　改造后

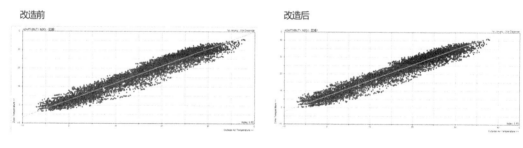

图14

改造前　　　　　　　　　　　　　　　改造后

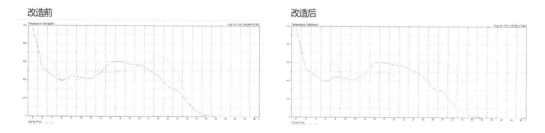

图15

3 总结回顾

整个项目的完成过程中,首先通过相关背景资料确定研究内容和对目标学校进行选点,使研究有了确定的目标;其次进行实地调研,对设计策略有了合理的判定;再次不断调整方案,增强设计策略的科学性;最后深入设计,并进行总结,达到设计策略的通用性。尽量用我们的成果影响当地学校的设计与改造。

此项目的可取之处在于时间安排的合理性,前期调研留下充足的时间。调研内容包括关中区位研究,已生态改造的学校与未生态改造学校的现状调研和生态改造的技术整理,为设计策略的地域性、实用性、可行性打下了坚实的基础。选择了符合关中农村中小学教学方式与生活习惯的建筑布局设计策略;通过调研太阳能技术的发展现状,选择经济成熟"被动式为主,主动式为辅"的技术改造策略,以上两点,提升了设计策略的可操作性。在经济性的考虑上既有定性又定量的认识,考虑到西部地区特有的经济状况,感受到建筑是切实关乎人民群众的基本生活,而不是建筑师的个人理想主义的具象。

参考文献

[1] 王瑞. 建筑节能设计. 武汉:华中科技大学出版社,2015.
[2] 黄继红. 建筑节能设计策略与应用. 北京:中国建筑工业出版社,2008.
[3] 中国农村能源行业协会. 户用沼气高效实用技术一点通(北方本). 北京:科学出版社,2008.
[4] 上海现代建筑设计(集团)有限公司技术中心. 被动式建筑设计技术与应用. 上海:上海科学技术出版社,2014.

江阴市山泉村新民居建设过程建筑节能分析[*]

黄　凯　许锦峰　汤苏平　杨　玥　吕佩娟　罗金凤

据统计,近十年来,我国农村每年新建住宅面积达 7 亿~8 亿 m^2,人均建筑面积已达 23.7 m^2。当前的住宅建设速度和规模已稳居世界榜首。农村民居的建设过程中,发现社会主义新农村建设中的农村民居建设问题很多,涉及了规划、建筑技术、产品体系、配套设施等方面。我国的农村建筑节能工作落后,江苏省城镇建筑实现了建筑节能 50% 标准全覆盖,部分执行了更高的建筑节能标准。但是,我国农村民居还没有相应的标准,并缺乏相应的技术支撑。主要存在的问题如下。

(1)节能意识薄弱:没有人关心农村建筑节能问题。

(2)节能技术缺乏:农民不懂得从哪几个方面采取节能措施。目前,农村住宅多为低层砖混结构,屋面、外墙等外围护结构无节能措施,窗墙比过大,具体表现为:围护结构没有任何保温隔热措施;农户为了省钱选用劣质、低价的门窗,导致建筑的保温隔热性能更差。

(3)室内舒适度差:江苏省农村民居冬天不采暖时,室内室外一样冷;夏天不空调时,室内闷热。毕竟多数农户不能承受采暖空调费用的开支,使得冬夏室内舒适度很差。

本文结合江阴市山泉村的新民居规划建设实例,分析新民居的建筑节能和节地问题。

1　山泉村新旧民居概况

江阴市山泉村地处江阴市周庄镇东南部,与向阳、华西相接,现村域面积为 2.3 km^2,当地人口约为 3 000 多人。

1.1　旧民居的问题

山泉村旧民居在土地、建筑质量和村貌上存在着如下问题。

(1)浪费土地:没有统一规划下的民居,土地利用率不高。如图 1 和图 2 所示,房前屋后闲置了一些土地。

图 1　山泉村旧民居 1　　　　　图 2　山泉村旧民居 2

黄凯,许锦峰,杨玥,吕佩娟,罗金凤:江苏省建筑科学研究院有限公司,江苏省建筑节能与绿色建筑研究重点实验室,南京 210008;汤苏平:江苏省墙体材料改革办公室,南京 210008

* 本项目由"国家自然科学基金 51278110"支持。

（2）建筑质量差：建筑建造从设计、施工到材料缺乏控制和管理，造成建筑质量差。如图3，房屋门窗和围护结构材料都不过关，严重影响了建筑质量。

（3）农村环境较差：缺乏统一规划下的农村，相关配套设施水平低，造成农村整体居住环境较差。

因此，山泉村的旧民居存在着无规划、设计、无节能措施、环境差等旧民居通病。

图3　山泉村旧民居房前屋后垃圾

1.2　新民居建设概况

2010年，山泉村本着节约土地、集约用地的原则，根据全村795户村民实际意愿，进行了全村新农村住宅的总体规划，设计建造多层、高层、连体、单体、空中别墅5种户型。

为了建好农民集中居住区——山泉花苑，村委会召开7次"民情恳谈会"，还向各家各户发放了入户调查表，内容包括需要什么户型、房型、面积，甚至连宗教信仰也统计在内。村委与每户确定了房型及需要时间，并计划3年时间全部建成。

图4　山泉村新貌

经过 3 年的建设,再来到村民集中居住区——山泉花苑(图 4),这里完全是一个印象江南,一门一窗,一花一草,一石一桥,都印刻着曾经熟悉而悠远的水乡记忆。看青砖黛瓦间是秀美古朴,听流水淙淙中有婉约雅致,行曲径通幽处闻暗香浮动。而水乡民居建筑风韵里包裹的却是现代生活无微不至的便利:棋牌室、活动室、游泳池、健身场、娱乐会所、老年公寓……传统与时尚相得益彰[1]。

2 新民居节地分析

2.1 统一规划的节地分析

山泉村现村域面积为 2.3 km²,原先旧民居没有统一规划,土地利用率不高,房前周边闲置了部分土地,旧民居统计占地约 982 亩,而新民居经过统一规划,解决了农村生产经营规模小、土地产出率低、大量农村住房闲置、宅基地浪费严重等问题,并且规划后新民居总占地 452 亩,土地置换后节地 530 亩。

通过土地整治,改善了山泉村农业生产条件,增加了耕地面积,提高了农业生产力和土地利用率。同时,新村面貌发生了极大变化,带动了服务业发展。土地整治节约的用地指标,能有力的支持山泉村经济建设和城市化建设。

2.2 新墙材使用的节地分析

山泉村在新农村建设过程中,全面禁止使用黏土砖,全面推广使用新型墙材砂加气砌块、ALC 加气混凝土砌块、粉煤灰加气混凝土砌块作为墙体的主体材料。

(1)新墙材节地指标

新型墙体材料能够替代实心黏土砖,并减少土地的开挖与破坏。每生产 60.6 万块实心黏土砖需取土挖地 1 亩(按取土 2 m 深。算)[2]。标砖的尺寸为 240 mm×115 mm×53 mm,则每平方米建筑墙体(240 墙)需用 1/(0.115×0.053)=164 块标砖,需要耗土地 0.000 27 亩。所以使用新墙材后每平方米建筑墙体能节约用地 0.000 27 亩。

表 1 新型墙材节地转化表

产品名称	项　目	节约指标	备　注
所有新型墙材	节约土地	0.0165 亩/万块标砖(挖地 2 m 深)	165 亩/亿块标砖(挖地 2 m 深)

(2)新墙材节能指标

新型墙体材料替代黏土砖,能够大大降低生产过程中的能耗。根据新型墙体材料节地节能减排换算表所示。生产 1 万块传统的实心黏土砖与生产新墙材相比,相当于要多消耗能源 0.62 吨标准煤,且每吨标准煤会排放废气:二氧化硫(SO_2)0.025 吨,二氧化碳(CO_2)2.492 5 吨[2]。

表 2 新型墙材节能转化表[3]

产品名称	项　目	节约指标	备　注
所有新型墙材	节约能源	0.62 吨标煤/万块标砖,节约 47%	6 200 吨标煤/亿块标砖

(3)山泉村新墙材节能减排

山泉村新民居建设中应用了大量新型墙材,主要有多孔砖、砂加气砌块、ALC 加气混凝土砌块、粉煤灰加气混凝土砌块、XPS 板、石膏板、岩棉板等多种类型,均属于固体废弃物综合利用。通过计算,山泉村新民居中的单体住宅、联排住宅、小高层及多层使用新墙材的外围护结构墙体和内部隔墙的总面积及其节约土地量如下表所示。

表3 山泉村墙体面积

	幢数	外墙与内墙总面积 （m²/幢）	总面积 （m²）	节约土地量 （亩）
单体住宅	99	792.63	78 470.37	21.2
联排住宅	16	2 010.33	32 165.28	8.7
小高层	3	8 561.32	25 684.00	6.9
多　层	43	4 431.00	190 533.00	51.5

山泉村各种住宅的外围护结构墙体与内部隔墙面积总和为 326 852.7 m²，在新农村建设过程中，全面禁止使用黏土砖，而是使用新型墙材砂加气砌块、ALC 加气混凝土砌块、粉煤灰加气混凝土砌块作为墙体的主体材料，减少黏土砖使用约 6 360 万块标准砖。

山泉村可以节约土地量约为 88.5 亩（按照取土 2 m 深计算，每亩土地可生产 60.6 万块黏土砖）。

山泉村可以节约标准煤 3 317.6 吨，减少废气排放量：二氧化硫 81.9 吨，二氧化碳 8 269.9 吨。

3 新民居建筑节能量的研究

采用建筑能耗模拟软件，并根据山泉村旧民居建筑材料特性和新民居建筑图纸进行能耗模拟。通过模拟对比新旧建筑、别墅类和多层建筑的能耗差别。

3.1 旧民居的能耗模拟

图5 苏南地区旧民居现场照片

选取典型旧民居的结构，对其进行建模。山泉村旧民居外墙采用 240 mm 普通黏土砖，外墙、屋顶、热桥梁、柱都没有采用保温材料，使用的木框-普通玻璃窗，传热系数为 4.70 W/(m²·K)。

进行能耗模拟计算之后得到，山泉村旧民居（图5、图6）全年耗电量为 92.63 kW·h/m²。

3.2 新民居——别墅的能耗模拟

山泉村新民居独栋别墅外墙采用 240 mm ALC 加气混凝土砌块，外墙、热桥梁和柱有 90 mm 厚的岩棉板保温

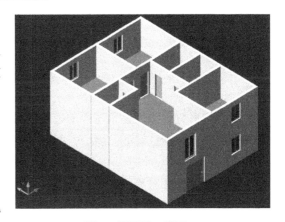

图6 旧民居三维图

材料、屋顶用了 100 mm 的岩棉板保温材料,使用的塑料中空玻璃窗(6＋12A＋6),传热系数为 2.50 W/(m² · K)。

进行能耗模拟计算之后得到,新民居独栋别墅全年耗电量为 59.36 kW · h/m²(图7、图8)。

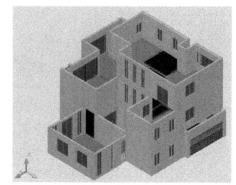

图7　苏南地区新民居现场照片　　　　　　　图8　独栋别墅三维图

3.3　新民居——多层的能耗模拟

山泉村新民居多层外墙采用 240 mm 粉煤灰加气混凝土砌块,外墙、热桥梁和柱有 30 mm 厚的岩棉板保温材料,屋顶用了 80 mm 的岩棉板保温材料,使用的断桥铝合金窗(6 高透光 Low-e 玻璃＋12 空气＋6 透明玻璃窗),传热系数为 2.70 W/(m² · K)。

进行能耗模拟计算之后得到,山泉村多层建筑全年耗电量为 38.71 kW · h/m²(图9、图10)。

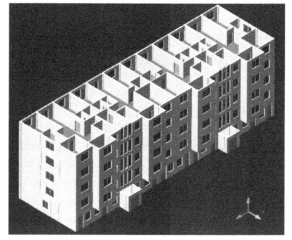

图9　苏南地区新民居现场照片　　　　　　　图10　多层三维图

3.4　分析

根据 3 种建筑类型建筑能耗的模拟结果,分析建筑节能元素、建筑结构等变化对建筑能耗影响的趋势(表4)。

新民居别墅相对于旧民居而言,建筑节能水平提高,内部结构空间更为合理,能耗下降约 35%。

新民居多层建筑,体型系数更小,建筑节能效

表4　3类建筑能耗的对比表

建筑类型	全年耗电量(kW · h/m²)
旧民居	92.63
新民居别墅	59.36
新民居多层建筑	38.71

率更高,对于旧民居,能耗下降约 60%。

因此,通过引导旧民居向新民居转变和建筑节能要素的落实,居住建筑能耗将大幅度下降,此技术路线科学合理。

4 新民居实际能耗的评估

4.1 新民居节能评估

新民居采用主动、被动节能手段和利用可再生能源技术后,通过模拟和理论计算得到建筑节能水平如下(表 5)。

1. 建筑节能技术节能量模拟结果

表 5 新旧民居建筑节能模拟结果对比表

名　称	建筑能耗模拟($kW \cdot h/m^2$)		
	旧民居	新民居	节能幅度(%)
联排	76.5	48.9	36.1
单体	92.6	59.4	35.9
高层	52.4	36.8	29.8
多层	50.6	38.6	23.7

通过模拟,新民居通过建筑节能技术应用,建筑能耗在旧民居的基础上下降约 30%,并且满足建筑节能 50% 的要求。

2. 新民居实际节能分析

(1) 新民居实际节能分析

新民居实际能耗包含了暖通空调、热水、炊事、家用电器等能耗,经过大量调查分析,暖通空调系统能耗约占居住建筑能耗的 50% 左右。新民居能耗总体下降约为 15% 左右,建筑能耗基础为 40 $kW \cdot h/m^2$(全省居住建筑能耗调查的统计结果)。

(2) 可再生能源建筑应用的节能水平评估

新民居热水系统全部采用太阳能热水系统,太阳能热水的保证率为 50% 以上。因此,全年可再生能源建筑应用的节能水平保守估计为 3 $kW \cdot h/m^2$。

4.2 综合评估

(1) 新墙材使用在利废的基础上,达到节能目的。其建筑节能的贡献率达到 40%~50%,为新民居建筑节能的主要手段。

(2) 新民居实际节能量为 9 $kW \cdot h/m^2$。

5 节能减排情况

根据以上分析,计算山泉村新民居节能减排量,如下:

(1) 新墙材使用一次性节能量为减排情况 3 317.6 吨标准煤;

(2) 建筑节能每年少使用 893 吨标准煤(表 6)。

表6　建筑节能每年减碳量(每年)

名　　称	节能量(万 kW·h/a)	减碳量(tce/a)
建筑节能	165	595.6
可再生能源应用	83	297.8
合　　计		893.4

6　结论

根据山泉村建设的实例分析,新民居建设时,通过使用新型墙体材料和统一规划两项举措可以达到如下的节能减排效果。

(1)山泉村通过新墙材使用和新民居建设分别节地88.5亩和530亩,共节地约619亩土地。与旧民居相比较,节约土地63%,节地效果明显。

(2)村新民居新墙材使用,一次性节约标准煤3 317.6吨;每年减少排放8 194.5吨二氧化碳、66.4吨二氧化硫和33.2吨粉尘。

(3)新民居能耗每年节约标准煤893.4吨;每年减少排放2 206.7吨二氧化碳、19.7吨二氧化硫和8.9吨粉尘。

(4)新民居相对于旧民居而言节能35%～50%。

本文从新民居的统一规划和强制采用新型墙体材料两个方面阐述新节地的效果,并得到以下启示。

(1)创新观念、科学引导农村住宅建设

用科学发展观指导农村住宅建设,统领农村住宅建设的全寿命周期(规划、设计、施工、使用、维护、拆除),建设"节地、节能、节水、节材"的"节能省地"型农村住宅,使农村住宅建设向资源节约型转化。

(2)大力推进新墙材产业和新民居建设应用链条

通过引导新墙材发展方向,将新墙材应用与新民居建设紧紧相连,不仅促进新墙材产业发展,同时达到节地和节能的目标。

参考文献

[1]　江阴:小城现代化的盛装舞步. http://www. js. chinanews. com/news/2012/1108/48486. html.

[2]　裴文彬,李耿巍,张炜. "秦砖汗瓦"烧毁长三角万亩良田[J]. 当代经济,2005,12;46.

[3]　http://finance. sina. com. cn/china/20121214/133014007037. shtml.

新农村住宅中可再生能源适宜技术设计策略

郑海超　　崔艳秋　李舒扬

我国农村有着丰富的太阳能、风能、生物质能等可再生能源，但是这些能源长期以来未得到有效的开发利用，造成大量能源的闲置、流失和浪费。因此，为推动绿色宜居村镇建设，新农村必须依托村镇的资源和生态环境，充分利用可再生能源。本文将通过调研山东村镇住宅用能现状，分析太阳能、生物质能、风能等可再生能源在新农村住宅中的应用，探讨寻求适合寒冷地区新农村的可再生能源技术应用设计策略。

1　山东地区农宅现状及用能调研

山东隶属国家建筑热工设计分区的寒冷地区，冬季寒冷、夏季炎热，农村地区人口众多，能源消费比重大，笔者通过对不同地区、不同类型农居现状进行了调研，发现主要存在以下几方面问题。

（1）围护结构热特性差

调研中发现，目前农村住宅外墙厚度整体偏薄，仍有许多未做保温处理。外墙平均传热系数约为 $1.6 \sim 1.9$ W/($m^2 \cdot$ K)；60％以上的农户仍然使用单框单玻铝合金窗，传热系数为 $5.5 \sim 6.8$ W/($m^2 \cdot$ K)；屋顶的传热系数为 $1.2 \sim 1.8$ W/($m^2 \cdot$ K)，均大于《农村居住建筑节能设计标准》(GB/T 50824-2013)的限值；单体住宅的体形系数多在 0.8 以上，远大于城市多层住宅，冬季采暖热负荷大。

（2）设备热效率低

山东地区农村住宅供暖主要采用火炉、火炕和土暖气等方式，土暖气的效率仅为 40％，落地炕效率仅为 20％～30％，采暖效率低，能耗高、冬季室内温度低，达不到标准所规定的数值；炊事使用传统柴灶占到 50％以上，效率仅为 15％～20％。农村用能设备落后、热效率低，导致严重的环境污染，加之农民不良的用能习惯，造成了能源的严重浪费。

（3）可再生能源利用不足

北方地区炊事、采暖和生活热水耗能一直是农户主要用能方面。城市的冬季供暖采用集中供热的方式，目前新农村社区的冬季供暖部分也采用了这种供热方式。对于独院式和联排式新农居来说，住户较为分散，集中式供暖不经济也不合理。调研中发现，目前山东地区主要采暖方式有煤炉、土暖气、炕及电能采暖等，炊事、热水主要使用电、煤炭和液化气等传统能源。这些方式热效率低、浪费能源、污染环境严重。

可再生能源利用中，太阳能热水系统虽已普及，但使用效率偏低，并且与建筑一体化整合设计较差。对于生物质能、风能等能源的利用远远不足，从山东省农村能源的供求现状来看，不加节制的用能习惯和传统的用能方式将很快使农村能源需求超过山东可供的常规能源量，农村能源问题将成为制约农村发展的主要因素，因此必须寻求农宅中可再生能源适宜技术的应用。

郑海超，崔艳秋，李舒扬：山东建筑大学，济南 252000

2 新农宅可再生能源适宜技术设计策略探讨

为有效缓解农村能源压力,推动绿色宜居村镇建设,本文针对某农宅设计实践(图1),分析探讨太阳能、生物质能、风能等在新农宅中设计中的应用策略。

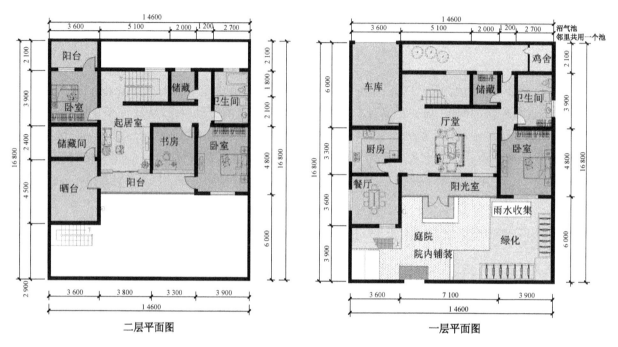

二层平面图　　　　　　　　　　　一层平面图

图 1　某农宅设计平面图

2.1　太阳能的利用

山东农村地区太阳能资源丰富,加之新农村住宅的规划布局及造型特点,使得新农村住宅建筑在太阳能利用上有其明显优势,主要体现在太阳能热水、太阳能采暖、太阳能发电 3 个方面。

2.1.1　太阳能热水系统利用

在新农村住宅设计中,用太阳能热水系统制备生活热水,可以大大减少对常规能源的消耗。太阳能热水系统在建筑设计中主要可以与屋顶结合、外墙面结合、阳台板结合、遮阳构件结合等多种形式。结合新农宅的使用功能、造型特点以及集热效率等因素,农宅设计中主要以屋顶方式应用为主。

山东地区农宅设计中,根据使用要求屋顶通常采用平屋顶和坡屋顶两种形式。其中平屋顶多设计在低矮屋面,兼做晒台功能。如将集热器布置在平屋顶上会影响晒台的空间使用,且与建筑一体化整合效果较差,所以农宅设计中重点探讨集热器与坡屋顶的一体化整合设计方法。

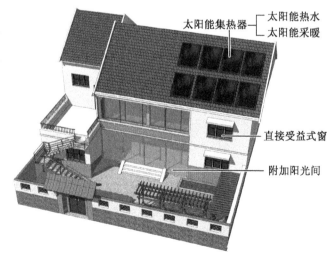

图 2　该农宅设计技术效果图

在该农宅设计中,可将集热器顺应坡屋顶坡度安装在南向屋面上(图2),从建筑造型上看,较好地体现了太阳能热水系统与建筑的一体化设计效果。从构造技术来看,集热器与坡屋顶结合,安装技术较平屋顶更为复杂,需要考虑对屋顶防水、保温、排水、布瓦的影响。按照屋面和集热器的关系,可以采用敷面式和嵌入式两种构造做法,如图3、图4所示。

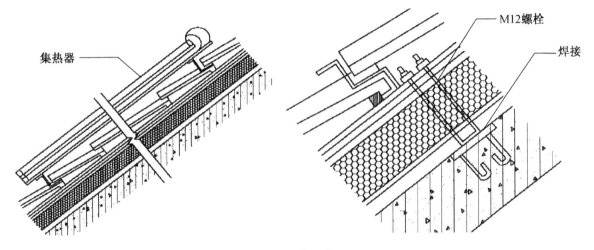

图3 敷面式

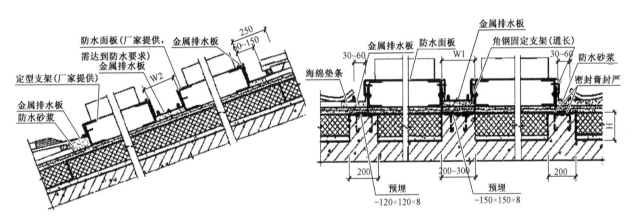

图4 嵌入式

2.1.2 太阳能采暖技术利用

太阳能在建筑中的热利用还体现在可利用太阳能解决寒冷地区采暖问题。在农宅中,利用太阳能采暖的主要形式有太阳房、太阳能热水采暖系统、太阳能炕3种形式。

(1)太阳房采暖系统利用

被动式太阳房是通过围护结构本身完成吸热、蓄热、放热过程,从而实现太阳能采暖,其主要应用形式有直接受益式,集热蓄热墙式,附加阳光间式,蓄热屋顶池式等。

在该农宅设计中,南侧卧室采用了直接受益式太阳房。白天阳光通过南窗直接照射到室内,夜间当室温降低时,蓄热物质储存的热量就会慢慢释放,进而保持室内温度的稳定。中间客厅的南侧设计了附加阳光间式太阳房,使其作为一个缓冲空间,减少室内房间与室外的热交换。本阳光间设计时采用双玻塑料窗,在玻璃上下设有进、排风口,控制阳光间的通风,同时将蓄热物质布置在内隔墙和阳光间地板上,蓄热物质白天吸热夜间放热,保持了室内温度的相对恒定,较好的提高了寒冷地区室内热舒适性。技术效果图如图2所示。

（2）太阳能热水采暖系统利用

太阳能采暖系统主要由太阳能集热器、水箱、末端采暖系统、连接管道、控制系统等组成,通过集热器把太阳能转换为热量储存在水箱,然后通过管道连接输送到采暖末端,为建筑供给热量。

在本农宅设计中,利用太阳能为用户提供生活热水的同时也可解决采暖问题。集热器的面积和规格应根据农户对热水和采暖的双重需求来确定,并顺应坡屋顶坡度安装在南向屋面上(图2),采用低温地板辐射采暖的方式。采暖期太阳能热水系统应同时提供采暖和生活热水,低温地板辐射采暖系统与水箱的中部相连,供水温度较低,一般在 30～40 ℃;生活热水系统同水箱上部相连通,供水温度 50～60 ℃,可以满足日常生活热水的需要。非采暖期,太阳能热水系统仅提供生活热水。

（3）太阳能炕

火炕采暖是北方地区传统的取暖方式,它充分利用了炉灶燃烧的余热,构造简单、易于施工、成本低廉。但是传统火炕有时会产生"倒烟、燎烟、压烟"现象,而且薪柴和化石燃料的燃烧造成了严重的环境污染,又浪费了能源。因此利用太阳能炕对室内辅助供暖,可以节约能源、减少污染、节省供暖费用。

在本农宅设计中,考虑到村民的日常生活习惯,将传统火炕与太阳能炕结合。设计时将盘管铺设在炕面下,在太阳辐射充足时,太阳能炕可以独立正常运行,为房间供暖;在阴雨天气或太阳辐射较少时,借助传统燃烧燃料方式加热火炕获取热量,作为太阳能炕的辅助加热系统,并加之其自身蓄热功能,保证系统的正常运行。构造做法如图5所示。

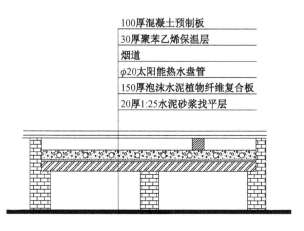

100厚混凝土预制板
30厚聚苯乙烯保温层
烟道
φ20太阳能热水盘管
150厚泡沫水泥植物纤维复合板
20厚1:25水泥砂浆找平层

图 5　太阳能炕构造

此外,在利用太阳能解决热水及采暖问题的基础上,还可以利用太阳能进行发电。一般可直接将太阳能光电板作为建筑构件,如建筑的外壁板、玻璃窗、雨篷等,既可满足结构需求也可起到装饰作用,为农宅提供部分用电需求;对于新农村合院式或联排式建筑占地面积大,还可以充分利用前后院空地布置光电阵板或将集电板布置在屋顶上,与建筑造型融合为一体,更好地缓解农村用电紧张的问题。

2.2　其他可再生能源

2.2.1　沼气利用

我国农村沼气利用已初具规模,但是随着沼气建设发展,沼气发酵问题日益突出。低温条件下沼气池启动慢、原料转化率低、产气量不足甚至不产气,导致每年有数月不能正常使用沼气池,于是,许多沼气池闲置,不能满足农户的用能需求,也影响农户使用沼气的积极性。因此,应根据各地实际,利用太阳能探索新型发酵利用模式,如"四位一体"模式。

在该农宅设计中,以太阳能为动力,将沼气池、厕所、畜禽舍和日光温室相组合,如图6。使沼气池的产气、厕所和沼气池的积肥、日光温室植物的种植与畜禽的养殖同步,形成良性循环的能源生态综合利用体系。日光温室植物光合作用产生的氧气供牲畜呼吸生长,牲畜呼出的二氧化碳作为植物生长的气体肥料,畜禽舍及卫生间排出粪便又可作为沼气池的发酵原料,沼气池产生的沼气可用于炊事及照明,沼液可作为农作物的肥料,因而形成良性循环,改善了生态环境。

2.2.2　风能利用

风能应用的主要形式为风力发电、提水、制热和风帆助航。其中风力发电是目前风能利用的主要形式。在农村建筑中,风能组件可以与建筑一体化设计。因新农村建筑多为低层建筑,每户均有独立院落,

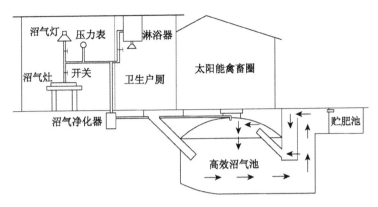

图6 太阳能炕构造

住宅间距较大,空地较多,在住宅规划设计时,便可根据用户需求确定风机组件的容量,将风能发电组件选择在街道、活动场地等合适位置安装;由于风能资源是随着高度的增加而增加的,因此也可以考虑将风力发电机安放在屋顶。

3 结语

在新农村住宅设计中,结合新农宅的使用要求和造型特点等因素,依托村镇的资源和生态环境来减少对常规能源的消耗。充分利用太阳能热水系统为住户提供生活热水;积极利用被动式太阳房、太阳能采暖系统、太阳能炕等方式解决采暖问题;合理利用太阳能光伏发电系统、沼气及风力发电等技术,缓解农村用电压力。因此,为改善室内热舒适性,提高新农宅居住环境品质,降低建筑能耗,大力推广应用各种可再生能源适宜技术,是新农村住宅必须寻求的可持续发展的途径。

参考文献

［1］ 梁俊强,戚仁广,郝斌,等.中国建筑节能发展报告(2012年)——可再生能源建筑应用[M].北京:中国建筑工业出版社,2012.
［2］ 刘金铭.可再生能源在建筑节能中的应用[J].技术与市场,2013,10.
［3］ 中华人民共和国住房和城乡建设部.农村居住建筑节能设计标准.北京:中国建筑工业出版社,2014.

被动式节能房屋在苏南农村的应用研究

张李瑞

统计截止到 2013 年年底,江苏村级集体总资产达到 2 054 亿元,年平均增长规模超过 11%,其中苏南农村更是整个江苏农村的尖子生。相对于全国,苏南农村有其独特性,一是苏南农村较为富裕,二是处于冬冷夏热气候区,这里的百姓对建筑性能提出了更多的要求。虽然整体较为富裕,但是这里民风朴实内敛,喜欢精打细算。早些年古民居除了局部被很好地保留外,大量都是 20 世纪 80、90 年代后农民自建房,随意性较大,缺乏整体控制,缺乏节能考虑,随着居民的要求逐步提高,更多越来越好的房子出现在苏南农村,其中不乏性能较为优良的一些节能房屋,这仅仅是新农村房屋升级的开始,还有很多工作需要我们建筑师去完成。

1 农村需要什么样的房子

1.1 需求多样性

苏南农村整体经济较好,但依然存在着地区差异及家庭差异。每家根据自身的经济状况对建筑的需求也是不相同的。家庭条件较好的,就需要独栋住宅;家庭经济状况稍微差一点的,或者村庄有整体规划的,可能就会建联排住宅;村庄用地较为紧张的,会更偏向于多层住宅。我们需要一个建筑产品,稍作变化既能满足这些需求,采用相同的技术手段,一样的控制流程,有利于在苏南农村市场大规模应用与推广。如图 1 所示,依次展示了一套建筑产品如何在独栋、联排及多层之间是怎么变化的。

图 1 轻铝结构屋顶改造示意图

资料来源:东南大学张宏老师工作室

1.2 节能的需求

夏热冬冷地区夏季闷热潮湿,冬季寒冷干燥。随着经济发展和人民生活水平快速提高,空调设备也得到普及使用。如何通过改善建筑围护构件热工性能,使建筑物具有良好的室内热舒适性,例如增强外

张李瑞:东南大学建筑学院,南京 210096

围护的保温性能,降低外围护的传热系数;增强外窗的保温性能,注意窗型材与玻璃材料的选择;改善遮阳设施,会大幅降低建筑的冷热负荷;应积极处理屋顶,增加空气间层或绿化,能有效改善建筑物理性能。

但这还远远不够。苏南农村有着节俭的传统美德,减少空调使用,减少电能消耗有着实际而现实的意义,同时不以降低舒适性为代价。这就需要被动式节能技术的支撑。通过建筑手法处理建筑空间,能很好地利用风能、光能等在被动式中的应用,能有效地减少空调使用,极大地节约能耗。

1.3 工业化的需求

在苏南农村市场可引入一套更加贴合实际,更加有实际应用价值的住宅建筑模式,即工业化建筑产品模式。从而在理论与实践中,建立以建筑构件产品化为中心的指导方法。

建筑构件产品化的重要性:将建筑拆分成建筑构件,从而使构件可以产品化,符合建筑工业化的建造逻辑。这样可以加快建造速度,并且全程可控。快速落实既有建筑改造所需资金、人员、时间、工具等。原本复杂的建筑问题变得简单可控。苏南农村建筑市场不再是各家自理,毫无章法;也不再是整个建造流程混乱不堪,全部只掌握在包工头手中的随兴"作品"。苏南农村的老百姓可以挑选适合自己的建筑产品,在工厂生产定制建筑构件产品,到基地现场装配组合,节约资金、时间、人力。

2 被动式节能的内容

2.1 风能利用

引导自然通风,组织热压通风,有效利用地下冷源。如图2所示,通过窗户及开孔,利用天井,可使室内空气流通,底层的冷空气通过太阳加温,变热后向上,经智能电动高窗从天井背面流出。形成整个空气循环的通路。人为组织风道,达到为建筑服务的目的,结合自然通风、热压通风等达到被动式节能的目的。

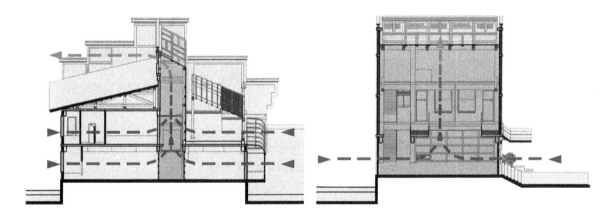

图2 轻铝结构屋顶改造示意图
资料来源:东南大学张宏老师工作室

2.2 光能利用

夏季:遮阳,热压通风的动力来源。

夏季晴天日间工况:气候特点:外界太阳辐射强烈,空气温度高;使用特征:二层卧室内活动较少,人员主要在一层起居室等活动。

工况简述(图3):关闭朝向太阳房开的门③,打开太阳房开口①,开启地下通风口②,让冷空气从通风管道口④进入一层房间。开启天井高侧窗⑤，天井上空温度被加热形成热压通风的动力，低温空气从一层面通风管道口④不断补充，降低室内气温，在室内形成微风，提供人的舒适度。南向屋顶设置太阳能支架⑩，提供太阳能的同时，也起到了遮阳的作用。

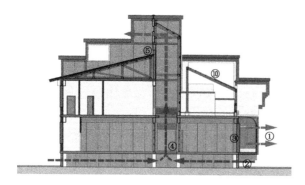
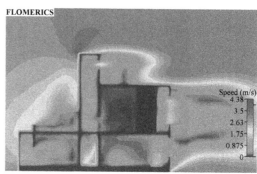

图3　轻铝结构屋顶改造示意图
资料来源：东南大学张宏老师工作室

冬季：阳光间，热源。

冬季晴天工况：气候特点：室外气温较低，北风凛冽；使用特征：日间主要在一层活动，夜间在二层活动。

工况简介（图4）：开启会议室和餐厅对太阳房的门窗③，利用太阳房对会议室和餐厅进行加热。若白天主要在会议室和餐厅活动，则关闭卧室开向天井的门窗⑧，开启会议室面向天井的⑦、⑨，天井也作为太阳房对客厅进行加热；若在卧室活动：关闭会议室和客厅开向天井的门窗⑦、⑨，开启卧室开向天井的门窗⑧，利用天井这个太阳房对卧室进行加热。屋顶缓冲层为二层卧室提供热量。夜间无太阳辐射，外界气温急剧下降，关闭所有门窗。

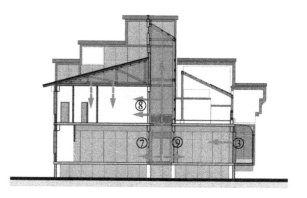

图4　轻铝结构屋顶改造示意图
资料来源：东南大学张宏老师工作室

2.3　空间被动式节能

建筑整体布局方整，有效控制了建筑的体形系数。进深大，提高土地利用率。在南侧设置阳光房，在冬天提供热源。性能化辅助空间具有多重功能，既是交通空间，又可以起到被动式节能的作用。交通空间布置在西侧，有效防止西晒。

2.4　种植屋面

种植屋面起到夏天隔热，冬天保温的效果，降低能耗；保护建筑物顶部，延长屋顶建材使用寿命；削弱城市噪音，缓解大气浮尘，净化空气。

3　总结

在中国当下建筑界，农村住宅更多的是混乱。基于工业化建造思路，摒弃传统手工模式，以建筑构件产品化为设计前提，以利于生产、运输、施工、维护，以及再次更新，可节省既有建造的时间和成本，提高效率，并且全程利用图表系统，清晰可控。最重要全部部件产品在工厂中生产，现场仅是运输及吊装，极大的缩短工期。

综上被动式节能工业化房屋正好符合这片区域的一切需求,非常适合在苏南农村推广应用。

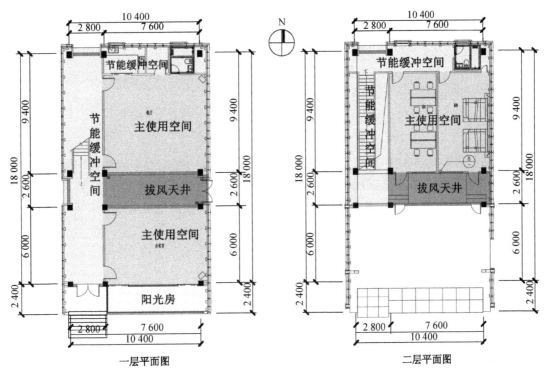

图 5 轻铝结构屋顶改造示意图

资料来源:东南大学张宏老师工作室

参考文献

[1] 陈湛,张三明.中国传统民居中的被动节能技术[J].华中建筑,2008.
[2] 陶漪蓝.被动式节能技术的运用与启示——基于对城市最佳实践区实物案例的考察[J].绿色建筑,2011.
[3] 陈华晋,李宝骏,董志峰.浅谈建筑被动式节能设计[J].建筑节能,2007.
[4] 渠箴亮.被动式太阳房建筑设计[M].北京:中国建筑工业出版社,2006.

台湾地区低碳建筑常用技术手法

池体演

　　台湾地区属亚热带热湿气候,建筑容易因日射及通风不良等问题造成室内潮湿问题,加上因生活形态的改变,让空调使用率提高而造成耗能,可利用科学的建筑节能设计与技术手法,善用自然采光、通风与隔热设计,可减少建筑物内照明、空调的耗电。本文旨在对台湾低碳建筑常用技术手法进行介绍。

1　新建建筑的低碳设计原则

　　(1) 在新建建筑的设计阶段即导入低碳的设计原则,可达最大的节能效益,避免建筑物在使用及维护阶段再行改善,造成人力及资源的浪费。

　　(2) 新建建筑应该考虑自然环境、建筑结构及设施等低碳设计原则:①选择坐北朝南的基地位置;②开窗位置避免在太阳辐射量高的方位;③各方位可开窗至少达 1/3 以上,以达到通风、采光效果;④窗户高度与大小应和太阳入射角度达到平衡;⑤空间规划设计应与通风为主要考虑;⑥选用低能耗、低污染、环保、可回收的建材。

2　绿色建材的选择

　　(1) 绿色建材的选用建议购买具有绿色建材标章的商品。绿色建材分生态、健康、高性能、再生 4 个大类,其中再生绿色建材就是利用回收的材料经由再制作的过程,所制成的建材产品,复合减少废物量(reduce)、再利用(reuse)、再循环(recycle)等原则(如表 1)。

　　(2) 绿色建材建议以新建或改造建筑为主,不鼓励性能正常的既有建筑或设施,为了使用绿色建材而增加建筑废弃物,制造更多环境问题。

表 1

类　别	包　含　范　围
木质绿色建材	建筑内部装潢、地板、天花板、踢脚板、隔间板、门及各种木质家具等,以使用废弃木材或制造过程中的木质边料为原材料
石质绿色建材	建筑物外墙、隔间墙、地砖、面板等,以使用废弃混凝土材料,或是以制造过程中无害性的无机石质材料为原料制造的石质材料
混合材质绿色建材	利用各种工业或民用无害性废弃物如废塑料、废玻璃、矿渣、无机淤泥等,经适当的调制,或掺配入木质、石质等建筑废弃物,从而制作成具有特定功能的建材或是性能提高的建材,如仿木建材、轻质骨材、透水砖、轻质隔间砖等

　　池体演:台北池体演建筑师事务所,主持建筑师

3 低碳设计手法

3.1 墙体隔热

外墙隔热应在新设建筑物的规划阶段即应考虑,采用较好的隔热材料或构造,若为既有建物,则建议优先考虑采用外墙绿化或加设隔热材料,其可行做法如下(图1、图2)。

(1)建议隔热材(如纤维板、合板、多孔质硅酸钙板、玻璃棉材等)应使用较明亮的表面材料以增加反射率。

(2)可搭配外遮阳以减少直接的太阳照射。

(3)建议采用双层实墙表皮的构造,不仅附加表皮可以遮蔽里层,中间空气层还有通风散热的效果。

图1 双(复)层外墙可减少直接日射　　　　图2 双层外墙适合设置于建筑物南向

3.2 屋顶隔热

屋顶隔热良好、有效的屋顶隔热,可降低室内热环境,其常见的隔热做法有5种。

(1)屋顶涂刷浅色漆(白色系)以反射日射热;

(2)铺设黑网:无论是平屋顶或斜屋顶皆可施作,是最经济实惠的方法;

(3)双层通风屋顶:平屋顶建筑可在屋顶上加建一层钢板,在原本屋顶与钢板屋顶中间产生通风空气层,可有效降低强烈的太阳辐射热;

(4)铺设发泡材料或隔热砖:由于隔热砖重量较重,该作法多适合用于平屋顶(图3);

图3 屋顶铺设隔热砖可有效减缓传热　　　　图4 屋顶植栽绿化不仅隔热也美观

（5）屋顶花架:搭配适当的爬藤植物,能够提高遮阳效果,且植栽的蒸发散作用也有助于带走热量(图4)。

3.3 窗材质的选择

（1）玻璃的节能特性主要在于隔热能力及遮阳能力。台湾地区室内外温度差并非很大,而太阳辐射却很惊人,因此在玻璃节能的选用中,建议优先考虑玻璃的遮阳性能。

（2）双层玻璃是一种隔热、遮阳、气密及传导性能良好的节能玻璃,可以利用中空玻璃的空气夹层减少热传导。

（3）低辐射玻璃(low emissivity glass)简称为 Low-E 玻璃,其特点为高透明、低眩光率且具有较佳的热辐射阻隔效果,兼具遮阳与采光效能,但目前价格仍稍嫌昂贵(图5、图6)。

图5 无日照处可设计透光玻璃减少室内照明　　图6 网点 Low-E 玻璃可兼并隔热及采光

3.4 外遮阳

建筑外遮阳主要是在建筑物外墙或屋顶的开口处外侧,加装遮阳设施,以制造阴影遮蔽日晒,除了可减少炎热的问题,也具有防止眩光的功能,除此之外,外遮阳设备需加装在既有建筑物上,因此必须特别注意建筑物外墙的结构承重能力,建议选择较轻的材料,若选择结合藤蔓花架的遮阳设计,则需加强花架的强度,以避免植物生长茂密而压毁。

3.5 通风塔

通风塔的原理是利用热气流上升、冷气流下降的浮力原理,将室内所产生的热气自通风塔流至户外,有些排风塔会加设加热装置使空气产生较大的浮力,以促进通风换气的效果。通风塔设置的原则(图7)。

（1）适合装设于大型空间,较大的高低差可提高通风效果。

（2）常有风害或雨水渗漏等问题,可配合设置遮雨顶、百叶板、外包保护板加以防护。

图7 建筑物上的通风塔可帮助室内散热

4 节约能源

节约能源的方式主要是减少用电消耗,减少用电功率可以从提升用电设备效率达成,例如加装变频器、选用高效率的马达、高效率的安定器与高 EER 的冷气机等。亦可以通过管理方式改变用电行为以减少用电时间,例如随手关灯、电器不用时拔插头减少待机用电、制订合理的契约用量、采用能源管理系统等,可达到合理用电,降低用电成本,有效节省电费。

4.1 空调

空调设备可寻求空调专家根据建筑空间性质与尺度决定空调设备系统种类及容量,并搭配能源管理系统的智能控制设备,实时监控室内能源消耗情形,可达到有效降低空调耗能及使用电费。住宅空调系统的规模种类多样,此次探讨范围为小型的窗型及分离式冷气机。

1. 空调搭配风扇

开冷气搭配吊扇可以带动室内空气的流通,改变空间内热空气的方向,将比较凉爽的空气带到适当的高度(图8)。

2. 空调主机如何规划

(1) 依据能源效率比值(energy efficiency ratio,简称EER)或压缩机功能系数(coefficient of performance,简称COP)来选择,数值越高代表越省电,且效率也越高。

(2) 选用变频式冷气机或可变冷媒空调系统,压缩机可随室内温度调节运转速度,可增加舒适感,亦较省电。

(3) 冷气机应装在通风良好,不受阳光直射的地方。并应避免室外热气排出口 50 cm 以内放置阻碍物,而室内侧回风吸入口与墙壁面应至少保留 50 cm,以提高冷气机效率。

图8 分离式冷气机搭配风扇

(4) 分离式冷气机的室外机应尽可能接近室内机,其冷媒连接管宜在 10 m 以内,并避免过多弯曲,降低冷气机能源效率。

4.2 照明

照明的选择主要包含两大重点,分别为光源与灯具,使用者可依据空间需求,了解各种光源种类及其特性后,选择适合的光源,并搭配高效率灯具及控制系统,照明灯的选择原则与改善建议如下。

(1) 发光效率为选择灯的重要指标,测量单位:lm/W。发光效率越高则光源越明亮。

(2) 采用电子式安定器搭配高效率光源,其安定器具启动及稳定电流的功能,并较传统安定器稳定而不闪烁,约比传统安定器省电 20% 以上。

(3) 一般室内空间可将 T_8 日光灯管汰换为 T_5 日光灯管并搭配电子安定器;而白炽灯泡可替换为省电灯泡(图9)。

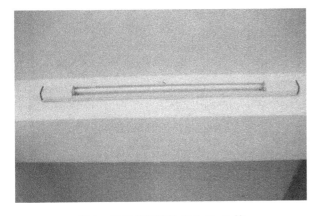

图9 建议将照明汰换为 T_5 灯管

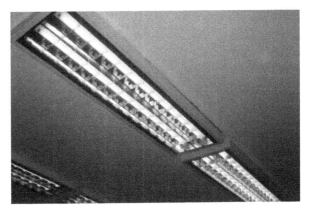

图10 格栅灯具可避免炫光问题

(4) 灯具加装反射系数较高的反射板及格栅片,可有效提高照明质量(图10)。

(5) 传统轨道灯、投射灯使用的卤素灯,建议可替换为陶瓷复金属灯及 ED 灯;神龛的白炽灯泡替换为 LED 灯泡;而梯间逃生避难指示灯可替换为 LED 灯(图11)。

照明的节能也可以通过自动控制达成,自动控制能够适时关灯,以减少照明分区方式不佳所造成的耗能,可依不同空间需求来设定照明输出模式,并搭配时间调整增加效益;也可以配合空间使用,搭配适合的灯光照明组合变化。常见的方式有:定时或感应自动开闭系统;太阳光感知自动调光系统。

图 11　时间控制器

5　资源循环

资源循环可从推动废弃物源头减量、废弃资源回收再利用、厨余回收堆肥等方式、宣导,并对地方设置的资源回收站进行形象改造,以提高资源回收率。另外,还可从使节水、节水设备规划水集留用,雨水截留、储留系统,到鼓励生活杂排水回收,做为冲洗厕所、洗车、花木浇灌再利用,皆可达到资源回收、废弃物及用水减量的成效。另外,还可定期举办跳蚤市场与宣导购买资源再生的产品。

5.1　透水性铺面

雨水渗入土壤的机会,使土壤无法涵养水源、滋养大地,还会造成大雨时期地表径流、都市洪水等问题呢?良好的透水性,可确保雨水渗入地底,而达到良好的透水性能(图12)。

5.2　景观水池

小区可将人工湖、庭园水池、广场、停车场等空间做为具有缓慢渗透排水功能的景观水池,将雨水暂留于低洼处,再使其慢慢渗透循环入地下,进入大自然的水循环过程,有如湖泊、水库的涵养功能,并兼具促进生态多样性的意义(图13)。

图 12　透水性铺砖

图 13　砖景观水池

5.3 草沟

都市型小区的道路环境多为沥青铺面,而乡村型小区的沟渠设施则多为混凝土构造,这些光滑不透水的设施无法保留水分,因此可利用"草沟"保留大自然的土壤地面,并让雨水渗入地表,达到涵养地下水与减缓都市洪水的问题(图14)。

图14　草沟

5.4 人工湿地

湿地可提供野生动、植物良好的栖息环境外,还可利用生态工法做为废水处理的自然净化环境。由于自然净化不需经过曝气、搅拌、加压等繁复的过程,而是利用植物,以及湿地内的卵石、砾石等介质做物理性净化,因此速率较慢,整体形成循环稳定,故不需经常维修的系统,具有省能源、低成本、无污染、操作维护简单、不破坏生态等优点。

5.5 厕所节水

我国家庭每人每日用水量约为204 L,主要用途依序为:马桶冲厕(28%)、洗衣(22%)、洗澡(21%)、一般水龙头用水(15%),清洁或与其他用途(14%)。采用节水标准的卫浴器材是最有效的厕所节水方法,可针对耗水量较大的项目优先进行节水。

(1)使用感应式水龙头、脚踏式水龙头。

(2)水龙头加装节水配件,如起泡器、节水垫片。

(3)马桶可采用一段式节水马桶、两段式节水马桶、两段式马桶节水器及附洗手台马桶等。

5.6 雨水再利用

台湾地区降雨量虽丰富,但坡陡流急造成大部分的水资源迅速流进大海,使每人平均用水量偏低,若能将雨水回收再利用,就可改善无水可用的情形。常见的雨水利用有:①利用屋顶或地表面集水作为庭园浇灌用;②农业生产需要的雨水利用则挖掘农塘集水。

5.7 厨余利用

根据环保署的统计资料,厨余占一般废弃物的比例为17.9%~25.8%,因此若能利用厨余等有机废弃物做为堆肥,不仅可减少垃圾量,降低环境污染,更具备健康、环保的功用,还可推动小区自给农园,达到寓教于乐的效果。

5.8 落叶、堆肥利用

木竹、稻草及落叶占一般废弃物的比例为4.7%~5.9%,因此若能利用落叶做为堆肥再利用,不但可减少废弃物、降低环境污染,而其中富含的有机养分也可被妥善利用,借此提高土壤肥沃程度,适合原本绿化环境良好的小区。

6　再生能源

再生能源发展上,可考虑当地的自然环境特色及潜力,积极开发各种无匮乏的能源。目前世界各国无不积极推广再生能源,期望借此减少或避免核电厂的兴建及降低石油危机。

6.1 太阳能光电的设置

规划太阳能光电板应注意下列设置条件(图 15):①山区或经常下雨的地方不适合装设;②设置位置应避免产生遮阴的问题,如大树、建筑物等;③平均日照时数应至少达到 3 h 以上;④设置面积至少应有 10 m² 以上,才具有设置效益;⑤设置方位以南面朝向较佳,而倾斜角度为 22~25±10°;⑥一般 RC 建筑的使用年限为 50 年,故若设置于建筑物上,建议选择符合耐震设计且屋龄 30 年以内的建筑物,并由结构技师进行评估是否适合设置。

图 15　太阳能板

6.2 太阳能热水器

太阳能热水器为吸收太阳辐射能,转成热能而产生热水的一种设备,是目前太阳能利用最成功的实例。其位置应避免产生遮阴的问题,如大树、建筑物等(图 16、图 17)。设置条件应满足:

图 16　太阳能热水器

图 17　太阳能热水器构造

①建议设置于日照良好处,以便提供足够热水;②考虑使用人数评估设置面积(每人所需集热面积约为 1 m²);③设置方位以南面朝向较佳,倾斜角以当地纬度为主,而冬季使用频率较高时,建议倾斜角应增加 10±3°;④一般 RC 建筑的使用年限为 50 年,故若设置于建筑物上,建议选择符合耐震设计且屋龄 30 年以内的建筑物,并由结构技师进行评估是否适合设置;⑤考虑腐蚀及水垢的问题,若为地下水使用区域,则建议采用抗腐蚀性较强的集热器。

6.3 中小型风力机

中小型风力机可独立自成供电网络,亦可与市电系统相接。适合设置用于偏远地区、家庭用电、交通号志、路灯、通讯设备等用电需求。风力发电机可以分为水平轴式与垂直轴式两种(图 18、图 19),水平轴式的风力机只能接受单一方向的风力,因此适合山谷或海边,而都市型小区或乡村型农村内,较适合使用垂直轴式风力机。设于空旷且易于维修的地点,如屋顶、空地、街道等。设置条件应满足:①设置面积最小需 5 m²;②平均风速须达到 4 m/s 以上为佳,若为微型风力发电的风速则大于 2 m/s 即可;③注意风力机运转所产生的噪音,是否会干扰居民日常生活;④发电机基座的施工方式,需透过结构计算确认承载的安全性;⑤若设置于建筑物最高点,则应独立增设避雷设备以维护安全;⑥应考虑环境特行、风场状况及使用目的,选择传统水平式或垂直式风电系统。

图18　垂直式风力机

图19　水平式风力机

6.4　小水力的设置条件

　　台湾地区的水力资源丰富、地势陡峭、溪流短促,对发展小型水力发电具有潜力,可提供人们廉价、无污染的电力。若小区内有水域流经,且河道水量充足、水位深度足以维持机器运转(水力能是利用水位高低差所产生位能的能量),便可考虑采用小型水力发电。而规划小水力发电应注意下列设置条件:①微型水力发电的水位高低差应至少有 20 m,而其他引水工程的微型水力发电(如工业冷却水循环系统放流水系统等),其落差至少应在 2 m 以上;②考虑输电线路成本,建议供电范围应以 500 m 以内才有经济效益;③供电对象应选择可忍受电源切换的短暂停电,且用电量稳定者佳。若用电量尖峰变化大者,也可考虑搭配蓄电池系统;④若为溪流水利用发电时,建议考虑避免洪水损害的因应办法。如洪水来临前,应能暂时搬离河道,减少设备被破坏的可能;⑤若为灌溉渠道利用发电时,应尽量避开利用几个连续平缓落差,而选择较短水路而有较大落差的地点设置。

7　启发与借鉴

7.1　规划原则与理念

　　(1)分析当地气候是设计生态小区的基本依据,因地制宜的创造性措施才具有生命力。

　　(2)低碳生活的理念需要充分的教育和倡导,只有当地居民逐渐理解、适应这种先进的生活方式时,低碳小区才能落实,经济效益才能实现。

7.2　都市设计准则

　　(1)工作、居住混合的城市布局与设有自留地的小区模式都可以尝试。

　　(2)建立良好的公共交通网络、倡导电动车与自行车的使用、提倡共乘或租赁制等交通策略都具有参考价值。

7.3　建筑技术

　　(1)采用当地建材和传统的建造技术的建筑模式值得思考。

　　(2)建筑节能的操作,如:建筑物绿化、建筑自然通风、雨水回收系统、节水设备等皆是可以改善能源减耗的参考手法。

专题二　转型与重构：村镇住宅的整体性能与技术体系

提升城镇建筑整体性能

栗德祥

1 城镇发展走向碳平衡

为应对全球气候变化、资源能源紧张和环境污染，实现城镇持续发展和中国梦，城镇发展必然要走低碳之路。

受自组织、协同效应、支配原理等协同理论和整体思维、阴阳平衡、相生相克等中医哲学思想的启发，我们建构了城镇发展碳平衡模型(图1)。

从碳素循环的角度看，城镇系统内的规划、交通、产业、建筑、社会、能源、水源、固废等子系统属于碳源，自然景观属于碳汇。通过外部输入低碳的信息流、能量流和物质流，激发系统内的自组织性能和协同效应，减少碳源增加碳汇，达到城镇整体的碳平衡。

碳平衡是维持人类在地球上生存和发展的底线，有了这个底线才能实现我们城镇的理想：安居乐业、美丽城镇。

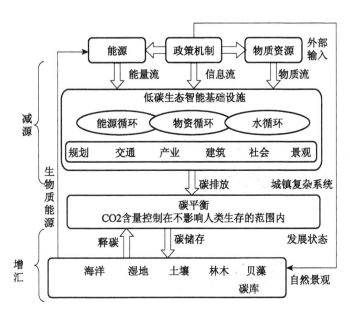

图 1 城镇发展碳平衡模型

2 城镇低碳发展路径上的关键点

在城镇低碳发展路径上，我们筛选了 12 个关键点，并分布在 5 个层面上(图2)。它们不是全部而是必须。

安居乐业、美丽城镇，这是人民群众的梦想，也应是各级领导者的奋斗方向。正如习主席所说"人民对美好生活的向往就是我们的奋斗目标"。

政策机制包括顶层设计、底层设计、法规系统等，关键是到位。低碳路径是指以低碳为导向和抓手实现城镇持续发展的路径。紧凑发展是美丽城

目标层面	安居乐业	美丽城镇
政策层面	政策机制	低碳路径
	紧凑发展	性能提升
实业层面	开源节流	产业支撑
管理层面	优质高效	智慧安全
人文层面	育人创新	生态文明

图 2 城镇低碳发展路径上的关键点

栗德祥：清华大学建筑学院，北京 100084

镇的规划理念。整体性能提升是创建中国好建筑的指导方针。

开源节流能够达到低能耗、低水耗、低物耗和低碳排放的目标,实现资源节约型社会。产业经济是低碳城镇发展的经济基础和就业保障,要注重特色化、循环化和低碳化。

运行管理要树立优质高效也是低碳的观念;智慧可使城镇运行更高效;城镇安全是全方位的,包括生产安全、交通安全、社会安全、人身安全、食品安全、生态安全等。

人是城镇持续发展的主体和动力源,在城镇复杂系统中,是关键的自组织性能载体,人口素质决定着城镇持续发展的程度;形成创新氛围,提倡原创慎言复制,鼓励地方特色避免千城一面。要普及生态伦理观,树立天地人和谐共生的城市生态文化价值观,践行低碳生活方式。

3 提升建筑整体性能是当务之急

新中国成立以来的建筑方针,也是建筑应具备的基本性能:适用,经济,美观。遵循这一方针我国城市建设领域取得骄人成就,而鬼城、怪楼、垮塌等乱象泛滥,都是偏离了这一方针。

为应对全球气候变化、资源能源紧张、环境污染的挑战,减少温室气体排放,建筑的基本性能除适用、经济、美观外,还要加上低碳(或绿色)性能。

根据木桶原理,建筑整体好的程度取决于建筑性能诸板中的短板高度,为达到好建筑的目标,不求单板最优,而是短板加长,以实现建筑性能的整体平衡提升(图3)。

适用、经济、美观、低碳等各项性能相互协同整体平衡的建筑才是国家发展需要的好建筑,即中国好建筑。

绿色建筑主要目的是加长绿色性能短板,以加强建筑的整体性能。

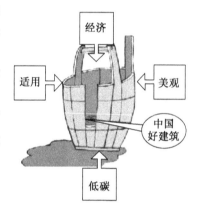

图3 建筑性能之木桶模型

由于结构性原因,它从建筑整体性能中被剥离出来发展,结果削弱了建筑整体性能。随着国家改革的深化,建筑系统会进行结构性调整。绿建要转型升级,绿色性能必将回归建筑整体性能。

4 深化改革,厘清建筑系统结构关系

建议住建部统合中国建筑学会和城科会编制建筑系统的顶层设计,明确以反映建筑整体性能的适用、经济、美观、低碳为我国当代的建设方针。以低碳为抓手,以性能为导向指导设计院的底层设计。建筑师应主导建筑整体性能的实现,而建筑科研、咨询机构应把一定的精力放在对设计院设备专业的提高上,而不是取代他们(图4)。

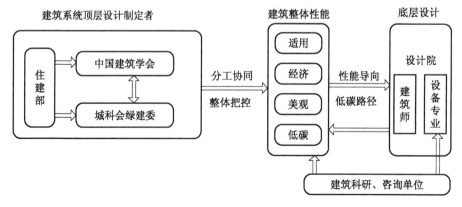

图4 建筑系统结构关系

5 提升建筑整体性能的实现路径

一个好的建筑,要求建筑师以适用、经济、美观、低碳为导向,全面的平衡的提升建筑整体性能,具体体现在 4 个方面(图 5)。

第一,因地制宜。要适应地方的气候特征、地貌环境,满足有弹性的功能要求,优先选用地方的材料技术,彰显地方的文化传统,体现地方特色和时代特征。

第二,被动优先。优先采用被动式设计策略,让自然做功。围护结构、自然通风、天然采光和空间设计融为一体。不足部分与设备专业密切合作由主动设备优化补充。

图 5 整体提升建筑性能的实现路径

第三,协同整合。技术策略选配时,要超越技术本身,注重它们对环境条件的适宜性、节能效率、经济上的合理性以及组合匹配的协同性。

第四,减源增汇。尽可能争取建筑自身产能,如光热、光电等,以减少碳排放。全方位绿化,包括建筑立体绿化和周围场地绿化,以增加碳汇量。

评价建筑性能主要采用专家评价法,其中经济和低碳性能应提供量化分析数据。

6 结束语

同全国一样,建筑领域的改革也是结构性的,几点建议:

(1)厘清建筑系统结构关系,总体做好顶层设计,各部门分工合作协同共进。

(2)整体大于各部分之和。建筑整体性能包括适用、经济、美观、低碳,要整体抓。建筑师主导建筑整体性能的提升,设备专业紧密配合,则可事半功倍。

(3)整体性能好的建筑可谓中国好建筑。评价建筑整体性能优劣主要采用专家评价法,经济和低碳性能要提供主要的量化数据。

(4)建筑科研机构和咨询机构,要参与建筑设计规范的修编,增加低碳性能的内容。要在绿色建筑评价标准的基础上,增补和优化,形成供建筑师参考使用的绿色建筑技术设计指南。要把一定的精力放在设计院设备专业技术培训和提升上,因为他们在第一线与建筑师合作,他们的低碳意识和技术水平直接影响着建筑的低碳性能。

参考文献

[1] [德]赫尔曼·哈肯.协同学.凌复华,译.上海:上海译文出版社,2001.

[2] 孙广仁.中医基础理论[M].北京:中国中医药出版社,2002.

[3] 黄献明,邹涛,栗铁,夏伟.生态设计之路——一个团队的实践[M].北京:中国建筑工业出版社,2009.

江南水乡传统民居的生态技术
对新民居的启示 *

杨维菊

自古以来,生长于我国各种不同地理环境和气候下的传统民居都是崇尚自然、顺应风土。我们的前人都有着极高超的对自然环境设计的智慧,并能结合当地的自然环境要素,合理使用自然能源,利用低技术、被动式生态技术尽可能减少建筑对环境的负面作用,营造出适宜的人居环境,这对今天实现我国建筑可持续发展,具有十分重要的借鉴作用。

江南水乡民居是中华民族优秀传统民居作品中,最具典型的建筑注重环境和谐的代表,从中体现出一系列地域性的生态应对策略和价值。如充分利用环境中地形、日照、气流、水体等自然环境因素,创造出诸多充满了朴素的生态、设计理念与手法。另外,"天人合一"的思想在民居村落建筑活动中,表现出重视自然,顺应自然,与自然相协调的态度,因地制宜,力求与自然融合的环境意识。现如今,江南水乡还保留着不少民居的佳作,仍受到人们的喜爱。在对江南水乡传统建筑低技术应用进行整理与归纳时,不难发现这些低技术不光应用在单体建筑上,很多时候其应用范围涉及整个村镇规划。

1 江南水乡传统民居的自然条件与人文环境

江南水乡最显著的特征是自然性。在建筑的选址、设计、施工等一切建筑活动中始终把环境作为首要考虑的因素,从而实现人与环境的和谐相处。根据我们这两年走访的近30多个村镇和乡村,对实地进行采访、考察和问卷的整理,初步有以下几个方面的探讨。

1.1 气候条件与地理环境

江南泛指长江以南地区,主要指江苏的南部和浙江北部一带,通常所说的苏、嘉湖地区(图1)。另外,整个江南地区处于亚热带,地势平坦,气候温润,物产丰富。交通方面,由于有长江、太湖、阳澄湖以及富春江等密布的河湖水系,形成了水网地区[1]。江南多水乡,这是因为江南人居住的区域就是这水网密布的长江三角洲,是长江冲积出的辽阔平原(图2)。得天独厚的气候以及地理条件,涵养了江南,也

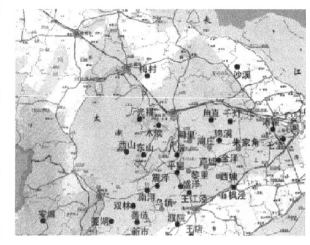

图1 江南水乡的范围
资料来源:参考文献[2]

杨维菊:东南大学建筑学院,南京 210096
* 基金资助:国家自然科学基金项目(51278110)

赋予了江南与众不同的建筑文化。

1.2 文化背景与历史沿革

　　江南水乡城镇是在相同的自然环境条件和同一文化背景下,通过密切的经济活动所形成的一个介于乡村和城市之间的人类聚居地和经济网络空间,在中国文化发展史和经济发展史上具有重要的地位和价值。其小桥、流水、人家的规划格局和建筑艺术在世界上独树一帜,形成了独特的地域文化现象(图3)。"君到姑苏见,人家尽枕河。古宫闲地少,小桥水巷多。"这首唐人杜荀鹤一首五言绝句,将苏州城的城市空间模式描述得准确而传神。而古建筑学家陈从周先生所说"城濒大河,镇依支流,村傍小溪,几成为不移的规律",傍水而居是江南建

图2　江南水乡的水网河道
资料来源:作者自摄

筑的最大特色。千百年来,桥与水巷一直是江南古城、古镇的交通生命线(图4),失去了这些生命线,城镇就会很快衰落,周庄等经历就是最好的证明[3]。

图3　江南水乡的小桥流水
资料来源:作者自摄

图4　江南水乡的水上交通
资料来源:作者自摄

2　江南水乡村落选址、建筑布局的环境意识

　　江南村镇民居建筑的选址,在布局上把环境放在首要地位,即首先让村落、房子依附环境,采取依山傍水、坐北朝南的原则,以和自然地形、地貌取得协调。村落布局类型有线型、团状、带状、散点式。

　　(1)线型布局:这种村落多位于山脚下、河流旁,房屋平行于等高线和水流。跟着山势、水势走。村落中有一条主要道路或街巷,序列感强。线状的村落,山势和水势是民居布局的决定因素。线状布局的村庄,有良好的画卷景观,例如古镇角直(图5)。

　　(2)散点式布局:这类村庄多位于山溪涧谷中。耕农为了溪谷中的一小块耕地,以及山坡上几坪小旱地,选择散居的生活方式。

　　(3)团状式布置:村落乡镇布局另一种团状,一般处于谷口、盆地上的村落多数成团状。例如古镇同里(图6)[5]。

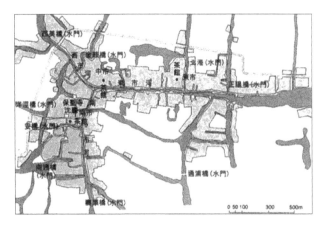

图5 甪直平面图	图6 同里平面图
资料来源:参考文献[4]	资料来源:参考文献[4]

江南民居对山坡地的利用,除较平缓的山坡地上将地基做平以外,还根据具体地形,做成台阶式,建筑就形成错层,这样做使房屋屋顶参差错落,与山地形势非常融合。另外江南村镇的主要表征是小街小巷。江南水乡小街,是指江南水乡以街道为轴线,组织居民生活,这个街道又是依水而设的,可以是河两边都是街,可以是临河的单向街(图7)。村镇大了也有不临河的街。这些街很窄,一般3~4 m,给人一条缝的感觉,街两边设有店铺和货行(图8)。从中我们可以感受到水乡的衣食住行和经济文化都是"贴着水面"的。

图7 临河的商业街道	图8 不临河的商业街道
资料来源:作者自摄	资料来源:作者自摄

3 江南水乡传统民居的平面组合与建筑特点及风格

江南的村落、城镇,从建设规划到宅舍选择,从单体民宅到大户民居,其形、其色、其结构、其布局无不渗透江南人的自然审美观,无一不是在尊重自然法规中形成和发展起来的。它们构成了中国传统的江南建筑文化。通过观察、实践、思考、感悟而形成人与自然因地制宜、和谐发展的理想概念。这一概念原则贯穿古今,造就了中国不同地域的房屋格局特色的城镇风貌与建筑景观。

3.1 民居的平面组合和临水建筑的特色风貌

江南传统民居按照规模分为面水、临水、跨水、山区建筑。在江南,民居普遍的平面布局方式和北方的四合院大致相同(图9)。只是一般布置紧凑、院落占地面积较小,以适应当地人口密度较高,要求少占农田的特点。一般民居大多采用大门中轴线,西面正房为大厅,后面院内大多建两层楼房,中间留有天井的基本模式,其次大户民居会有各自房屋用途的统一规格和设计庭院也是大户民居常用的设计,由四合院围城的小院子通称天井,仅作采光和排水用。因为屋顶内侧坡的雨水从四面流入天井,所以这种住宅布局俗称"四水归堂"(图10)。占地小的,一般是两进,面宽多在1~3间,不像大宅有严格的对称轴线,和浙南民居比形式也自由一些,都以木结构为主。

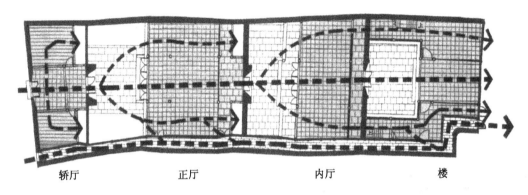

轿厅　　　　　正厅　　　　　内厅　　　　　楼

图9　江南水乡传统民居平面布局
资料来源:参考文献[6]

临河的房子,底层往往以骑楼形式,用青石板架于水面之上,造成水从房子底下流出来的感觉。另外,几乎所有的临河房屋墙面都开窗,多为花格窗。房子轻盈空透,一般为两层,楼层退进,设两重斜屋面。户与户之间有的用马头墙分隔,有的外墙不在一直线上,进行退折处理,产生参差顾盼之势[7](图11)。总之,整栋房子像镂空雕出来一样,玲珑通透,浸映在水光波影中。

图10　江南水乡民居中的"四水归堂"
资料来源:作者自摄

图11　临水民居的面貌
资料来源:作者自摄

小街是江南水乡空间布局的轴线,小巷则是居民出入的步行小道,巷直接与每户居民相连,路面大多用古板横铺,正面是阴沟,以供雨天排水(图12)。而水乡街道最有特色的是水巷。水巷,是指联系每个家庭的水系。水巷的典型布局形式有前街后河,这里的河成为街的辅助通道,是居民的后方货运线。水埠头是水陆联系的重要承接点(图13),是水乡人家日常使用频率最高的室外空间。人们每天要在此取水、洗涤、停泊、交易。沿河的家庭,家家有水埠头,各式各样,玲珑精巧。有悬挂的,有凹进石砌的,有为遮雨防晒搭顶盖瓦的。这些水埠头的踏级都是用石板砌筑的,有驳岸式和悬挑式两种,有的靠墙实砌,有的凹入墙内,上面盖有屋面防晒挡雨。

图 12 江南水乡中的小街

资料来源:作者自摄

图 13 江南水乡的水埠头

资料来源:作者自摄

3.2 古镇的文化特征与建筑风格

江南水乡古镇的外部大环境是政治环境的稳定和得天独厚的自然环境下成长起来的,古镇内部则表现为独特的建筑布局和风格(图14、图15)。良好的文化氛围、富裕安定的生活环境、村镇的人文环境充满着浓郁的生活气息和亲切和睦的邻里关系,体现出江南水乡特有的"文明、富足、诗意、和谐"的思想境界,正是在这样的环境背景下,吸引了社会精英流,以及定居在古镇以及本土人士的崛起[8]。例如,太湖流域所蕴含的江南文化是温柔秀美的,较少受到严格的宗法礼制思想的束缚,由于经济的发达,生活中更加采取了务实的态度,"业商贾,务耕织,咏诗书,尚道义"是太湖流域古镇的社会意识和民俗风情的真实写照。

图 14 江南水乡的太庙

资料来源:作者自摄

图 15 江南水乡的祠堂

资料来源:作者自摄

同时,水乡古镇也因其地域与历史沿革的差异而各具特色。周庄是以几乎全镇区范围的明清古建筑群落"集中国水乡之美";同里是以"一园、二堂、三桥"为主轴,以"三多"(名人多、深宅大院多、桥多)而著称;甪直的特点是"小桥、流水、老街、深巷",充满了诗情画意;南浔中西合璧的园林是其主要特色,"小桥流水、名园书楼、粉墙黛瓦"加上丝绸享誉海内外;乌镇以古建筑居多而闻名,镇西和镇南长街绵延数里,对称排列;西塘则以廊桥、弄堂而闻名,展现了其"生活着的千年古镇"的西塘人家[9]。

4 江南水乡传统民居构筑形态的经验

4.1 建筑材料

在选材上,传统江南民居常选用天然生态建筑材料,如采用免费的泥土,既节约了建筑成本又可免除平整地基和运输材料的费用。此外,民居采用夯墙建造的房屋,冬暖夏凉,适宜人居住。但随着现代混凝土、钢筋水泥的兴起和发展,夯土墙技术已面临失传。其他材料如天然材料花岗岩、砂岩等在江南地区分布广泛,主要作为地基、路面的铺设,在建造庭院时也大多采用此类石头(图16)。这是地理优势,就地取材。天然建筑材料所用的石灰、砌砖、砖瓦、竹、芦苇等用得较多(图17)。

图16 民居墙体中的石材　　　　　　　　　图17 民居的木材门窗
资料来源:作者自摄　　　　　　　　　　　资料来源:作者自摄

4.2 结构形式

传统江南民居一般在结构上都采用梁架式的传统方式,其受力原理类似于今天的框架结构,由梁和柱子承受荷载,外墙则主要用于围合空间(图18、图19),遮风避雨,内部则通常在柱间插上板壁进行分隔,这样,一旦需要对内部空间进行调整时,就不会受结构的影响和限制,能在不重新改建的情况下适应功能上动态变化的需求[10]。

4.3 建筑内外装饰

江南一带气候潮湿炎热,一年四季花红柳绿,环境颜色丰富多彩,传统民居建筑外墙多用白色,利于反射阳光,外立面整体色调粉墙黛瓦,色调素雅。根据江南传统民居的特点,将它的木构部分的建筑装饰分为以下两个方面。

图 18　新建民居的结构体系

资料来源：作者自摄

图 19　传统民居的结构体系

资料来源：作者自摄

（1）建筑的外檐装饰：是指直接与室外接触的门窗、栏杆等（图 20）。

（2）内檐装饰：是指用于室内作分隔室内空间的、组织室内交通的装饰，相对于外檐装饰，它更精细，主要包括天花吊顶、隔断屏风两个方面的装饰[11]（图 21）。

图 20　江南民居的门窗、栏杆装饰

资料来源：作者自摄

图 21　江南民居的室内装饰

资料来源：作者自摄

5　江南水乡传统民居的技术措施

5.1　利用水

水体相比陆地来说，具有更好的热容性，通过蒸发降低周围环境温度，并形成水陆风。这对建筑群体及建筑单体的布局方式都起到了一定的制约和影响，形成了与之相适应的气流畅通的布局基本模式。例如，江南纵横交错的水道和街巷是不规则的网状覆于建筑之中，共同作用形成风道，在炎热夏季利用水陆冷热温差形成的凉风通过曲折的巷道弄堂，输入村镇和建筑深处，达到通风散热的效果[12]。在降低周围环境的热量同时,还能调节空气流动,从而达到冷却降温的凉爽效果。这些都是利用水体的生态效应来调节室内小气候,降低夏季温度,提高室内空间舒适度。总的来说,利用水的途径包括以下两种。

(1) 在总体规划中利用水体的通风散热作用(图22);

(2) 在宅院中设置和利用水井(图23)。

图22 具有通风散热作用的水巷图
资料来源:作者自摄

图23 江南水乡民居院落中的井
资料来源:作者自摄

5.2 利用风

在传统民居中往往利用风压,热压原理进行垂直和水平向的拔风,来诱导室内空气自然流通,从而达到通风散热的效果。例如,厅堂的室内空间层高较高并且它的进深较深,屋檐下空间和廊道则较低矮并进深短浅,这样由于建筑空间的大小,高矮尺度变化导致空气流动形成风(图24)。在夏热冬冷的气候条件下,创造建筑物良好的室内风环境显得尤为重要,在没有机械外力的帮助下,只有加强自然通风的组织,才能降低室内的温度和湿度,达到改善室内空气质量、提高人体舒适度以及提高建筑构件的防潮耐久性。

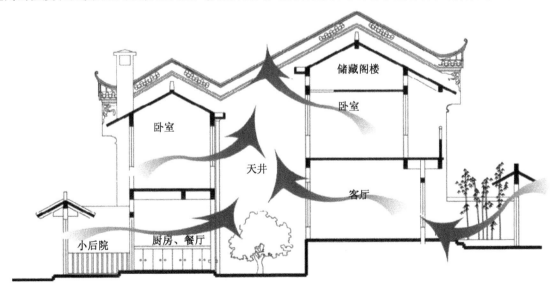

图24 江南水乡民居中的"穿堂风"
资料来源:参考文献[13]

　　另外,在江南水乡临水民居中,组织穿堂风是传统民居设计中的一种非常好的生态技术,在现在的设计中,这种方法一直被建筑师所利用。穿堂风形成的原理是利用风压作用在建筑迎风面形成正压力(图25)。另一方面,还需保证室内风向流动方向上尽量减小阻碍,如在墙体上留有窗洞。门窗上的孔洞,住宅内的房间南北门对通,更能保证夏季良好的通风效果。穿堂风的效果还取决于进风口与室内面积大小,夏季时尽量打开面向迎风面的门窗或可以通过穿堂风来降低室内温度。

图25　为利于通风设置在外墙上的窗

资料来源:作者自摄

5.3　利用天井

　　天井院落是江南传统建筑的组成部分,它在雨水的排放、收集和循环利用以及改善宅内生态微气候,起到了十分重要的作用(图26)。江南传统民居常常在厅堂的背后留有面积不大的天井,通过它可以解决采光、通风和排水。另外,天井在建筑中也是重要的气候缓冲区,能够有效调节宅内的生态微气候。建筑中采用天井内排水的方式,使得雨水等都先流经天井而排,再加上居民常在天井中控井储水,以及天井内四周地沟中流动的水,充分利用水体的流动、吸收和转移热量,因而使得天井内的空间温度相对于外界较低。

图26　江南水乡民居院落中的天井

资料来源:作者自摄

1．避弄

避弄是作为辅助通道的交通要道，它的存在使室内更加丰富生动和妙趣横生，这是江南民居的一大特点(图27)。避弄在住宅中所起到的通风作用也不可小视。避弄是狭窄的封闭空间，从内院到避弄，窄小的避弄空间会加快空气的流速，造成通风效果。

图27　江南水乡民居村落中的避弄

资料来源:作者自摄

2．檐廊与遮阳

江南水乡的气候，使得不同季节对室内热环境的需求也不同，夏季气候环境闷热，太阳辐射强，阳光照射高度角大而且时间长，因此在建筑设计上需要通过遮阳、反射、围护体隔热等来减少太阳辐射[14]。外遮阳有利于减轻日照负荷，其节能效果对于室内发热量大的建筑物更明显(图28)。檐廊是江南雨季时节理想的户外停留地方，同样起着组织通风，调节室温的功效(图29)。通过屋檐出挑来满足遮阳，造价低，效果好。在建筑设计中，利用遮阳控制达到减轻日照负荷的效果的同时，应避免阻碍通风。另外在江南水乡住宅中，挑檐的设计也充分体现了对当地的气候特征和冬、夏两季的日照条件的适应，达到了冬季满足日照，夏季遮挡阳光的要求。

图28　江南水乡民居中的遮阳

资料来源:作者自摄

图 29　江南水乡民居中的檐廊

资料来源:作者自摄

3. 屋面形式及隔热降温

江南地区民居屋面一般都是坡屋顶,这也是中国传统民居的最典型的屋面形式之一。坡屋顶的坡度可根据不同屋面铺材的大小而有所不同,从隔热效果来看坡屋顶优于平屋顶。江南水乡传统民居屋面的材料选用的是陶瓦,陶瓦本身的导热系数小,是很好的隔热材料,就地取材,经济实用。陶瓦在住宅中的作用,不仅可以顺泻雨水,遮蔽风雨,还能在炎夏季节阻隔太阳的辐射热(图 30)。传统临水民居的屋顶通常主要由盖瓦与瓦下望砖构成,但为了适应江南水乡地区夏季炎热的气候,传统民居屋面采用冷摊瓦,卧瓦与盖瓦之间有一定的缝隙(图 31),这种特殊的构造方式使得屋顶上下之间的空气不是完全隔绝而是时刻处于动态的流动之中,有利于屋顶的隔热降温。

图 30　江南水乡民居的屋顶　　　　　**图 31　江南水乡民居屋顶的冷摊瓦**

资料来源:作者自摄　　　　　　　　　　资料来源:参考文献[15]

6　江南水乡传统民居的生态技术对新民居的启示

江南水乡传统民居体现了独特的地域建筑文化特征,建筑风格受到国内外学术界的广泛关注。特别是水乡民居在规划选址、空间形态、构造技术等方面运用了大量生态化的建筑设计因素。通过对江南水乡的生态化设计和技术应用的调研,不但有助于提高我们对传统建筑的认识,而且使我们从中看到了古人在应对自然和社会制约因素的长期实践中形成的劳动产物,其中蕴含了大量生态营造经验。这些宝贵的经验不仅表现为具体的设计措施,还包括生态的设计观念和设计思维。因此,传统民居的生态经验在我国新农村建设中的应用研究是为了传承和发扬我国优秀的建筑文化。

另外,作为世界第一人口大国的中国,如何考虑适应现代发展,如何吸收和利用数千年文明成果也是一个重大问题。江南水乡民居表现着中国人居文化的智慧,值得我们重新剖析和利用,带来的启示包括以下几个问题。

(1) 传统建筑的生态技术理念如何在现代"美丽乡村"建筑中具体应用?

(2) "就地取材"和"低技术"两个概念的强化和应用,思路可以拓宽。因社会在进步,人们对居住的舒适性要求也在提高。原有土木材料不能满足的情况下我们应如何合理、灵活的使用现有乡土材料?

(3) 现有传统民居的改造中,本土技术应如何保护? 新技术应如何选用?

(4) 应考虑引用技术本土化,或者是经过本土化改造,才能适应中国国情。即我们在设计中所选择的绿色建筑技术要基于当地气候条件,还要适当考虑到社会经济文化水平,行为模式和生活方式。保护当地生态环境的技术要有较强的地域性。

(5) 选择适宜性技术是依据地域自身条件的限制,将现代技术有选择地与地方传统技术结合起来采用集成优化的方法来解决。

(6) 也不主张只采用低技术,需符合现实需要和实际情况,结合当地的建造方式,选取适宜的、有效的技术,是开发引进绿色建筑技术本土化的主要方法。同时,也是全球化和现代技术对于地域性的回应。

参考文献

[1] 周学鹰,马晓.中国江南水乡建筑文化[M].武汉:湖北教育出版社,2006.

[2] 段进,季松,等.城镇空间解析[M].北京:中国建筑工业出版社,2002.

[3] 段建强.陈从周先生与豫园修复研究:口述史方法的实践[J].南方建筑,2011,04:28-32.

[4] 阮仪三.江南水乡城镇今昔[J].同济大学学报(人文社会科学版),1991,2:55-62.

[5] 窦飒飒.跟山走、跟水走——江南民居环境意识解读[J].现代装饰(理论),2012,10:123.

[6] 鲍莉.适应气候的江南传统建筑营造策略初探——以苏州同里古镇为例[J].建筑师,2008,04:5-9.

[7] 金蕾,王麟.江南传统民居生态经验在现代建筑设计中的应用探究[J].中华民居,2012,08:6.

[8] 林峰.江南水乡——江南建筑文化丛书[M].上海:上海交通大学出版社,2008.

[9] 赵书杰.生态建筑:传统与现代的结合——苏州水乡原生态建筑与新生态建筑的思考[J].城市开发,2007,10:54-55.

[10] 韩佳,周越.江南民居美学特征与创新性研究[J].艺术教育,2012,04:154.

[11] 张亮.从徽州民居看现代住宅的生态节能设计[J].安徽大学学报(自然科学版),2006,06(14):80-83.

[12] 李敏,吕爱民.江南传统建筑中水体的生态应用初探[J].华中建筑,2009,12:83-86.

[13] 陈际名,王丽,唐楠.浅谈苏州地区民居建筑通风体系对现代建筑设计的启示[J].南方建筑,2012,06:40-43.

[14] 章国琴.生态视野下的绍兴水乡传统民居空间形态特征研究[D].西安建筑科技大学,2010.

[15] http://s1.it.it.itc.cn/a/data/attachment/forum/day_111109/11110920032bdd15b87875a4fe.jpg.

农村小学功能提升与节能改造初探

——以西安市孟村新华小学为例

张雅丹　周铁军

在全球能源危机和生态环境恶化的大背景下，历经近半个世纪的研究实践，生态建筑的设计理念已取得了长足的完善和发展[1]，人们对建筑环境舒适性的要求也愈来愈高，但随之而来的便是建筑能耗的增加。在城镇化建设进程中，绿色、生态、集约等观念越发突显，新农村建设要求既能满足人们对舒适度的需求，也能使其生态可持续的发展。教育建筑本身兼具双重属性，一是作为普通建筑的使用属性；二是教育建筑的特殊属性[2]，作为文化教育的主要设施和培养未来人才的重要场所，其建筑功能和舒适度直接影响到学生的心理感受和学习质量。而我国现存有 280 000 所小学，85 000 所中学，涉及建筑面积 1.388 万亿 m²，这些建筑人均消耗的能源是普通人均能耗的 4 倍，消耗的水资源是普通人均耗水量的两倍[3]。而农村小学在功能和节能两个方面都亟待提升，在改造过程中应探寻功能与节能的统一，使其成为舒适而完善的绿色村镇学校建筑。

本文以西安市孟村新华小学为例，通过调研分析小学现存问题，从场地和建筑两方面提升其功能，并对教学楼进行节能改造，以求提高舒适度的同时，达到节能效果。

1　小学现状调研及分析

新华小学位于陕西省西安市孟村，教学规模为 7 个班共 288 名学生，教职工共 20 名。学校（图 1）东面紧邻道路，入口位于场地中部位置；建筑主要位于场地北边，南边为操场；教学楼位于场地最北面，共 3 层，教室由南向外廊连接；办公楼在场地西北角，共两层；卫生间独立设置在操场附近，内部没有隔间，且是较为传统的旱厕形式。

1.1　实地调研及现状分析

首先，学校的场地存在以下问题：一是缺少规范的活动场地；二是操场地面为泥土地，有风季节尘土飞扬，而雨天易积水；三是场地死角脏乱不堪，待改善和利用。

其次，学校的建筑存在以下问题：一是教学区和办公区分离，不利于教师的日常行动，同时影响了学生和教师间的交流；二是现有卫生间与教学楼距离较远，且环境恶劣。

最后，选择教学楼内一间教室为对象（图 2），通过测量，发现教室存在的主要问题是保温和采光条件差。经测量，阴天教室室内外温度差距只有 1.5 ℃（图 3），不能满足寒冷地区保温要求。另外，由教室内桌面照度的测量结果（图 4）可知，桌面照度最大一列是第三列，因为第三列靠近大面积窗户，因此自然采光起了较大影响；桌面照度最大一排是第三排，因为第三排是灯具照明与自然采光的最佳组合位置。最大桌面照度为 172 Lx，最小照度为 63 Lx，而教室的标准平均照度要求为 150 Lx，此教室平均值不达标，

张雅丹，周铁军：重庆大学建筑城规学院，重庆 400045

须通过计算重新布置照明灯具。

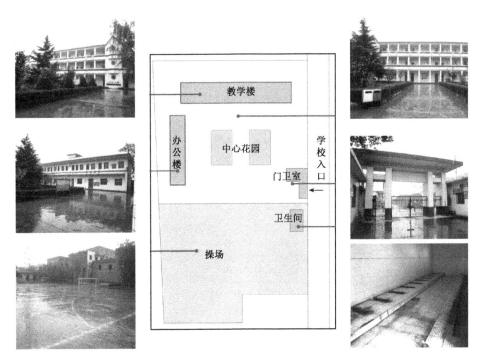

图 1　新华小学概况

调研分为两部分：一是通过观察、拍照、测量等方法，发现学校现存问题；二是通过问卷调查，了解学生对于教室环境的感受，作为改造依据（图 1～4）。

（a）访问调查　　　　　　　　　　（b）现场测量　　　　　　　　　　（c）现场测量

图 2　现场调研照片

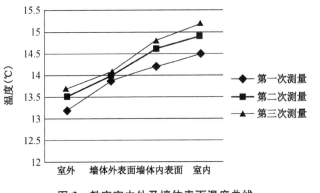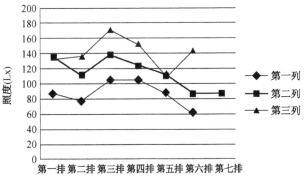

图 3　教室室内外及墙体表面温度曲线　　　　图 4　教室桌面照度曲线

1.2 问卷调研及结论分析

问卷共 10 个问题,调研对象为在校学生,调查样本为 40 人。调查学生在对教室的冬夏两季热环境、光环境及声环境的具体感知。

问题 1～4 是关于教室冬季热环境的调查(图 5)。冬季教室温度偏低,门窗附近温度最低,保温性能差。因此,在改造中应注意门窗的保温;大部分小学生处于儿童期或少年期,课外、课间与同学一起游戏、进行体育活动等对孩子的健康成长意义重大,由调查结果可知,天气寒冷在一定程度上影响了孩子的活动,可考虑对教室或走廊进行保温改造,给孩子提供一个温暖的冬季活动空间。

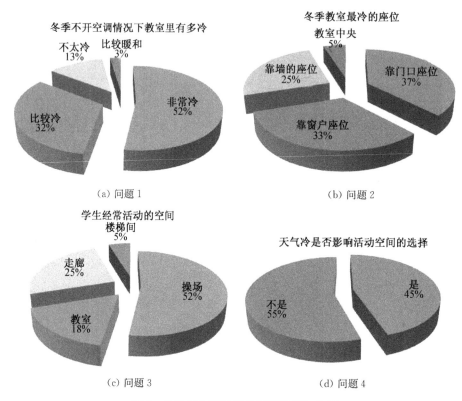

图 5　冬季学生对教室热环境的感知结果

问题 5、6 是关于教室夏季热环境的调查(图 6)。在不采用辅助手段的情况下,夏季教室内闷热,且教室中央位置由于通风条件差而最热。夏季影响教室内热环境的主要因素为通风、遮阳,在改造时应考虑从这些方面入手,调节夏季热环境。

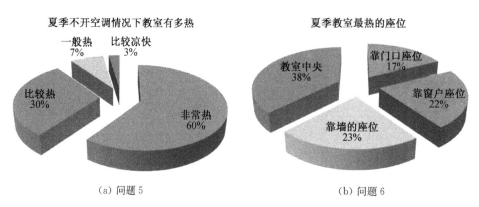

图 6　夏季学生对教室热环境的感知结果

问题7、8是关于教室内光环境的调查(图7)。在不采用人工照明的情况下,大部分学生认为阴天教室内看书"非常暗",开灯状态下的教室照度也不能为学生提供良好的学习环境;同时在实地调研中发现,教室内的灯具照度并不能满足要求。因此,可以通过灯具布置改善教室内的光环境,布置灯具同时应考虑节能因素。

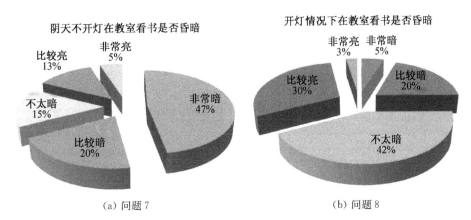

(a) 问题7   (b) 问题8

图7 学生对教室光环境的感知结果

问题9、10是关于教室内声环境的调查(图8)。相邻教室之间的声音干扰较小,而学校外道路车流及施工所产生的噪声对学生影响较大。因此,改造时应注意防止外来噪声。

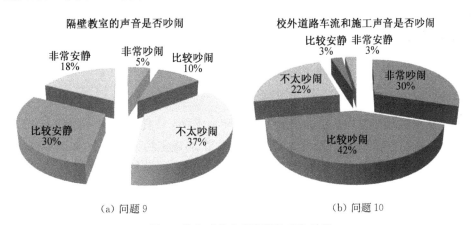

(a) 问题9   (b) 问题10

图8 学生对教室声环境的感知结果

2 改造措施

2.1 场地功能完善

2.1.1 完善操场功能,充分利用空间

对活动场地进行重新规划,在操场中设置小型足球场、篮球场和羽毛球场,并铺设塑胶,改善操场地面的条件;在教学楼和办公楼围合而成的中心绿地中,去掉原有花坛,并将旗杆移至教学楼前,为学生提供活动和聚集的场地。

2.1.2 增加场地绿化,有效防风防噪

增加绿化能改善学校环境,结合校内道路、室外设施及室外空间划分等统一进行规划设计,能够充分发挥绿化造型设计上的作用[4]。西安市主导风向为东北风,冬季寒风凛冽,对教室保温造成不利影响,在教学楼北面种植高大乔木,能有效阻挡寒风、降低风速;场地东面为道路,西面和南面(调研时正在施工)

为居住区,场地外围增加绿化能减少外来噪声;在教学区与操场之间设置绿化带,作为动静分区的标志,有效减小来自操场的噪声。

2.2 建筑功能完善

2.2.1 新建卫生间,连接主要功能建筑

在教学楼和办公楼之间新建卫生间(图9),连接教学区和办公区,并拆除操场附近的原有卫生间。教学楼和办公楼连接之后,能促进老师和学生之间的交流;新的卫生间更方便卫生也更加安全;同时,在连接处形成一个交流平台,为学生在室内的活动提供了场所。

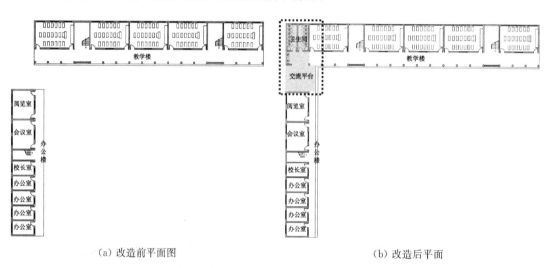

(a) 改造前平面图　　　　　　　　　　　　　　(b) 改造后平面

图9　新建卫生间连接教学楼和办公楼

2.2.2 教室灯具合理布置

首先,确定教室在灯具布置后达到的最低平均照度为150 Lx;其次,选择光源和灯具,采用节能高效照明,照明功率不高于《建筑照明设计标准》(GB 50034-2013)规定的目标值[5],照明光源选择40 W日光色荧光灯,灯具选择效率高且具有一定遮光角,光幕反射较少的蝙蝠翼形配光的直接型灯具BYGG4-1,其额定光通量为2 000 Lm。灯具吊在距顶棚1 m处,其距高比应小于1.6 m(垂直灯管),或小于1.2 m(顺灯管)。通过计算,需灯具数量为8支。对灯具进行重新布置(图10),在教室主要部分布置6支灯管,而讲台上方纵向布置2支灯管,以使黑板照度均匀。灯具重新布置后有以下优点:一是室内桌面照度满足教室照明的基本要求;二是不同位置桌面照度更均匀;三是黑板眩光问题可以避免;四是采用的灯具效率高、节能,且有更好的照明效果。

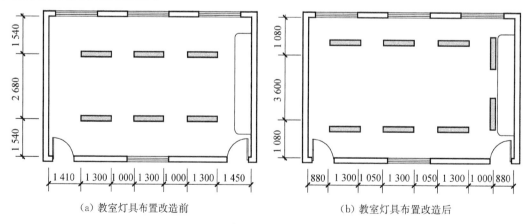

(a) 教室灯具布置改造前　　　　　　　　　　　　(b) 教室灯具布置改造后

图10　教室灯具布置示意图

2.3 教学楼保温节能改造

2.3.1 南向阳光廊和垂直绿化

将教学楼原有南向外廊改造为玻璃阳光廊。阳光廊与教室相邻,玻璃面积大,地面是蓄热体,阳光通过玻璃照射到蓄热体上,储存热度,提高室内温度,而教室通过与外廊相邻的窗和墙获得热量,从而提高教室的冬季保温效果(图11)。利用加建的外廊,在其外层搭建可供藤蔓类植物缠绕的支架,并种植植物。在选择攀援性藤本植物的种类时,东、西、北3个朝向适宜种植常绿植物,而在南向适宜种植落叶植物[6]。因此,该处选择种植落叶类植物,夏季,通过外廊绿化的遮阳作用,减小建筑对太阳辐射的吸收,调节室内温度;冬季,植物叶落,阳光能够透过玻璃照射到阳光廊,不会影响冬季保温效果,同时绿化起屏蔽作用,减小风压,降低建筑热损耗,提高保温效果。

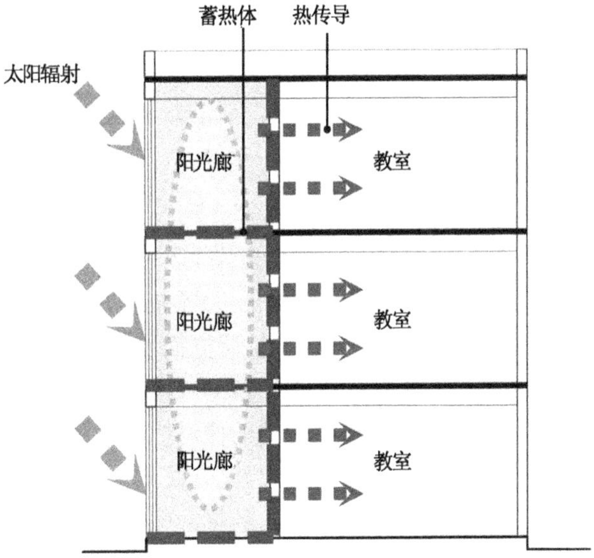

图11　阳光廊冬季保温剖面示意图

2.3.2 外墙保温改造

墙体是建筑室内空间的外衣,是室内外空间的一道重要屏障,墙体的构造设计决定了室内的小气候,如果不能合理进行墙体保温,会降低建筑室内空间的热舒适度,还会给建筑的取暖能耗带来很大的负担[7]。在建筑围护结构中采用封闭的空气间层可以增加墙体热阻,减少墙体传热量,起到保温作用,且材料省、重量轻,是较为有效且经济的改造措施。在新华小学的改造中,保留原有外墙,在其室外一侧增加空间层保温层(图12),外加保护层,不会太多增加墙体厚度,但保温效果提升较大。原教学楼外立面贴有瓷砖,在进行外墙保温处理时需先铲掉表面瓷砖,再增加保温层和保护层。

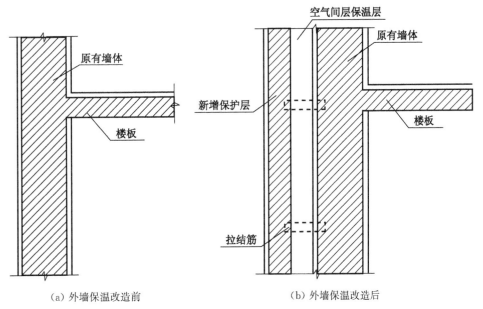

（a）外墙保温改造前　　　　　　（b）外墙保温改造后

图12　外墙增加保温层示意图

通过软件模拟，能够得出改造后较冷日室内平均温度相对改造前来说提升很多，其中最冷日室内平均温度由 2.6 ℃ 提升至 9.8 ℃(图 13)，而与测量时相同的室外温度条件下，室内温度由 15.2 ℃ 提升至 17.2 ℃。但本设计目前只限于方案阶段，并未应用于工程实践，因此该改造方法在工程技术上的施工难度还有待考证。

2.3.3　外窗节能改造

门窗是围护结构的薄弱环节，通过窗散失的热量占到整个围护结构的 50% 左右，门窗的热工性能十分重要[8]。从两方面能够提高外窗的保温性能，一是提高窗的气密性，减少冷风渗透；二是提高窗构件的保温能力。因此，将教室原有的密封性较差的单层玻璃窗，更换为中空玻璃窗，双层窗之间的空气间层，能有效增加窗构件的热阻，降低传热系数，使室内温度不会随室外温度降低而快速降低，从而提高室内的热舒适度。

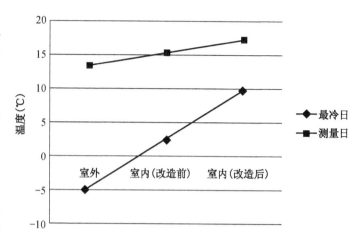

图 13　Ecotect 模拟外墙改造前后室内温度变化对比

3　结语

生态、绿色、节能是农村建筑改造中的重要理念和原则，而对建筑功能的提升也是不容忽视的主题。对于新华小学的改造，是将建筑功能提升和节能改造设计两个方面结合在一起。场地和建筑功能的改善都采用有利于节能的手段，如教学楼和办公楼的扩建能够提高建筑保温性能，增加绿化能够改善场地内小气候；而教学楼的节能改造也有利于室内环境舒适度的提高，如加建的阳光廊能为学生提供一个温暖的室内活动场所，外墙和外窗的保温措施都能够增加热舒适度，在舒适的热环境中，人的知觉、智力等能力都可以得到最好的发挥[9]。不论教育建筑还是其他类型建筑的改造，都有一个在功能性和经济性之间权衡的过程，尤其以集约化、低碳化为主题的村镇建设，功能提升和节能设计应同时考虑，并且相互促进。

参考文献

[1]　吴恩融,穆钧. 基于传统建筑技术的生态实践毛寺生态实验小学与无止桥[J]. 时代建筑,2007(04):50-57.

[2]　张江华,薛红蕾. 绿色教育建筑设计实践——以中粮祥云国际幼儿园为例[J]. 建筑科学,2013(2):101-105.

[3]　王崇杰,刘薇薇. 中小学绿色校园研究[J]. 建筑学报,2013(8):50-53.

[4]　唐文婷. 现有中小学适应性更新改造研究[D]. 西安建筑科技大学,2007.

[5]　宋凌. 适合我国国情的绿色校园评价体系研究与应用分析[J]. 建筑科学,2010(12):24-29,67.

[6]　康晓鹍,王世和. 第六届全国土木工程研究生学术论坛//建筑绿化与节能[C]. 清华大学,2008.

[7]　李浩田. 适宜节能技术在寒冷地区农村小学建筑设计中的应用研究[D]. 山东建筑大学,2013.

[8]　杨志雄,马廷,等. 关中地区农村学校建筑节能改造策略研究——以西安市郭村小学为例[J]. 华中建筑,2013(10):62-65.

[9]　徐菁,刘加平,等. 关中地区农村小学教室冬季室内热环境测试与评价[J]. 建筑科学,2014(2):47-50,65.

浅析低碳视角下的乡村住宅构建策略

——以浙北地区为例

项星玮　沈　杰

随着工业化和城市化的发展，越来越多的人开始把目光投向乡村的低碳化营造中。由于独特的历史原因和发展轨迹，乡村发展一直存在着高碳化、低效率、高能耗、高污染等特点。近些年来，政府将乡村的生态环境保护和治理放在了更加突出的位置，这使得低碳的理念能够在乡村得到更广泛的普及。在这一过程中，作为乡村建筑主体之一的住宅，势必会在形式与功能方面发生多种多样的变化。本文以浙北地区的乡村住宅为例，从低碳的角度对其构建策略进行分析。

1　地域特征与低碳理念

浙北地区主要指杭嘉湖平原与宁绍平原地区。该地区历史悠久、风景秀美，自古以来就是我国社会、经济、文化的重要区域。改革开放以来，浙北地区的工业化水平得到了显著提升，但与此同时也造就了乡村盲目跟随城市发展所导致的高碳化特征。这种高碳化特征不仅阻碍了乡村经济的进一步发展，也引发了乡村文化内涵的逐渐缺失。

由于浙北地区属于传统吴越文化区域，有着天然的生态、环境、资源、人文优势，而村落、建筑形制又与徽派建筑有着内在关联，因此，它成为了一个能够去除高碳化特征、实践低碳理念的良好范本。低碳理念包含了低碳经济、低碳社会、低碳生活等概念，是一系列与低碳发展有关的思维成果。该理念一定程度上源自于可持续发展理念，其核心在于减少碳排放。对于浙北地区乡村建设来说，减少碳排放意味着乡村构成主体之一的住宅在设计、建造、使用、维护和更新等各个环节内的绿色营建，体现着建筑技术与艺术相互"融合共生"的要求。

2　乡村低碳理念与住宅构建分析

乡村的低碳理念与可持续发展有着密切的关系。我国于 20 世纪 90 年代将可持续定为国家发展战略。此后，可持续发展理念逐步深入到社会、经济建设中，其中就包括"农村可持续发展理论"。该理论将农村视为一个类似生物体的开放系统，各种物质在其中和谐发展。而以 3R 原则为核心的循环经济理论，也是影响乡村低碳理念的要素之一。循环经济中的"3R 原则"：减量化（reduce）、再使用（reuse）和再资源化（resource）。对于乡村来说，根据该理论能够指导乡村工业和乡村旅游的研究，为乡村住宅的建设、改造和多元利用提供依据。

项星玮，沈杰：浙江大学建筑工程学院，杭州 310058

浙北地区的乡村住宅构建主要体现在整体的聚落空间布局与局部的空间、构造处理两方面。由于浙北地区地貌多样,既有水系也有山体,因此采取因地制宜的方式,结合自然环境进行建造就显得非常必要。

从整体来看,结合地貌地形布置住宅,将会减少建造距离与人的出行距离,从人之行为的角度减少"碳"的排放。同时,结合地貌,也便于就地取材并设计出带有地方特色的聚落形式。而局部来看,合理的建筑外部与内部空间布局会减少一定范围内人的步行距离。针对浙北地区的气候特征,利用被动式技术可降低能耗,并可打造相对舒适的微环境。依据浙北传统建筑式样结合现代技术对表皮、屋顶、门窗等构建加以更新,将使村落的历史与人文得以延续与传承,实现建筑单体的低碳。

3 住宅设计案例分析

3.1 案例一

该案例位于浙江省湖州市德清县某村落,该村西高东低,带有典型的山地特征。通过走访调研与查阅文献,我们发现该村靠近风景名胜区,周围景色优美,生态环境良好。因此,设计时在遵循住宅低碳化的基础上,注重延续当地的地域风貌和传承山地民居的建筑特色,力求使住宅与周边环境融合共生,以满足使用者对住宅多方面的需求。

3.1.1 节地设计

根据实际需求,将住宅户型分成大、中、小3种。大户型面积为120 m²,适合5口之家居住;中户型面积100 m²,适合3口之家居住;小户型面积80 m²,适合两口之家居住。由于坡地地形的特殊性,每个户型均采用了半地下的布局,这不但节约了土地,避免了地形的过度破坏,而且实现了人车分流,有利于保证室内外空间在使用过程中的相对完整和互不干扰。

3.1.2 生态院落

院落是乡村住宅中非常重要的组成部分,每个户型都依据坡地设置了大小不等的院落。院落与坡道的设计相互联系在一起,其中可以布置景观、绿化、小品等,为村民的日常活动与交流提供场所。

3.1.3 自然通风

通风系统是实现低碳的重要途径。考虑到乡村住宅的经济性,一般采用被动式通风。除了负一层和一层的山地阻隔之外,其余各层都能在两侧门开启时实现南北方向上的纵向通风(图1)。

3.1.4 被动式阳光房

露台包括阳台和屋顶的平台。阳台可以根据村民的意愿进行封闭。封闭起来可以形成南向的阳光间。阳光间有利于形成温室效应,能够在冬季保存热量,减少室内空调的能耗。到了夏季,可以打开阳光间或者增加遮阳设备,以降低阳光间的温度。屋顶的平台则可以提供竖向活动空间,缩短活动时人的行走距离,从行为学的角度减少碳的排放。

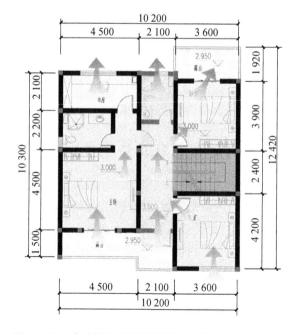

图1 120 m² 户型二层平面图纵向通风示意图

3.1.5 通风屋面

屋顶设置了一定高度的空气间层,可以起到保温隔热的作用。屋顶两侧设置了木格栅,有利于通过空气的对流效应带走来自屋顶的热量,以降低室内的温度(图2)。

3.1.6 建筑自遮阳

外立面设计兼顾造型与遮阳功能。立面设计借鉴了江南水乡建筑的特色,采用了悬山屋顶、腰檐披檐、门窗格栅、烽火山墙、骑楼等建筑样式(图3),这些建筑元素不但有利于传承地域风貌,而且也有利于形成

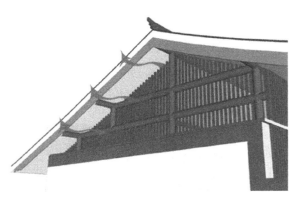

图2　屋顶通风示意图

建筑单体自遮阳。利用门窗的凹入和露台与遮阳板的挑出,同时辅助以竹帘式活动遮阳,可以很好地解决夏季遮阳和冬季采光的需求。在立面材料的选择方面,则多以青砖、毛石等当地材料为主,既能够体现地方建筑特色,又能够节约建造成本。

悬山屋顶

骑楼

腰檐披檐

图3　80 m² 户型立面自遮阳元素

3.1.7 小结

本案是基于坡地地形的乡村住宅设计,适合于浙北丘陵地区或多山地区的住宅建设和住宅改造。每个住宅都在满足村民居住功能的前提下,结合了被动式技术,在空间布局、形态组织、立面元素、细节装饰等方面实践了低碳的理念。同时也依照江南水乡白墙灰基的特色,对该地域的建筑样式和风貌实现了一定程度的还原与传承。

3.2 案例二

该案例位于杭州市城西近郊的某村落,该村地势平坦,带有典型的平原地区的地貌特征。与"案例一"不同的是,本案的选址位于经济更加发达的杭州。杭州地区的乡村住宅虽然部分还保留了传统建筑的特征,但是多数已经受到了现代都市建筑风格的影响。这一点无论是在走访调研过程中还是在文献阅读过程中,都得到了相关印证。因此,本案在遵循低碳理念的基础上,用现代的手法来完成乡村住宅的设计。

3.2.1 节地设计

本次设计同样将户型分成大、中、小3种,面积分别为120、100和80 m²。出于节约用地的考虑,这3

个户型可以相互组合,形成联排住宅。在这 3 种户型的基础上,又增加了一种小进深的"插件户型"(图 4、图 5)。这个户型可以与以上 3 种户型相互组合,其目的是为了丰富组合后所形成的空间形态(图 6)。

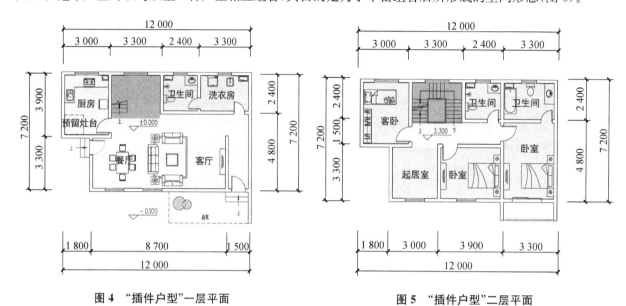

图 4 "插件户型"一层平面   图 5 "插件户型"二层平面

3.2.2 生态院落

院落是本设计的重点之一。院落有"小院落"和"大院落"之分。"小院落"指每个户型的独立式院落;"大院落"指的是住宅通过联排之后所形成的组合式院落。由于"插件户型"的加入,住宅联排之后的空间显得不再单调,而是会围合出类似三合院一样的空间(图 7),打破"兵营式"的布局。这些围

图 6 120、100、80 m² 与"插件户型"四联排住宅透视图

合出来的空间构成了乡村活动、休憩的场所,村民不需要达到公共空间即可以完成交流、互动等活动。这是从减少出行距离的角度实现了低碳。

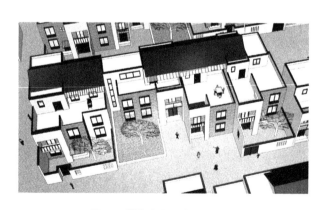

图 7 联排住宅围合出的空间

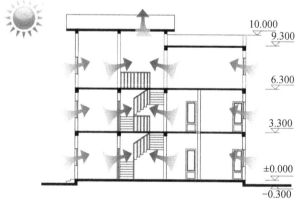

图 8 "插件户型"剖面通风示意图

3.2.3 自然通风

设计从一层开始,就设置了南北方向上的纵向通风。打开窗户,在背面负压的驱使下,穿堂风由南向北穿过,带走室内的热量及污浊空气。在楼梯的位置,则设置了宽度约为 900 mm 的竖向拔风井,并且把屋顶开设天窗,以利于烟囱效应的形成(图 8)。打开天窗,将形成由下而上的空气流动,形成立体的空气

流通,使得室内通风效果得到增强。

3.2.4 被动式阳光房

本设计的露台也包括阳台和屋顶的平台。阳台同样可以根据村民的意愿进行封闭,封闭起来后,将形成南向的阳光房。屋顶的平台则可以根据位置的不同,对其进行灵活设置。经常去的平台可以布置为活动区域,不经常去的平台可以布置为屋顶绿化等。

3.2.5 节水、节能屋面

这里的屋顶是平屋顶和坡屋顶的组合,可以形成节水、节能的屋面(图9、图10)。首先,坡屋顶设置了一定高度的空气间层,具有保温隔热的作用,同时也可以放置太阳能设备以满足生活热水的使用,例如,安装太阳能热水器。而平屋顶可以作为雨水收集之用,也可以安装太阳灶。浙北地区雨量充沛,雨水收集系统可将雨水先收集存储起来,然后通过简易的净化处理,向村民们提供一部分生活用水,以满足浇地、冲洗等需要,多余的水可以从下水道排出;太阳灶可以满足80%以上的生活沸水使用。此外,屋顶下面还设置了阁楼,可以起到保温隔热的功效,使得一层和二层的居住环境更加舒适。

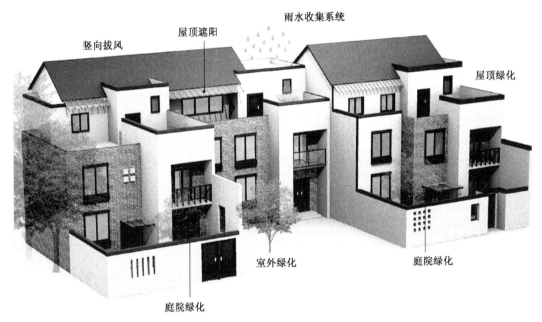

图9 120、100 m² 与"插件户型"三联排住宅屋顶节水、节能示意图

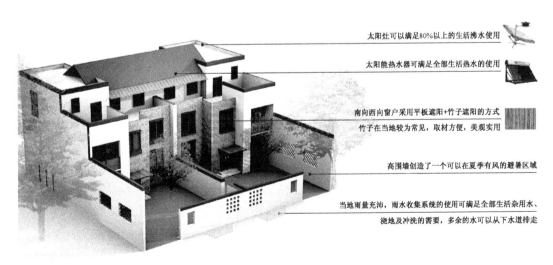

图10 120 m² 户型双联排住宅屋顶节水、节能示意图

3.2.6 维护结构设计

外立面设计兼顾美观与节能。设计采用相对简洁的造型,运用硬山顶、马头墙、高围墙、格子窗等具有浙北地区特色的建筑元素,去除了不必要的装饰,具有较强的现代感。其中,马头墙、高围墙既有利于防风防火,也有利于创造一个可以在夏季有风的避暑区域。在立面材料的选择上,仍然以当地的材料为主,以达到节约建造材料和节省建造成本的目的,例如,用就地取材的竹子作为窗户的遮阳构件。

外立面涉及维护结构的设计(图 11)。维护结构设计的关键在于改善热工性能。在构造方面维护结构应有适宜的热阻,具有一定的热工性能又不过多的消耗材料;外墙设计在形式方面应根据不同的空间类型选择适宜的开口率,为满足自然采光和通风的需要,建筑外窗的可开启面积不应小于总面积的30%,但也要避免过度开窗导致建筑过度得热;为提高窗户的保温隔热性能,采用断桥处理和双层玻璃的窗户。

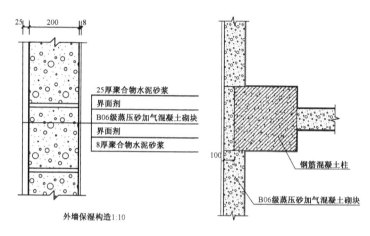

25厚聚合物水泥砂浆
界面剂
B06级蒸压砂加气混凝土砌块
界面剂
8厚聚合物水泥砂浆

钢筋混凝土柱

B06级蒸压砂加气混凝土砌块

外墙保湿构造1:10

图 11　维护结构保温构造图

3.2.7 小结

总体来看,本案基于平地地形的乡村住宅设计,适合于浙北广大平原地区的住宅建设和住宅改造。在综合了村落的实际情况后,住宅采用联排布置的方式,不但节约了土地的使用,也可以通过不同的设计方式创造住宅之间不同的公共空间,实现一种从技术到行为的乡村住宅低碳化。

4　构建策略分析

虽然以上两个案例所处的基地位置不同,但是都采取了一些类似的低碳营建方式。这些方式可以被归结为如下几点。

4.1　兼顾功能和通风的户型设计策略

随着时代的发展,浙北地区乡村的生活方式正在发生着多种形式的转变,村民对住宅的使用需求也产生了变化。通过实地的走访调研,我们可以了解到村民的一些主要需求。在设计阶段,这些需求可以转化为具体的功能。首先是户型的确定。户型不应是固定的几种,而是可以随着需求的变化进行相应地调节。其次,户型中的功能可以根据村民日常的生活劳动和使用者的特点来设置。例如,在负一层设置农具储藏室,在一层设置老人房;在二层设置小型活动室等。同时,户型的相互组合可以节约土地的使用,使得空间的利用变得高效,但是组合后的户型也可能会影响采光和通风,因此需要结合院落来设计,以达到被动式节能的目的。

浙北乡村住宅多采用被动式通风设计,包括被动式的水平纵向通风和竖向通风。纵向通风在设计时应考虑到住宅朝向、门窗形式、主导风向等问题。竖向通风主要借助楼梯井所形成的一种烟囱效应,利用热空气上升的原理,将室内空气从建筑上部的排风口排出,室外新鲜空气从建筑底部进入,形成室内外空气的自然流动。但是浙北的一些丘陵地区,因为山地地形的缘故,一层可能无法形成纵向通风,因此需要在二层设置纵向通风。竖向通风则应该考虑各层贯通,同时注意顶部通风口的位置,以便能够形成良好的烟囱效应。

4.2 兼顾局部和整体的院落设计策略

局部来看,合适的院落可以使住宅处于一个微环境中,形成一个能量自我循环的有机体。无论是采光、通风,还是植被的布置,抑或是日常的生活聚会,都能够在院落中得到有机的组织,并与自然获得对话,将碳排放不知不觉地降低。院落既可以设置在住宅之前,也可以设置在住宅之后,还可以穿插在住宅之中,但是无论设置在何处,它都是住宅的重要组成部分。与此同时,院落的设置也应有利于住宅使用功能的改变,利于提高农村住宅和室外空间的附加值。当住宅具有商业功能时,院落就成为了重要的组织流线的场所,而合适的景观,适宜的绿化,不仅有利于营造舒适的氛围,而且也有利于空气中碳含量的控制。

整体来看,院落作为一个室内外空间转换的重要场所,它可以与建筑一起构成乡村居住形态的基本单元,形成一种小范围内人文观念的集合,体现了精神层面的需求。合适的院落组织可以创造住宅之间新的公共空间,可以促进乡村内部交流活动的进行,有利于在乡村整体形态层面形成多种功能不同的节点,丰富人文要素在空间中的表达。

4.3 多用途的露台设计策略

露台是住宅竖向空间中联系室内外的重要场所,它包括了阳台和屋顶平台。在设计中,应考虑其功能多用性。通过实地的走访调研,我们发现有部分村民对阳光间设置的意愿不是很强烈,因此设计时候只将阳光间设计为可封闭性质的阳台。这种设计可以满足不同村民的使用要求。由于浙北地区风景秀丽,气候宜人,因此适合在屋顶设置平台。屋顶平台是一种竖向的活动空间,便于组织起村民的日常活动,例如晒衣服、晒谷物、聊天喝茶或者种植植物等。这些日常活动虽然普通,但却可以从人的行为、空间使用率、屋顶保温隔热等多个角度影响碳的排放。

4.4 综合屋顶设计的外立面设计策略

浙北乡村的住宅外立面设计主要包括了材料、立面形式和屋顶3个部分。

在低碳的视角下,外立面不应该被视为几个独立的立面,而应该被视为脱离开承重体系之外的表皮系统。材料与形式等问题都应该纳入到表皮系统中进行考量。首先,住宅可以采用就地取材的方式,尽量用当地的材料进行建造;其次,应考虑多方面的影响设计的因素,例如,村落周围建筑的样式;村落整体的风貌等。在实际的调研过程中,村民往往表示喜欢欧式风格的建筑,这其实是对住宅的设计提出了更高的要求。一方面我们需要以传统为根基,借助已有的坡屋顶、马头墙、门廊、格子窗、细部装饰等形式元素提炼演化出设计的要素;一方面也要求我们对新的要素进行重新组合,在条件允许的情况下采用新的材料和工艺,对建筑形式实现传承与创新。

屋顶常常被称为第五立面,可视其为外立面设计的一部分。在浙北地区,屋顶形式一般为坡屋顶。坡屋顶既有利于排水也有利于住宅与环境的融合。由于屋顶的特殊位置,可以通过对它的处理达到住宅节能、节水的效果。一般通过保温隔热、节能用具使用推广和外部生态环境改善等手段来实现建筑节能。例如,在屋顶设置空气隔层、进行覆土绿化、使用太阳能等。节水主要指通过水资源循环利用、节水设施使用等手段实现。浙北地区雨量充沛,故可以在屋顶安置雨水收集系统,通过简易的净化处理,向村民提供一部分生活用水,从而一定程度地减少水的消耗。

5 结论

从以上的分析中,我们可以发现乡村住宅低碳理念的实现主要集中在以住宅单体为核心、以院落为辅助的空间界面上。住宅单体是村民活动的重要载体,是村民生活的归宿。村民许多日常行为都发生在单体之中,故而他们对单体带有明确的功能和技术方面的要求,是一种从物质角度实现的低碳。院落则是单体之外的重要组成部分,是一个联系了住宅单体空间与乡村整体空间的空间要素,它与人的行为息息相关,是从地形地貌、室内外环境、空间与人的行为等角度实现的低碳。这两种方式不仅可以相互补充、相辅相成,而且还可以与当地的乡土现实结合在一起,共同形成一种浙北地区乡村住宅所特有的物质与文化特性。

参考文献

[1] 国务院发展研究中心课题组.中国新型城镇化道路、模式和政策[M].北京:中国发展出版社,2014.

[2] 于春普.关于推动绿色建筑设计的思考[J].建筑学报,2003,10:50-52.

[3] 王晓亮,杜志芳.低碳理念下绿色建筑发展的对策研究[J].建筑经济,2014,6:80-82.

[4] 陈亚君.建立低碳居住系统——南京锋尚绿色建筑设计[J].建筑学报,2013,3:34-37.

[5] 赵秀敏,石坚韧.基于低碳技术的竹建筑及景观设计新形态[J].装饰,2013,11:143-144.

[6] 郝琳.绿色创意下的微型乡建——毕马威安康社区中心设计[J].建筑学报,2013,7:8-15.

[7] 张晋梁,高巍."自维持住宅"对国内农村生态住宅的启示[J].华中建筑,2014,10:14-18.

[8] 王韬.村民主体认知视角下乡村聚落营建的策略与方法研究[D].杭州:浙江大学,2014.

[9] 朱炜.基于地理学视角的浙北乡村聚落空间研究[D].杭州:浙江大学,2009.

[10] 聂晨.乡村生态建筑的理论与实践[D].大连:大连理工大学,2006.

寒地小城镇生态景观设计探究

赵立恒

　　"十八大"提出了全面建成小康社会和全面深化改革开放的目标,在这种大背景下,推进城镇化的发展和城乡统筹的发展战略,为处于城乡结合部的小城镇带来新的发展要求。在寒地城市气候特征影响下的小城镇属于人口密集区域,伴随着城市化步伐的加快、环境污染等问题日益严重。据统计,小城镇建设在交通运输、建筑包括景观建筑等方面能耗最为严重。就目前的小城镇景观设计现状来说,各种问题层出不穷。如景观施工中过度使用能耗高的建筑材料;景观植物选择的是需要不断"精致"维护的品种;景观小品忽略地域环境一味强调新、奇、特。由此可见,如何构建一个适宜寒地小城镇的生态景观环境已是一项刻不容缓的任务。本文针对寒地小城镇生态景观建设的现状及问题,从生态设计理念出发,倡导低碳高效的景观设计方法,创建生态绿色的城镇景观,对于寒地小城镇景观设计的发展尤为重要。

1　相关概念阐释

1.1　寒地

　　寒冷地区简称寒地,国内学术界对寒冷地区的定义主要从季节温度、降雪到霜冻时间、纬度、植被等不同角度进行分析。按照中国建筑气候划分,我国的东北3省、内蒙古、新疆及西藏的大部分地区都属于寒冷地区。由于特殊的地理条件,寒冷地区在自然环境和人文等方面都呈现出独特的景观特征。在自然环境方面,表现为冬季寒冷、降雪、寒风和日照时间短等;在人文特征方面,表现在独特自然条件下,因为特殊的环境因素,而具有的一些别具特色的风土人情以及风俗习惯。因此,设计师在进行设计时需要考虑更多层面上的影响因素。

1.2　寒地小城镇

　　目前,我国关于小城镇的界定并没有统一标准,综合各学科释义的相同因素可以把小城镇定义为介于城市和乡村之间的区域,是城乡结合的社会综合体,处于城镇体系尾部,兼具城乡特色的一种过渡型居民点。它既是城市在乡村的延伸、又是乡村中的雏形城市。本文所探讨的"小城镇"是指正处于由"乡村性"集聚地向现代化城市转变的过渡性社区。寒地小城镇冬季严寒,冬季时长约5个月左右,空气干燥、日照时间短。寒冷的气候给城镇居民生活带来诸多不便,多数小城镇因为缺少适宜的冬季景观设计,导致小城镇景观特征尚未发挥明显优势。

1.3　生态景观

　　生态景观是生态与景观的结合,生态景观是将生态学的相关原理引入到景观设计中,其核心思想是

赵立恒：黑龙江东方学院，哈尔滨 150086

尊重自然,改善人与周边环境的关系,缓解资源能源危机,促进环境生态可持续发展。生态景观设计要求设计者尊重场地现状、通过对场地资源、能源的合理利用与开发,创造生态景观,追求场地与周边环境的和谐友好地发展。在满足景观功能的前提下,在景观的更新周期内,通过生态理念的规划设计,在材料选择、施工建造和日常维护过程中尽可能地减少垃圾的产生与能源的消耗,形成低能耗、低污染、低排放的绿色生态景观。

2 寒地小城镇景观现存问题分析

目前,盲目开发改造小城镇的现象较为普遍,冠以"生态"之名的景观设计现象更是比比皆是。在当前的寒地小城镇景观设计中存在着很多问题和误区,主要表现在以下几方面,值得我们深思和考虑。

2.1 景观生命周期短,内涵过于表面化

在商业利益的驱使下,有些设计者为了求效率,对小城镇景观设计不做深入细致的研究,直接找一些现成的方案稍加改动,缺乏对寒地小城镇景观资源的发掘利用,使景观设计不能充分反映寒地特征,形式要素单一、可识别性低。有的景观形式盲目模仿江南的连廊斗拱,湖石假山,一味追求南派风格;有的设计内容重视视觉形式的塑造,趋向于"表面化"的景观表达形式,使整个景观设计就是诸多流行元素的集合体,完全忽视寒地小城镇的特殊地域环境,景观内涵没有凸显寒地城镇的个性化形象。形态突兀的景观设计不能与周围的地域环境相融合、协调,不能形成持久的自然美感,不能随着社会一同发展,导致景观的生命周期短。在这些表面化的流行景观元素短暂的生命周期之后,设计者又将对这些过期的景观项目重新设计进行改造,对资源造成巨大的浪费,不利于生态景观的发展。

2.2 材料运用不合理,导致能耗较高

设计师忽视寒地城镇的生态系统和自然景观,忽视寒地城镇本身的历史、文化、人文等因素,只注重材料的感官属性,忽略了材料的文化属性,导致景观材料与本地地域环境融合性差,加速了景观的损耗感。另外,一些设计师选择景观建设材料时,偏好选用水泥、钢材、玻璃等,不顾这些材料在长途运输过程中需消耗大量能源、参与建设过程中要投入的大量的人力、物力、财力资源,使用时会产生大量废弃物的现状。如混凝土在运输与施工的过程中产生的粉尘污染和噪声污染以及施工完毕后裸露在外面的水泥粉化污染都会使景观建设成本增高,景观生态性降低。

2.3 植物的配置欠佳,造成资源浪费

景观设计中植物的选择和配置不合理都会降低植物的生态平衡能力。在寒地小城镇景观植物的选择上,一味讲究大色块的拼花图案、大面积的草坪,空间层次贫乏、单调,没有形成植物群落和生态循环链。为了追求绿化率,特意密植设计,导致植物没有生长空间,不能满足植物的生长条件,最终导致植株生长不旺盛甚至引起植物的死亡,造成资源浪费。为了标新立异,不顾植物生长的气候、土壤环境,选用造型独特的外地植物,如盲目引进热带棕榈,最终导致成活率低下,造成严重的资源浪费。不合理的配置外来树种,不仅影响植物的生长,还会加大植物养护的成本,并且外来植物通过远距离交通运输,导致高能耗的同时,对种源地的生态环境也会造成破坏。

2.4 景观小品追求"档次",导致生态性降低

"档次"应该是对质量和品位的追求,可是在某些景观小品的设计中,为了一味地追求政绩,在设计时不论地域、环境条件,一味强调造型的新、奇、特,尺度与规模的宏大和气派,似乎档次低不足以体现景观

小品的精美和品位。完全不考虑考究的材料带来的高成本、高碳排放,忽视景观的生态性。另外,为了弥补冬季景观单一的情况,很多小城镇出现了形态各异的"仿生景观"小品。有在寒地无法自然生存的热带植物;有在寒地冬季无法见到的鲜艳的花草;更有在寒风中矗立的大象、熊猫和斑马……这些"仿生景观"虽然起到了立竿见影的"速效"绿化效果,但是丝毫没有生态价值。"仿生景观"不能像生态景观那样净化空气,截留雨水,补充地下水,那些不合时宜的植物形象和动物形态不仅没能给小城镇景观环境带来一丝美感,反而让人觉得不伦不类。

3 寒地小城镇景观生态设计对策

伴随生态理念的普及和深入人心,从地域自身的生态格局和文化特征出发,保护小城镇的生态资源,凸显地域文化特征,创造特色鲜明的寒地小城镇生态景观,已成为小城镇景观规划的指导思想。布局合理、功能健全的景观不仅可以改善寒地小城镇的生态环境,彰显地域文化特色,还可给广大居民带来美好的景观感受。

3.1 适地适景,延长景观的生命周期

寒地小城镇景观由于缺乏统一规划,政府的建设与管理水平不高等先天不足的因素,其与城市的景观设计有一定差别,因此小城镇景观设计内容不可能完全照搬照抄。景观内涵设计也不能只热衷于创造过于风格化、表面化的空间和形态,应该深入挖掘和探索本地的历史、文化、人文背景,尊重特殊的生态系统或自然景观,因地制宜的设置景观,充分发挥寒冷地区的特点,创造出属于寒地城镇独特、鲜明的地域性景观特色,这样的景观形式能形成持久的自然美感。应把景观设计的关注点转移到景观自身的发展过程上。景观的生长和成熟期间会受到各方面因素的影响,尝试将景观看作一个因素动态变化的系统,通过设定一个引导景观发展的机制,让人去体验景观作为一种生命体的过程,而不是一成不变的画面。这种用过程取代形式的设计将会成为景观设计的主导,重视和体现景观的生命性,使景观能在周围环境不断改变的情况下保持长时间不被移除和更新,延长了景观的生命周期。

3.2 因地制宜,减少景观的能源消耗

本土材料产自当地的气候及地理环境中,最能代表寒地小城镇的地域环境特征,经过长期选择发展而形成的地方建材使用起来容易与本地地域环境融合,既体现出历史地域特色,又承载了地方历史文化。另外,景观建造时选用本土材料,可以缩短材料运输路程,减少运输成本,减少不必要的资源浪费。在景观施工过程中,势必会产生大量的碎砖破瓦、陶瓷片、废钢材等废弃材料,对这些材料加以利用,秉承"可持续发展,可循环利用"的原则,有时能创造出充满趣味性的装饰效果。可以将它们作为塑造地形的回填材料,或是作为特色园路铺装,也可作为景观建筑、景观小品的建设材料,这样既减少了生产、加工、运输材料而消耗的能源,又减少了施工中的废弃物,为景观的节能减排发挥了巨大的作用。

3.3 适地适树,增强植物的碳汇功能

景观植物的选择要充分注重植物的生态适应性,应尽量选用乡土植物。乡土植物资源丰富,选择面广,而且在气候适应性和抗寒性方面都有明显优势。由于是本地植物,能减少材料交通运输过程中以及后期植物养护管理所需的能源消耗,有效地达到生态景观设计要求的低能耗和植物本身的生态平衡能力。树种的选择应能够反映当地地区的地方特色和历史文化传统,依据当地的植物群落,配置体现当地特色树种。在植物配置时要尽量做到"春花""夏荫""秋色""冬枝",营造寒地城镇特有四季分明的植物景观。

3.4 营造特色,提高景观的生态性能

景观小品建设时,宜选择生态节能型材料,在生产和使用过程对环境影响最小的材料,可以考虑使用场地遗存的废弃物,以及有地方特色的材料,最大限度地体现生态的主题。在设计中结合小城镇特有的地域环境及自然资源,创作具有人文特色的景观小品,充分利用农业生产工具、水井等具有人文色彩的景观要素,如:石磨、石碾、筒车、马厩、水井、辘轳等,营造具有明显乡土特色的乡村小品景观,反映当地地域精神、生活场景,很好地改善了寒地小城镇冬季室外单调灰暗的景观现状,对小城镇生态景观风貌的塑造具有画龙点睛的作用。寒冷的气候在给寒地小城镇景观发展带来负面影响的同时,也造就了独特的寒地文化特性的丰富的冰雪景观。寒地小城镇应充分发挥特殊这一优势,开辟冰雪文化活动,通过展示冰雕、雪雕等景观作品来弥补寒地城镇冬季景观的不足,增强寒地小城镇的吸引力,打造具有鲜明个性的寒地景观小品。

4 结语

目前,我国的生态景观设计还处在起步阶段,本文针对寒地小城镇景观建设的现状及问题,提出生态景观设计方法。将景观设计与寒地小城镇地域特点相结合,把生态设计理念运用到景观的内涵设计、材料选择、植物配置、小品设计等方面,达到保护和传承地域文化特色的目的,有利于形成生态宜居的景观环境,并有助于寒地小城镇景观资源节约与综合环境改善。

参考文献

[1] 佐佳梅.寒地小城镇街道景观设计研究[J].东北林业大学,2009.
[2] 程亚亭,张建民.关于低碳城市发展模式的探讨[J].现代物业(中旬刊),2010.
[3] 叶祖达.碳汇功能承载力在低碳生态城镇体系规划的应用[J].北京规划建设,2011.

浅析低碳视角下的乡村居住与旅游规划*

——以贵州省赤水天台镇凤凰湿地公园农民新村项目为例

王行健　　陈高涛

"低碳乡村"一词最早是由丹麦的低碳组织——大地之母投资信托基金(GAIA)提出。该概念认为："低碳乡村是在农村及农村环境中可持续的居住地,它重视及恢复在自然与人类社会中的循环系统",同时指出低碳乡村应该具备"低碳环保的农业生产用品、先进的低碳种植与养殖技术及多样化的清洁能源结构"三大特征。

乡村旅游起源于 1885 年的法国,经过 19 世纪 80 年代大规模发展和 20 世纪 30 年代至 80 年代的全面发展阶段。我国乡村旅游萌芽于 20 世纪 80 年代,90 年代以后乡村旅游开始全面发展。但是当时国内对乡村旅游还没有形成一个统一的概念,不同学者对乡村旅游的定义有不同的侧重点。但都认为乡村旅游发生于乡村地区,旅游资源具有区别于城市的乡村引向性和文化内涵。因此,只有把握乡村旅游的乡村性,才能逐渐形成统一的乡村旅游概念,构建乡村旅游研究的理论体系。

文章立足于我国西南地区,针对凤凰村湿地公园的地域特点、气候条件和人文环境,以"低碳乡村"理论为依据,从具体方案的规划理念,再到实施阶段进行全方位的研究,探讨如何将低碳绿色概念运用于山地乡村旅游规划中,从而寻求符合当下社会主义新农村旅游规划发展的策略。

1　以贵州赤水天台镇农民新村项目为例谈"低碳乡村"理论

1.1　案例研究——贵州赤水天台镇农民新村项目

贵州省赤水天台镇位于贵州自然生态保护区内,敏感而又脆弱的生态环境使得当地的产业发展必须考虑对周围环境造成的影响。然而随着我国城镇化的推进,农村相对单一的生产模式难以满足当地经济水平增长的需求。近年来,反映在当地的现象就有:村中的青壮年劳动力缺失、土地荒废、基础设施落后以及环境质量下降等。天台镇凤凰村的更新改造已经迫在眉睫,在此基础上,结合"十二五"国家科技支撑计划项目课题,从总体规划到单体设计,尝试从"低碳"的角度出发,去探索实现绿色化、可持续化的美丽乡村。

1.2　项目概况

项目位于贵州省赤水市天台镇凤凰村,由重庆大学城市规划与设计研究院进行设计,由天台镇政府组织实施,项目所在地具有丘陵、低山等典型的西南山地地貌特征。项目占地 16.54 hm²,位于贵州省凤凰湿地自然生态保护区境内,自然环境优美,具有较好的乡村旅游环境资源。用地周边现有一条联系赤

王行健、陈高涛:重庆大学建筑城规学院,重庆 400030

* 受高等学校博士学科点专项科研基金资助;项目名称:西南山地传统村镇空间格局安全动态监测研究,编号 2012019111036

水市区和天台镇的公路,联系外界的主要交通干线已经形成。场地内高差较大,呈台地式跌落,用地性质方面主要有水田、耕地、林地,区域内植被覆盖率较高,距离市区仅7 km,与仁赤高速公路相通,交通便利。经作者现场勘查发现现状问题主要有村域范围内交通不够完善,道路等级较低,部分道路质量较差,缺乏基础设施,环境质量不高等问题。

综上所述,结合业主方面的要求,在"低碳乡村"理论的指导下,规划拟建一个生态体验式的休闲度假新农村聚居点(图1),并且在总平面规划和套型设计中考虑相关旅游配套的功能。

图1 整体鸟瞰图

资料来源:重庆大学建筑城规学院朗逸工作室绘制

1.3 "低碳乡村"理论在设计中的应用

本文分别从微观的物质空间设计到宏观的政策引导来阐述低碳在山地农民聚居和旅游规划结合中的具体运用。

1.3.1 GIS地形分析

山地多有敏感的生态环境,在前期选址时就秉持低碳设计的理念,尽量减少对场地的大拆大建,结合GIS地形分析软件,对现有地形建设可行性进行论证分析,减少后期建设工程对环境的影响。设计前运用GIS分析地形情况(图2、图3、图4),避开采空区、崩塌、滑坡、构造断裂带等不良地质,经过分析发现场地的地质构造及水文地质条件较为简单,场地高程大体分布自西南向东北方向递减(图2),最高处为472.0 m,最低处为453.2 m,局部区域存在18°的较陡坡(图3),坡向以西、西南、南向坡为主(图4)。根据贵州省赤水市建设工程相关要求,拟建场地抗震设防烈度为7度。场地整体稳定,适宜作为建设规划用地。

图2 高程分析图　　　　**图3 坡度分析图**　　　　**图4 坡向分析图**

资料来源:重庆大学建筑城规学院朗逸工作室绘制

1.3.2 "一轴多组团"的空间布局

场地内利用水体将地块分为不同的4部分,通过主干道将5大功能分区连接起来,成串联式的多组团布局(图5),多组团的空间布局是山地城镇常见的规划方法,满足功能特色分区的同时,充分利用了现有的建设用地。设计时,提出运用水体将用地分隔(图6),一方面源自景观功能的需求,另一方面更多的是考虑到水体对于一定范围内的气候调节起着重要的平衡作用,设计时结合天台镇"一岭二坡"的景观地理优势,形成了在错落有致的空间分布格局。

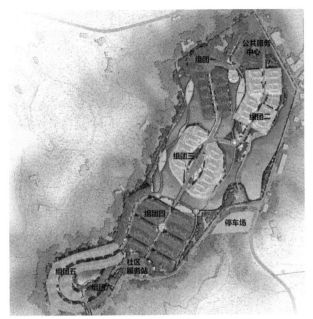

图5 总平面图空间布局

图6 规划水体分布图

资料来源:重庆大学建筑城规学院朗逸工作室绘制

1.3.3 绿色建造—体化技术

本方案中的绿色建造一体化技术主要是以被动技术为手段,结合地理环境和自然气候,运用当地的传统材料和被动式通风降温技术(烟囱效应、地道风降温、穿堂风、坡屋顶间层、一体化遮阳技术)等,实现建筑内部环境的温度调节。这类被动技术具有投资少,效益明显,施工方便的特点,被动技术的节能应用是在有限条件下提高经济效益的有效方法,特别是在乡村地区,它能够有效解决在有限的资金条件下,满足低碳设计以及使用舒适性的要求(图7)。

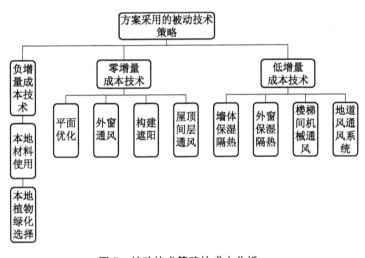

图7 被动技术策略的成本分析

资料来源:重庆大学建筑城规学院朗逸工作室绘制

1.3.4 "归园田居"的乡土景观

场地内部公共景观设计主要遵循乡土景观规划思路,利用当地的景观资源,强调顺应地形、多自由曲线、少几何图形的平面形式。除满足必要机动交通通行外,基地多以软质铺地和水体为主,风格简洁、自然,更多考量的是以形成环境优美的交往平台为目标。方案结合基地本身错落有致的地形特点,秉持景观均好性原则与地域性原则,将景观资源进行充分整合(图8)。

规划层面充分尊重现状的自然条件,保持基地周边区域的绿化植被,尽可能地减少开挖量,强调建筑组群与自然环境的穿插与渗透(图9),结合湿地公园特点,设计形成四周水体与中央组团之间相互围合的景观分布,形成了具有生物种类丰富、环境效益高、绿色可持续等特点的湿地滨水景观体系。

图8 社区广场空间

图9 社区水体景观

资料来源:重庆大学建筑城规学院朗逸工作室绘制

1.3.5 "低碳洁净"的旅游产业

产业设计方面,在乡村产业的发展上选择污染较少的旅游业,并以此为根据,规划设计建立了五大功能区(图10):①雏凤初生接待区与凤舞天台接待区:以社区服务设施与广场为主,主要承担接待与餐饮服务。②凤栖竹语区:由东西两个组团围绕一池内湖围和而成,陆地景观植物种类以当地毛竹为主,是以展示竹文化为主,兼具旅游配套功能的安置居住区。③凤起福泽区:南北两个组团由水体围绕串联而成,景观植被以黄菖蒲、花叶芦竹等湿地亲水植物为主,凤起福泽区是以湿地公园为主题的居住区。④凤翎民宿区:场地最南侧的山岭高地,因其位于场地最南端,居住功能的设计考虑以还建安置为主,具有较为独立的社区空间。在产业设计的考虑方面,结合中国传统建筑风格和凤凰村

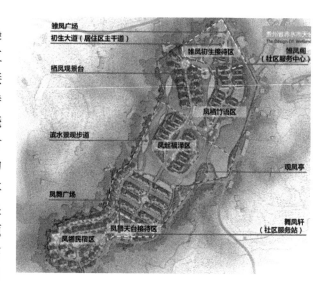

图10 功能组团分区图

资料来源:重庆大学建筑城规学院朗逸工作室绘制

的地理位置优势,打造不同主题的特色区,形成居、游、生产为一体的产业生态,从而吸引更多的城市居民来休闲度假。

1.3.6 完善的基础设施建设

发展乡村旅游,最先要解决的问题便是基础设施的建设。设计之初首先需要考虑的是区域内道路交通的规划设计,道路交通的设计应当遵循"连接现有城市(村镇)道路、紧密结合地形条件、串联各个功能区域"的方针,在此基础上规划设计了由规划主干道、次干道和景观步道组成的3个层次的道路交通系统。此外,完善总体道路交通布局,满足居住需求的同时,考虑旅游配套对于基础设施方面的要求,在规划设计之初就需要将两者结合考量,一方面能够形成公共资源的共享,

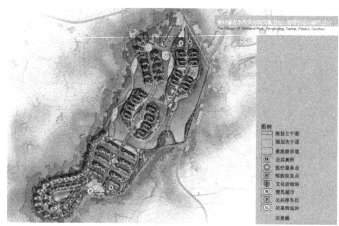

图11 道路交通与基础设施的统一规划

资料来源:重庆大学建筑城规学院朗逸工作室绘制

提高基础设施的使用率,减少不必要的新建费用;另一方面正是完善的基础设施才能保障乡村旅游的后续发展以及良好的农村生态环境,为营造低碳绿色的旅游型新农村打下坚实的基础。

1.3.7 "低碳意识"的提高

项目从规划之初就有意识的让当地居民和政府参与到规划中来,在他们参与的过程中不断向他们普及"低碳乡村"的概念优势,低成本、高收益、无污染的"低碳乡村"在当地村民参与之初就逐渐深入人心。

这种公众参与的机制,有效地提高了公众的低碳环境意识。居民从被动的使用者转变成为主动参与设计,提高了居民与环境之间的互动,使得两者之间的联系更加紧密,增强了后续经营过程中环境意识的主动性,对低碳可持续的乡村旅游发展有良好的促进作用。

2 结语

在对我国乡村旅游规划发展的研究过程中,越来越多的业内人士意识到低碳可持续对于乡村发展的重要意义,并且以此为出发点做出了很多的学术贡献。本文也是以"低碳乡村"的理论为指导,把"低碳乡村"理论应用于贵州赤水天台镇农民新村项目中,弥补了传统乡村规划过程中的盲目扩张规模,产业设计单一,基础设施匮乏,难以可持续发展等不足。全面发展低碳乡村旅游,有利于农村的产业升级和优化;有利于实现农民增收和农村经济繁荣;有利于统筹城乡发展、建设社会主义新农村。我们需要建立自上而下和自下而上的主动循环机制,合理有效的引导农村居民去了解"低碳乡村"的理念。

鉴于目前国内对于低碳乡村研究范围有限,本文也仅仅基于西南山地乡村旅游的一个实际项目进行了相关的设计探索,还需要有更多的理论研究结合实际项目去进行实践论证与补充。

参考文献

[1] 欧阳勇.乡村旅游规划的共生与有机更新途径——南宁市伶俐镇渌口坡乡村旅游规划为例[J].旅游论坛,2009(04).

[2] 冯银.基于低碳理论的国家森林城市建设评价与规划[J].中南林业科技大学,2012.

[3] 唐承财.我国低碳旅游的内涵及可持续发展策略研究[J].经济地理,2011(05).

[4] 瞿葆.基于低碳概念的旅游业发展初探[J].北方经济,2010(10).

[5] 周浩.低碳理念下武汉市城市土地集约利用评价研究[J].华中农业大学,2013.

[6] 魏有广.乡村旅游规划体系研究[J].山东大学,2007.

[7] 孙桂娟.低碳经济概论[M].济南:山东人民出版社,2010:218-220.

[8] 廖晓义.把低碳乡村进行到底[J].中国改革,2009(11):31-33.

[9] 熊焰.低碳之路:重新定义世界和我们的生活[M].北京:中国经济出版社,2010.

[10] 叶文虎.寻求多样化的乡村发展道路[J].绿叶,2009(12):81-86.

[11] 文佳筠.因地制宜、以我为主的现代化路径[J].绿叶,2009(11):67-73.

[12] 何慧丽.低碳乡建的原理与试验[J].绿叶,2009(12):73-80.

[13] 杨旭.开发"乡村旅游"势在必行[J].旅游学刊,1992(02).

[14] 王兵.从中外乡村旅游的现状对比看我国乡村旅游的未来[J].旅游学刊,1999(02).

[15] 乌恩,蔡运龙.金波试论乡村旅游的目标、特色及产品[J].北京林业大学学报,2002(03).

[16] 何景明,李立华.关于"乡村旅游"概念的探讨[J].西南师范大学学报(人文社会科学版),2002(05).

一种基于城市复杂地形的简便三维建模方法 *

郭　飞　杜亚雄　李沛雨

近年来三维模型在城市规划领域逐步得到了广泛的应用。相关调查表明,我国 700 个大中城市以及 3 万多个小城镇逐渐地开始创建"数字化城市",应用在包括城市规划、经济、文化和管理等诸多领域,已经成为城市信息化和管理现代化的关键环节[1]。

目前城市三维模型主要是采用 Rhino 和 Sketch Up、3DS MAX 等与 GIS 平台相结合的方法建立。许多研究者利用 GIS 数据以及 SRTM 数据进行复杂地形网格建模,对复杂地形的风力资源分析、风环境模拟、山地地形分析及道路设计进行研究[2-5]。

用于设计前期分析的三维模型,评价它能否满足要求,主要是看在保证模型构建精度的前提下,三维模型与模拟、分析软件的匹配程度以及操作便捷性。本文主要针对城市规划设计前期相关分析所用的三维模型,以大连市沿海区域 3.24 km² 某项目为例,详细介绍其建模步骤及方法,具体的流程如图 1。

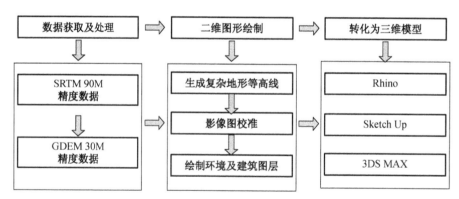

图 1　城市三维信息库建立流程

1　数据获取及处理

一般来说免费获取城市信息数据库来源主要有:城市测绘或规划部门、GIS 测量工具现场采集、卫星数据反演或者机载雷达(LIDAR)扫描等方法。但是对于普通民用部门来说,并不总是能够及时、经济地获取这些高精度的信息。

目前可免费获取的高精度数值地形高程数据主要两个:一是 SRTM 数据,精度大约是 90 m(约 3 弧秒);二是 ASTER GDEM 数据,精度约 30 m(约 1 弧秒)。两种数据的投影系统均为 WGS84(世界大地坐标系,world geodetic system)的 Geo Tiff 地球经纬度输出格式[6]。

　　郭飞,杜亚雄,李沛雨:大连理工大学建筑与艺术学院,大连 116023
　*　国家自然科学基金资助项目(51308087,51278078),中央高校基金科研业务费专项资金资助(DUT13RW306)

本文建模所依据的数据为 ASTER GDEM 数据和卫星影像图(图2)。

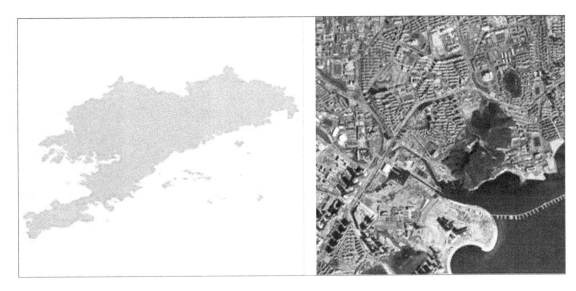

图 2　GDEM 数据(左图)研究范围影像图(右图)

2　二维图形绘制

2.1　复杂地形等高线的生成及影像图校准

在城市规划设计前期,建立不规则的地形模型时主要面临两种情况:一是缺乏地形数据,则需要利用 DEM 模型生成等高线;二是已经获取到了含有高程信息的 AutoCAD 资料,可直接用来生成等高线,以备后期三维建模。这里所用到的工具主要有:ArcGIS、AutoCAD、Google Earth 等。

2.1.1　DEM 生成等高线

利用 ARCGIS 读取带有高程信息的 GDEM 数据文件。通过等值线工具生成等高线并为其添加高程信息字段。最终输出至带有高程信息的 dwg 文件。将其独立图层命名,此时的等高线已具有高程和高度,可供之后生成不规则地形使用(图3)。

2.1.2　CAD 高程生成等高线

若获得的地理信息文件含有的高程信息是文字形式,则需要先在 CAD 中将文字形式的地理信息图层读取出来,可以利用湘源控规软件实现该工

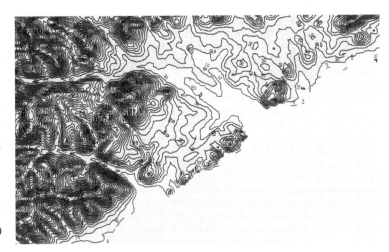

图 3　ArcGIS 生成等高线

作。湘源控规软件中的"字转高程"命令可将其转化为高程数据,再利用 ARCGIS 在 ArcMap 中将带有高程信息的数据点读取,创建 TIN 图层后,通过栅格表面工具生成等值线。最终导成带有等高线信息的 CAD 文件,利用 ARCGIS 进行校准。

2.1.3 将既有的影像资料与其坐标信息进行校准

在实际应用中,我国地图采用的是 1954 北京坐标系或者 1980 西安坐标系下的高斯投影坐标(x, y),不过也有一些电子地图采用 1954 北京坐标系或者 1980 西安坐标系下的经纬度坐标(B, L),高程一般为海拔高度 h。一般来讲,GPS、卫星影像图或 DEM 文件直接提供的坐标(b, l, h)wgs84 的坐标,其中 b 为纬度,l 为经度,h 为大地高即是到 wgs84 椭球面的高度。因此在众多坐标系中需使其具有统一的标准,我们将采用投影坐标系的影像图导入 ArcGIS 中与处于大地坐标系中的等高线进行位置匹配校准,如图 4(上图)所示。利用 ARCGIS 将等高线图层格式转化后,也可通过 Google Earth 打开,将等高线与影像图进行校准,如图 4(下图)所示。

2.2 绘制各环境图层

根据所获得的地理数据分别将水体道路、草地林地、硬质铺地、建筑等分图层绘制(图 5),而且最好使各种材质的轮廓线在 CAD 中形成闭合的多段线。不同材质连接处要紧密衔接没有缝隙。

图 4　ArcGIS 校准图(上图)
Google Earth 校准图(下图)

3　将二维图形转化为三维模型

将 dwg 格式的"等高线"图层导入 Sketch Up、Rhino、3DS MAX 或湘源控规中,建立三维模型。如果直接使用 AutoCAD 三维建模,只适用于室外地形简单且区域较小的模型。AutoCAD 对于大范围且区域内结构复杂的地形往往力不从心,会严重影响项目或工程的进度,时间耗费较长。

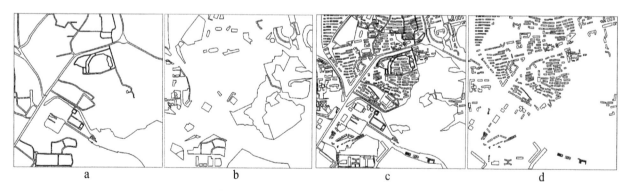

| a | b | c | d |

图 5　水体道路(a)草地林地(b)硬质铺地(c)建筑(d)

使用 Sketch Up,将 dwg 格式文件导入后利用"工具"中的"沙盒"——"曲面拉伸",使其成为曲面的复杂地形。生成模型如图 6-上所示。若使用 Rhino,则将 dwg 格式文件导入后利用"工具"中的"patch",使其成为曲面的复杂地形,如图 6-下所示。

以 Rhino 生成地形模型(图 7-左)为例,将其他 CAD 图层逐一导入 Rhino 中,最终生成与地形贴合的三维模型,如图 7-右所示。生成三维建筑时,为保证建筑与坡地无缝隙贴合,可借助 Grasshopper 参数化命令来快速完成。生成建筑模型如图 8 所示。

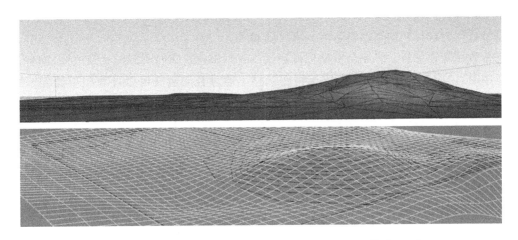

图 6　Sketch Up 生成地形模型(上图)Rhino 生成地形模型(下图)

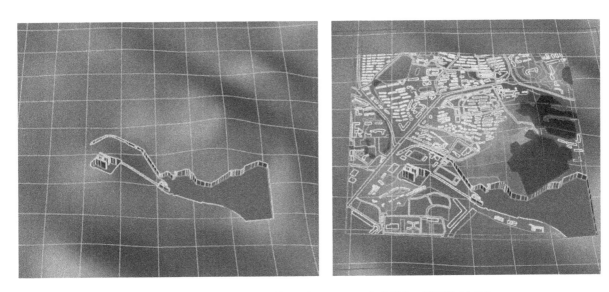

图 7　Rhino 生成带水体地形模型(左图)Rhino 生成所有三维环境(右图)

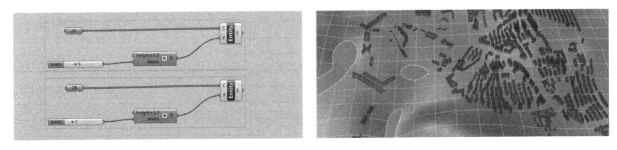

图 8　Grasshopper 部分命令(左图)利用 Grasshopper 生成三维建筑(右图)

4　结论

　　三维地形模型在很多领域都发挥着不可或缺的作用,如在虚拟城市、三维数字地图、模拟沙盘、三维 GIS 等虚拟现实系统中,也同样发挥着重要作用[7]。这种方法建模简单、快速,对于建模要求不是非常细致的项目是很好的选择[8]。这种方式建立的模型最终可以应用在多个方面。

就城市规划而言,可用于利用 ArcGIS 进行空间三维量测如:空间距离、建筑物高度、空间面积等,这样的数据测量可以为设计初期提供粗略的三维尺度参考。

可以进行日照间距分析。日照分析模拟得到某一时刻该建筑物的阴影形状及位置,当有其他建筑物处于其阴影中时,说明这些建筑物被该建筑物所遮挡。通过叠加运算可以计算阴影面积。通过模拟一天、一年的日照情况,统计分析建筑物的日照情况。

可以进行建筑的通视分析。通视分析在城市设计阶段具有较大用途,用于保证重要建筑物具有良好的周边视野。

可以进行控高分析。利用建立的控规盒子,超出控规高度的建筑将以特殊的颜色进行显示[9]。从而可以清晰方便地进行建筑高度的控制和设计。

这种既满足一定精度要求又与模拟分析软件相匹配的快速建模方式,对于城市规划前期的分析方便又快捷,但如果可以有更高精度的数据基础,这种粗略的建模方式将会有更广阔的应用前景。

参考文献

[1] 黄辉. 城市三维模型用于城市规划的可行性及对策探讨[J]. 江西建材,2015,08:46.

[2] 周志勇,肖亮,丁泉顺,等. 大范围区域复杂地形风场数值模拟研究[J]. 力学季刊,2010,31(1):101-107.

[3] 苏容. 复杂地形下山区公路改扩建工程设计研究[J]. 交通标准化,2014,22:44-47.

[4] 梁思超,张晓东,康顺,等. 基于数值模拟的复杂地形风场风资源评估方法[J]. 空气动力学学报,2012,30(3):415-420.

[5] 李磊,陈柏纬,杨琳,等. 复杂地形与建筑物共存情况下的风场模拟研究[J]. 热带气象学报,2013,29(2):315-320.

[6] 阎凤霞,张明灯. 三维数字城市构建技术[J]. 测绘,2009,32(2):93-96.

[7] 魏翔,吴熙. 基于等高线的三维地形建模方法[J]. 城市勘测,2011,01:40-42.

[8] 万宝林. 3DS MAX 与 Sketch Up 的三维城市建模技术实验对比分析. http://www.cnki.net/kcms/detail/42.1840.P.20150316.1721.006.html,2015.

[9] 刘玉洁. 城市三维模型及其在城市规划中的应用[D]. 天津师范大学,2014.

中国 APEC 低碳示范城镇之住区设计方法研究*

——以河南中牟县沙岗王项目实践为例

高力强 朱 丽 武 勇

根据国家统计数字:2013 年中国城镇常住人口迅速增加达到 53.7%,《国家新型城镇化规划(2014—2020)》给社会发展带来了重大机遇,同时也带来气候变化、环境污染、资源紧张一系列的问题。就是在这样的社会环境下,国家能源局推出了中国 APEC 低碳示范城镇推广宣传活动,河南中牟县大孟镇沙岗王项目作为 APEC 低碳城镇的住区设计典型案例之一被列入其中。

大孟镇沙岗王项目位于河南省郑州市中牟县境内,地处黄河腹地,属温带大陆性季风气候。以郑州市新型城镇化为引领,项目北邻雁鸣湖生态风景区,南依郑开大道、郑汴城际轻轨,紧邻郑州绿博园和郑汴中央公园,交通区位极其优越。项目属于"合村并城"多功能复合开发为一体的示范区,也是未来该区域"活力中枢和生活中心。本次规划占地约 1 500 亩,一期建设总建筑面积 500 000 m²,总投资 25 亿元(图 1)。

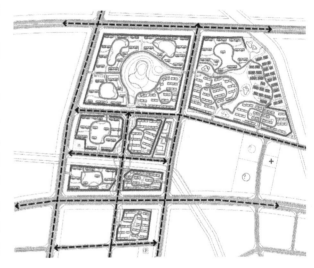

图 1　总体规划图

1　低碳示范城镇住区规划理念及其路径

中国的"低碳城镇"概念,源于《APEC 低碳城镇中国发展报告》。中国低碳城镇以可持续发展为理念,强调在城镇发展中按照减排、持续、节约的原则发展。近年来,国家多个部委颁布了多项政策措施,中国低碳城镇的发展成绩非常显著。从 2005 年住建部推进低碳城镇的试点示范,至 2011 年第一批示范绿色低碳重点小城镇试点,2014 年国家能源局启动了中国 APEC 低碳示范城镇的推广活动,以国际先进技术合作为契机,推动中国低碳、绿色、生态等各类新型城镇人居环境的快速发展,打造中国示范性的低碳城镇和可持续发展之路。

中国 APEC 低碳示范城镇具有成熟的技术路径。在低碳城镇项目推广活动中,针对不同地域不同规模的低碳规划项目,制定了以低碳产业、低碳布局、低碳能源、低碳建筑、低碳交通和资源再生六大技术路

高力强,武勇:石家庄铁道大学,石家庄 1050043;朱丽:天津大学,天津 300072
　*　河北省教育厅指令项目:严寒地区扶贫村镇宜居性及相关节能技术研究(SQ133017);石家庄铁道大学人居环境可持续发展研究中心基金项目:低碳城镇:量化的建筑设计语言

径为低碳规划实施技术途径,因地制宜地规划社区,建设与低碳、经济、社会相适应的用能方式,全面解决低碳城镇建设所需的问题,系统地实现城镇低能耗、低碳化、优化布局的发展模式(图2)。

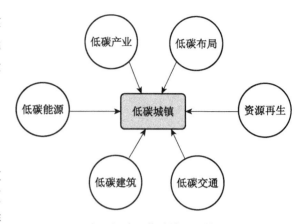

图 2　中国低碳示范城镇规划技术路径

2　项目规划的低碳实践

"合村并城"是新型城镇化建设的重要形式和有效载体,需要统筹的考虑和规划。河南中牟县沙岗王项目,作为郑州市的安置小区建设重点项目,以低碳减排为项目开发整合的切入点,在"和谐统筹,因地制宜;被动优先,主动优化;低碳出行,智慧管理"的规划原则基础上,因地制宜的结合国家低碳城镇推广活动中的技术路径和规划方法,建设高品质的还迁居住环境和现代化的多元配套设施,使低碳社区成为具有自然生态和人类生态、自然环境和人工环境相结合的可持续发展的理想住区。

2.1　低碳规划

在沙岗王社区的低碳规划设计中,根据地域的环境特点,利用生态环境的保护、土地的集约利用、空间布局优化设计原则,将整个社区建成自然环境和人工环境相融合的可持续发展社区。

具体设计途径:对居住区项目采取分块、分区、分层的规划模式,通过调整人居环境生态系统内生态因子和生态关系,实现"整体、协调、循环、再生"的生态设计布局,促进人与自然的和谐、人工设施与自然环境的协调融合,达到"社会-经济-自然"复合系统整体协调。沙岗王低碳示范区地处黄河流域,需要结合当地气候条件、自然环境条件、城镇布局、交通状况等条件,构建生态廊道、划分生态控制线、控制城市密度、多元化利用土地等设计策略,对整个居住区的建筑、水体、绿化、交通进行科学合理的规划布局,利用 Phoenics 等软件预测和优化住区的风、热等物理环境,使社区成为具有自然生态和人类生态、自然环境和人工环境可持续发展的理想城市住区,全面优化一期 500 000 m² 的基础居住环境。

2.2　低碳建筑

住区设计之中,低碳建筑是节能主体。在住区规划的单体设计中,针对不同的地域气候条件,因地制宜的选择适宜的设计方法和技术措施,纳入低碳设计范围是低碳设计的第一步。

具体设计途径:针对郑州市区域的气候条件,建筑设计采取以被动式设计方法为主,通过优化建筑空间布局以及围护结构热工性能,采用建筑节能、设备节能以及空间节能,全面降低冬季寒风对外围护结构的渗透,最大限度地利用河南当地的日照获取太阳辐射,注重场地空间对夏季主导风的引导,以适用、经济、合理的主动式技术来建立沙岗王社区的低碳建筑体系,缓解和应对自然气候对于建筑舒适度的影响。同时,利用计算机模拟软件,在降低建筑能耗和碳排放量的同时,对于当地的气候、场地和设计条件,选取典型住宅进行环境模拟优化,提升社区空间的整体品质,对建筑的围护结

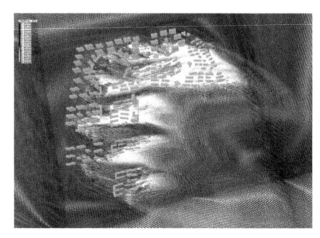

图 3　住区规划设计的冬、夏季风速矢量图

构热工性能和室内采光通风环境进行合理优化(图3)。

2.3 低碳能源

能源的全生命周期高效循环,是低碳规划设计的重心。设计结合当地的自然条件,采取适宜的住区分布式能源利用方法,建立低能耗、低污染、低排放的节能减排规划设计方案,可以进一步提高清洁能源占能源消费比重,加大可再生能源和新能源的利用力度。

具体实施途径:郑州地区身居华北平原,是人类早期的集聚地之一,当地具有太阳能充足、地下水资源充沛、地热资源以及生物质资源丰富等资源特点,可以在清洁能源的生产、运输、储存、消费和回收各个环节,采取高效的能源技术,解决住区居民生活用电、空调采暖、生活热水、居民厨房用气问题,达到低碳生活的目的。例如,利用热泵技术(地下水水源热泵、地源热泵、污水源热泵)、太阳能综合利用技术(光热、光伏、太阳能三联供等技术)、生物质转化技术(生物质固化、气化技术、生物质热裂解技术),都不失为好的能源规划方法(图4)。

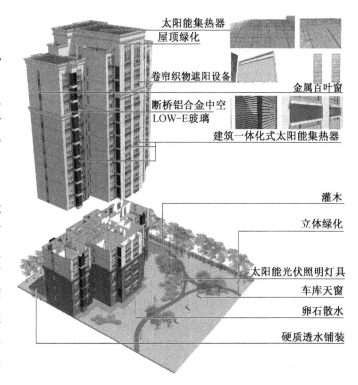

图 4 住区规划单体的低碳设计策略

2.4 低碳交通

现代城市交通已经上升为环境污染和能源紧张的首要节点。交通的低碳设计包括出行方式和日常意识两个方面,一个合理的住区规划布局,可以实现"公交+慢行"的低碳交通发展模式,成为改善目前社区交通发展的最佳策略,减少交通污染、避免拥堵,进而减少城市污染和节约能源,实现低碳的交通规划。

具体实施途径:本次交通规划参考了瑞典马尔默市 Bo01 住宅区的"以公共交通为核心"、昆明市呈贡新区"步行和非机动车出行为主"、天津于家堡的立体城市设计,量身定做了沙岗王社区交通规划,以紧凑社区、便捷交通,构建以公共交通为导向的城镇交通体系、营造良好的慢行网络系统、设计适宜步行的街道和人行尺度的街区、优化交通系统的生态质量,实现现代住区交通规划和低碳发展模式。

3 建立低碳示范城镇项目的住区指标评价

APEC 低碳示范城镇推广活动有一个量化的建设指标体系。该低碳指标体系是参考了国内外诸多低碳指标体系,建立的一种基于定量的新型城镇低碳评价办法,对城镇尺度下的建筑群及其相关因素进行可持续性评价,使得指标体系内容更广泛,考察范围更全面。在指标体系框架下,河南中牟县沙岗王项目的低碳住区规划,实现了规划通风采光合理,新建建筑中实现了 100% 的绿色建筑、节能建筑设计,其中二星级绿色建筑比例大于 30%;清洁能源占能源消费比重 50% 以上;社区内居住、学校、办公设置在公交节点的 500 m 服务半径内,公共交通出行承担率达到 50%;社区公共交通 100% 采用使用清洁能源,并建立能源管理系统,对可再生能源利用进行监测、统计和分析,及时反馈。

4 展望

随着城镇化进程的加快,现代城市住区建设已是城市建筑不可缺少的部分,在低碳示范城镇的规划原则和技术路径的基础上,合理应对城市污染和能源紧张,实现定量的低碳规划设计是提高住区设计质量和品质的最佳规划设计方法,这是现阶段城镇可持续发展的根本任务,也给未来的城镇建设提供一片健康的人居环境范例。

参考文献

［1］ APEC 可持续能源中心. APEC 低碳城镇项目库(中国). 2014.

［2］ 中华人民共和国能源局. APEC 低碳示范城镇项目推广活动方案. 2013.

［3］ 中华人民共和国国务院. 国家新型城镇化规划(2014—2020 年). 2014.

［4］ 中华人民共和国统计局. 中国统计年鉴(2013)［M］. 北京:中国统计出版社,2013.

［5］ 中节能咨询有限公司. APEC 低碳示范城镇指标体系研究. 2014.

［6］ 中华人民共和国住房和城乡建设部,等. 绿色建筑评价标准(GB/T 50378—2014)［M］. 北京:中国建筑工业出版社,2006.

［7］ 中华人民共和国住房和城乡建设部,等. 民用建筑工程室内环境污染控制规范(GB 50325—2010)［M］. 北京:中国建筑工业出版社,2013.

江南地区新农村建设规划案例分析

李大勇

　　江南,字面意义为江之南面,在人文地理概念中特指长江中下游以南。狭义的江南指长江中下游平原南岸。在历史上江南是一个文教发达、美丽富庶的地区,它反映了古代人民对美好生活的向往,是人们心目中的世外桃源。随着江南地区城市化水平的快速提升,城乡发展矛盾日渐突出,江南地区城乡二元对立、"三农"问题等日益凸显,迫切需要由侧重城市功能扩张向侧重城乡统筹发展转变。

　　这些问题是近年来中央及地方各级政府及相关规划部门持续关注的重点问题。2009 年中央经济工作会议提出"要把解决符合条件的农业转移人口逐步在城镇就业和落户作为推进城镇化的重要任务,放宽中小城市和城镇户籍限制"。2010 年"一号文件"主题中突出了"城乡统筹",明确了我国总体上进入"以工促农、以城带乡"的发展阶段,文件更加深入的提出"促进符合条件的农业转移人口在城镇落户并享有与当地城镇居民同等的权益。"由此可见,中央对于农村人口向城镇集中以及统筹推进城镇化和新农村建设的政策导向已经十分明显,逐步认识到仅仅立足于"三农"本身,无法真正解决"三农"问题,最终还是要与城镇化相联系,转变"就农论农"思维方式,积极探索新型城乡关系。目前,如何妥善解决"三农"问题是推进城乡统筹的主要抓手,各地陆续提出了一些办法,如南京推出的《南京市江宁区美丽乡村规划建设导则》(2014)等。

　　统筹城乡发展就是要着力消除城乡发展的落差,促进城乡生产要素有序流动,发展空间合理布局,公共资源均衡配置,基本公共服务均等覆盖,实现城乡一体发展,打破城乡二元结构,解决郊县"三农"问题。江南地区正在推进统筹城乡发展,即不是简单的城市支持农村、工业反哺农业,而是通过城乡统筹发展促进城乡要素对接,资源优化配置,改变城乡面貌。各地今年来陆续进行各种探索,本文选取苏州、南京、无锡三地的新农村建设规划案例,粗浅的分析目前新农村建设的特点。

1　典型新农村建设规划民居案例分析

1.1　结合并强化自然地域特色进行新农村建设的规划设计

　　由苏州设计研究院股份有限公司规划设计的"胥口镇美丽村庄建设规划",选址于胥口,位于中国历史文化名城苏州西郊 15 km 的太湖之滨,因春秋时期吴国宰相伍子胥而得名。南依万顷太湖,北靠穹隆香山,东接天平灵岩,全年四季分明,山清水秀、物产丰蕴,是一个适宜人居的地方。

　　从地理环境来说,苏州沿江临海,傍湖枕河,是著名的水城,水既是苏州的生命之源,也是吴文化的发生和发展之流。从某种意义上说吴文化就是水文化。水文化是吴文化的鲜明特征和个性标志。本次美丽村庄建设,也是深刻挖掘地域的水文化。

　　本案以直心泾、赵家村等村庄为例。

李大勇:东南大学建筑设计研究院有限公司,南京 210096

1. 直心泾(图1)

直心泾属于行政村马舍村,规划户数为31户;村庄建设范围3.8 hm²。现有建筑参差不齐、环境一般、配套设施不够完善。规划重点进行环境整治,完善基础设施。

总体思路:规划在不增加建设用地面积的情况下,按照美丽村庄的标准统筹安排公共设施、立面出新、提升风貌、文化提升、产业提升。从村民最亟须的需求考虑出发,改善村容村貌,成为苏州美丽乡村建设的样板。

优势:①区位优势明显,交通便利;②丰富的水资源和景观资源;③农林业基础禀赋较好,便于产业提炼升级;④路网分布较合理,路面基本硬化;⑤直心泾、直津泾已新农村建设,基础条件较好。

劣势:①大部分建筑陈旧,违章搭建现象较严重;②直心泾与外界连通不畅,局部道路狭窄、破损;③缺乏部分基础设施及公共设施;④存在乱堆乱放现象,缺乏场地绿化和优美的水岸景观;⑤村口形象较差,缺少标识及重要节点空间。

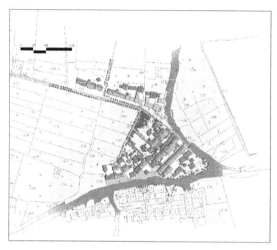

图1 直心泾总图   图2 赵家村总图

2. 赵家村(图2)

优势:①原有建筑状态良好;②现状电力管线通信及有线电视管线采用架空敷设,杆位走向明确,容量配置较为完善;③道路场地质量良好,路网分布较合理;④绿化景观资源丰富。

劣势:①需要考虑污水和雨水处理;②停车位数不足;③缺乏小型娱乐设施及公共设施;④村口缺少标识及重要节点空间。

苏州地区河网密布,是著名的鱼米之乡,经济基础较为雄厚,农村人口空心化现象不明显,本案新农村建设的重点集中在空间物质层面的优化调整,如基础设施的完善、旧有建筑的改造、建筑风格的统一。空间节点的强化等。特别值得一提的是,这些新农村建设的规划布局调整均紧扣"水文化",在此基础上结合地形进行差异化布局,在上位规划层面,形成了极具特色的统一的母题,具有强烈的规划识别性。但本案规划更多的凸显了农村的物质面貌的改变,未涉及城乡之间的互动关系等。

1.2 结合城乡规划统筹来进行新农村建设的规划设计

南京江宁区打造美丽乡村,坚持美丽乡村建设规划先行,一方面根据江宁地域特点不同,将500 km²美丽乡村规划分成西部、东部和中部3个片区,并分别明确了每个片区的功能定位和实施计划、具体举措,通过规划协调"生态、生产、生活"三大空间的关系,统筹城乡一体化发展,达到"空间优化形态美、功能配套村容美、业兴民富生活美、生态优良环境美、乡风文明和谐美"的"五美"建设标准。在空间上形成谷里-横溪-江宁、汤山-麒麟、湖熟-淳化三大片区美丽乡村格局；另一方面，由于江宁就位于南京市郊区，而南京的常住人口约 800 万，因此，江宁新农村建设的定位是城市旅游度假休闲后花园，服务于城市的同时并具有现代农业功能。

根据江宁区美丽乡村建设规划（图 3），江宁区建设了一批精品特色示范村，如打造了谷里街道"世凹桃园"与"大塘金"、横溪街道"石塘人家"、汤山街道"汤山八坊"与"汤家家"、秣陵街道"秣陵杏花村"、江宁街道"朱门农家""黄龙岘"、东山街道"东山香樟园"、湖熟街道"杨柳村"、淳化街道"马场山"11 个精品特色村。同时，通过构建服务体系、指导旅游产品开发，提升旅游环境和品质，使之成为了全区都市乡村旅游休闲的一个新品牌，成为市民休闲的好去处。

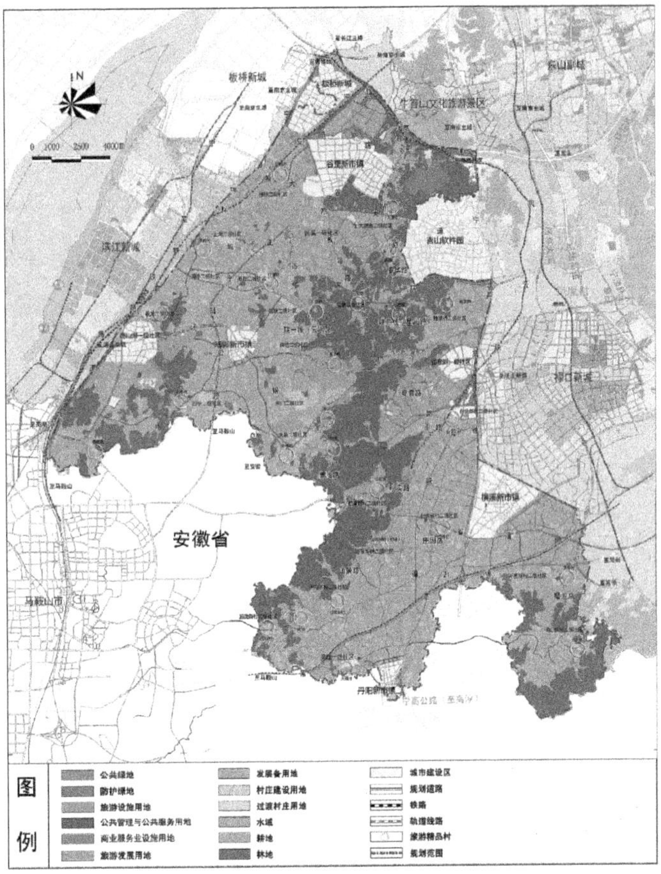

1. 世凹桃园（图 4）

依托牛首山景区的"春牛首"、佛教文化的旅游主题，以乡村风物为载体，打造成以乡村特色餐饮、农田观光体验为特色的生态旅游特色村。

2. 石塘人家（图 5）

图 3　南京美丽村江宁示范区土地利用规划图

确定了江南民居风格的改造样式，通过房屋改造、摊铺、木栈道、水系等方面的建设，将原有乡村生活与休闲旅游相融合，将农民的生活资料与生产资料进行转化。

图 4　世凹桃园

图 5　石塘人家

3. 汤山七坊（图 6）

汤山七坊，主推"七坊农家乐"，即豆腐坊、粉丝坊、酱坊、茶坊、糕坊、面坊、油坊、炒米坊。通过邀请民间艺人在各传统作坊进行现场制作，向游客展示农副产品传统工艺流程，重现唐宋时期江南农家自给自足的传统生产生活场景，让更多的游客穿越时空感受现代农村生活与古代农村生活乐趣。

图6　汤山七坊

图7　朱门农家

4. 朱门农家(图7)

朱门农家地处风景秀丽的和平水库下沿,在"市级森林公园"竹园山森林境内,依山傍水,风景如画。农户以庭院式居多,农家院落整齐,果树、风景树比比皆是,各色花草、葱郁竹林点缀其间。地势有起伏之势,通往各家院落之路有曲径通幽之感。

5. 东山香樟园(图8)

东山香樟园,按照"城市绿肺""都市氧吧"、市民休闲、旅游消费、文化娱乐、度假场所的定位,规划成香樟公园、亲水游园、花香农园3个不同功能的园区进行打造。

图8　东山香樟园

图9　黄龙岘

6. 黄龙岘(图9)

黄龙岘村位于江宁街道,村庄以茶闻名,空间形态呈带状分布,沿主要道路一字形展开。规划依托现状茶山、竹林、水塘,以及黄龙岘茶品牌,打造茶文化街、黄龙大茶馆,民间大舞台等特色空间及黄龙饮水的景观空间。

7. 杏花村(图10)

主要定位为南京首家农趣体验式休憩农庄,致力于打造以休闲旅游、农家餐饮、农业互动为一体的生态农庄。园内规划有26栋农舍、百亩杏花林、百亩果园、百亩开心农场以及垂钓中心、以色列农

图10　杏花村

展馆、童趣园等活动项目，为游客提供回归自然、体验农家生活的全新休闲模式。

江宁区通过以上乡村的重新规划建设，成功打响了江宁"美丽乡村"品牌，取得了良好的社会和生态效益，对改善农村居民生产生活、提升生活品质发挥了明显作用，同时在功能上提供了以针对主城区为服务对象的旅游及农家乐等服务业，为全区统筹城乡发展提供了有力支撑，一定程度上消解了城乡二元对立。

江宁区以建设美丽乡村为目标，开展的精品村建设活动，自上而下的特征特别明显，政府投入了大量的人力、物力、财力，建设了现有的这十几个精品村。后期村庄都以开放式景区免费对公众开放，在取得良好社会效益的同时，经济收益非常少。江宁现有几千个村庄，不可能按照这种模式持续下去。投入需要良好的回报，才能形成经济的良性循环。转变发展模式、吸引社会资本、改造村庄、提升居住环境，才是符合经济规律的有效手段。新农村建设偏重于物质层面的建设，对按照经济发展规律会出现的一些问题，如土地的流转、农村空心化以及如何推进农业生产组织方式改革以适应农业生产力发展水平等问题未做深入探讨。

1.3 实践结合理论研究深入探讨新农村建设的规划设计

无锡市阳山镇作为"生态休闲度假养生"的发展方式逐渐被定位，围绕"桃"品牌推动旅游业与农业发展的思路正在被强化，新一轮新农村村庄整治规划已经开始推进，这些都决定了阳山镇"三农"问题的重要性与特殊性。

阳山镇阳山村位于阳山居委会与陆区居委会中间，面积约 3.75 km²。阳山村农业以种桃为主，水蜜桃产业是阳山村的重要经济支柱。阳山村旅游资源丰富，大阳山、小阳山、狮子山、朝阳禅寺、安阳书院、温泉度假区等镇内的主要旅游资源都位于村内。

朱村是阳山村的一个农村居民点，南靠锡陆路，东临朱村浜，北部紧邻新长铁路，东西两面均被桃林包围。朱村地处桃博园核心景区以北，向南正对大阳山，是景区外围若干旅游服务型村庄之一。朱村由南向北分为 3 个村民小组，分别为前朱村、中朱村和后朱村，共 103 户。

本案一方面在物质层面上作了详尽分析，如地域特色（水系）、基础设施、景观、节点空间、建筑特色等方面结合地方文化作了详细规划设计（图 11）。

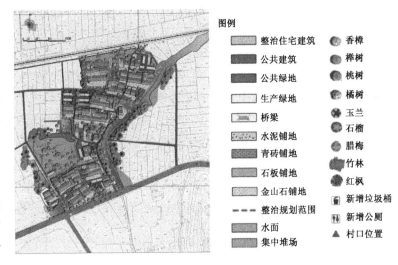

图 11　朱村规划设计图

另一方面，本案对社会层面也同样的重视，并作了详尽分析，总结出一些问题：①朱村人口现状呈现出老龄化、空心化和外来化三大特征（图 12）；②朱村种桃承包大户以外来人口为主，收入较高；但农民土地流转收益不高，社会保障制度不够完善；③中国农村现有农业生产的主要组织方式是家庭联产承包责任制，目前阳山镇大部分农村地区同样沿用这一制度；④是否具有可实施性。

问题对策：①通过城市化和发展旅游提高农民的兼业程度，提高农民收入，同时合理引导符合条件的农业转移人口逐步在城镇就业和落户，并享有同等社会保障。②健全土地流转制度，适度规模生产。按照 1998 年《关于中共中央关于农业和农村若干重要问题的决定》："少数确实具备条件的地方，可以在提高农业集约化程度和群众自愿的基础上,发展多种形式的土地适度规模经营"。同时健全社会保障体系,利于农村社会稳定发展。③实现农业现代化,发展集约化、规模化经营是未来农业生产组织的方式,提出生产发展的新思路。④可实施性是衡量新农村规划是否成功的重要因素,而可实施性的保障则需要在新农村规划建设中充分体现公众参与和民主管理。

　　基于以上分析,本案突破纯物质空间规划的局限性,增加了社会层面的考虑,在一定程度上,通过自下而上(如村规村约、民主决策等)和自上而下相结合的方式为朱村新农村规划建设提供理论支撑,初步探索了阳山镇的新型城乡关系,具有全面性和易于实施性的特征(图 13)。

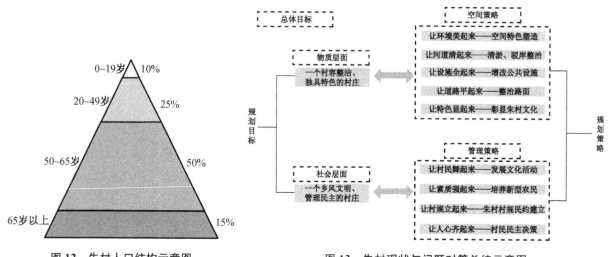

图 12　朱村人口结构示意图　　　　图 13　朱村现状与问题对策总结示意图

2　结语

　　本文所列举的苏州胥口地区新农村建设,结合地方地域及经济基础较好的特点,在规划中着重强调了物质层面的地域特色;南京江宁地区新农村建设体现了强有力的政府自上而下的推动并迅速实施特色,仍然偏重于物质层面;无锡阳山镇地区新农村建设则物质层面和社会层面并重,考虑周全,具有实施性强的特色。总之,这些规划从各个层面做了有益的探索,为以后的新农村建设规划提供了参考。

　　总之,新农村建设不是"就乡村论乡村",而是"新型城镇化"不可或缺的关键一环;不是简单的需要城市反哺乡村、乡村的小康和基本现代化是整体小康和基本现代化的必要条件,而是美丽乡村是美丽城市的必要支撑,一个城市只有它的乡村地区是美丽的,这座城市才是真正美丽的。

参考文献

［1］　苏州设计研究院股份有限公司.胥口镇美丽村庄建设规划.2015.
［2］　南京市江宁区规划局,等.南京美丽乡村江宁示范区规划.2010.
［3］　南京市江宁区规划局,南京长江都市建筑设计股份有限公司,等.南京市江宁区秣陵街道(元山社区)村庄建设规划.2015.
［4］　无锡市规划设计研究院.无锡市阳山镇朱村新农村村庄整治规划.2012.

江南村镇绿色建筑评估体系研究

符 越

当"可持续发展"成为人类和自然协调发展的全球化战略时，绿色建筑也成为建筑业发展的必然趋势，绿色建筑评价体系作为度量建筑环境性能的标尺，引导着绿色建筑的发展。但是现有的绿色建筑评估体系只针对城市新建建筑和已建建筑，对村镇绿色建筑的评估体系还是空白，因此建立适合我国村镇现状的绿色建筑评估体系对于发展村镇绿色建筑具有重要价值。江南村镇地区具有独特的资源优势，也存在着许多村镇地区共有的问题，将江南村镇作为对象，发展一套适合我国村镇绿色建筑的评价体系，对于推动我国城镇化建设具有重要意义。

1 国外绿色建筑评价体系简介

从 1990 年代至今，在全世界范围已经产生了众多的绿色建筑评价体系根据根据国际能源机构（IEA）的调查统计，国际上绿色建筑相关的评价方法有 100 种以上[①]，其中以美国的 LEED、日本的 CAS-BEE 较为典型。

（1）LEED 美国绿色建筑委员会（USGBC）在 1995 年建立了一套能源与环境设计先导计划——LEED（Leadership in Energy and Environmental Design）。该体系的目的是提高建筑的环境性能和经济性能。它包括 7 项指标，分别是选择可持续发展的建筑场地、节水、能源和大气环境、材料和资源、室内环境质量、符合能源和环境设计先导的创新得分。LEED 体系采用计分制的方法，建筑项目根据得分的高低，由低到高分为 4 个级别：认证级、银级、金级和白金级。最新的 LEED V4.0 已于 2013 年推出，新版在原有版本的基础上更加突出强调建筑性能的表现[②]。

（2）CASBEE 2001 年 4 月，由日本"建筑物综合环境评价研究委员会"开发了建筑物综合环境性能评价体系 CASBEE（Comprehensive Assessment System for Building Environmental Efficiency，建筑物综合环境性能评价方法）。CASBEE 评价获得的舒适度与付出代价之间的平衡。其以用地边界和建筑高度构建了一个封闭体系，在这个体系内评价内容分 Q、L 两大部分：Q 部分是以"建筑用户的生活舒适性与方便性"为中心进行考虑的；L 部分是以"减少建筑对于环境的影响和资源的消耗"为核心考虑的。通过"Q/L"比值（建筑环境效率 BEE）的大小，来判断建筑物的绿色程度[③]。

LEED 的推广做得最好，是世界上最有影响力的绿色建筑评价体系。CASBEE 最先把效益的概念引入环境性能评价，使其评价指标体系的结构逻辑严密，从而使评价结构具有说服力。

符越：东南大学建筑学院，南京 210096

① IEA Annex32：http：//www. iea. org/Annex31

② USGBC. LEED Reference Guide for Green Building Design and Construction[S/ol]. www. usgbc. org

③ Japan Sustainable Building Consortium. CASBEE for New Construction Technical Manual [S/ol]. ibecor. jp/CASBEE/english/index. htm.

2 国内绿色建筑评价体系的发展

2006 年我国颁布了第一部绿色建筑综合评价标准 GB/T 50378—2006《绿色建筑评价标准》(以下简称《绿标》),迈出了绿色建筑道路的第一步,随后又推出参照了日本 CASBEE 的《绿色奥运建筑评估体系》。

2014 年 4 月住房和城乡建设部发布公告,新版《绿色建筑评价标准》GB/T 50378—2014 于 2015 年 1 月 1 日起实施。新版《绿色建筑评价标准》借鉴了国外有关先进经验,在原有版本的基础上进行了调整。在原版 6 项指标:节地与室外环境、节能与能源利用、节水与水资源利用、节材与材料资源利用、室内环境质量、运营管理;新版增加"施工管理"类评价指标。每类指标均包括控制项、一般项和优选项;其中控制项是申请绿色建筑的必备条件,然后根据每类指标一般项和优选项的达标项数来判定绿色建筑的等级,共分为一星级、二星级、三星级 3 个等级。新标准对各类评价指标进行评分,分数必须满足每类评价指标的评分项的最低分,7 类指标的评分项总分为 100 分。同时增设加分项,鼓励绿色建筑技术、管理的提高和创新。加分项最高为 10 分,最后根据得分高低进行评级,一星级要求总分达到 50 分以上,二星级 60 分以上,三星级 80 分以上。

截止 2016 年 6 月,我国以《绿标》作为评价依据的绿色建筑项目总数已达 4 314 个,总建筑面积 49 988 万平方米。[①]

3 国内外绿色建筑评价体系比较分析

3.1 评价指标

绿色建筑评价体系的评价指标主要集中在环境领域,社会资源与经济领域的指标较少。经过对各国的评价体系进行研究对比,每种体系都根据各国的实际情况推出适合国情的内容。评价指标的选取直接反映了评价目标,同时在开发一个评价体系时,确定评价指标的范围是评价体系取得成功的基本条件,为了保证一个体系的紧凑性,绿色建筑评价体系的开发者们会选择他们认为应当优先考虑的修能指标,而排除一些他们认识重要程度低的指标。例如,日本处于地震多发区,所以 CASBEE 将建筑抗震性纳入评价;美国居住形式多为独立住宅,LEED 中就没有住宅室内隔声。

表 1　代表性的绿色建筑评价体系一级条目对比

LEED(NC)	CASBEE	绿标(2014 版)
可持续场地	室外环境(建筑用地内)	节地与室外环境
室内环境质量	室内环境	室内环境质量
—	服务质量	运营管理
能源与大气	能源	节能与能源利用
材料与资源	资源与材料	节材与材料资源利用
水资源利用	室外环境(建筑用地外)	节水与水资源利用
设计创新	—	施工管理
地域优先	—	—

从各国一级条目来看,表现出明显的差异。这些差异说明各国的经济技术和居民生活方式的不同导致居民对建筑环境性能类别的重要程度有较大差异。

3.2 指标体系结构与数学模型

如表 2 所示,CASBEE 把指标分 4 层,相比 LEED 和绿标的 3 级指标,进一步分类,多了一层权重。

---

① http://www.cngb.org.cn/

在数学模型上,3 个评价指标的当量化都采用了确定阈值,然后根据指标在阈值内的分布情况打分。在打分方式上,LEED 和我国绿标采用的是设定最低值,满足此项得分不满足不得分的形式;CASBEE 采用的是从 5 分到 1 分进行打分。在阈值的设定上,各国基本都是大部分采用了自己国内的各种标准。

在算法上,CASBEE 由于引入了经济学中效益的概念,把建筑的环境负荷和环境质量的比值作为建筑环境功效引入了评价之中,其他两类采用了加权线性求和的方式。以多级权重来考虑不同条件下的不同应对措施的合理性。

表 2　指标结构体系和数学模型

名　称	分层数	数学模型	权　重
LEED	3	$x = \sum_{i=1}^{n} x_i$	无
CASBEE	4	$x = \dfrac{\prod_{i=1}^{n} x_i}{\prod_{i=1}^{m} x'_i}$	有
绿色建筑评价标准	3	$x = \sum_{i=1}^{n} x_i$	无

3.3　对比结论

经过对以上 3 个评价系统的对比分析,发现由于各个评价系统都有很强的针对性,不同条件、不同使用对象,不能按照统一的手法。中国的资源、人口、经济发展水平、生活方式具有独到的特点,不能盲目照搬条框。

3.3.1　盲目鼓励技术堆砌

以上评价系统中,中美采用的是"用了得分"的核查表评价法,而很多节能技术都是在一定条件下可以优化系统的技术,绝不是无条件的绝对技术,如果不管建筑类型和地域特征,简单的堆砌这些技术,有可能产生很多实际问题。

3.3.2　低成市、被动式节能措施被忽视

为了鼓励"高新技术",许多高技术高成本途径能够得分,而低技术低成本所占分值较小,如自然采光和通风遮阳,这对建筑的节能设计反而产生了误导。

绿色建筑评价应在学习先进经验的基础上考虑自身情况,充分考虑地域、经济、环境和居民用能习惯的影响,才能避免绿色建筑走入歧途。

4　江南地区村镇绿色建筑现状

江南村镇地区人口密集,根据国家统计局 2013 年统计年鉴,2013 年江苏、浙江两省村镇人口约 4 828 万人,占常住人口的 35.9%。该地区属于长江三角洲,中国第一大经济区,中央政府定位的中国综合实力最强的经济中心。该地区村镇收入和消费水平较高(见表 3),2013 年村镇居民人均总收入在 25 000 元以上,远高于全国平均水平 15 521.4 元。

表 3　2013 年村镇居民收入

地　区	村镇居民人均纯收入(元)	村镇居民人均消费(元)	村镇居民人均总收入(元)
江苏省	13 597.8	11 760.2	25 358.0
浙江省	16 106.0	9 909.8	26 015.8

虽然该地区城镇化较快,村镇人口持续降低,但村镇住宅总面积基本维持在 1.3 亿 m²(浙)、1.5 亿 m²(苏)。这是由于村镇住户普遍有房屋越大越好的观念,同时也具备一定的经济条件,该地区村镇人均建筑面积持续增长。

江南村镇地区经济水平较高,对其住宅的要求也不断提高,但是囿于文化素质,村镇建筑的节能与环

境保护理念薄弱。新建的村镇住宅只在造型和色彩方面有所变化,而平面功能和围护结构并未有实质的改变,一旦到了冬夏两季,建筑不能起到很好的保温隔热效果,热舒适性差。

4.1 缺乏正确的认识和理解

(1) 广大的居民认为绿色住宅是一种"高、精、尖"的概念,距离普通人生活很遥远,现阶段无法实现,不是当务之急,需要很大的资金和技术支持。

(2) 绿色住宅增加了造价和管理费用,是一种高档的奢侈品,不适合在经济实力相对较差的农村建造。

(3) 片面认为绿色住宅等于住宅加上绿化,住宅周围绿化率高就是绿色建筑。

4.2 村镇建材和施工不到位

村镇住宅基本上以自建为主,主要依靠户主的意愿和施工队长经验,住宅的整体节能和保温性能较差。其次村镇住宅建筑水平较低,施工工人多由当地农民自组而成,没有经过专业化的施工技术培训,很多施工技术掌握不足。第三,村镇建材质量低劣,缺乏监管,以黏土砖为主,能耗大,对耕地损坏严重。村镇装修建材市场缺乏监管,居民对装修的环保意识淡薄,大多数家庭选择价格便宜的装修材料,室内空气质量较差。

4.3 乡镇建筑能耗大

目前江南村镇住户虽然还保留着传统节约的生活方式,但是随着经济水平的提高对生活舒适度要求也日渐提高。从自然气候上讲,江南地区冬季寒冷、夏季炎热,冬夏两季时间长,室内热舒适性较差,需要依靠能源的合理利用才能实现热舒适性要求。

而村镇住宅受技术条件、施工方法、知识欠缺的约束,围护结构保温隔热性能不理想,外墙和屋面传热系数超出建筑节能设计标准限值,采暖能耗浪费严重。而以往村镇以直燃柴草等生物质能为主的用能方式已发生改变,商品能使用增幅明显。在生活中制冷和采暖的用能主要是电能。电能是一种高品位能源,我国的电能生产以火电为主,经过能源加工转换和输配电损失,使得终端能源效率很低,大约只有 30%。

5 村镇绿色建筑评估体系的缺失

江南地区村镇住宅如果无视自身的地域化优势,忽视节能设计,全部依赖常规能源的使用,将对我国能源供应造成巨大压力。因此村镇建筑的节能势在必行,是执行节约能源、保护环境基本国策的保证。

我国目前的绿色建筑评估体系大多是针对城市住宅,但是村镇住宅使用者的生活方式、建筑的基本特征和资源环境与城市差异巨大,如果照搬城市住宅的节能规范和节能技术措施,无视其和城市住宅在使用者需求和建设条件上的差异,不仅不符合村镇住宅的地域特点,还会造成资源浪费和成本的提高。所以如何选择适合江南水乡地区村镇住宅的低能耗技术措施成为当下急需解决的问题。针对以上问题,需要确立一套可操作性和实用性较强的评价系统,对江南村镇地区住宅的绿色发展进行指引。

6 对江南村镇绿色建筑评价体系的思考

江南村镇绿色建筑评价体系要体现其应用价值,就必须覆盖江南地区村镇绿色建筑典型的技术点,体现出普适性。因此,本文江南村镇绿色建筑评价体系建立的基本思路是:确定评价目的;挑选评价技术点;建立评价指标体系;计算指标权重;构建指标评价系统;制定评分表最终划分成不同级别。

具体来看,先对江南地区村镇建筑发展现状进行调查,对其地区背景、居民生活和用能模式、绿色建筑的市场规律、典型案例以及行业中存在的问题进行研究,指出当前绿色建筑评价工作中存在的问题。

根据实际调研结果和《农村居住建筑节能设计标准》GB/T 50824—2013、《绿色建筑评价标准》GB/T 50378—2014 筛选评价技术点,确定评价对象。

对现有典型绿色建筑评价系统进行分析总结。评价其优缺点以及成因,在此基础上以综合评价理论为基础,吸收借鉴典型绿色建筑评价系统的构建方式,打造适合江南水乡地区村镇的绿色建筑评价理论模型,设计该评价系统的指标体系、评分标准和评价等级,进一步确定该评价体系权重,完成评价系统,并对项目进行试评估,完善评价系统。

一个成熟的绿色建筑评价体系既要考虑当地的人文社会经济背景,也要具备科学性和可操作性。本文提出江南水乡村镇绿色建筑评价体系一方面结合当地地域文化特征,另一方面借鉴其他典型评价体系的制定方法,结合其他多层次评价方法形成地域化的评价标准,这样在保证其地域性的同时,也保证了科学性,达到引导当地绿色建筑的健康发展的目标。

7 村镇绿色建筑评价体系的展望

村镇绿色建筑评价体系首先要考虑适宜性,不同地区、不同经济水平、资源优势、居民用能习惯都不相同,这些因素决定了村镇绿色建筑评价标准要有很强的针对性和适用性。

江南水乡村镇地区作为全国范围内经济、社会发展领先的村镇区域,其示范作用和榜样效应明显,其绿色建筑发展在一定程度上代表了我国村镇整体未来的道路。因此,应该充分发挥江南水乡的地缘优势,推广绿色建筑,同时可根据需求对其评价标准进行适当的调整,将实践和评价标准互为对照修正,更好地推动绿色建筑发展。

总之,让村镇住户充分享受现代化成果的同时,走出一条有村镇特色的绿色建筑之路,促进"美丽新农村"的建设是当前和未来的必然发展趋势。

参考文献

[1] 中国建筑科学研究院.绿色建筑评价标准(GB/T 50378—2014)[S].北京:中国建筑工业出版社,2014.

[2] 王建清,高雪峰.2011 年度绿色建筑评价标识统计报告[J].建设科技,2012,6:15.

[3] 贾洪愿,喻伟,张明,等.中国与新加坡绿色建筑评价标准体系对比[J].暖通空调,2014,11.

[4] 朱颖心.绿色建筑评价的误区与反思[J].建设科技,2009,05.

[5] 李涛.基于性能表现的中国绿色建筑评价体系研究[D].天津:天津大学,2012.

[6] 周同.美国 LEED-NC 绿色建筑评价体系指标与权重研究[D].天津:天津大学,2014.

新型城镇化背景下的美丽乡村规划与绿色
农房建设技术体系研究

徐　斌　黄加国　杨维菊

建设生态文明,是关系人民福祉、关乎民族未来的长远大计,党的十八大报告明确提出推进"绿色发展、循环发展、低碳发展"和"建设美丽中国"的要求。面对资源约束趋紧、环境污染严重、生态系统退化的严峻形势,必须树立尊重自然、顺应自然、保护自然的生态文明理念,把生态文明建设放在突出地位,融入经济建设、政治建设、文化建设、社会建设各方面和全过程,努力建设美丽中国,实现中华民族永续发展。

开展美丽乡村建设,正是进一步探索建设幸福和谐的发展思路,加快推进"生态人居"、"生态环境"、"生态经济"、"生态文化"四大工程建设的需求;同时,创建"美丽乡村"建设"绿色农房"是改善农村人居环境,提升社会主义新农村建设水平的需要。

因此,需要各地要结合本地区实际,选择条件合适的地点,发挥政府引导作用,积极开展美丽乡村建设,开展绿色农房示范。已经开展美丽乡村建设与绿色农房示范的地区,要总结绿色农房适宜技术,选择有地区代表性、示范作用好的村庄整村推进,扩大绿色农房示范范围。传统民居比较集中的地区,要积极开展农房改造示范,提升居住质量、舒适性和安全性。

本研究旨在研究适宜江南水乡地区开展"美丽乡村"和"绿色农房"建设的规划建设方法和技术,提高村镇人居环境,推进农民住房绿色发展、循环发展、低碳发展的理念,逐步建立并完善促进江南水乡人居环境改善的措施,率先建成一批"美丽乡村"试点和"绿色农房"示范,力促江南地区人居环境显著改善。对加快推进我国开展"美丽乡村"建设和"安全实用、节能减废、经济美观、健康舒适"的绿色农房建设具有重要的意义。

1　江南水乡自然及气候环境解读

江南水乡地区,气候温润,水网密布,水道纵横,经济发展较快。千百年来,自然的地理环境和气候条件孕育出柔美的水乡地域文化。江南水乡历来作为经济文化的发达区域,随着日益提高的经济及舒适度要求,传统的江南农房已经不能满足时代的需求。江南水乡的建筑迫切需要在强调文化内涵和文脉的延续下,更好地得以保护,同时在建筑文化的基础上,推进村镇人居环境改善和绿色农房建设,加快改变江南水乡农房粗放型建设的一面,以适应时代发展的需求。

1.1　江南水乡自然环境特点分析

江南指长江以南的地区,在古代,江南往往代表着繁荣发达的文化教育和美丽富庶的水乡,区域大致被界定为长江中下游南岸的地区。狭义的江南则指长江中下游的江浙地区。"江南"的所有研究论著中,也从未有统一的定义和标准。本研究界定的江南包括长江下游以南的赣东北、皖南、苏南、上海及浙江部分。

徐斌、杨维菊:东南大学建筑学院,南京,210096;黄加国:无锡市天宇民防建筑设计研究院有限公司,江苏无锡,214073

江南地势由西南向东北倾斜,地理环境大致分为平原水乡、山地丘陵和盆地。江苏南部和浙江北部为平原水乡,称为苏南平原、浙江东南沿海平原和浙北平原;浙江东西部地区和浙南均为山地丘陵地带;盆地主要位于浙江中部地区,分为浙东盆地、浙中盆地和浙南盆地。江南境内的河流多为长江水系。江南地区湖泊很多,是我国淡水湖泊分布最密集的区域。江南地区水域丰富是其重要特点,常表现为河网纵横密集,水道及湖泊的形态及关系对水乡聚落的总体布局有重要的决定性作用,所以自然环境是影响水乡聚落布局的重要因素之一。[1]

1.2　江南水乡气候环境特点分析

江南的地理位置决定了江南的气候特征。江南北面紧邻东西走向的长江,东临东海,南邻南岭山脉。江南地区的主要气候特征是四季分明,全年总体气候温和,年平均气温在15℃左右,全年雨量充沛,空气湿润;江南地区夏季高温、潮湿、多雨和冬季阴沉细雨的阴冷,是典型的夏热冬冷气候区。我们将江南气候中舒适性差,需要人为加以应对改善的特点,可以简单地归纳为:"热——夏季炎热""湿——空气潮湿""雨——全年多雨""冷——冬季阴冷"。[1]

2　江南水乡村镇规划及农房建设现存问题分析

通过对江南水乡村镇规划和农宅现状的调研分析,发现江南地区作为经济发达的地区,但是村镇规划和农房建设中仍然存在几个方面的问题:

(1) 规划及建筑设计不合理,浪费土地。

绝大部分村镇农房建设处自发状态,未经过合理的规划与建筑设计。农宅建设空间布局和用地结构盲目性大,土地浪费严重。致使布局散、建设乱、交通不便、社会功能不完善。

(2) 建筑能耗大能效低。

本研究涉及的江南水乡地区基本属于夏热冬冷气候区。冬季湿冷,夏季炎热。该地区为不采暖地区,但冬季为了达到舒适的温度,全年使用空调等设备取暖的时间较长。夏季空调降温的使用周期也较长,相应的建筑能耗较高。如不采用空调系统,室内舒适性较差。

(3) 材料质量无保证、不环保,缺乏适宜的建设技术体系。

农村建材市场管理不严,多数工程材料没有经过质检人员测试,而且为推广绿色建材下乡,缺乏先进适宜的建设技术支持。

(4) 农村住区配套和设施水平不高。

基础设施薄弱、公共设施不配套;环境卫生存在一定问题;新建区域不合理使传统农村风貌遭到破坏,景观环境质量存在一定问题。

3　基于人居环境改善的"美丽乡村"规划与建设体系

3.1　规划建设原则

(1) 坚持城乡一体,统筹发展。建立以工促农、以城带乡的长效机制,统筹推进新型城镇化和美好乡村建设,加快城镇基础设施和公共服务向农村延伸覆盖,着力构建城乡经济社会发展一体化新格局。

(2) 坚持规划引领,示范带动。强化规划的引领和指导作用,科学编制美好乡村建设规划,切实做到先规划后建设、按规划来建设。按照统一规划、集中投入、分批实施的思路,坚持试点先行,逐村整体推进,逐步配套完善,防止盲目推进。

（3）坚持生态优先,彰显特色。加强以森林和湿地为主的农村生态屏障的保护和修复,实现人与自然和谐相处。规划建设要适应农民生产生活方式,突出乡村特色,保持田园风貌,体现地域文化风格,注重农村文化传承,不能照搬城市建设模式,防止"千村一面"。

（4）坚持因地制宜,分类指导。针对各地发展基础、人口规模、资源禀赋、民俗文化等方面的差异,切实加强分类指导,注重因地制宜、因村施策。

3.2 基于环境容量的生态适应性规划设计流程与策略

为了实现"美丽乡村"建设与江南水乡"绿色农房"在资源节约和环境保护方面的综合效益,不仅需要在绿色农房设计建设阶段实现"四节一环"的具体目标,还需要在规划阶段为绿色农房的实施创造良好的基础条件。应将规划策略与建筑单体两个层面的各方面要求进行整合。因此,建筑江南水乡绿色农房建设应从规划、建筑单体设计、施工、运营建筑的全寿命周期综合考虑提升建筑质量。

研究适宜江南水乡村镇建设空间的规划技术与绿色农房建造技术,需要基于村镇建设空间布局的影响因素、现状建设空间的分析,选取不同地区村镇案例,分析研究不同地区、不同类型村镇建设的影响因素、现状问题、用地布局等,从建设用地选择、发展规模、空间布局模式、用地构成、道路与村镇布局的关系、重点项目的布局、历史文化的传承等方面对规划与村镇现状进行评估,以期研究村镇建设空间的规划设计技术(图1)。江南水乡村镇规划设计策略着重从村镇与农房所涉及空间规划、交通规划、能源与资源利用、水体的生态应用及生态环境等方面进行研究。

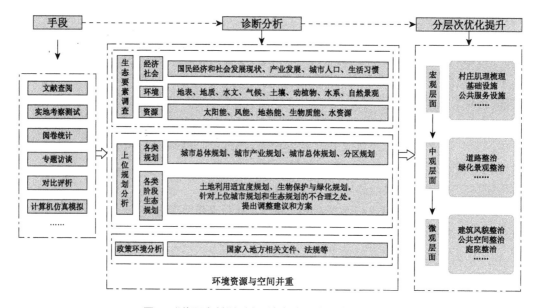

图1 "美丽乡村"规划设计方法及分层次优化提升

1. 空间规划

（1）绿色农房规划应以合理用地和节约用地为原则,做好与镇域土地利用规划的衔接,确定合理的建设用地指标。

（2）应坚持因地制宜、合理布局、有利生产、方便生活、尊重民意、有序引导的原则。

（3）村庄建设用地应采取紧凑集中的布局方式,便于各类设施的配套。村庄公共服务设施应适度集中设置,并优先设置于村庄步行交通的中心,以形成具有活力的村庄中心。

（4）村庄居住建筑用地布局规划,应根据气候、用地条件和使用要求,确定农房类型、朝向、层数、间距和组合方式。村庄居住建筑用地应选择向阳、地势较高、地下水位较低、远离墓地和沼泽地、不受洪水淹没、土壤未受明显污染的地带。

（5）各类公共建筑除满足功能要求和方便人的活动外，必须与村庄环境充分协调，注重特色空间的营造。

（6）公共设施配套合理，综合考虑交通、环境与节约用地等因素进行布置。村庄公共建筑包括村庄管理、教育、医疗卫生、社会保障、文化体育和商业服务等六类。

2. 交通规划

（1）根据村庄不同的规模，选择相应的道路等级系统。2 000人以上的村庄可按照三级道路系统进行布置，2 000人以下的村庄可酌情选择道路等级与宽度。另外，由于私人机动车停车方式的不同选择（集中布置、分散布置），对道路的组织形式与断面宽度的选择也要因地制宜。

（2）合理设置慢行交通系统。

（3）村庄主要道路应设置与村庄风貌相协调的路灯、垃圾桶，机耕道、巷、梗、径与村干道及以上道路连接处，应设置简易指路牌或警示柱。

3. 能源资源利用

能源与资源利用包括能源的合理使用、提高可再生能源利用、水资源合理利用与废弃物的资源化利用。

（1）合理利用能源，按质用能，能量梯级利用。

（2）合理采用地热能、太阳辐射、生物质能等可再生能源，提高可再生能源利用率。

（3）合理利用水资源，减少村镇管网漏损率；合理采用污水回收及雨水处理系统。

（4）减少废弃物产生，实施垃圾减量化管理制度，实行垃圾分类搜集及建筑垃圾资源化利用。

4. 水体的生态应用

水体作为江南水乡的重要元素，应在规划设计中充分利用，发挥其在规划中的生态应用。同时，水体也是一种精神和文化资源，具有独特的景观美学和文化功能，不仅能通过其物理特性提高建筑环境中人的生理舒适度，而且还可以感受和体验水的传统文化。

在布局方面，江南水乡中的建筑布局和朝向都尽量兼顾日照朝向、主导风向及河道走向。并根据水体与聚落不同的位置、形态等关系，运用适当的生态处理手法，"因水制宜"的形成多种不同布局方式，在解决基本的民生问题的同时，还充分发挥了水体的生态效应，创造出较为舒适的人居环境。

在建筑环境中，水体可以通过其特殊的物理性质来调节建筑环境中的温度、湿度及通风来改善局部的微气候效应和降低建筑能耗，并且水体还能够通过吸附空气中的尘埃及释放负离子，起到净化空气，改善空气质量的作用，还能结合绿化显著有效的改善人体的舒适度。

5. 生态修复

保护生态环境，保持村镇绿色与生物多样性。合理保护绿色化开放空间、生态街区。采取合理的措施保护地下水环境，如合理控制雨水径流外排量、设置下凹式绿地及透水铺装。

4 基于江南水乡气候特点的绿色农房关键技术体系

要建设适宜江南水乡，具有文化底蕴与地方特色的绿色农房，应坚持尊重实际，保持江南水乡村镇特色。应在充分了解江南水乡村镇建成环境的基础上，尽量采用适宜区域气候和环境特点的被动技术，遵循"被动优先、主动优化"的原则。结合江南水乡气候条件和村镇建成环境，采用适合江南水乡气候特点的被动式技术，如合理的造型、朝向、太阳能利用等具体的设计措施，从农房的本体节能、水资源综合利用、室内环境优化控制与建筑的运营管理几个方面综合考虑；同时，应充分利用当地经济适用的绿色建材，传承当地建筑工艺，改造传统农房，并保持传统的建筑风貌，需要涉及规划设计、建筑设计等各个专业的协同整合（表1）。

5 江南水乡绿色农房绩效评价体系构建

江南水乡绿色农房绩效评价体系构建以城镇可持续发展为导向,建立"规划优先,指标分类控制、指标落实、指标验证修正"的分阶段管理机制,构建基于可持续发展的江南水乡绿色农房评价体系,使村镇规划与农房建筑设计建设相互关联,并能在行政管理层面能够实际落实实施。

江南水乡绿色农房效益评价体系应强调规划先导作用,强调指标的衔接性与指标的适宜性三方面,针对江南水乡特点,因地制宜地按照土地利用与空间、能源与资源、交通、生态环境、建筑单体与运营管理、绿色人文等子系统进行分项控制优化,积极引导江南水乡城乡建设模式转型,推动江南水乡小城镇可持续发展。

6 结束语

通过对江南水乡美丽乡村规划设计方法、绿色农房建设集成技术的分析与绩效评价体系的研究,为江南水乡村镇规划与绿色农房建设可持续发展奠定了坚实的理论与实践基础,为完善我国村镇规划与绿色农房建设的可持续发展、推动城镇低碳经济具有一定的积极借鉴意义。探索出适合我国国情的村镇规划体系及绿色农房建设模式进而在全国范围内实施推广,已经成为我国新型城镇化高效有序开展的迫切要求。

表1 绿色农房建设各专业协同整合体系

分 类	绿色理念	具 体 要 求
建筑专业	围护结构	外围护结构设计、热工指标和构造做法应符合节能标准。
		遮阳构件、活动遮阳与形式
	建筑材料	可循环利用材料
		可再生材料
		绿色环保材料
结 构	高性能建材	高性能钢筋、钢材、混凝土、节能砌块、砌体等
给排水	非传统水利用	提高非传统水源率
	节水	节水器具和设备
		绿色节水灌溉
暖通空调	冷热源与输配系统	合理选择冷热源,提高系统输配效率
	可再生能源利用	建筑合理提高可再生能源利用率
电 气	采光与照明系统	充分利用自然采光,合理配置照明功率密度
	设备节能	采用节能设备与电气等
环境景观	室外照明、室外铺装、绿化环境……	
室内装修	装修节材与绿色环保建材……	
运营管理	后期绿色农房维护、运营、管理……	

参考文献

［1］ 徐斌. 适应江南水乡村镇建成环境的微气候设计策略研究. 北京:第十届国际绿色建筑与建筑节能大会论文集,2014.

［2］ 杨维菊,齐康,等. 绿色建筑设计与技术[M]. 南京:东南大学出版社,2011.

［3］ 杨维菊. 夏热冬冷地区生态建筑与节能技术[M]. 北京:中国建筑工业出版社,2007.

［4］ 顾朝林. 气候变化与低碳城市规划. 南京:东南大学出版社,2009.

［5］ 李超骕,马振邦,郑懋,等. 中外低碳城市建设案例比较研究[J]. 城市发展研究,2011,18(1):31-35.

［6］ 仇保兴. 应对机遇与危机——中国城镇化战略研究主要问题与对策[M]. 北京:中国建筑工业出版社,2009.

［7］ 徐祥得,汤绪. 城市化环境气象学因论. 北京:气象出版社.

［8］ (美)凯文·林奇,加里·海克(G. Hack). 总体设计[M]. 黄富厢,等,译. 北京:中国建筑工业出版社,1999.

基于模块化设计的建筑开放体系研究*

高 青

模块化设计是一种新的设计思想，对现代工业的发展起到了重要的推动作用。目前，模块化设计方法在我国建筑设计中的研究与探索中主要围绕建筑模数协调展开。2011 年，北京市在公租房室内标准化与产业化体系的研究中使用模块化设计对居室空间进行分解与集成[1]；2014 年，深圳市进一步通过模数协调的标准化设计完成了由单元空间、户型到组合平面、组合立面的保障性住房标准化、模数化设计体系研究[2]。同时，由于集装箱本身具有的模块化特性，使得集装箱建筑也成为建筑模块化设计探索的重要方向[3]。2013 年我国颁布的《集装箱模块化组合房屋技术规程》(CECS 334—2013)当中就对集装箱建筑的模数协调与组合模块提出了明确要求。此外，模块化设计还在住宅部品技术集成中起到了关键作用[4]。由此可见，模块化设计方法作为一种由模数理论沉淀转化而成的可操作性模式[10]，是建筑工业化发展中重要的设计方法与工具。然而，就模块化理论的内涵而言，模块化设计的核心价值并不仅限于系统内部的协调与组织，而是"开放性"的一种开放体系。开放性与开放体系也是当代建筑理论探讨的重点，虽然各有侧重。针对模块化设计与当代建筑理论的交汇与融合进行探讨，对目前建筑模块化设计与当代建筑理论的发展有着积极意义。

1 "开放体系"相关理论

就当代建筑开放性的本质特点而言，可以归结为"运动""未完成""世界观"[5]，这些特点与模块化、开放建筑以及建筑类型学的理论目标不尽相同。三者侧重不同的方向，单独看来都并不是全面的建筑开放体系，但各自的特点又似乎能够弥补对方的不足。对模块化、开放理论与建筑类型学的开放性特点与差异进行细致梳理，是实现多理论融合的基础。

1.1 模块化及其开放体系

在全球经济由"规模经济"向"系统经济"转型的过程中，模块化理论作为"系统经济"的技理层次应运而生[6]。随着科学技术的发展，模块化作为设计方法与技术的应用广泛渗透到各种领域。与传统设计方法不同，模块化设计不针对独立的产品设计，而是构建一种动态系统，以平衡工业化生产中"批量-批量生产""标准化-多样化""产品类型-设计周期-成本之间"的矛盾。作为系统组成要素的模块本身是具有某种确定独立功能的半自律性的子系统，其可灵活地与其他模块构成更加复杂的系统[7]。这种子系统中又包含子系统的嵌套关系，构成了模块化理论的核心——"层级"(图 1)，这也是模块化设计中实现开放性的关键。从本质上来看，模块化反映了人们运用结构主义看待世界的一种思维方式和方法论哲学[8]。工业化产品的设计过程中通常将产品模块的层级划分为用户层、功能层、结构层[9]。然而，如果将建筑看做

高青：东南大学建筑学院，南京 210096

* 基金资助：江苏省普通高校研究生科研创新计划资助项目 KYLX-0143(东南大学基本科研业务费资助，中央高校基本科研业务费专项资金资助)

产品，模块划分的层次在建筑设计中是过于简单化的，这也是目前模块化设计始终围绕模数协调作为工具使用的原因。模块化设计要真正融入建筑设计，形成建筑模块化设计的理论，还需探究其与建筑理论深层次的关联。

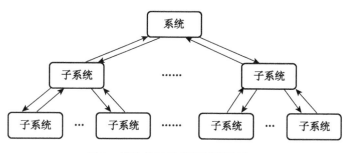

图 1　模块化系统的"层级"关系

1.2　"开放建筑"理论

20 世纪 60 年代荷兰的哈布瑞肯教授提出的骨架体(SAR)理论，80 年代他在骨架体理论的基础上他继而提出"开放建筑"(open building)理论。从理论渊源上来说，骨架体理论是结构主义建筑的一个分支[10]。结构主义的影响直接反映在，支撑体理论将建筑各部分按照控制与所受控制的层级关系分为支撑体和填充体[11]，而开放建筑理论中的层级概念是把建筑分为社区层级、建筑主体层级以及填充体层级[12]。开放建筑理论对之后各国的建筑发展，尤其是住宅建筑，产生了深远的影响。我国较早地开展了运用开放建筑理念进行建筑设计的探索，如"支撑体住宅理论"[13]。随着开放建筑理论的演变与发展，开放建筑更多地成为了一种广义的建筑学理论。然而，在操作层面上则具有一定的局限性。尽管开放建筑理论一定程度上推动了建筑工业化的发展，但其更多地沦为了落实技术的手段。开放建筑理论固然提供了一种实用的设计思想，但要真正实现建筑的开放体系还有赖于建筑理论开放体系的多元化思考。近年来，在我国乡村建筑工业化的发展中就出现了运用类型学中的"原型"概念构建开放建筑的探索[14]。这种将开放建筑理论与类型学融合的可能，究其根本应该归结于两者都对"功能与形式"的辩证态度，着重关注建筑本身的逻辑体系。

1.3　建筑类型学的开放体系

"类型"一说古而有之，但"类型"真正成为一门理论学科是受到分析哲学的影响。分析哲学以数理逻辑为研究手段，不再讨论物质与精神的第一性问题。为了提供数理的逻辑定义，分析哲学奠基者弗雷格使用"类"定义概念的外延，而针对"类"在推导过程中出现的矛盾哲学家罗素进而提出了"类型论"——预设一个对象类型的层级，对象聚集起来可合法地组合在一块而形成集合[15]。与基于性格类比和美学观的建筑类型划分不同，建筑类型学并没有规定具体的类型标准，而是把"类型"作为一种解读建筑的方法，同时，也可以作为一种设计方法。从思想理论上来说，当代建筑类型学的哲学观也源自现代结构主义，但相比于结构主义建筑，当代建筑类型学最显著的特点是将结构看做一个若干"变化"的体系，而不是静止的"形式"[16]。落实到建筑设计方法上，这种"变化"的体系体现在开放体系的建筑类型学提取原型在形式、结构、空间模式上的"隐性表征性"，并通过"隐性关联"反映文化精神，而不是固定的外在形式[17]。这也是建筑类型学实现建筑理论开放体系的基础。

2　面向传统地域文化的模块化工业住宅探索

现代主义伴随着工业化早期的发展想摆脱历史传统，在一段时期受到向往前工业时代顽固的抵制，但这种徒劳未能阻挡建筑工业化的发展。对传统地域文化的挖掘还需"向前看"，建筑开放体系应成为新技术、地域文化的共同载体，通过对开放体系相关理论的融合实现地域性的动态延续。

2.1　阳光舟住宅简介

阳光舟住宅(图 2)是 2013 年"中国国际太阳能十项全能竞赛"东南大学队参赛作品，是模块化工业住宅对传统地域文化的一次重要探索。阳光舟通过对原型的探索，从技术原型、空间原型、形式原型三方面出发,汲取了中国传统江南水乡民居的结构、形式以及被动式策略(图3)。同时,阳光舟采用开放建筑SI体系与模块化设计,赋予现代建筑技术隐性的传统地域文化,实现开放体系的融合(图4)。阳光舟整个南向的坡屋顶采用光伏一体化设计全部铺满太阳能光伏板以最大化地获取太阳能资源。在平面布局上,阳光舟汲取了传统江南水乡民居形制,中部上空开启的老虎窗设计则是应用了民居建筑中的天井拔风的原理。方正的建筑体型简约紧凑,保证较小的体形系数,减小住宅的散热面积。阳光舟采用开放建筑SI体系与模块化设计结合的建筑开放体系,围护与支撑结构相分离。阳光舟在各个层面上充分挖掘了传统地域的建筑文化,并通过全模块化设计实现了光伏发电、太阳能热水、空调系统、智能家居等现代建筑技术的集成,同时满足工业化预制、长途运输、快速装配施工等要求,可谓既是传统的也是现代的。

图2 阳光舟住宅

图3 江南水乡民居

2.2 "开放建筑"与模块化设计融合

阳光舟运用开放建筑理论,受中国传统建筑"墙倒屋不塌"的启示,采用了SI住宅体系,具有支撑独立、空间与功能灵活多变的特点。同时,结合模块化设计,阳光舟将住宅主体分为太阳能系统、屋顶、轻钢屋架、围护结构、面层、支撑结构以及室外地面6大模块系统(图5)。阳光舟的支撑结构与屋顶采用钢结构,在围护结构方面采用蒸压轻质加气混凝土制作墙体,以硅砂、水泥、石灰为主要原材料,经过钢筋网片增强,高温高压、蒸汽养护而成的多气混凝土模块制品。门窗方面,阳光舟采用玻璃纤维增强聚氨酯节能玻璃门窗。

同时,考虑到工业化制造、长途交通运输以及快速装配施工等多方面的因素,阳光舟将围护与支撑模块系统分解为3个模块化单元(图6)。模块化单元为2.4 m×12 m的轻型结构框架。这种模块单元类似于标准的集装箱大小,其长宽比为5:1,可以单独制造结构、墙体、管线等。此外,阳光舟的模块化设计充分考虑了住宅部品技术集成。模块化单元的设置考虑了建筑模数与部品模数的协

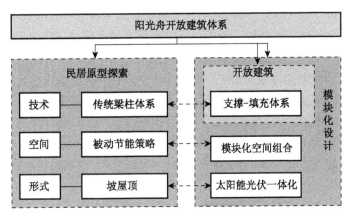
图4 阳光舟开放建筑体系

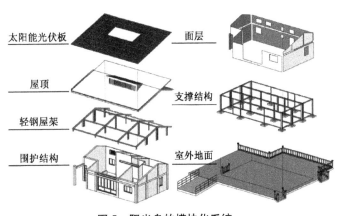
图5 阳光舟的模块化系统

调。为了实现"零能耗"目标,阳光舟集成了太阳能光伏、太阳能热水、变制冷剂流量直接蒸发式一拖多多

功能空调系统、独立新风处理装置、全热回收新风机组、地板辐射供暖以及智能化控制系统。通过控制面板或手机等终端可以控制所有照明、家用电器以及电动窗帘,并自动监控室内的温湿度、二氧化碳浓度以及用电量等数据,达到节能与居住舒适性的双重目标。开放建筑与模块化设计的结合使阳光舟实现了SI住宅体系在建筑全生命周期中的开放性,灵活的架构为阳光舟的变化与衍生提供了丰富的可能性。

图6 阳光舟模块单元(左:预制;中:运输;右:吊装)

2.3 光伏建筑一体模块化设计

阳光舟的造型受到我国江南水乡民居建筑的启发,南向的坡屋顶上安装了总装机量为 10.6 kWP 的 40 块光伏板。屋面的设计与太阳能光伏板模数统一协调,实现一体化设计(图7)。就太阳能光伏一体化设计的工作效率而言,阳光舟安装的光伏板全年发电量在 13 000 kW·h 以上,源源不断地为阳光舟输送全年所需的用电。为了保证得到最大的太阳能,阳光舟采用了 $17°$ 的安装角度。其光伏系统采用了先进的 ELPS 电池片技术,最高转换率达 21.1%。背接触式 ELPS 技术能最大化地利用光伏板正面面积,使每片电池片增加了 3% 的光线吸收。为了防止单块光伏板之间相互影响,阳光舟上每块光伏板都安装了微型逆变器,真正做到了光伏组件的一体化,保证了系统最佳工作状态。太阳能热水器为分体式平板热水器,平板式集热器有 4 块,每块的面积为 1.9 m²,共 7.6 m²。热水箱安装位置在厨房上的设备夹层,容积为 400 L。该系统可以稳定地为房子提供热水。平板型集热器可以平铺于坡屋顶上,其颜色、安装方式与光伏板几乎一致,整体协调性较好;此外,水箱可以脱离集热器,可以放置于室内合适的位置(图8)。

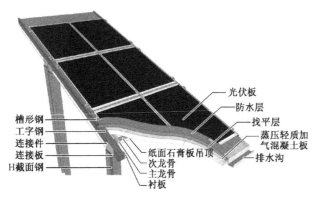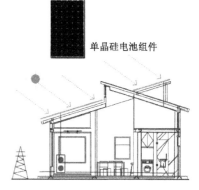

图7 太阳能光伏一体化设计　　　　　　图8 太阳能热水系统示意图

3　基于模块化设计的建筑开放体系构建

从整体上来看,开放建筑理论是针对建筑实体,以技术为出发点,探讨的更多是一种"显性"的建筑逻辑体系,是一种实用的设计方法理论。其开放体系虽然兼顾事业了对不同层次建筑组成要素的考虑,但由于始终停留在设计层面,在使用效果上并未能达到理想状态。换句话说,开放建筑理论从建筑设计层面进行基于"体"的层级划分,但在实际的使用、维护当中难以对其进行评价。相比之下,建筑类型学(广义)的开放体系是一种"隐性"的建筑理论开放体系。与开放建筑理论不同,建筑类型学并不规定类型划分的标准,而是明确类型的层级,因而产生"变化"的"形式"。而模块化理论则是将哲理、数理落实到技理的操作模式,其涵盖并延伸了开放建筑理论、建筑类型学。

模块化理论与类型学有相似之处,具有辨识和重构系统的作用,因此工业化住宅模块设计的产品体系也被认为是基于"类型学"原理进行。同时,开放建筑理论需要借助模块化设计深入建筑的全生命周期,实现建筑在建造、使用、维护以及管理中的开放性。总的来说,三者之间都需要互补,构建基于模块化设计的建筑开放体系,是在建筑工业化背景下全面实现建筑开放体系的途径(图9)。

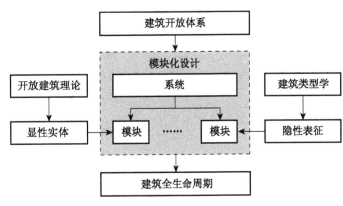

图9 基于模块化设计的建筑开放体系

4 结论

建筑开放体系的全面实现,需要建筑理论开放体系与建筑系统开放体系的整合。工业化技术的发展固然为建筑工业化带来了新的设计方法,但缺乏建筑理论指导下的模块化设计只能停留在作为工具的设计层面。基于模块化设计的建筑开放体系研究是新型工业化背景下对建筑设计方法的重要探索方向,对推动建筑工业化与建筑设计理论的发展都具有重要意义。更为重要的是,模块化建筑开放体系为探索传统地域文化与新建筑技术的融合提供了可能性。在未来的工业化建筑探索当中,我们不应忘记我们从何而来,我们应该走向何方。

参考文献

[1] 李桦,宋兵,张文丽.北京市公租房室内标准化和产业化体系研究[J].建筑学报,2013,04:92-99.
[2] 孟建民,龙玉峰,丁宏,颜小波.深圳市保障性住房标准化模块化设计研究[J].建筑技艺,2014,06:37-43.
[3] 王蔚,魏春雨,刘大为,彭泽.集装箱建筑的模块化设计与低碳模式[J].建筑学报,2011,S1:130-135.
[4] 高颖.住宅产业化——住宅部品体系集成化技术及策略研究[D].同济大学,2006.
[5] 赵星.论当代建筑的开放性[D].天津大学,2010.
[6] 昝廷全.系统经济:新经济的本质——兼论模块化理论[J].中国工业经济,2003,09:23-29.
[7] 胡晓鹏.从分工到模块化:经济系统演进的思考[J].中国工业经济,2004,09:5-11.
[8] 李靖华.模块化的多学科方法论思考[J].科研管理,2007,02:124-130.
[9] 杜陶钧,黄鸿.模块化设计中模块划分的分级、层次特性的讨论[J].机电产品开发与创新,2003,02:50-53.
[10] 张丛.基于开放建筑体系的建筑工业化研究[D].北京建筑大学,2014.
[11] 贾倍思,江盈盈."开放建筑"历史回顾及其对中国当代住宅设计的启示[J].建筑学报,2013,01:20-26.
[12] 任智劼,马艳.开放建筑理论的反思[J].室内设计,2011,01:3-5.
[13] 鲍家声,鲍莉.动态社会可持续发展的开放建筑研究[J].建筑学报,2013,01:27-29.
[14] 赵星."互为主体"的开放建筑[J].城市环境设计,2012,07:202-204.
[15] 瑞·蒙克.维特根斯坦传:天才之为责任[M],第1版.王宇光,译.杭州:浙江大学出版社,2011.
[16] 刘先觉.现代建筑理论[M].北京:中国建筑工业出版社,2008.
[17] 汪丽君,舒平.建筑类型学开放体系的建构[J].城市环境设计,2008,04:92-95.

基于可持续发展理念的乡村图书馆设计

——"2016年第三届紫金奖·建筑与环境设计大赛"参赛方案概述

谢丽娜　　张晨曦

1　设计理念

2016年江苏省委宣传部、江苏省住房和城乡建设厅及江苏省新闻出版广电局联合主办了"2016年第三届紫金奖·建筑与环境设计大赛"活动。本届大赛以"阅读·空间"为主题,旨在响应"倡导全民阅读,建设书香社会"的号召。本文第二作者参加了此次设计竞赛;作者认为,广大农村人口是我国人口的最大组成部分,当今乡村人才流失严重、空心化程度加剧。在古代中国由熟稔礼教的士绅阶层、家族势力所统领的乡村如今已经面临文化传统的断层,如何在乡土重建健康丰富的乡村文化、让留守的儿童与老人有一个接受知识文化的精神家园,也是当代乡村建设中的重点。所以作者建议参赛选题着眼于乡村的图书馆。建议在乡村常见的村级公共服务中心中设计阅读空间。

而村级公共服务中心本身是一项重要的惠民工程,具有办公、教育、娱乐、医疗等功能,是吸引群众、服务群众的重要场所,对于方便农民、提高农民素质与社会水平起着非常重要的作用。因而在此设计读书空间将更能充分发挥乡村图书馆传播知识的作用。

江苏地区,尤其是苏南地区的乡村有着中国最发达的乡村经济,同时也经历着剧烈的社会变迁。其中大多数乡村的风貌已经看不出太多的传统,新农村建设的要求已经提出多年。乡村的建设是一个复杂的问题和过程。但几乎所有的问题又似乎都在建设层面有所反应。传统的乡村营建是一个自发的过程,在漫长的时间作用下,这些"聚落"演化成一个个极其复杂的系统,外表随意无序,内部却隐藏高度的秩序与关联。而割裂了这种关联的设计、建造将使得一些地方的新农村建设成为无根之木、无源之水。因此新的服务中心则需要符合当代农民需求、体现江苏乡村特色。

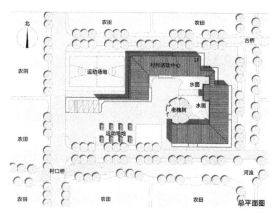

图1　总平面图

另一方面,长时间以来,受到诸多因素的限制,我国的农村公共建筑首先在数量上很稀少,其次在设计、选料、施工等方面和城市差距很大、建筑质量也良莠不齐。习主席在2016年元旦的新年贺词中特别提到让几千万农村贫困人口生活好起来,是他心中的牵挂。领悟了这一点,作者对于竞赛任务有了更深刻的认识,自然也就更感到自身责任重大。所以在着眼于设计读书空间的同时对其物质载体——村级公共服务中心也需要设计的经济合理、节能、抗震。

谢丽娜:常州工学院,常州213032;张晨曦:无锡市城归设计有限责任公司,无锡214000

2 规划布局

根据设计要求,本案假定选址苏南一个自然村落,村公共服务中心位于村口东侧。两面环水、四周绿树环抱;场地周边均是农田以及农民的生活住宅。服务中心位置不论与村民还是对外联系均较为便利。建筑一层,采用回字形布局,左下角打开引导人流。选址结合环境、尊重自然,建设用地选择山南水乡的平坦区域。尊重地形适宜的基地处理,本身就是形成建筑生态环境的良好起点。

3 建筑设计

3.1 平面设计

服务中心入口位于地块西侧临近村口马路。入口处为停车场及村民活动场地,停车场北侧为篮球场,方便村民运动健身。停车场与篮球场中间为一片青灰色马头墙。在建筑形象上引导村民进入服务中心,在功能上可以张贴相应的政策宣传材料。建筑物主体位于地块中间偏右侧,整个建筑全部一层,采用四面围合的"回"字形布局,左下角打开,结合地块中的运动场地引导人流。建筑物从入口沿顺时针方向依次布置办公、管理、儿童阅览室、成人阅览室、戏台、活动室、卫生间、医务室等功能性房间。在建筑物东北角,"回"字形右上角为开敞式连廊和室外茶座,并结合布置一临水的小型戏台,方便村民边喝茶边看乡村戏。整个建筑采用 6.6 m×6.6 m 柱网开间,灵活布置房间。阅读功能主要居北,休闲活动功能居南,通过连廊相连。分区较为明确又相互联系。主要功能是北侧的儿童与成人阅览室,其次是活动室与医务室,主要考虑现代农村老年人较多,服务中心内除了读书空间以外也要为他们的健康、娱乐提供良好的服务场所。

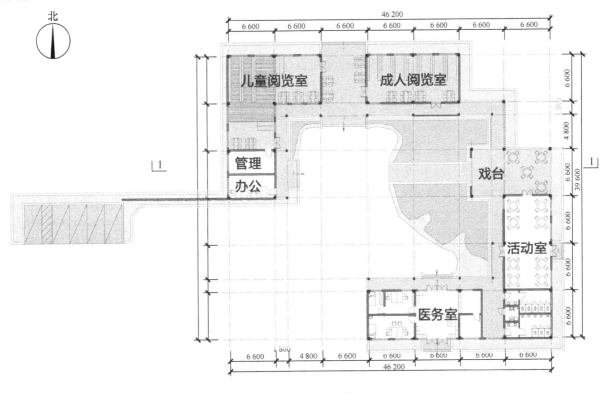

图 2　一层平面图

整个建筑围绕着中间广场,广场上有水景和一颗百年老槐树。村民可在活动室内打牌等活动,可在室外架空空间喝茶、看戏,可在老槐树下聊天。村干部和村内的长者又可在树下宣传政策、调解村民纠纷。而百年的老槐树也以它的枝繁叶茂庇护着环绕在树下的建筑和里面的人,也庇护着整个幸福村。

设计新农村公共建筑首先需要考虑的是尊重村民的生活习惯。几千年来的生活模式造就了与城市建筑不同的布局样式。所以我们设计人员在设计农村公共建筑时必须充分尊重农民的生活模式、避免盲目套用城市公共建筑的布局。

首先在建筑单体布局上充分考虑农民群众的生活习惯,两组 L 型建筑围合成一个院落,这样既可以布置绿化环境、创造优美的庭院空间,又可作为村民举办小型读书会等公共室外活动的场地。院内设置一组水系,既是环境点缀,也可阻隔外来人流,在夏天还有防暑降温的功效。

同时我们也应该清醒的认识到在现有情况下,若单独建造一座村民图书馆,其使用效果并不理想,因而将阅读空间设置在村民活动中心内。并将儿童、成人阅览室分开设置。儿童可在此阅读书籍,在门厅写作业;成人可在此阅读各类书籍。

3.2 立面设计

建筑外观充分考虑江南地区"粉墙黛瓦"的建筑风格和农民经济条件。采用青砖墙面、简化的"马头墙"形式、创造简洁、现代具有浓郁地方特色建筑外观。在建筑类型构成上以堂、廊、亭、桥等元素回应了江南建筑特点。建筑连廊作为灰空间为村民提供了遮风挡雨的活动空间——在廊柱后奔跑的儿童,在茶座喝茶、对弈的老人,在廊子中看宣传材料的农户。

图 3　建筑效果图

整个建筑采用单坡屋顶绵延的青砖黛瓦院落,与周围乡村建筑相映,屋顶外高内低,由外坡向内院。单坡顶对于村民来说可能不是特别常见,整个建筑对村民来说也许既熟悉又陌生。但我们在屋顶采用农村常见的小青瓦作为屋面材料、内廊墙面用青砖、吊顶用木板等当地人熟悉的普通建材,只是具体手法略有所创新。而外高内低的单坡屋顶也符合传统的"四水归堂"的设计理念。

3.3 节能环保设计

绿色、环保、低碳的手段越来越多的应用于建筑的设计、建造之中[1]。本案中建筑选址结合地形环境、尊重自然。尽可能多的采用绿色手段、乡土材料;平面布局中院内水池外种植落叶乔木,可以达到夏季遮阳、冬季透光的效果。可采用秸秆等农作物废料制作的自保温砖作为填充墙的材料、屋顶在钢筋混凝土屋面板上平铺秸秆保温板。另外,在设计中还考虑在院子和屋顶天沟设置雨水收集装置,回收雨水,在条件允许情况下可以将回收来的雨水收集起来,二次利用。材料的选择兼顾了建构的逻辑和江南村落的风貌。

3.4 造价控制

建筑物在建造中需要建设者较大的资金投入。而控制好造价无疑将对减少村镇建设成本、提高农民生活品质发挥巨大的作用。设计人员在设计过程中就要选择相对便宜的施工材料。我们设想能够利用秸秆这类农作物废弃物将其加工成为墙砖做为外墙材料。在推广并大规模生产之后,秸秆砖和现有的其他同样功能材料相比价格将更为低廉,同时还兼有保温性能。另外设计中大量采用乡土材料也是控制建筑物造价的一系列有效措施之一，如考虑可以用竹子做成窗外遮阳等，让村委会组织村民自行合作建造等一系列措施控制建筑物造价。

3.5 内部阅读空间

针对读书空间，设计共分为3块，分别为儿童、成人阅览室以及门厅。成人阅览室为常规布局。在其中布置书架及书桌。儿童阅览室的书架设计则有所不同。设计者在室内布置台阶式书架，在台阶式书架上放置常规书架，在其余空间内设置书桌、椅。这样将室内自然分隔成两个空间。孩子既可以坐在书桌上阅读书籍，也可以在台阶式书架顶的地板上和小朋友们一起围坐着读书。而台阶式书架的设计本身就有吸引儿童的功能，增加了室内空间的趣味性。门厅既可作为村民阅读的空间，也可作为休憩、交流的场所。

儿童阅览室　　　　　　　　成人阅览室　　　　　　　　阅览室门厅

图4　阅览空间效果图

4　结语

我们面对的乡村是数千年留存的深厚积淀和伟大遗产，我们需要恭敬而深入的理解，创作出满足现代生活需要、符合农村生活习惯和生产需求、体现地方乡土人文特色的新农村建筑。

我国农村人口众多，提高农民的精神生活质量迫在眉睫。推广美观、经济、节能的村镇图书馆建筑不仅惠及亿万农民群众，对我国经济发展、节能减排、环境保护都具有十分重要的意义。因此，设计人员要在设计节能环保及绿色低碳的村镇建筑中努力探索、学习和工作。

新农村建设的目的是为了建设好的农村。村口的服务中心的公共空间就像整个村的"要穴"，以点状的空间盘活全村的能量。人们在这里交流、娱乐找到彼此的温暖，形成社会的核心价值。而服务中心本身的建造也成为凝聚人心的行为。而且图书馆还兼具再教育功能，它的建立为农业生产人员的培训和再教育提供场所和便利。建立乡村图书馆不仅是建设文化乡村的必由之路，还能促进农村生产力的发展。

一方面我们既看到建设乡村图书馆的意义重大，而另一方面在实际生活中由于各种原因造成现在许多乡村图书馆的使用效果并不理想。因此，作者的参赛方案就是探索将乡村图书馆与村民服务中心结合布局，村民服务中心通过其内部的戏台、活动室、医务室等使用功能及良好的空间环境来吸引村民，借此也提高乡村图书馆的人气。而乡村图书馆的设立也更加丰富了来此活动的村民的精神生活。因此我们将阅读空间植入村民活动中心内。希望其与别的功能和谐共生，能够良性的互动，积极地发挥图书馆的作用从而取得更好的社会效益。

参考文献

[1]　刘加平.建筑创作中的节能设计[M].北京：中国建筑工业出版社，2009.

住宅室内环境的生态化设计研究

——论赖特设计观的当代化应用

赵忠超　邵文霞

进入 21 世纪以来，住宅室内环境设计被国人日益重视，家装行业发展得如火如荼，专业的家居设计公司也应运而生。然而，表面繁荣的背后，也一直伴随着一些诸如装饰过度、室内环境污染、电能无谓消耗等反生态化的问题，引发了社会各界普遍担忧和关注。为应对上述问题，从思想和理念上提升室内设计师的设计意识至关重要，对此，有多种策略和方法可以选择，其中，对设计大师思想的研究和应用就是一条非常可行的途径。弗兰克·劳埃德·赖特是 20 世纪伟大的建筑师、艺术家和思想家，他的设计思想和观点不仅对现代建筑设计有非常重要地指导意义，同样对当代室内设计，特别是解决我国家居设计领域的弊病也有重要地借鉴意义。因此，本文将在阐述赖特设计观的基础上，以住宅室内设计为载体，以生态化设计为目标，探讨赖特设计观的当代化应用问题。

1　赖特设计观简析

埃罗·沙里宁曾经这样高度赞美赖特："如果今天如同于文艺复兴时代，那么，赖特就是 20 世纪的米开朗琪罗"[1]，能获沙里宁如此赞美，可见赖特在当时建筑界影响力之巨。尽管赖特已辞世半个世纪，但他在建筑设计领域的影响力至今犹存，许多作品都是现代建筑师争相研究和汲取营养的不朽之作。赖特常用"有机"一词诠释他建筑作品的内在逻辑，可以说，"有机理论"是他对自然无比崇拜而总结出来的建筑设计理论和语言。

受泛神论影响，赖特对自然有着别于常人的热爱，他特别强调建筑物设计要尊重自然环境，他认为每幢建筑都应该是基地的唯一产物，建筑应该自然生长于所处环境。有机建筑是赖特所宣扬的建筑语言，赖特认为有机建筑语言是一种"活的观念"，这种"活的观念"是指建筑与一切有机生命相类似，总是处在一个连续不断地发展进化之中。对有机建筑的追求，能使建筑师摆脱固有形式的束缚，能够按使用者、地形特征、气候条件、文化背景、技术条件、材料特性等不同情况采取相应的对策，最终取得非常自然的结果。赖特为考夫曼一家设计的流水别墅(图 1)是经常被学界引证的不朽杰作，从图中可以看出，整个别墅轻盈地凌立于溪流之上，底层直接与溪水相连，建筑尽可能在水平方向延展，所用材料散发着浓浓的乡土气息，建筑的空间、形体、材料与自然互相渗透，相得益彰，呈现了"天人合一"的境界。一言以蔽之，自然生长的活的有机建筑是对其作品的最好诠释。

对待材料，赖特坚持充分发挥材料本来的特性，不违背材料本身的物理性质，不掩盖材料的天然美，不加伪装也不制造代用品是赖特恪守的原则。如何才能使材料发挥其本来的特性？赖特是这样认为的[2]：第一，根据特定的环境和目的选用最适合的材料；第二，真实地体现材料的本来面目；第三，力求尽可能简单地使用材料；第四，对于传统材料和新材料给予同样重视。

赵忠超，邵文霞：济南大学环境设计系，济南 250002

赖特认为建筑之所以为建筑,其实质在于它的内部空间,他不认为空间只是一种消极空幻的虚无,而应是一种强大的发展力量,这种力量可以推开墙体、穿过楼板,甚至可以揭去屋顶[2]。在古根海姆博物馆(图2)的设计中,赖特晚年的圆和螺线的主题达到了高潮,这个美术馆异乎寻常的内部空间也成了后代建筑师灵感的源泉。

图1　流水别墅　　　　　　　　　　　图2　古根海姆博物馆

2　赖特设计观之于当代住宅生态化设计的应用

21世纪的今天,无论是科技进展、材料更新,还是设计观念与审美水平提升,都与赖特所生活的时代发生了很大变化。但是,正因为经历了岁月的洗礼,学者们才愈加发现赖特设计观的价值所在。特别是,对于当代国内住宅室内设计现状,赖特尊崇自然的设计理念、有机统一的建筑语言依然能起到较好的启迪与引导作用。基于此,下文将从原则和方法两个层面探讨赖特设计观的当代化应用问题。

2.1　基于有机性的设计原则

"有机"是赖特设计观的精髓所在,强调设计要适应时间、地点和人:适应时间是指设计要符合它所处的年代,时代不同,人的价值观、审美观、行为方式等也会有较大不同,如传统民居虽好,但如果其功能、设施不按时代要求更新,只怕很少有人愿意居住;适应地点是指设计要同它所处的自然环境、人文环境相协调,对地域性有适当回应;适应人是指设计要为人服务,一切设计应以满足人的各种需求为出发点。因此,具有较好适应性的设计作品才有可持续性,才有真正的使用价值,才能称之为生态设计。然而,当前的现象是,室内设计师在设计家居环境时,往往先提出所谓的设计风格,如中式、港式、欧式、美式、地中海式等,然后根据业主喜欢的风格,设计师进行简单调研后,就匆匆展开具体设计。结果可以想象,这些风格怎么可能适应此时、此地的国人使用,即便采用中式风格,还应考虑到中式的地域性和当代化问题,不是简单中式两字可以回答的。笔者曾对部分业主访谈后发现,很多业主对住宅室内设计往往缺乏基本的了解,对设计的要求也仅仅体现在美观、环保、经济等方面,对于所谓的风格,起初也会因为感到新奇而选择接受,但入住一段时间后,最初的那种新奇感便逐渐消失,取而代之的是对居住环境产生莫名的距离感。很明显,不符合"有机性"的设计作品最终是难以被人接受的,是对各种资源、能源的无价值消耗,也是反生态的设计。因此,在面对设计项目时,设计师应首先回答3个问题,如何反应时代特征? 如何适应地域环境? 如何满足使用者的需求? 毋庸置疑,只有基于有机性的设计原则,才有可能设计出生态化的住宅室内环境。

2.2 基于自然性的设计方法

2.2.1 绿色植物引入

与山川河流等自然要素相比,绿色植物在建筑室内环境中具有广泛适用性,绿植不仅能吸附甲醛、二氧化碳等有害气体,改善室内空气质量,而且还能对使用者的视觉和心理健康产生积极地影响,这些功效得到了植物学专家、医学专家的广泛认可。如果住区绿化率较高,人们只要通过开窗通风,自然新鲜的空气便可流入室内。然而,在经济利益驱动下,我国新建小区的绿化率普遍较低,多盖楼房少种树也似乎成了房地产行业的潜规则。为此,如果能将绿色植物引入钢筋混凝土建构的居住容器里,室内环境也会呈现出室外的自然气息,空气质量得到改善的同时,居住氛围也更具活力。

那么,在住宅室内设计中应如何引入绿植呢?众人印象里,阳台是引入绿色植物的最佳场所,事实上,阳台并不是绿植的专属空间,客厅、书房、卧室、甚至卫生间等均可放置绿植,对于使用面积较小的住宅,采用吊挂植物或墙体隔板放置盆栽植物的方式也是不错的选择。值得一提的是,绿色植物放置不应是被动地对室内消极空间填补式的利用,而应在最初的设计构想中,就将植物作为一个重要的设计要素加以考虑,让植物元素更为积极地介入空间设计,甚至可以将它作为住宅室内设计的主角,整体设计构思围绕绿色植物做文章。如日本设计师中村拓志在广岛设计了一座玻璃构造的住宅,就将大量植物引入室内,功能布局皆围绕植物展开,充分展现了设计的自然、生态之美(图3)。当然,这样的案例毕竟是少数,不过,只要始

图3 以绿色植物为主题的住宅设计

终保持引入绿色植物的设计意识,绿植在住宅设计中定会呈现出多种可能。

2.2.2 尊重材料自然性

赖特曾指出:"如果根据材料的自然属性加以运用,那么每种新材料都意味着一种全新的造型和使用手法"。只有通过与材料对话,将材料看成是有生命的,并尊重它的权利,才是获得展现材料独一无二特性的最佳途径[3]。

在条件允许的情况下,住宅室内设计应尽量选择天然材料,原因有二:一方面是人们对"绿色"的渴望及天然材料的无毒害特性;另一方面是天然材料自身的材质和肌理有较强的艺术表现力。特别是木材,这种既古老又原始的材料,是赖特认为最有人情味的材料,将之用于家居设计中,透过木材无穷变化的纹理,人们在室内也可以体味到大自然的艺术气息,家的温馨感会油然而生(图4)。但是,天然材料毕竟不可再生,价格也比较昂贵,一般住宅设计往往要使用大量的现代复合材料,不过,无论什么材料,只要合理发挥材料的本性,便是体现其自然性的完美运用。对于复合材料,人们最担心的是室内环境污染问题,严格意义上讲,只要使用符合国家环保标准的材料,其产生的环境污染不会对人造成伤害。但是,从行业实际情况看,前景不容乐观,如2014年5月5日,央视新闻频道曾报导,中国建筑装饰协会对北京、南京、广州等地新装住宅空气质量进行抽查,发现污染严重超标,甲醛和TVOC(总挥发性有机化合物)的平均超标率竟然高达70%以上。

图4 以木韵为主题的住宅设计

可见,室内环境污染问题应引起设计师的高度重视。那么,如何在设计环节减少污染产生的可能呢?应从两方面入手:一方面要改变当前的奢华装修之风,反对过度设计,住宅室内设计应以实用为主,格调尽量简约、朴素;另一方面要减少使用可能产生严重污染的装饰材料,如人造复合板、油漆、化纤地毯等。

2.2.3 自然通风与采光

室内空气质量的好坏,与自然通风状况密切相关。然而,住宅普遍使用空调后,设计师对自然通风的重要性有所忽视,规划室内布局时过于看重空间形态完整性,较少考虑现有布局是否阻碍风道。事实证明,过度依赖空调既不利于人体健康(特别是老人和孩子)也不利于节约能源,自然通风对人有百利而无一害。因而,风道通畅,应作为住宅室内空间设计的一个重要影响元素。另外,在不影响结构安全的前提下,住宅设计应敢于打破四面墙壁的简单围合状态,使空间具有流动性,充分发展赖特倡导的积极意义的空间。具有积极性的流动空间,不仅有利于消除室内通风死角,更有意义的是,空间的层次性与美感及空间有效利用率也会有较大提高。当然,对于有较高私密要求的卧室、卫生间等空间,其流动性要让位于私密性。

随着照明技术的日益成熟,灯光在住宅室内环境中扮演着越来越重要的角色。然而,可能出于对灯光的过度依赖与迷恋,多数室内设计师规划住宅布局时似乎并不关心自然光,对于某些功能区的高照度要求,他们常常采用加强人工照明的方法解决,显然,这种做法既不利于照明节能也不利于人体健康。对于如何利用自然光,多数文章都会提及运用技术手段将自然光导入室内,由于前人对这种主动式的采光技术已有较多研究,本文不再赘述。事实上,在建筑采光设计的基础上,通过调整室内布局,把对照度需求较高的功能区调整至靠窗位置,这种被动利用自然光的策略是现阶段比较切实可行的采光方法。如厨房的洗池、书房的书桌、客厅的休闲椅、卧室的梳妆台等对照度要求较高,应尽量将它们靠窗布置。这样,通过对室内布局的简单调整,即使全云天状况下,自然照明也能满足室内各种活动的基本照度需求。

3　结语

基于我国住宅室内环境现状,本文提出将设计大师赖特的设计理念引入当代设计,在简要介绍赖特设计理念基础上,文章重点探讨了基于有机性的设计原则和基于自然性的设计方法,以期对住宅室内环境的生态化设计有所促进。赖特有自己完整而朴素的设计思想和观点,其作品也是学界推崇的经典,对大师设计理念的深入研究和探讨能让我们更深入地理解大师的设计思想精髓,进而更好地为当代设计实践服务。

参考文献

［1］（美）弗兰克·劳埃德·赖特. 建筑之梦［M］. 于潼,译. 济南:山东画报出版社,2011.

［2］项秉仁. 赖特［M］. 北京:中国建筑工业出版社,1992.

［3］《大师》编辑部. 弗兰克·劳埃德·赖特［M］. 武汉:华中科技大学出版社,2007.

专题三 理念与技术：低能耗技术的探索实践与经验推广

苏南地区村镇住宅低能耗技术研究与应用*

魏燕丽　黄　凯　吕佩娟　李　曾　吴志敏

近年来，我国村镇住宅建设量大、面广，随着农村生活水平的逐渐提高，村镇能源消耗也不断增大，其中村镇住宅的建筑能耗超过了一半。推进节能减排，合理降低村镇住宅的建筑能耗具有重要的意义。而我国农村建筑节能工作落后，村镇建筑还没有相应的节能标准，并缺乏相应的技术支撑。苏南地区是典型的夏热冬冷地区，有必要系统研究村镇住宅低能耗节能技术，并因地制宜应用于村镇工程中。

为了更好地贯彻国家对村镇建筑节能的要求，本文根据苏南地区气候特点，从改善村镇居住建筑物室内热环境、降低能耗出发，分析探讨了适合苏南地区村镇住宅低能耗技术路线，以苏南某村镇住宅工程为例，主要应用被动节能技术、围护结构节能技术和可再生能源技术措施并进行研究；反映村镇住宅真实节能效果，显化节能效益，打造村镇宜居环境，创建村镇低碳能耗住宅，进一步推进农村建筑节能的发展。

1　苏南地区气候特征

苏南地区位于长江中下游，为典型的夏热冬冷地区；最热月份平均气温 25～30 ℃，平均相对湿度 80%左右，夏季最恶劣气温可达 40 ℃以上，热湿是夏季的基本气候特点；冬季基本气候特点是阴冷潮湿，最冷月份平均气温 0～10 ℃，平均相对湿度 80%左右；春季和秋季气候凉爽但持续时间明显比冬夏季短。根据《民用建筑设计通则》(GB 50352—2005)[1]中的《中国建筑气候区划图》，苏南地区的建筑气候分区划为第Ⅲ建筑气候区。《民用建筑热工设计规范》(GB 50176—93)[2]中夏热冬冷地区城市建筑热工设计要求为充分满足夏季防热要求，适当兼顾冬季保温。而苏南地区绝大部分既有村镇住宅未采用系统性的节能措施，不讲究围护结构的保温隔热性能，导致室内舒适度差且建筑能耗大。

2　苏南地区村镇住宅低能耗技术措施

2.1　村镇低能耗住宅发展前景

随着村镇经济发展的不断加速，低能耗村镇住宅建筑已成为村镇发展的重要组成部分，低能耗村镇住宅的建设利用，越来越受到人们的关注。合理建设低能耗村镇住宅，可以减少农村能源供应量，美化农村环境，具有良好的社会效益、环境效益和经济效益。由于村镇住宅的特殊性，低能耗村镇住宅的建设，一方面需要改善村镇住宅的功能、形式，使其达到一定的舒适度；另一方面也有效控制村镇住宅的运行能耗，节约成本。

魏燕丽，黄凯，吕佩娟，李曾，吴志敏：江苏省建筑科学研究院有限公司，江苏省建筑节能与绿色建筑研究重点实验室，南京 210008

* 基金项目：国家自然科学基金资助项目(51278110)

2.2　村镇低能耗住宅技术原则

村镇低能耗住宅技术原则主要包括5个方面,具体为:充分利用被动节能技术,如自然通风、自然采光、遮阳;更大力度应用可再生能源,建议优先采用太阳能热水;采用适宜的围护结构节能,重点考虑外窗的热工性能和气密性;住宅空调和采暖尽量少采用一次性能源;充分考虑村镇生活方式和习惯等因素,采用经济性高、性能良好的建筑技术及产品。围绕以上技术原则,达到提高村镇地区居住品质、降低住宅能耗、人与自然和谐共处的目的,使得低能耗住宅在村镇中具有推广应用的价值。

2.3　村镇住宅低能耗技术措施

村镇住宅的低能耗技术应遵循因地制宜原则,合理运用节能技术,充分改善村镇住宅的舒适度和合理减少耗能,形成具有农村特色的村镇住宅低能耗技术体系。下面介绍苏南地区村镇住宅低能耗技术的各项具体措施,并探讨这些措施在村镇住宅的技术适宜性,仅供参考(表1)。

表1　苏南地区村镇住宅低能耗技术及其适宜性

类　别	分类技术	具体措施	技术适宜对象、条件
被动节能	自然采光	合理的平面布局、建筑朝向	新建、既有村镇住宅
	自然通风	合理的平面布局、建筑朝向、大开窗大开启	新建、既有村镇住宅
	遮　阳	屋檐出挑等固定遮阳,有条件时活动遮阳	新建、既有村镇住宅
	改善周边环境	住区生态绿化与景观营造、透水铺装	新建、既有村镇住宅
围护结构节能	体形系数	4~5层时体形系数限值0.45,3层及以下限值0.55	新建村镇住宅
	外墙节能	新型墙材,优先考虑自保温,结合外保温、内保温	新建村镇住宅
	改善外窗	中空玻璃窗,提高热工性能且加强气密性	新建、既有村镇住宅
	屋面节能	坡屋面,内置保温材料	新建村镇住宅
可再生能源	太阳能光热	分户式太阳能热水器	新建、既有村镇住宅
	地源热泵	地源热泵空调系统	低层新建村镇住宅

2.3.1　合理利用被动节能技术

(1)利用自然采光、自然通风和遮阳

自然采光、自然通风和遮阳是合理有效的被动式节能手段。

村镇住宅朝向应从采光、通风、日照3个角度权衡考虑,当建筑物分别获得三者的最佳值时,朝向的角度有所不同,建筑物的最佳朝向是由三者综合确定。村镇住宅的朝向宜为南偏西5°至南偏东30°之间。

苏南地区夏季炎热,通风和遮阳都是有效改善室内的温湿度环境,降低阳光辐射,减少住宅用能的有效方法。苏南村镇住宅提倡大开窗大开启,保障夏季和过渡季节的自然通风,以此换气和降温。常用的自然通风方法是住宅前后开窗,利用风压形成"穿堂风",其次是利用住宅内部产生空间高差,通过"烟囱效应"形成热压通风。苏南民居常用的遮阳方式是水平式的固定遮阳,通过屋檐出挑和利用阳光间、天井的方式,不但可以有利于自然采光,同时可达到有组织通风的目的。有条件设置活动遮阳时,优先考虑东、西、南向外窗,不提倡使用阳光控制玻璃(如 Low-E 玻璃)等来实现遮阳效果,以避免玻璃对冬日阳光的遮挡。

村镇住宅的平面设计综合考虑人的使用需求、通风方式和隔热保温等诸多因素。整体上建筑采用条式建筑,保证建筑南北通透,建筑南部的阳光间宜为卧室、起居室等为得热区域,北部宜为楼梯、卫生间、厨房做为热量传递的缓存区。

（2）改善周边环境条件

住区生态绿化与景观营造技术：村镇住宅行之有效的节能方法是通过绿化种植，引入水系，改善住宅周边的热环境。室外绿化不但可以美化环境和净化空气，还可以通过植物遮阳和蒸发作用调节住宅吸收太阳辐射量，改善环境的热湿平衡，从而降低住宅夏季的空调负荷。

通过透水多孔混凝土铺装材料在村镇路面中的运用、苏南特色景观水体的应用，解决居住区原生态保护以及缓解新建居住区对环境的负面影响。

2.3.2 优化围护结构节能

1. 合理控制体形系数

苏南村镇住宅一般为 3 层及以下，部分为 4～5 层。参照《江苏省居住建筑热环境和节能设计标准》（DGJ32/J 71—2014）[3]，4～5 层时，由于屋面在体形系数计算中所占比例提高，为保证建筑平、立面设计满足通风、采光等建筑功能要求，体形系数限值可提高到 0.45。同样道理，3 层及以下的居住建筑体形系数限值可定为 0.55。

2. 加强外墙节能，提倡采用新型墙材

既有村镇住宅中外墙一般为黏土实心砖，无其他保温措施，传热系数高达 1.7 W/(m²·K)，节能效果极差。而在村镇低能耗住宅建设过程中，鼓励全面禁止使用黏土砖，推广应用非黏土新型墙材。新型墙体材料主要分为三大类：非黏土砖、建筑砌块、建筑板材。根据功能效果来选择新墙材，如多孔砖适用于承重墙体和填充隔断，砌块和石膏板适用于装饰和隔断。此外，为了改善村镇住宅的室内舒适度，建议优先考虑自保温系统，结合外保温、内保温技术措施。外墙宜达到的热工指标见表 2。

表 2　苏南地区村镇住宅外墙传热阻建议限值（m²·K/W）

朝　向	太阳辐射吸收系数	4～5 层			≤3 层	
		1.6<D≤2.5	2.5<D≤4.0	D>4.0	1.6<D≤2.5	D>2.5
南	—	1.00	0.83	0.74	1.25	1.00
东 西	≥0.60		1.00	0.83		1.25
	<0.60		0.83	0.74		1.00
北	—		1.00	0.83		1.00
底面接触室外空气的架空板或外挑楼板、与非封闭式楼梯间相邻的隔墙		同北墙				
分隔采暖空调居住空间与非采暖空调空间的楼板、隔墙		北墙传热阻限值的 60%，且不小于 0.50 m²·K/W				

3. 改善外窗的热工性能

以多层建筑典型工程为例：苏南地区冬季外门窗传热能耗损失占采暖能耗的 21%，夏季外门窗的辐射得热占空调负荷的 22%～40%；而夏季外门窗的辐射得热占空调负荷的比例稍有下降。在苏南地区，降低外门窗的传热系数仅在冬季有明显的节能效果，夏季效果不明显。通过提升外门窗的遮阳效果，可显著降低夏季空调能耗。如果通过降低玻璃遮阳系数的途径来实现遮阳的话，尽管夏季节能效果也较明显，但直接造成冬季采暖能耗明显升高，而且影响室内舒适度，冬季被动采暖效果同样受到影响。所以，由于窗户能耗所占比重较大，使得窗户是建筑节能中的薄弱环节，窗户成为建筑节能的关键。

而绝大部分既有村镇住宅中窗户为普通铝合金单层玻璃窗，传热系数高达 6.4 W/(m²·K)，玻璃内外温差大，较易产生结露。因此，在低能耗村镇住宅中建议采用中空玻璃窗，提高外窗热工系能同时加强外窗的气密性，可显著减少窗户部位传热耗能，避免结露发生。外门窗宜达到的传热系数、遮阳系数见表 3。

表3 苏南地区村镇住宅外窗传热系数、遮阳系数建议限值（m²·K/W）

朝向	指标	窗墙面积比				
		≤0.25	>0.25 且≤0.30	>0.30 且≤0.35	>0.35 且≤0.40	>0.40 且≤0.45
北	传热系数 K[W/(m²·K)]	3.0	2.7	2.5	2.4	2.2
	遮阳系数	—				
东西	传热系数 K[W/(m²·K)]	3.2	2.8	2.5	2.2	2.0
			3.2（活动外遮阳）			
	遮阳系数	0.50	0.45	0.40	0.30	0.30
南	传热系数 K[W/(m²·K)]	3.2	3.2	2.8	2.8	2.0
				3.2（活动外遮阳）		
	遮阳系数	—	0.60	0.50	0.45	0.40
阳台门下部门芯板		1.7				
户门		3.0（封闭式楼梯间） 1.7（非封闭式楼梯间）				

4. 加强屋面节能

既有村镇住宅中大部分为平屋面，几乎无保温隔热措施，传热系数高达 2.8 W/(m²·K)，节能效果极差。对于屋顶，夏季由于受阳光直接照射，建筑物的屋顶内表面温度比其他层的高 3 ℃以上，冬季在无阳光时，屋顶直接接触室外冷空气进行对流换热，建筑物的屋顶内表面温度较低，为了避免在顶层时夏季烘烤感、冬季冷却感，可采用节能屋面。坡屋面节能、防水效果均优于平屋面。故村镇低能耗住宅中合理采用坡屋面，并内置保温隔热材料，可明显改善顶层居住舒适度。屋面宜达到的热工指标见表4。

表4 苏南地区村镇住宅屋面传热阻建议限值（m²·K/W）

建 筑 层 数	
4～5 层	≤3 层
D≥3	2.5≤D<3
1.67	2.00

2.3.3 充分利用可再生能源

目前苏南地区村镇住宅使用太阳能、地热能等可再生能源的比例较小，主要原因是村镇住宅普遍改善后，村镇住宅缺少利用可再生资源的功能设计。从长远来看，苏南地区低能耗住宅建设应从生态平衡和节约能源出发，充分利用村镇较好的生态环境、较宽裕的空间和较多种可再生能源，实现村镇住宅的可持续发展。村镇住宅的可再生能源利用形式主要为太阳能光热和地源热泵。

1. 太阳能光热利用

太阳能利用分为被动式和主动式两种。被动式太阳能利用主要是利用太阳房的温室效应和利用烟囱效应两种方式。主动式太阳能利用在住宅单体设计中主要表现为太阳能热水器。太阳能热水器可以非常方便地为淋浴、厨房、清洁提供热水并且价格低廉、技术简单，非常适用于村镇住宅推广使用。不过太阳能热水器的利用须考虑到与住宅设计配合，从而既节省能源消耗，又不破坏住宅美观。

2. 地源热泵利用

地源热泵是以岩土体、地下水或地表水为低温热源，由水源热泵机组、地热能交换系统、建筑物内系统组成的既能制冷又能供热的空调系统。根据地热能交换系统形式的不同，地源热泵系统分为地埋管地源热泵系统、地下水地源热泵系统和地表水地源热泵系统，以及混合型地源热泵系统。苏南地区具有经济条件时，低层住宅具有丰富的岩土资源，可合理考虑采用地源热泵。

3 苏南地区某村镇住宅低能耗技术研究与工程应用

3.1 工程概况

苏南地区某村镇低能耗住宅工程为村镇新住宅集中居住区,位于江苏省无锡市某村镇,建筑面积为 27.57 万 m²,住宅形式主要为多层和别墅。考虑苏南地区村镇居民传统生活方式及农村家庭构成等特点,一层为老人房,二层及以上可作为单独的二代居室,二层及以上露台可为种植露台,兼有晒台和聊天等多重功能。

图 1 苏南地区某村镇住宅工程

3.2 工程应用主要低能耗技术

3.2.1 被动式节能技术

1. 整体被动建筑规划设计

根据项目村镇地形及周边道路走向,住宅建筑布局全部为南北朝向,小区各建筑围绕景观水体。总体规划布局有利于夏季东南风畅通,并阻挡冬季东北风,有利于营造小区舒适型小气候,同时住宅获得良好的日照、采光。此外,适当地采用了透水铺装,在一定程度上有利于调节室外环境。

2. 建筑室外风环境

建筑物南北朝向,与本地的夏季主导风向——南偏东方向相吻合,该项目建筑布局合理,不会对项目造成遮挡,对组织自然通风十分有利。在进行微气候分析时,利用计算流体力学软件对建筑物周围环境的通风状况进行分析,结果表明:在夏季主导风向下,建筑物周围人行区风速均低于 5 m/s,不影响室外活动的舒适性和建筑通风,如图 2 为夏季主导风向下项目1.5 m 高处风速矢量图。

3. 建筑室内风环境

项目选取典型的独栋别墅为代表,通过室内风环境模拟优化得到:室内空气流动状况良好,"穿堂风"效应比较明显,室内空气龄最大的位置都在卫生间,冬季室内最大空气龄为 211 s,过渡季室内最大空气龄为 196 s,夏季室内最大空气龄为 182 s。室内通风有条件时应优先采用自然通风,住宅卫生间换气次数不应小于 5 次/h。室内空气流动状况良好,可以优先采用自然通风,夏季和过渡季节增加开窗时间,不仅能改善室内的热环境,而且还可降低空调的开机时间,节约能源。图 3 为夏季室内空气龄云图。

4. 景观绿化

本项目贯彻"以人为本、和谐居住"的设计理念,小

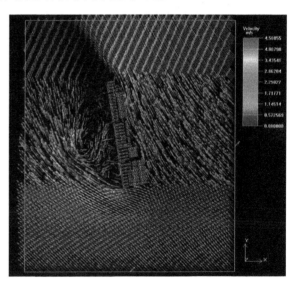

图 2 夏季主导风向下项目室外 1.5 m 高处风速矢量图

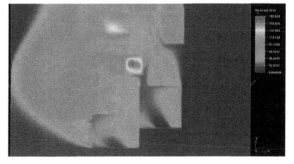

图 3 夏季室内空气龄云图

区设有苏南特色的景观水体和种植本土化的乔木、灌木、草本等植物,体现良好的生态环境和地域特点,植物群落配置合理,小区内种植乔木每100 m²绿地上大于5株,小区绿地率35％,营造出舒适宜人的村镇人居环境。

3.2.2 适宜的围护结构节能

本项目针对村镇新墙材特点,在外墙、内墙、地面和屋面等部位选取了相应的新型材料。应用的主要新墙材有多孔砖、砂加气砌块、ALC加气混凝土砌块、粉煤灰加气混凝土砌块、XPS板、石膏板、岩棉板等几种类型,均属于固体废弃物综合利用。

该项目代表建筑的体型系数为0.28,建筑体形设计合理。窗墙比:东向0.05,西向0.05,南向0.24,北向0.25,设计时考虑南北向大开窗大开启。围护结构节能良好:外墙采用粉煤灰240 mm加气混凝土砌块自保温系统,同时设置30 mm岩棉板外保温系统,东、南、西、北向的外墙平均传热系数分别为0.79、0.81、0.79、0.81 W/(m²·K)。屋面采用坡屋面,保温材料为80 mm岩棉板,轻质混凝土找坡,屋面传热系数为0.51 W/(m²·K)。外窗采用断桥铝合金6高透光(Low-e＋12A＋6)中空玻璃窗,传热系数为2.70 W/(m²·K),气密性能达4级。遮阳设施采用挑檐等固定遮阳方式。

3.2.3 可再生能源

太阳能作为清洁能源,用之不尽、取之不竭,在现今能源危机和环境污染的大前提下,村镇住宅具有足够的屋面设置太阳能,太阳能光热的优势尤为突出。项目合理设计了分户式太阳能热水,满足村镇居民的生活热水需求。此外,部分居民具备经济条件且对居住品质要求较高,在部分别墅采用地源热泵空调系统,利用土壤作为冷热源,为建筑提供冷热量,明显改善室内空气品质。

此外,通过室内舒适度测试,在自然通风条件下,房间的屋顶和东、西外墙内表面的最高温度分别为35、34.7、34.9 ℃,明显低于《民用建筑热工设计规范》[2](GB 50176)中37.1 ℃的要求。

因此,本项目通过以上主要低能耗技术措施的应用,达到村镇低能耗住宅的要求,明显改善室内舒适度。

4 结语

(1)苏南地区低能耗住宅宜优先采用被动节能技术,提倡大开窗大开启,保障夏季和过渡季节的自然通风,特殊气候条件下开启空调设备。

(2)苏南地区低能耗住宅宜优先采用太阳能、地热能等可再生能源,建议采用太阳能热水。

(3)苏南地区低能耗住宅建议适度的围护结构节能,重点提高外窗热工性能和气密性。

(4)苏南地区村镇住宅推广实施低能耗技术,有利于推进低碳能耗住宅的发展,既有节能减排的经济效益,又有提高村镇人居生活的环境效益,与"节能型"住宅的国家战略方针相一致。

参考文献

［1］ 中国建筑设计研究院等主编.民用建筑设计通则.北京:中国建筑工业出版社,2005.

［2］ 中国建筑科学研究院等主编.民用建筑热工设计规范.北京:中国建筑工业出版社,1993.

［3］ 江苏省建筑科学研究院有限公司等主编.江苏省居住建筑热环境和节能设计标准.南京:江苏凤凰科学技术出版社,2014.

江南水乡传统民居中缓冲空间的低能耗浅析

杨维菊　吴亚琦　蔡　晔

随着经济快速的发展,生活方式的转换和生活舒适度要求的提高,村镇中的居民开始追求更高的室内热环境舒适度,崇尚城市住宅形式。村镇居民在传统建筑外附加建筑设备(图1)、拆除传统民居翻盖或新建新式住宅,民居以全新的式样建造。这样做一方面会导致现今江南地区传统民居高低错落、粉墙黛瓦、庭院深邃的地域魅力遭到破坏(图2);另一方面传统民居中适应气候的遮阳、通风、隔热、防潮等低能耗传统方法也逐渐消失,从而导致建筑能耗的增加。另外一些村镇中的新建筑仅在形式上延续江南水乡的地域风格,而传统适宜性技术被抛弃,完全依靠现代设备来控制改善室内环境,加剧了能源资源的消耗,同时也增加了建筑投资。

图1　传统民居外的现代建筑设备

图2　同里古镇传统民居

根据以上情况,为了保护江南水乡传统民居的形态特征,改善传统民居中室内环境热舒适度,保护地域性建筑文化的传承,降低村镇住宅建筑能耗,我们通过苏州、上海、杭州等地多个村镇的实地调研,着手研究江南水乡村镇民居如何保留传统建筑风格、利用地方材料和新技术来创建新江南水乡民居。

江南水乡的气候、文化、地理环境具有强烈的地域特性,传统民居作为其中一个载体体现着这些环境的特征,它们结合自然、适应气候、因地制宜、因势利导、就地取材,在当时没有建筑设备的条件下创造了适宜当时气候条件、满足居民需求的室内环境,因此对我们设计新江南水乡民居具有一定的指导意义。

在研究过程中,我们把苏州同里古镇、东山镇、木渎镇天池村、淞南村作为调研对象,并对相关问题进行了深层次的调研和分析。

杨维菊,东南大学建筑学院,南京210096;吴亚琦,南京市建筑设计研究院有限责任公司,南京210014;蔡晔,无锡市天宇民防建筑设计研究院,无锡214000

1　江南水乡的地理环境与气候特征

江南水乡主要是指环太湖流域水网密集的平原地区,水乡城镇分布在其上(图3)。江南水乡属于亚热带海洋季风气候,冬季和春季常有降雨,成为同纬度同海拔条件下冬季气温低而湿度大、春季多雨的地区。初夏季节的黄梅季节,空气湿度较高,气温较同时期其他地区高,人体感觉极差。春季潮湿、夏季酷热闷湿、冬季湿冷,这是江南水乡的气候特征。这种夏热冬冷的气候使当地居民的室内舒适度大为降低,导致居民对建筑室内环境的舒适度要求变得更加迫切。

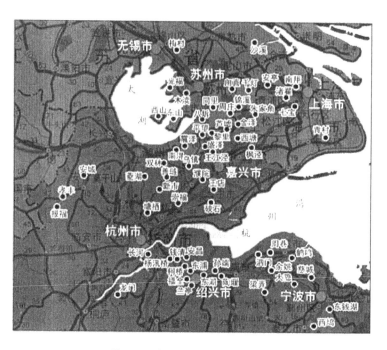

图3　历史江南水乡古镇分布

资料来源:硕士论文《江南水乡历史文化城镇空间解析和连结研究》

2　江南水乡传统民居的空间地域性

传统民居由于受气候环境、地方文化、技术经济等各种因素的限制,在建造时就充分考虑利用有利的气候、地形条件,来获取自然采暖、通风、遮阳、降温的技术来建造房屋,这就是传统民居建造的特点。从这个角度来看,独特的气候对于传统民居的空间、构造技术和建筑形式等的影响是十分显著的。

传统民居的空间要素主要包括厅堂、厢房、天井、巷道、敞厅、连廊、庭院等,按照空间的开放程度亦可以大致分为室内空间、院落空间、街巷空间和外部空间这4种不同性质的空间根据不同的气候、生活方式、文化习俗等要求进行巧妙的组合,形成了建筑空间地域性和生态性的特征。本文将这种空间的交汇或者连接称为缓冲空间,并初步探索它们与江南水乡传统民居室内环境之间的关系。

缓冲空间实际上就是不同性质空间之间的交汇或连接空间,具有空间过渡、营造微环境、丰富空间层次等功能。它在建筑室内环境与周边外部环境之间建立一个缓冲区域,作用是在一定程度上缓冲以及应对极端气候变化对室内环境的直接影响,为建筑室内提供相对室外气候较为舒适的微气候环境*。建筑中的缓冲空间与布局、朝向、用材等进行适当结合,可以使之具有隔热、保温的多重作用和特点。

江南水乡冬季阴冷潮湿、夏季高湿高温、无风或微风天气较多的自然环境,孕育了江南水乡传统民居的独特个性,多年来相关部门和住户通过采用自然调控的气候应对技术,对民居的气候适应性进行逐渐改进,从而形成江南传统民居轻巧、秀美、雅致的建筑风格和对环境友好的建筑风格。作为传统民居的重要组成部分,缓冲空间的设计与利用也具有独特的气候适应性。

---

* 陈旻.热缓冲技术在建筑节能方面的应用[J].建筑技术,2010,41(7):638-640.

3　地域性缓冲空间的初探

针对江南水乡的气候特征,该地区传统民居需要应对的不利气候条件主要有以下几种:冬季和初春严寒潮湿,梅雨季节潮湿,夏季高湿高温少风。该地区3～5月份的春季和9～11月份的秋季气温和湿度较为宜人,室内舒适度良好。传统民居中缓冲空间的气候调节作用主要是预冷和预热两种。

以苏州同里古镇、东山镇传统民居为例,外部环境与民居之间的连接空间是街巷空间和廊棚空间;街巷空间、廊棚空间与单体建筑的院落空间的交汇主要体现在民居入口空间;外部环境与民居的交汇空间主要是天井,对内开放而对外相对封闭。其他的缓冲空间还包括骑楼下部空间、檐廊空间等,另外某些镂空的屋顶空间也可以视为缓冲空间。

3.1　街巷

在水乡古镇中,平行于河道的道路和垂直于河道的巷道组成了街道系统。连接各户出入口的巷道又窄又高,最窄处仅容一人通过;有的巷道被覆盖在屋檐下,夹在两户之间的墙体中。这些位于高大山墙之间的行走空间大多甚至是全天都处在大面积的阴影中,巷中气温较周边低很多,因此被形象的叫做"冷巷"(图4)。

图4　同里古镇中的街巷

由于巷中气温低,冷巷中的空气与两侧的街道存在温度差而形成热压差,成为天然的风道。不开窗或开窗很少的高墙还起到一定的垂直拔风作用,由于底部基本无太阳辐射温度较低,而上方受太阳辐射温度较高,也形成了温度差,加速了空气的流动。但这种街巷冬季会造成冷源,不利于相邻建筑的保暖(图5)。

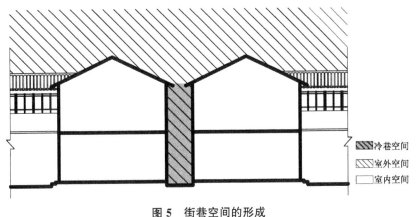

冷巷空间
室外空间
室内空间

图5　街巷空间的形成

另外,水乡古镇的水系贯通在水乡密密麻麻的建筑群中,与街巷共同形成了纵横交错的风道。在夏季,水面的比热容较大导致水面上空的空气温度较低,这些冷空气可以顺着河道和街巷跟随夏季主导东南风进入城镇空间深处,从而达到通风、散热、净化空气的作用。同里的水道与巷道在夏季是良好的"通风管道",但与此同时也是一把双刃剑,冬季水道风经巷道进入建筑组群内部,会造成室外体感温度降低,甚至有时风速反而比夏季更大,带来的热量损失也较大,不利于冬季室外活动和驻足(图6)。

图6 街巷与河道通风示意

3.2 天井

天井几乎可以视作和江南传统民居的代名词。天井作为我国南方传统民居中的重要构成要素,普遍存在于江南民居、皖南民居、岭南民居等地域性民居中,是连接厅堂、厢房、门屋的重要空间(图7)。

图7 传统民居中的天井

不同民居中天井也具有地域性,主要体现在天井的尺度、天井的围合方式等方面上。天井类型丰富,根据屋面开口形状来划分,天井有方形的、矩形的以及不规则,矩形天井的长宽比例也大不相同,有的很狭长,就像在民居中劈开了一条缝。根据天井在民居中的相对位置,可以分为前天井、后天井、中天井、侧天井,多个天井的配合可以使民居在夏季获得穿堂风。按照大小,天井可以分为大天井、小天井(蟹眼天井)等。大天井是居住单元间内部与相互之间交通联系空间,也是民居与外部环境联系的空间,可以为民居单元提供了采光与通风;小天井的面积一般只有大概 2 m² ,高度在两层楼高左右,主要目的不是采光,而是通风。

3.3 挑檐

挑檐可以说是民居内部的廊棚,有的出现在民居的一层到二层中间,有的则是屋顶延伸出来的部分。位于立面中间的披檐是在立面上附加、并向外部空间延伸的坡顶,是一种加法的过渡空间(图8)。

挑檐非常适用于夏热冬冷地区的民居,对民居内微环境有一定的调节作用。因为挑檐对太阳辐射具

图8　水乡古镇中的披檐

有一定的遮挡能力,在夏季能够减少立面的太阳辐射得热,从而降低室内温度。挑檐的存在也使得其下空间的上部分空气温度比下部低,从而使其下的空气形成温差,带来热对流产生空气的流动。因此,挑檐可以视作介于民居室内空间与外部空间的过渡区域与气候缓冲区域,在水乡传统民居中披檐是非常普遍的设计手法(图9)。

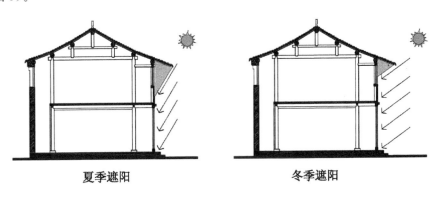

夏季遮阳　　　　　　　　冬季遮阳

图9　披檐的遮阳

3.4　廊棚

在江南水乡古镇中,廊棚是出现频率较高、应用范围较广的公共性过渡空间,其形态一般是利用屋顶向室外的街道出檐,即将相邻民居的立面墙体向内移动形成檐下行走空间,是一种减法的过渡空间,这样的檐廊多为单坡顶;另外一种是独立的双坡顶檐廊,与相邻民居平行,为下方街巷提供遮蔽,下以立柱支撑,是一种加法的过渡空间。许多古镇中的檐廊已经被沿街商铺占用,形成了餐饮空间或者休闲空间。檐廊并不是单一独立出现的,一般来在水系两旁的街道上呈线状连接,高度基本保持一致,范围与街道重合,边缘与水岸线重合(图10)。

这种廊棚一般可以在夏季提供临水的休憩空间,遮阳、挡雨,为居民提供舒适的室外环境,并为邻水的民居墙体提供遮阳,从而减少室内夏季用于降温的能耗。

3.5　内部贯通廊道

内部贯通廊道一般用于多进、多天井的宅院中,是主要建筑两侧的狭长纵向空间,也称为避弄,能够连接前后的建筑与院落,是不同进之间的连接空间(图11)。由于避弄一般进深大而狭窄,且由于在建筑内部无法得到太阳辐射,所以避弄内黑暗而阴冷,在夏季能够为室内空间起到一定的降温作用。

图 10　水乡古镇中的檐廊

图 11　同里古镇中的内部贯通廊

　　内部贯通廊道通常与前后街巷相连,并与各进建筑或院落有开口相通,在作为交通通道的同时还可以起到水平通风的作用。其内空间畅通而开口少,同时因为封闭太阳直射不到,气温较低,空气流速快气压小,避弄的出入口处与建筑和天井之间的温差较大,在热压与风压的共同作用下诱导避弄中的空气在水平方向加速对流,从而带动多进院落室内空气流动。

4　地域性缓冲空间的低能耗分析——以天井为例

　　通过以上分析可以看出,江南水乡地域性的缓冲空间有很多种,下面就以其中最具代表性的天井为例,来明确缓冲空间的气候调节效果,利用软件模拟的方法来探究有无天井民居太阳辐射得热、通风和单位面积能耗负荷的影响。东山镇钱宅是典型的天井院民居,以东山镇钱宅为例,对比有无天井时民居的太阳辐射得热(图 12)。

　　由 Ecotect 软件模拟结果可以看出,有天井的住宅在夏季得热较少,但在冬季得热也随之减少,相对而言有利于夏季室内热舒适(表 1)。

| 实际照片 | 平面图 | 模型 |

图 12　模拟对象——钱宅

表 1　立面太阳辐射得热

	1月	7月	8月	12月
无天井				
有天井				

由于江南水乡中的天井一般窄且高,即使是夏季太阳直射角较高时,天井内也有大面积的阴影,因此天井内的空气温度相对较低。当室内气温高于室外形成热压差时,室内热空气会通过窗口流出,经过天井空间向上升腾排出,形成烟囱效应而拔风;同时有下部阴凉的室外空气不断补充室内,形成室内外通风,不断带走室内热空气,达到通风散热的效果。天井垂直拔风引起的自然通风不但会带来轻微的吹风感还能带走室内的潮气,有降温除湿的生态效果。以东山镇钱宅为例,对比起有无天井时民居的通风。由 PHOENICS 软件模拟结果可知,增加天井后,夏季的室内风环境得到了改善(表 2)。

表 2　不同长宽比天井对平面自然通风的影响

L/D	1.8 m 处平面风速云图	1.8 m 处平面风速云矢量图
无天井		
有天井		

由以上分析可以看出,增加天井后夏季的通风与遮阳都有所改善,但是冬季的得热并不理想,根据 ENERGY PLUS 的模拟结果可知,冬季的单位面积能耗增加了,夏季的制冷能耗降低了,整体能耗比无天井时降低了,说明增加天井有利于建筑节能(表3)。

表3 有无天井时的能耗对比

	冬季采暖能耗(W/m^2)		夏季制冷能耗(W/m^2)		总能耗(W/m^2)
	卧室	起居	卧室	起居	
无天井	290.68	242.86	124.56	136.75	794.85
有天井	300.64	241.99	137.66	104.32	782.31

5 思考

江南水乡传统民居缓冲空间中所运用的气候适应性手段虽然具有低能耗的效果,但舒适度有限。这些传统民居建筑不能达到现在的国家标准和省级标准,也不足以应对今天的极端气候,同时由于生活水平的提高,传统民居也不能满足使用者对室内舒适度的要求,所以有必要对其进行改进。通过吸收和保留传统设计策略中的精华,对缓冲空间进行综合利用,将传统气候适应设计传承下去并进行更好的推进发展,以形成江南水乡新民居的设计风格。同时要将改善民众的生活质量作为设计的目标和动力,形成低能耗、高舒适度的传统民居空间设计手法;在江南水乡的新民居建设中把地域的、传统的、优秀的文化理念和设计思想融于其中,同时保留传统,发扬新的技术和材料,为建造新江南水乡提供新思路。

参考文献

[1] 齐康,杨维菊.绿色建筑设计与技术[M].南京:东南大学出版社,2011.

[2] 杨维菊.夏热冬冷地区生态建筑与节能技术[M].北京:中国建筑工业出版社,2007.

[3] 陈晓扬,仲德昆.地方性建筑与适宜技术[M].北京:中国建筑工业出版社,2007.

[4] 陆元鼎.中国民居建筑(上、中、下)[M].广州:华南理工大学出版社,2003.

[5] 丁俊清.江南民居[M].上海:上海交通大学出版社,2008.

[6] 李学.江南传统民居的生态观和适应性生态技术初探[D].同济大学硕士学位论文.2004.

[7] 李斌.江南民居环境中过渡空间的传承与再造[D].北京:北京林业大学,2011.

[8] 谢浩.天井的建筑技术理念探究[J].中国住宅设施,2011,06:42-45.

[9] 王石英.建筑空间设计中的节能策略浅析[J].中华民居,2011,05:141.

[10] 肖毅强,王静,林瀚坤.基于节能策略的建筑空间设计思考[J].华中建筑,2010,06:32-35.

[11] 蒋励.解析江南水乡民居灰空间的生态美[J].现代城市研究,2009,04:77-81.

现代农业休闲会所可再生能源利用研究

——以长春天元会所为例

李纪伟　　郭娟利

随着城市化进程的加剧,越来越多的人从农村迁往城市,而原来田园般的生活逐渐成为城市居民所向往的生活。在这种需求的带动下,农业观光园应运而生,且快速发展,据统计 2004—2012 年我国地市级以上现代农业科技园区总数从 406 个猛增到 6 000 多个,增长了 15 倍,遍及 31 个省(市)、自治区;各省市对农业园区的投入力度也相当大,从数亿到数十亿不等,并且农业园区的投建数量仍有不断增加之势[1]。这些观光园中大多建有农业休闲会所,集住宿、餐饮、休闲娱乐为一体,为游客彻底休息放松提供服务。

由于很多农业观光产业园远离城市,常规能源获取不便,或者出于生态环保的需求,其在用能上大多需要考虑可再生能源的应用,但如何在这类建筑中更好地应用可再生能源是一个值得探讨的课题。目前,建筑上能够应用的可再生能源主要有太阳能、风能、生物质能等,但其利用方式需要根据建筑所处的气候、地区、地域不同而作相应的考虑。

1　可再生能源在建筑中的选择原理与方法

1.1　考查建筑所处的地区气候特点

建筑所处的地域不同,其所在的环境的气候特征差异很大,我国建筑热工气候分区根据气候特点分为 5 个热工分区,每个热工分区都有截然不同的气候特点,在可再生能源利用时需要根据这些特点加以选择。首先要调出当地的建筑热工数据,分析其典型气象年的逐时气象参数,如温度、湿度、风速、太阳辐射强度等气象信息,然后根据这些数据分析其四季的气候特点,了解其采暖、制冷需求。

1.2　考查基地周边自然地理环境

基地周边的地理环境现状往往决定其可再生能源可利用的种类与方法,主要考虑的因素有地形、地下水资源、地表水资源、有无地热资源等因素。如果周边山体较高对太阳能辐射产生遮挡则太阳能利用资源就会减少,而相对应的在这种情况下其风能资源可能丰富,如果有丰富的地下水或地表水资源则水源热泵系统可以作为很好的采暖、制冷能源。

1.3　考查基地的可再生能源及建筑用能时间

建筑所处的地区不同其可利用的可再生能源也有很大区别,如太阳能、风能在我国不同地区分布差

李纪伟:河北大学,保定 071002;郭娟利:天津大学,天津市建筑物理环境与生态技术重点实验室,天津 30072

异很大。另外很多可再生能源有较强的季节性,这就需要考察会所建筑的用能时间是否能与这种能源匹配,如果不能匹配则需考虑使用其他能源。

2 可再生能源在休闲会所中应用需考虑的因素

2.1 太阳能利用的考虑因素

我国陆地表面每年接受的太阳辐射能约为 $50×10^{15}$ MJ,各地太阳辐射总量为 3 350～8 370 MJ/m²,资源分布不均[2]。通常情况低纬度地区的太阳能资源较为丰富,季节性不强,全年都较为充足,而高纬度地区太阳能分布季节性差异很大,这些地区夏季的太阳能远远高于冬季,而在高纬度地区冬季采暖是建筑用能的主要方面,而太阳辐射强度与其用能时间不匹配,这时就需要考虑跨季节蓄能或其他可再生能源替代。

2.2 风能利用的考虑因素

风能在我国的资源较为丰富,据资料统计,我国 10 m 高度层风能资源总量为 3 226 GW,其中陆上可开采风能总量为 253 GW[3]。总体分布不均衡,北部风能充足,东部沿海丰富,中部及西部风能较弱,此外风能还与地形有关,山区较强,平原较弱。风能的利用主要以发电为主,此外还可以抽水蓄能,或利用风能制热。在休闲会所中应用时要考虑地区风能密度,此外还需考虑地形特点,一般来讲如果年平均风速超过 4 m/s,就可以考虑利用风力来进行发电了。

2.3 热泵利用的考虑因素

热泵系统是目前建筑常用的采暖和供冷形式,其主要原理是利用少量电能将热能或冷能提取到建筑内用于采暖或制冷。热泵的冷热源主要有地表水、土壤、地下水,冷热源的平均温度是其主要考虑的因素,如用于采暖时希望热源温度尽可能高,这样可以提高热泵工作效率,减少电能消耗,而用于制冷时恰巧相反。如果使用土壤源热泵,则需考虑热泵的冬、夏用能平衡,由于土壤的传热较慢,当采用土壤源作为冷热源时,实际上是将土壤作为热量的储存体,夏季是将热量储存在土壤内,而冬季再提取出来。如果建筑冬、夏用能不平衡,长期积累则可能造成土壤温度过高或过低影响热泵工作效率。

2.4 生物质能利用需要考虑的因素

农业观光园一般都紧邻农业生产区,其生物质能通常较为丰富,为休闲会所利用生物质能提供了应用基础。生物质能包括秸秆、农业加工废弃物、人畜粪便等。其利用方法主要有生物质锅炉、生物质沼气、生物质柴油等。生物质柴油需要经过较为复杂的物理化学过程,一般不作为建筑能源直接使用。建筑中通常利用生物质采暖或沼气采暖发电等。通常生物质成型燃料所蕴含的能量约为 17～18 MJ/kg[4],可以气化或燃烧将这些能量提取出来,直接为建筑供暖。如果使用沼气的方法则需要考虑使用的地域,由于沼气内的微生物需要一定的温度才能进行沼气的转化,因此在冬天较冷的地区并不适合采用沼气,如想使用则需另行建设沼气池加温设备。

3 长春地区天元会所可再生能源方案设计

3.1 项目概况

本项目位于吉林省长春市以东,小陈家屯附近,风景优美宜人。项目总用地面积:71 147.72 m²,拟建建筑面积：4 600 m²，其中地上建筑面积 3 982 m²，地下建筑面积 656.7 m²。基地位于两座山的山口处，有较强的峡谷风优势，周边浅表地下水资源丰富，有水稻种植，基地内现有水塘两个。内有电网，无天然气、热力供给，现供暖采用燃煤锅炉。

建筑性质为农业会所，四季使用，冬季需采暖，夏季需制冷，其月平均温度如图1,11月至次年3月平均气温均处于 0 ℃ 以下，采暖需求强烈，而最热月平均温度为 22.9 ℃[5]，空调需求较弱。其他能源需求为热水、电器、餐饮加工用能。

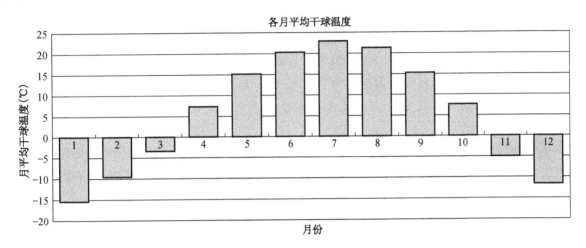

图1 长春月平均温度

长春地区太阳辐射量夏季高、冬季低，总辐射最低月份为 12 月，月辐射总量 183.7 MJ/m²，最高月为 5 月，月辐射总量为 638.1 MJ/m²。冬季采暖度日数为 4 944.1 ℃·日，夏季空调度日数 730.1 ℃·日[5]。

3.2 项目可利用可再生能源分析

基地太阳能资源丰富，年总量为 5 016 MJ/m²，但时间分配不均，冬季少而夏季多，可考虑太阳能发电及太阳能热水项目。长春市风力资源丰富，平均风速 3.7 m/s，而本项目又位于山口附近其风能密度会高于平均值，风力发电可作为能源备选。浅层土壤温度约为 4 ℃，不适合采用地源热泵系统，深层地热较为丰富，但由于本项目处于山区，其地下多为岩石，开采成本高，不适合在本项目中使用。基地周边有水稻田，秸秆可以作为优质的生物质能，可以采用生物质锅炉或建沼气池来获取能源。

3.3 采暖制冷能源策略分析

制冷能源策略：夏季气温较低，空调制冷负荷能耗较少，空气源热泵、地源热泵、水源热泵等均可在较少能源消耗下解决制冷问题。

采暖能源策略：冬季采暖能耗较高，需对供暖形式进行详细分析。空气源热泵系统依靠从空气中提取热量为室内进行采暖，然而长春地区冬季室外采暖计算温度为 −20.9 ℃，空气源热泵在此低温下工作效率极低；土壤源热泵从土壤中提取热量，长春地区土壤平均温度约为 4 ℃，低于土壤源热泵工作温度，该技术无法使用；太阳能采暖技术，冬季太阳能能量密度低需要大面积太阳能集热器才能满足采暖要求，且需能量存储设备。生物质能供热，基地周边生物质能丰富，可以考虑生物质能供热，生物质锅炉后期需人工维护，且需提供较大的燃料存放地。

3.4　采暖方案优选及确定

根据上述分析本项目可采用太阳能采暖或生物质锅炉供暖,但应对其经济性进行分析。本项目采用三步节能技术措施,长春地区三步节能住宅的采暖耗热量指标为 15.21 W/m²,设计负荷为 23.68 W/m²,通常公共建筑耗热量指标约为其 1.5～2 倍[6]。据此设定其冬季采暖耗热量指标约为 30 W/m²,设计负荷为 50 W/m²,进行简化计算。本项目地上建筑面积 3 982 m²,则其采暖季每日采暖能耗约为 10 321 MJ,设计负荷约为 17 201 MJ。

如采用太阳能采暖方案,则太阳能热水集热器每日收集能量与采暖能耗负荷平衡即可满足冬季采暖要求,太阳能集热器每日集热量为 10 321 MJ,长春采暖季日均太阳辐射为 9.26 MJ/m²,平板集热器综合集热效率约为 65%,则需平板集热器面积为 1 714 m²,平板集热器市场价为 400 元/m²,则总造价为68.56 万元,由于太阳能的不稳定性,还需提供蓄能设备,另外太阳能提供热水温度不足时还需耦合热泵,其成本还会增加。

本项目处于粮食产地,周边种植水稻,秸秆资源丰富,可以考虑使用生物质能供暖。生物质能供暖可以采用生物质锅炉或生物质沼气技术,因长春地区冬季较冷,采用沼气技术需要为沼气池增加辅助加热设备,工艺较为复杂,故可采用生物质锅炉为建筑进行供暖。项目采暖季能耗约为 10 321 MJ/日,生物质燃料的价格约为 450 元/吨,项目预计消耗 573 kg/日秸秆,采暖季共消耗 86 吨秸秆,生物质能的优点是对于环境可以说是零碳排放,但是其需要占据大量的储存空间,本项目可利用周边冬季的闲置土地解决这一问题。

3.5　采暖年运行费用比较

燃煤锅炉及生物质锅炉综合能源效益为 55%～75%,燃气锅炉为 85%～95%,电采暖效率 99%,太阳能耦合热泵采暖效率 COP 4.3,太阳能直接供暖的保证率设定为 40%,采暖年综合费用比较如表 1所示。

表 1　能源年综合费用

	煤煤锅炉	燃气锅炉	电采暖	生物质锅炉	太阳能耦合冰蓄能热泵采暖
热效率	55%～75%	85%～95%	99%	55%～75%	COP(4.3)
能源价格	800 元/吨	3.25 元/m³	0.55 元/kW·h	450 元/吨	0.55 元/kW·h
能量密度	29.27 MJ/kg	39.82 MJ/m³		18 MJ/kg	
能源用量(日)	542.48 kg	287.99 m³	2 895 kW·h	882.13 kg	403.8 kW·h
成本(元)	433.98	935.96	1 447.95	396.96	222.09
年度费用(元)	65 097.00	140 394.00	217 192.5	59 544.00	33 313.50

由表 1 可以看出采用太阳能耦合热泵采暖年综合成本最低为 3.33 万元左右,其次是生物质采暖为5.95 万元,费用均比传统能源低。

但生物质锅炉成本约为 8 万～9 万元,而太阳能耦合热泵采暖仅太阳能热水器就需 68.56 万元,其投资与生物质锅炉比较需 26 年才能收回成本,投资回报期太长,所以本项目综合考虑应采用生物质锅炉做为供暖方案。

3.6　电力方案分析

电力可由电网提供,也可以通过太阳能发电或风能发电提供。太阳能发电成本较高,而且基地冬季用能高峰期时太阳能辐射较小,不利于建筑用能平衡。因此本项目可以考虑风力发电,长春地区年平均风速为 3.7 m/s[5],本项目位于山口,由于峡谷效应,其平均风速约为入口外风速的 1.5[7],即 5.55 m/s,适宜安装风力发电机。酒店会所单位面积耗电量为 40~70 W/m²,需要系数为 0.7~0.8[8],本项目取 45 W/m²,则需风力发电装机容量为 125.43 kW,选择 10 kW 风力发电机,其技术曲线如图 2①,按 5.55 m/s 风速计算其平均功率约为 3 kW,则本项目需要 42 台 10 kW 风力发电机,市场价格为 9 万元/台②,总价 378 万元。按电价 0.5 元/kW·h 计算,每年收益 55.19 万元,其投资回报期为 6.85 年。

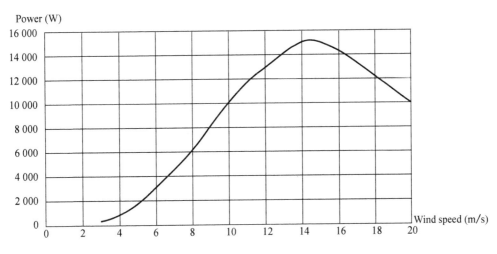

图 2　10 kW 风力发电机技术曲线

4　结语

农业休闲会所是一种新兴的建筑种类,其功能及所处的环境千差万别,但仔细分析一般都有较好的可再生能源的利用优势,要根据其所处的地域、基地环境、气候环境以及建筑用能的特点,综合进行可再生能源的考虑,最终能够获得最佳的能源方案,取得最大的经济效益,为我国节能减排做出相应的贡献。

参考文献

[1]　刘妍佼,宋士清,苏俊坡,等.我国现代农业园区的基本特征、功能、类型研究综述[J].中国园艺文摘,2015,02.

[2]　袁小康,谷晓平,王济.中国太阳能资源评估研究进展.贵州气象[J],2011,05(35).

[3]　黄加明.风力发电的发展现状及前景探讨[J].应用能源技术,2015,04(208).

[4]　蔡建军,王清成,王全.梯度链条式生物质气化炉数值模拟[J].农机化研究,2015,08.

[5]　中国气象局气象信息中心气象资料室,清华大学建筑技术科学系.中国建筑热环境分析专用气象数据集[M].北京:中国建筑工业出版社,2005,04.

[6]　中华人民共和国住房和城乡建设部.民用建筑热工设计规范[M].北京:中国计划出版社,1993.

[7]　陈平.地形对山地丘陵风场影响的数值研究[D].浙江大学,2007.

[8]　中华人民共和国住房和城乡建设部工程质量安全监管司.2009全国民用建筑工程设计技术措施:建筑产品选用技术.中国建筑标准设计研究院,2009,12.

---

①　安徽蜂鸟机电有限公司提供,http://www.wind-turbines.cn/10kw.htm

②　安徽蜂鸟机电有限公司报价

重庆农村住宅被动式太阳能技术模拟研究

郝汗青　唐鸣放

随着全国新农村政策的推广与实施,重庆农村地区改造与建设如火如荼。为了改善民居建筑的热舒适性,创造舒适的居住环境,需针对重庆民居研究一套成熟、廉价、有效的被动式节能技术,为民居提供技术帮助与参考。

依据太阳能资源分布分区可知重庆地区属于第四类地区——太阳能资源贫乏区。由气象资料统计[1],重庆地区年辐射总量为 3 400～4 180 MJ/m²,日照百分率为 25%～35%,太阳年辐射总量与东京、伦敦、莫斯科和巴黎等太阳能利用较好的大城市几乎相当,而国外此类城市将太阳能技术广泛应用于住宅之中,如太阳能热水系统、太阳能光电技术、太阳能通风降温、通风烟囱等,而重庆地区的太阳能技术却未得到深入研究与应用[2]。重庆大学周世玉[3]在巫溪县和云阳县两个可再生能源建筑应用示范县进行实地调研,得到两县太阳辐射相关数据,分析推广太阳能技术的可行性,并提出冬季被动式采暖和夏季被动式降温措施。

由于重庆地区地势地貌限制,不同地区对太阳能的利用程度差异较大,本文以海拔较高、太阳能较丰富的地区为研究对象,进行冬季采暖技术研究,以得出切实有效的被动式采暖技术。

1　研究方法

本文主要采用软件模拟法,使用 Design-builder 软件建立农村典型居住模型,模拟 3 种不同的被动式采暖措施对室内热环境的影响。模拟需要考虑被动式太阳能对室内温度改善作用,而一层与三层房间受地面与屋顶的影响较大,二层两侧房间外墙受室外太阳辐射影响显著,故选择二层中间房间为模拟对象,详见图 1 与图 2。

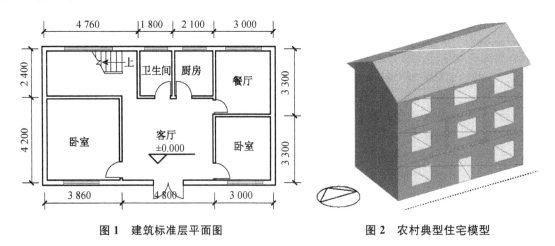

图 1　建筑标准层平面图　　　　　图 2　农村典型住宅模型

郝汗青,唐鸣放:重庆大学,重庆 404100

实验中,以受室外温湿度影响较大的外墙作为主要研究对象,分别研究"直接受益式""特朗伯墙式""阳光间式"3种模式对实验房间的温度的影响。直接受益模式的外墙窗墙比70%,玻璃面积9.5 m²;特朗伯墙模式的外墙保留1.5 m×1.8 m外窗,在外墙墙体部分附加1层玻璃,面积14.5 m²、与墙体间距120 mm,玻璃与墙体间的空腔在冬季与夏季可以和室内外进行空气交换,并通过空腔顶部通风口进行空气调节;阳光间模式的阳台宽1.2 m,窗台高度0.9 m,玻璃面积17.8 m²,利用温室效应对阳光间进行加热,并通过换气通道与室内进行对流换热,在夏季关闭换气通道以控制室内温度。以上3种模式均采用普通双层玻璃窗,玻璃传热系数为2.8～3.5[W/(m²·K)]。

软件模拟依据《中国建筑用标准气象数据库》中重庆典型气象年数据(如图3、图5、图7),对实验房间的冬季与夏季的昼夜室内温度进行逐时模拟。冬季模拟日为2002年1月12日与1月20日,1月12日为该年冬季太阳辐射值最强一天,1月20日是与冬季最冷月气象参数平均值最接近的一天,反映冬季被动式太阳能采暖的平均效果;夏季选择8月2

表1　农村住宅围护结构参数设置

结构名称	构造做法(由外至内)	传热系数 [W/(m²·K)]
屋顶	25 mm 瓦面	0.8(不含通风层与瓦面)
	阁楼通风层	
	50 mm 水泥砂浆	
	180 mm 加气混凝土	
	120 mm 钢筋混凝土	
	20 mm 抹灰	
楼板	20 mm 水泥砂浆	3.0
	100 mm 钢筋混凝土	
	20 mm 抹灰	
外墙	20 mm 抹灰	1.5
	240 mm 多孔砖	
	20 mm 抹灰	
内墙	20 mm 抹灰	2.1
	120 mm 多孔砖	
外门	—	3.0
外窗	—	4.7(厨房、厕所)

日,太阳辐射较强但室外气温适中。模型自然运行,无采暖和制冷设置,室内通风换气按农村住宅正常使用状态设置,即在较热的夏季,当室外气温达到18 ℃以上时,房间内所有外窗开启,室内自然通风,其余时间窗户70%开启;冬半年,所有外窗关闭,室内换气次数1次/h。

依据《农村居住建筑节能设计标准》(GB/T 50824—2013)规定设置建筑模型围护结构热工参数,详细参数见表1。

2 模拟结果分析

2.1 冬季结果分析

依据1月12日气象数据(图3)得出3种外墙模式下室内温度与室外温度随时间变化趋势图(图4)。采用直接受益模式的房间,全天室内温度变化幅度较小,为9.2 ℃～10.8 ℃;最大值出现在14点到15点之间,与室外太阳辐射最强段相吻合。由此可知,直接受益式外墙对室内温度提高效果不明显。

比较特朗伯墙式与阳光间式室内24小时温度变化可以看出特朗伯墙式全天温度波动范围在11.5～13.9 ℃之间,温度变化曲线与室外温度

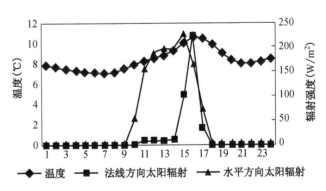

图3　室外温度与太阳辐射强度(1月12日)

变化曲线基本一致,全天气温均高于室外气温;最大值出现的时间比室外气温最大值出现时间提前1~2 h。由于特朗伯墙式的温度变化主要受太阳的辐射强度影响,而室外气温相对太阳辐射存在滞后性,从而产生一定程度的不同步性。

阳光间式温度变化曲线与特朗伯墙式的基本一致,其温度比特朗伯墙式偏低,全天温度在11.1~13.0 ℃之间波动,由于特朗伯墙式与阳光间式对室外太阳辐射的敏感度存在差异,所以阳光间式的室内温度最大值低于特朗伯墙式房间。

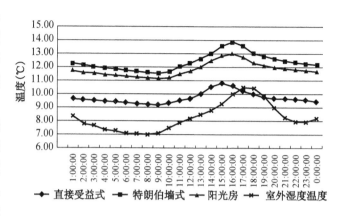

图4 3种方式冬季室内温度24时变化比较(1月12日)

综上所述,室内温度大小依次为:直接受益式<阳光间式<特朗伯墙式。特朗伯墙式的平均温度是13.4 ℃,比直接受益式与阳光间式高2.7 ℃和1.6 ℃;特朗伯墙式的温度最大值是13.9 ℃,比阳光间式和直接受益式的高0.9 ℃和3.2 ℃。因而特朗伯墙式在冬季提升室内温度效果最明显,阳光间式其次,直接受益式最差。此外,特朗伯墙式与阳光间式达到最大值的时间基本一致,都晚于直接受益式。

由图5、图6可知,1月20日太阳辐射值与该月辐射平均值接近,但低于1月12日太阳辐射值,当天室外温度在5~8 ℃之间浮动。采用1月20日气象数据得出3种模式的室内温度变化曲线,与1月12日相似。特朗伯墙式和阳光间式升温效果较明显,室内温度平均值分别达到10.6、10.4 ℃;直接受益式升温效果低于前两者。3种模式下,室内温度大小比较:直接受益式<阳光间式<特朗伯墙式。由此可得,冬季寒冷时节,特朗伯墙模式和阳光间模式可较好地提升室内温度。

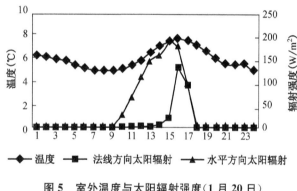

图5 室外温度与太阳辐射强度(1月20日)

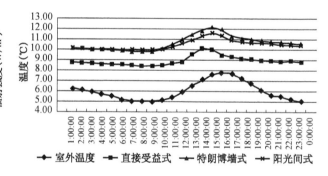

图6 3种方式冬季室内温度24时变化比较(1月20日)

2.2 夏季结果分析

由图7、图8可以看出,夏季模拟日期为8月2日,该日的平均温度30.9 ℃。直接受益式的室内温度在29.4~34.2 ℃之间波动,0:00—14:00之前室内温度高于室外温度,14:00后随室外太阳辐射量的增大,室内温度逐渐上升,至15:00达到室内温度最大值34.2 ℃,比室外温度最大值提前2小时左右。

特朗伯墙式温度变化幅度较小,为31.7~34.4 ℃,室内温度仅14:00—19:00低于室外气

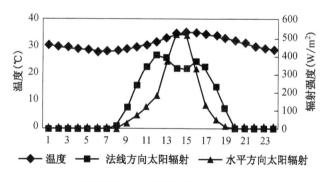

图7 室外温度与太阳辐射强度(8月2日)

温,其他时段均高于室外气温,由温度变化曲线可知 24 小时呈持续高温形式。特朗伯外墙上下部设置通风口,但仍易造成室内过热,同时特朗伯墙限制开窗面积,不利于夜间通风降温,由此造成室内温度偏高。

阳光间式温度在 30.3~34.3 ℃ 之间波动,该模式在夏季开启所有外窗,室内外温度基本一致;8:00 之后,室内温度随时间进程逐渐升高,最大值与室外温度接近但稍微提前。由此体现阳光间的窗户在自主调节情况下,可有效控制室内温度,夏季不会造成室内房间过热,与直接受益式相似。

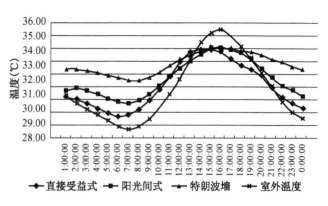

图 8　3 种方式夏季室内温度 24 时变化比较

3 种模式下,室内温度大小比较:直接受益式<阳光间式<特朗伯墙式。在夏季,直接受益式和阳光间式室内温度较低,特朗伯墙式温度最高。

3　综合评价

在选择技术措施时应兼顾热舒适性、成本、功能、卫生、后期维护等,将 3 种模式措施的优缺点整理得表 3。

表 3　3 种模式优缺点对比表

被动式技术	优　点	缺　点
直接受益式	1. 景观视野好,有利于自然采光 2. 成本较低 3. 几乎不需要维护	易引起眩光
特朗伯墙式	1. 成本中等 2. 对于旧房改造,施工较方便	1. 玻璃窗较少,不利于观景与自然采光 2. 功能单一,仅在冬季有使用价值,夏季易造成房间过热 3. 不利于后期维护 4. 阴天效果不好
附加阳光间式	1. 舒适性和景观性较好 2. 可以为楼下房间遮挡夏季太阳辐射 3. 丰富立面效果,增加房屋美观性 4. 提供活动空间,可用于休闲、储藏、晾晒、温室种植等 5. 可阻挡风沙、灰尘、雨水的侵袭,有利于室内清洁 6. 维护费用适中	成本较高

4　结论

通过对 3 种外墙模式下室内热舒适性的模拟与优缺点对比可知,附加阳光间式是三者中性价比最高的一种选择,冬季提升室内温度,夏季不造成室内房间过热,又可兼顾立面效果;同时还可为住户提供更多的空间用于晾晒、储藏等；与新农村建设的发展方向一致，可广泛推广使用。

由于本文主要采用软件模拟，仅能通过数据评价室内热舒适性感受，与实施后的实际效果是否存在差异尚不可知，可在示范工程建成后进行回访验证。

参考文献

［1］ 中国气象局气象信息中心气象资料室. 中国建筑热环境分析专用气象数据集［M］. 北京：中国建筑工业出版社,2005.

［2］ 李百战,丁勇,连大旗. 重庆地区太阳能资源的建筑应用潜力分析［J］. 太阳能学报,2011,30(9)：165-170.

［3］ 周世玉. 重庆地区可再生能源建筑应用技术推广及应用研究——以巫溪、云阳为例［D］. 重庆大学硕士学位论文,2012.5.

［4］ 中华人民共和国住房和城乡建设部. 夏热冬冷地区居住建筑节能设计标准(JGJ 134—2001)［S］. 北京：中国建筑工业出版社,2001：4-5.

［5］ 罗运俊,何梓年,王长贵. 太阳能利用技术［M］. 北京：化学工业出版社,2005.

［6］ 刘晋. 改善农村住宅室内热环境的设计研究［D］. 重庆：重庆大学,2010.

［7］ 韦秀丽. 重庆农村地区太阳能光热利用评价［J］. 南方农业,2008(7).

［8］ 程唯,等. 夏热冬冷地区新农村住宅生态设计研究［J］. 中华建设,2007,12.

［9］ 刘苏,杨兴礼. 重庆新农村建设的相关问题与解决途径［J］. 中国集体经济,2008(4)：171.

［10］ 付祥钊. 夏热冬冷地区建筑节能技术［M］. 北京：中国建筑工业出版社,2002.

［11］ 胡李峰. 重庆地区节能型住区设计的理论与实践探索［D］. 重庆大学硕士学位论文,2006.

［12］ 徐小林,李白战. 室内热环境对人体热舒适的影响［J］. 重庆大学学报(自然科学版),2005,4.

［13］ 刘加平. 建筑物理［M］. 北京：中国建筑工业出版社,2009.

太阳能空气供热采暖系统在村镇建筑的应用

李爱松　聂晶晶　李　忠　刘宗江

我国村镇地区地广人多，建筑面积庞大，煤炭、电力等商品能源消耗量增长迅猛，且薪柴、秸秆等部分非商品能源陆续被常规商品能源所替代。随着我国村镇经济的发展和村镇生活水平的提高，对能源尤其是商品能源的需求越来越大，村镇能源供应形势非常严峻。

村镇地区太阳能资源丰富。我国 2/3 地区太阳能资源高于 Ⅱ 类，需要采暖的区域和太阳能资源丰富及较丰富区基本重合，在广大村镇地区利用太阳能做为采暖用能的替代能源具有得天独厚的优越条件。

但受技术和经济条件所限，目前村镇建筑太阳能的应用还多局限于太阳能热水器的使用。传统太阳能技术和产品由于成本较高，系统较复杂，运行维护技术要求较高等原因，无法直接在村镇得到应用和推广，阻碍了太阳能利用技术的推广应用。

基于上述问题，研究适合我国村镇地区建筑的太阳能供热采暖技术，不仅有利于改善农村室内人居环境，扩大太阳能应用范围，实现节能减排，改善室内空气质量，也有利于广大农村社区的可持续发展。

1　系统介绍

1.1　系统介绍

该系统实际工程地点位于甘肃省敦煌市，房屋为单层农村住宅，建筑面积为 96.4 m²，其中供暖面积为 79.5 m²。房屋朝向为西向。建筑屋面为平屋面，并在中间客厅屋面上设置有彩钢坡屋面，坡屋面坡度与当地纬度一致，系统中使用的全玻璃真空管集热器安装于南向坡屋面上。系统原理如图 1 所示。

本系统的工作原理如下。

1. 太阳能空气集热器供暖并蓄热

建筑物有供暖需求，白天日照充足的情况下，开启电动风阀④、手动风阀⑬，关闭电动风阀⑧、⑪，开启风机①，室内空气经太阳能空气集热器⑥加热后，高温热风通过热风管道送至土壤蓄热系统的金属换热盘管⑭，换热盘管将热量蓄存到土壤蓄热床⑳内，通过送风口⑮送入供暖房间，在蓄存热量的同时为室内供暖。

2. 土壤蓄热系统供暖

建筑物有供暖需求，白天日照充足使得土壤蓄热床⑳有一定的热量储存的情况下，夜晚关闭风机①，依靠土壤蓄热床⑳将热量通过室内地面释放到房间中，为房间供暖。

李爱松、聂晶晶、李忠、刘宗江：中国建筑科学研究院建筑环境与节能研究院，北京 100013

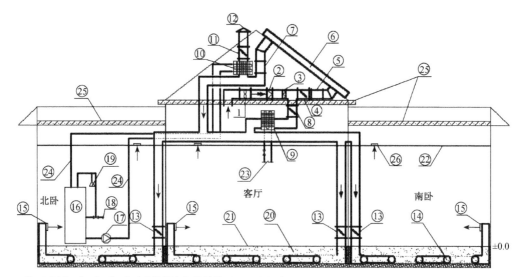

注:上图中,⑯、⑰、⑱、⑲及㉔等设备部件均设置于卫生间中。

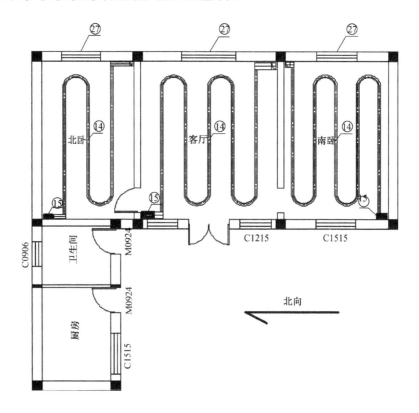

附图标识

　　①风机;②逆止阀;③过滤器;④电动风阀;⑤送风分配联箱;⑥太阳能空气集热器;⑦出风集箱;⑧电动风阀;⑨辅助热源风水换热器;⑩生活热水风水换热器;⑪电动风阀;⑫风帽;⑬手动调节风阀;⑭金属换热盘管;⑮送风口;⑯贮热水箱;⑰生活热水一次侧循环泵;⑱自来水接口;⑲用水装置;⑳土壤蓄热床;㉑室内地面;㉒吊顶;㉓辅助热源系统热水管路;㉔生活热水系统一次侧管路;㉕平屋顶;㉖吊顶装风口;㉗直接受益窗

图1　系统原理图

3. 辅助热源供暖

　　建筑物有供暖需求,但日照不足且土壤蓄热系统无可用热量时,开启风机①和电动风阀⑧,关闭电动风阀④,启动辅助热源,通过辅助热源系统管路将热水送入辅助热源风水换热器⑨,将空气加热后送入房间供暖,满足建筑供暖需求。

4. 非供暖季生活热水供热及强化通风

在无供暖需求的非供暖季，日照充足的情况下，开启电动风阀④、⑪，关闭电动风阀⑧，关闭手动调节阀⑬，启动风机①，抽取室内空气经太阳能空气集热器⑥加热后，通过设置在排风管路上生活热水风水换热器换热后排出室外，同时开启生活热水一次侧循环泵，循环加热贮热水箱中的水，满足建筑在非供暖季的热水需求，并增强室内外空气对流。同时，过渡季向室外的热风排放还可有效防止系统的过热问题。

系统的实际安装照片如图 2 和图 3 所示。

图 2　空气集热器安装照片　　　　　图 3　生活热水系统室内部分

1.2　关键部件介绍

1.2.1　真空管型太阳能空气集热器

本系统采用了具有较高集热效率的真空管空气集热器，单块集热面积 3.25 m²。集热器的构造如图 4 所示，利用风机将低温空气强制吹入集热器插管后，由真空管和插管间的环形区加热空气，得到较高的温度[3]。

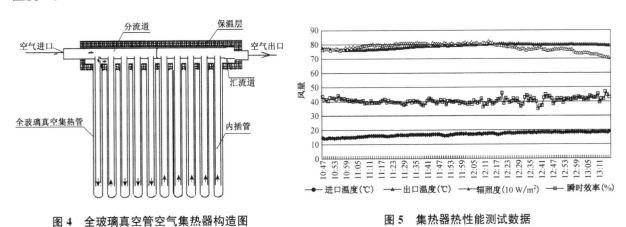

图 4　全玻璃真空管空气集热器构造图　　　　图 5　集热器热性能测试数据

经产品测试，该集热器在平均总辐照度为 785 W/m²，平均环境温度为 10.7 ℃ 的环境下，当流过集热器的风量为 81.4 m³/h，空气平均进口温度为 17.0 ℃ 时，集热器平均出口温度为 79.2 ℃，集热器基于总面积的平均瞬时效率为 40.5%（图 5）。

该集热器在风量为 90 m³/h 的情况下,压力损失在 200 Pa 以下。

1.2.2 低噪音风机

本系统采用了多翼型低噪音离心风机,为进一步降低噪音,满足建筑噪声需求,在本示范工程中做了一下降噪隔振措施:(1)风机出口管路采用软连接的形式;(2)风机机壳采用了吸音玻璃棉与多层保温围合的方式;(3)风机与基础之间采用多层橡胶隔振垫的隔振处理措施;(4)风机进口与室内连接风管采用连续转弯的形式;(5)风机安装在建筑屋面上,屋面各层结构的隔音效果较好,且室内装修后将风管等置于吊顶内部,进一步降低了风机噪声的影响。综合上述措施后,该系统运行时的噪声满足居住要求。

1.2.3 风-水换热器

为降低成本,采用 4 排管铜管铝翅片风-水换热器,可完全满足换热需求。

1.2.4 电动风阀与倒顺开关

为降低系统的控制成本,风道流向切换采用了电动风阀与倒顺开关配合手动控制的方式。电动风阀采用可正反转的形式,与倒顺开关配合可实现自由开启和关闭。

2 性能分析

该工程于 2013 年 11 月底完工,后经业主装修后次年入住。经过为期 1 年的运行,该系统的运行效果良好,基本满足采暖季供暖需求,并完全可以满足非采暖季的生活热水需求,并可在非采暖季增强室内通风。为评价本系统性能,安装了测试系统(图 6)。

2.1 非采暖季生活热水供应工况

根据农村地区生活热水实际使用情况,非采暖季的生活热水主要用于晚间洗浴,因此该系统的运行模式为白天制备生活热水达到使用要求后关闭风机与循环水泵,贮热水箱高温热水供夜间使用。系统白天的运行时间设定为 9:30—14:30,经长期运行观察,该时间段贮热水箱水温一般可达到最高温度。

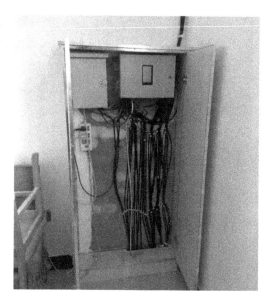

图 6 室内设置采集监测系统

测试期间,室外平均环境温度为 21.28 ℃,生活热水系统单日可实现贮热水箱温度超过 60 ℃,可完全满足农村地区生活热水用热需求。非采暖季生活热水供应工况时太阳能集热系统的平均集热效率为 41%,该系统的太阳能保证率可达 73.42%。

据此估算,按非采暖季用热水天数为 225 天,该系统非采暖季每年的节能量可达 4 817.25 MJ,折合标准煤 164.38 kg。按燃煤制备热水热效率 65%计算,则年可节约标准煤 252.89 kg。

2.2 采暖季工况

测试期间,室外平均环境温度为 −5.85 ℃,该系统结合辅助能源系统可维持两个卧室及客厅的室内温度在 15.8～16.5 ℃范围内,可基本满足农村地区室内热舒适要求。在保证室内热舒适度的前提下,太阳能集热系统的平均集热效率为 55%,该系统的采暖太阳能保证率为 20.15%。

据此估算,按采暖季天数 140 天,该系统采暖季每年的节能量可达 11 984 MJ,折合标准煤 408.93 kg。按热效率 65%计算,则每年可节约标准煤 629.12 kg。

2.3 总体性能分析

该系统每年总节能量为 16 801.25 MJ,按热效率 65% 计算,则每年总计可节约标准煤 882.01 kg。则每年可减排二氧化碳 2 347.91 kg,二氧化硫 17.64 kg,氮氧化物 1.28 kg,烟尘 8.82 kg。

该项太阳能综合示范工程的设备增量投资在 3.5 万元左右,使用寿命真空管太阳能集热器按 15 年计算,则太阳能系统费效比为 0.32 元/kW·h,与太阳能光电等其他利用形式相比,经济性较好。

3 结论

村镇建筑太阳能空气供热采暖系统,采用全玻璃真空管型太阳能空气集热器为核心集热部件,以土壤作为日间过余集热量的蓄存介质,以风水换热器实现空气与热水间的换热,并通过电动风阀与倒顺开关切换运行模式。该系统具有以下特点:

(1)以空气作为集热器传热介质,避免了传统太阳能热水集热系统防冻、防过热以及防泄露等问题;

(2)以夯实素土作为蓄热介质,降低了系统初期投资;

(3)采用真空管型空气集热器,可提供较高温度的空气,不仅可满足蓄热体的蓄热温度要求,也可制备较高温度的生活热水;

(4)采用电动风阀与手动倒顺开关实现工况切换,价格便宜,工作可靠,使用简便,易于操作;

(5)该系统初期投资可接受,太阳能利用率高,可实现较好的节能减排效果,并且对我国村镇地区住宅建筑的针对性强,适合村镇地区住宅的广泛应用,具有较高的推广价值。

参考文献

[1] 郑瑞澄.中国太阳能供热采暖技术的现状与发展[J].建设科技,2013,1:70-72.

[2] S. Robert Hastings. Solar Air Systems-Built Examples[J]. Earthscan, 2013.

[3] 袁颖利.内插式太阳能真空管空气集热器集热性能研究[J].上海交通大学,2009.

外保温系统防火性能研究及机理分析

黄振利　王　川

外墙外保温系统的防火安全,关系到人们的生命和财产安全,早已引起业内人士的高度重视,防火路线不能一味强调材料防火,忽视构造防火。一味地强调材料防火,势必引发外保温系统在耐候、抗风等其他方面的问题。

地方标准《胶粉聚苯颗粒复合型外墙外保温工程技术规程》(DB11/T 463—2012)、行业标准《胶粉聚苯颗粒外墙外保温系统材料》(JG/T 158—2013)等标准的不断发布实施,外墙保温系统防火的构造设计变得有法可依,更加规范、合理。

1　不同保温材料和胶粉聚苯颗粒防火保护层厚度的燃烧竖炉试验

燃烧竖炉试验是德国标准中对建筑材料进行燃烧性能等级判定所采用的试验方法,属于中尺寸的模型火试验,我国标准与德国标准的一致程度为非等效采用。在外墙外保温系统中使用竖炉试验目的在于检验外墙外保温系统的保护层厚度对火焰传播性的影响程度,以及在受火条件下外墙外保温系统中可燃保温材料的状态变化。竖炉试验测定的参数为试件的燃烧剩余长度和排烟管道的烟气温度,检验的是材料的阻燃程度,可以认为是建筑材料或组件的火焰传播性及热释放量。

试验条件:根据《建筑材料难燃性试验方法》(GB/T 8625—2005),甲烷气的燃烧功率约为 21 kW,火焰温度约为 900 ℃,火焰加载时间为 20 min。

在燃烧竖炉试验中,沿试件高度中心线每隔 200 mm 设置 1 个接触保护层的保温层温度测点,如图 1 所示。试验过程中,施加的火焰功率恒定,热电偶 5 号、6 号的区域为试件的受火区域。

竖炉燃烧试验中,试件成型底板为 20 mm 厚硅酸钙板,以 EPS、XPS 和 PU 为保温材料,厚度均为 30 mm,抗裂层和饰面层总厚度为 5 mm,抗裂层与保温层之间的胶粉聚苯颗粒保护层厚度见表 1。

图 2 是竖炉燃烧试验后的试样状态,通过测量,燃烧竖炉试验燃烧剩余长度如表 2 所示。随着 EPS 和 XPS 保护层厚度增加,燃烧剩余长度均由 0 提高到 1 000 mm,而 PU 随保护层厚度提高,燃烧剩余长度由 350 mm 提高到 1 000 mm。保护层厚度的增加,明显提高了系统的抗火能力,也说明了本试验方法中 PU 的抗火能力强于 EPS 和 XPS。

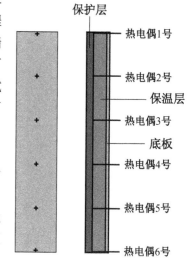

图 1　竖炉试验热电偶布置图

保护层

热电偶1号

热电偶2号

保温层

热电偶3号

底板

热电偶4号

热电偶5号

热电偶6号

黄振利,王川:北京振利节能环保科技股份有限公司,北京 102615

表1　燃烧竖炉试验试件保护层厚度

试件编号	保温层材料	保护层材料	保护层厚度/mm
EPS-5	EPS	胶粉聚苯颗粒	0
EPS-15			10
EPS-25			20
EPS-35			30
EPS-45			40
XPS-5	XPS	胶粉聚苯颗粒	0
XPS-15			10
XPS-25			20
XPS-35			30
XPS-45			40
PU-5	PU	胶粉聚苯颗粒	0
PU-15			10
PU-25			20
PU-35			30
PU-45			40

（a）从左至右分别为 XPS-35，XPS-45，EPS-45，PU-45

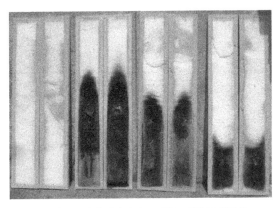

（b）从左至右分别为 PU-35，PU-5，PU-15，PU-25

（c）从左至右分别为 EPS-5，XPS-25，XPS-15，EPS-15

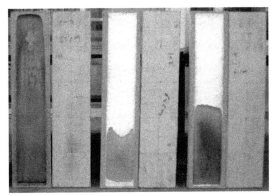

（d）从左至右分别为 XPS-5，EPS-35，EPS-25

图2　竖炉燃烧试验剖析图

表2 燃烧竖炉试验燃烧剩余长度

试件编号	保温层材料	保护层材料	保护层厚度/mm	燃烧剩余长度/mm
EPS-5	EPS	胶粉聚苯颗粒	0	0
EPS-15			10	450
EPS-25			20	600
EPS-35			30	800
EPS-45			40	1000
XPS-5	XPS	胶粉聚苯颗粒	0	0
XPS-15			10	450
XPS-25			20	700
XPS-35			30	800
XPS-45			40	1000
PU-5	PU	胶粉聚苯颗粒	0	350
PU-15			10	500
PU-25			20	750
PU-35			30	1000
PU-45			40	1000

根据试验中热电偶测试的温度进行分析,不同位置的温度测点的最大温度见表3。

表3 竖炉燃烧试验中热电偶测点最大温度(单位:℃)

分类	编号	测点位置/mm					
		0	200	400	600	800	1000
EPS平板	EPS-5	314.7	438.4	323.9	246.5	177.8	127.7
	EPS-15	143.0	280.0	202.1	95.9	96.8	95.6
	EPS-25	145.0	194.2	99.0	100.4	97.2	40.6
	EPS-35	97.2	99.0	98.6	99.5	84.3	41.6
	EPS-45	48.8	56.5	31.5	28.4	26.8	26.3
XPS平板	XPS-5	258.3	439.3	264.1	185.3	199.7	170.1
	XPS-15	155.0	225.7	206.6	96.1	84.7	48.3
	XPS-25	53.0	86.1	51.3	50.2	42.3	22.8
	XPS-35	48.1	49.5	54.1	39.7	34.1	32.9
	XPS-45	44.4	32.4	40.9	31.5	27.5	28.2
PU平板	PU-5	453.0	566.9	428.8	216.4	121.8	81.3
	PU-15	92.2	386.5	330.1	95.4	91.3	74.4
	PU-25	102.5	192.2	91.1	94.7	94.0	71.8
	PU-35	96.3	95.0	45.1	95.9	34.5	31.2
	PU-45	59.3	67.9	73.2	41.3	30.8	28.4

EPS 保护层厚度从 0 增至 10、20、30、40 mm 时,试验过程中最大温度分别为,438.4、280.0、194.2、99.6、56.5 ℃;XPS 保护层厚度从 0 增至 10、20、30、40 mm 时,试验过程中最大温度分别为,439.3、225.7、86.1、54.1、44.4 ℃;PU 保护层厚度从 0 增至 10、20、30、40 mm 时,试验过程中最大温度分别为,566.9、386.5、192.2、96.3、73.2 ℃。

随着保护层厚度增加,竖炉燃烧试验过程中保温层的最大温度存在明显的递减趋势,说明在火焰攻击时,保护层可以有效降低保温层温度,提高系统抗火能力。

2　窗口火模拟火灾试验

本试验依据:《建筑外墙外保温系统的防火性能试验方法》(GB/T 29416—2012)。

本文归纳分析了不同厚度胶粉聚苯颗粒浆料防火保护层(0、10、30 mm)的贴砌 EPS 板系统和 EPS 板点框黏薄抹灰系统对比试验,对比试验方案见表 4。

表 4　对比试验方案

| 序号 | 系统名称 | 系统构造特点 | | | | 防火隔离带（或挡火梁） | 火焰传播性 |
		保温材料	保护层类型	粘贴方式	防火隔断		
1	胶粉聚苯颗粒贴砌 EPS 板外保温系统	EPS	厚抹灰（30 mm 胶粉聚苯颗粒）	无空腔	分仓	—	无
2	胶粉聚苯颗粒贴砌 EPS 板薄抹灰外保温系统	EPS	薄抹灰	无空腔	分仓		无
3	EPS 板薄抹灰外保温系统	EPS	薄抹灰	有空腔，黏结面积≥40%	无		有
4	胶粉聚苯颗粒贴砌 XPS 板外保温系统	XPS	厚抹灰（10 mm 胶粉聚苯颗粒）	无空腔	分仓	窗口胶粉聚苯颗粒 200 mm	无
5	XPS 板薄抹灰外保温系统	XPS(B1 级)	薄抹灰	有空腔，黏结面积≥40%	无	—	有

试验结果见表 5。

表 5　各系统试验结果对比表

1. 胶粉聚苯颗粒贴砌 EPS 板外保温系统	2. 胶粉聚苯颗粒贴砌 EPS 板薄抹灰外保温系统	3. EPS 板薄抹灰外保温系统

续　表

4. 胶粉聚苯颗粒贴砌 XPS 板外保温系统	5. XPS 板薄抹灰外保温系统	—
		—

　　胶粉聚苯颗粒贴砌 EPS 板外保温系统,面层 30 mm 胶粉聚苯颗粒浆料保护的情况下(试验 1),在试验后 EPS 板仅有部分融化,但未出现烧损;面层无胶粉聚苯颗粒浆料保护的情况下(试验 2),水平准位线 2 下方部分烧损,其烧损面积约 10 m²。

　　胶粉聚苯颗粒贴砌 XPS 板外保温系统,面层 10 mm 胶粉聚苯颗粒浆料保护的情况下(试验 4),水平准位线 1 下方部分烧损,其烧损面积约 2.5 m²;

　　点框黏薄抹灰 EPS 板和 XPS 板系统(试验 3、5),几乎烧损全部面积,烧损面积超过了 12 m²。

3　窗口火数值模拟

3.1　有 20 mm 胶粉聚苯颗粒防火保护层的外保温系统

　　图 3、图 4 给出墙体上胶粉聚苯颗粒找平层内侧、EPS 板的表面,在窗口火试验中,对火源面温度随时间、墙面高度和墙面宽度变化关系图。

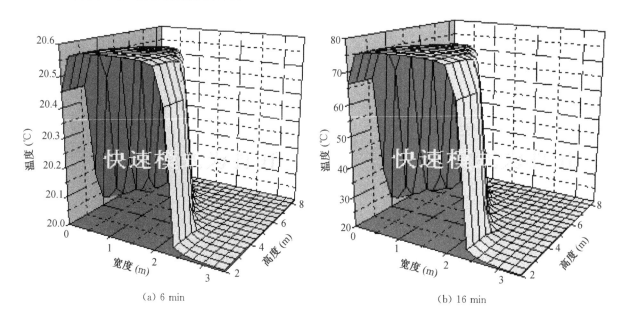

(a) 6 min　　　　　　　　　　　　　　　(b) 16 min

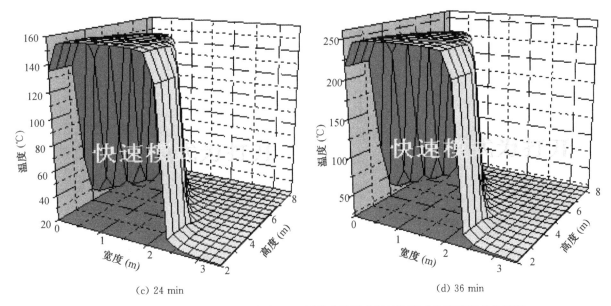

(c) 24 min　　　　　　　　(d) 36 min

图 3　窗口火试验开始后不同时间段 EPS 板外表面温度随墙面高度和宽度变化关系图

（有 20 mm 厚胶粉聚苯颗粒浆料防火保护层）

图 3 为有防火保护面层的保温系统的窗口火试验数值模拟（环境温度 20 ℃）。试验初期阶段，随着火势的增强保温系统 EPS 板表面（对火源面）温度升高缓慢，在 6 min 时温度只升了 0.6 ℃左右；在火势旺盛的阶段（16、24 min 的温度图）EPS 板表面温度在不断升高，最高到达 160 ℃左右；在火势渐弱的阶段（36 min 的温度图）XPS 板表面温度还在升高，到达 250 ℃左右（因为靠近火源的胶粉聚苯颗粒在火势大时蓄存的能量正在逐渐释放，所以虽然火势减小，但温度还在上升）。

3.2　无防火保护层的外保温系统

图 4 中无防火保护面层的保温体系，EPS 板表面（对着火源的一面）与抗裂砂浆直接接触，温度会随着火势的增强而迅速升高，在 6 min 时高温到达 400 ℃左右；在火势旺盛的阶段（16、24 min 的温度图）EPS 板表面温度基本相差不大，达到 600 ℃左右；在火势渐弱的阶段（36 min 的温度图）EPS 板表面温度会降低，到达 350 ℃左右。

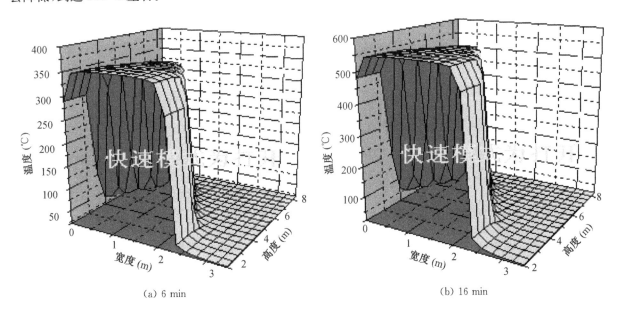

(a) 6 min　　　　　　　　(b) 16 min

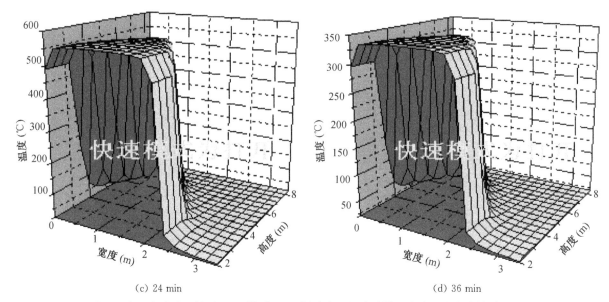

(c) 24 min   (d) 36 min

图4 窗口火试验开始后不同时间段EPS板外表面温度随墙面高度和宽度变化关系图
(没有防火保护层)

4 分析与讨论

4.1 防火保护层厚度对系统防火性能的影响

（1）燃烧竖炉试验表明：保温层的烧损高度随保护层厚度的减少而增加，无专设防火保护层的聚苯板薄抹灰的保温层全部烧损。如表3所示，当没有面层、没有胶粉聚苯颗粒浆料的时候，EPS板和XPS板的剩余长度为0，而聚氨酯的剩余长度为350 mm，说明热固性材料在该试验中有一定的防火优势。而随着面层胶粉聚苯颗粒厚度增加，其燃烧剩余强度迅速提高，胶粉聚苯颗粒复合抗裂砂浆厚度达到15 mm时，其燃烧剩余长度约为450～500 mm，达到25 mm时，其燃烧剩余长度约为600～750 mm。当胶粉聚苯颗粒复合抗裂砂浆厚度超过25 mm时，其燃烧剩余长度可达800～1 000 mm，满足防火安全的要求。

（2）窗口火试验中，胶粉聚苯颗粒贴砌保温板系统，随着面层胶粉聚苯颗粒浆料保护厚度地提高，可以明显提高系统的抗火能力，阻止火灾蔓延。而点框黏薄抹灰系统（试验3、5），几乎全部烧损面积或烧损到模型顶部，烧损面积超过了12 m²，根据试验情况有一定的波动性，在标准编制中可禁止烧损面积大于12 m²外保温系统外墙应用。

4.2 防火分仓和满粘构造的系统防火性能的影响

通过试验2和试验3两个薄抹灰的EPS系统来看，有防火分仓和满粘构造的试验2在防火性能上明显占优势，充分说明了满粘结构和防火分仓结构的有效性。

4.3 有无防火保护面层数值模拟分析

EPS板是可燃物，超过70 ℃时EPS板开始收缩变形，250 ℃左右开始熔化，380 ℃开始热解气化，400～450 ℃时在有氧环境下燃烧。

表5的1中，EPS板在各阶段中最高温未超过EPS板熔点250 ℃，EPS板破坏主要是收缩破坏。胶

粉聚苯颗粒在 EPS 板外侧找平后,形成的防火保护面层,具有一定的隔热效果,当外部产生火焰攻击时,该构造层可以阻止大部分的热量进入保温板构造层,使保温板的温度始终处于汽化温度和燃点温度以下,避免了保温板燃烧及气化形成的轰燃。

表 5 的 2 中,在没有保护面层的情况下,EPS 板直接与抗裂砂浆接触,抗裂砂浆受火焰攻击时,将大量热量直接传递给了保温层,使 EPS 板所在构造层迅速升温,即在 6 min 时达到燃点 400 ℃,在 16 和 24 min 时接近 600 ℃,有氧气时,直接导致 EPS 板的燃烧,无氧状态时,EPS 板在高温下气化,产生大量的可燃气体,在膨胀压力下外溢,过程中产生面层开裂,可燃气体与空气中的氧气接触,导致更严重的轰燃。因此,防火保护面层的设置对于保温层的保护至关重要。

4.4 竖炉燃烧试验与窗口火数值模拟

表 4 中,竖炉燃烧试验结果表明,有 20 mm 保护层的保温构造,EPS 板外表面测点最高温度为 194.2 ℃,无防火保护层的保温构造时为 438.4 ℃,设置防火保护层后,测点最高温度低于 EPS 板熔点温度,而未设置防火保护层时高于燃点,与窗口火试验数值模拟基本一致,说明数值模拟基本上能够与实际燃烧试验接近,是一种快速、便捷、有效的火灾模拟试验方法。

4.5 外保温系统构造防火的三要素

由于火灾通常是以释放热量的方式来形成灾害。因此,要想解决外保温系统的防火问题,归根结底还要从热的 3 种传播方式——热传导、热对流和热辐射谈起。热作用于外保温系统,最终使其中的可燃物质产生燃烧并使火焰向其他部位蔓延,只要阻断热的这 3 种作用方式就能防止可燃材料被点燃或点燃后阻止火焰的蔓延。因此,外保温系统的防火构造措施的作用有两点,一是阻止或减缓火源对直接受火区域外保温系统的攻击,更主要的是阻止火焰通过外保温系统自身的传播。根据已有的研究成果,可以认为:保温层与墙体基层之间无空腔构造连接,覆盖保温层表面的保护层,以及将系统隔断、阻止火焰蔓延的防火构造,能有效阻止外保温系统被点燃、阻止火在外保温系统内的传播,常被称为"构造防火三要素"。

无空腔构造限制了外保温系统内的热对流作用;增加防护层厚度可明显减少外部火焰对内部保温材料的辐射热作用;防火隔断构造可以有效地抑制热传导,阻止火焰蔓延,包括防火分仓、防火隔离带和挡火梁等。

5 防火构造在标准编制中的应用

本文中的防火构造目前已经在各地方标准体现。

根据行业标准《胶粉聚苯颗粒外墙外保温系统材料》(JG/T 158—2013),针对胶粉聚苯颗粒外墙外保温系统对火反应,制订的性能指标如表 6 所示。根据本试验结果,该标准确定了不同防火保护层厚度与燃烧竖炉、窗口火试验的检测指标。

表 6　胶粉聚苯颗粒外墙外保温系统对火反应性能指标

防火保护层厚度 (mm)	燃烧竖炉试验	窗口火试验	
	试件燃烧后剩余长度(mm)	水平准位线上保温层测点的最高温度(℃)	燃烧面积(m²)
≥33	≥800	≤200	≤3
≥23	≥500	≤250	≤6
≥13	≥350	≤300	≤9

北京市地方标准《胶粉聚苯颗粒复合型外墙外保温工程技术规程》(DB11/T 463—2012),胶粉聚苯颗粒复合型系统的防火设计应符合下列要求,可以不加设防火隔离带:

(1)采用无空腔构造,粘贴 EPS 板系统可采用闭合小空腔构造;

(2)贴砌 EPS 板系统应在保温层中采用贴砌浆料设置宽度不小于 10 mm 的防火分仓,防火分仓所围起的面积不大于 0.3 m^2;

(3)贴砌 EPS 板系统、EPS 板现浇混凝土系统、粘贴 EPS 板系统、喷涂聚氨酯系统应按表 7 的要求在保温层外表面采用贴砌浆料设置防火保护层。

表 7　胶粉聚苯颗粒复合型系统防火保护层厚度要求

外墙外保温系统类型	防火保护层厚度(mm)	适用的建筑高度(m)	
		居住建筑	非幕墙式公共建筑
贴砌 EPS 板系统	—	<24	不适用
	≥10	<60	不适用
	≥15	<100	<24
	≥20		<50
EPS 板现浇混凝土系统 粘贴 EPS 板系统 喷涂聚氨酯系统	≥10	<24	不适用
	≥15	<60	不适用
	≥20	<100	<24
	≥25		<50

注:采用面砖饰面时,防火保护层厚度最多可相应减小 10 mm。

6　结论

(1)在火焰攻击时,随着保护层厚度增加,保护层可以有效降低保温层温度,提高系统抗火能力;

(2)面层胶粉聚苯颗粒抹灰厚度达到 30 mm 时,系统的防火能力得到大幅提高,不需要加防火隔离带构造也能起到非常好的防火效果;

(3)无空腔、防火隔断和防护保护面层是外保温系统构造防火的 3 个关键要素;

(4)窗口火数值模拟基本上能够模拟实际燃烧试验,是一种快速、便捷、有效的火灾模拟试验方法。

参考文献

[1]　王昭君,孙诗兵,田英良.几种泡沫塑料的受热影像行为分析[J].建筑节能,2009(7).
[2]　霍莉莉,王月月,焦传梅,等.聚苯乙烯泡沫保温材料的燃烧性能及热解动力学[J].青岛科技大学学报(自然科学版),2013(05).

绿色建筑遮阳方式的比较与选择

梁世格

目前,随着国家整体发展水平和人民生活要求的普遍提高,同时,也为了贯彻国家可持续发展战略的重大举措,随着我国绿色建筑政策的逐步实施,在建筑节能法规、标准的推动下,建筑遮阳技术得以迅速发展。

建筑遮阳不仅是一种有效的建筑节能手段,也是一种新的建筑造型手法和设计思路。如今,建筑设计中对遮阳的做法要求较高,它既要有遮挡阳光的功能性,还要具备一定的美感,同时它也要结合建筑隔热保温与通风的综合需求,例如减少太阳的辐射热、避免产生眩光,改善夏季室内舒适度等。总体来说,遮阳的应用是对建筑功能和审美的综合提升。建筑遮阳的效果好坏,直接影响到建筑本身的耗能问题。因此,建筑设计对遮阳系统提出了更高的要求。

我们国家在 2006 年就已制定了《绿色建筑评价标准》(GBT 50378—2006),此标准是作为我国在绿色建筑中技术衡量的标准,确保我们所建造的绿色建筑符合一定的技术标准和科技含量。而建筑遮阳技术又是我们绿色建筑在外墙技术中不可缺少的一个关键点。通过国内外相关资料地翻阅以及各种绿色建筑案例分析,我们可以从以下几个方面对遮阳技术进行一些研究和探讨。

1 建筑遮阳技术的意义与目的性

建筑遮阳主要是采用建筑构件或安置设施以达到遮挡与调节进入室内的太阳辐射的措施,有安设在建筑物外侧的遮阳装置,有内遮阳装置和位于两层透明围护结构之间的中间遮阳装置。在夏季建筑能耗中,由于太阳辐射引起的空调负荷占很大的比重,如采用设置良好的遮阳措施,可以把炎热的太阳热辐射阻挡在室外,可少用或不用空调制冷,室内温度也很舒服。在冬季夜间,将带有保温层的遮阳硬卷帘闭合,可有效阻挡夜间的冷风和冷空气进入室内,有利于保持室内的热舒适度,降低采暖能耗,并且可以防盗;冬季白天把活动外遮阳硬卷帘打开,让阳光照射进室内,提高了室内温度和光照度。

另外,建筑遮阳,既要满足防晒遮阳的要求,又要满足通风换气、抗风压和防水的要求,同时,还需要有一定的装饰作用,以提高室内外视觉和建筑立面的美感[1]。

2 建筑遮阳系统的类型

就建筑遮阳系统本身而言,按位置来分,包括"外遮阳""自遮阳"和"内遮阳"。

如果按照遮阳构件的可控制性分类,建筑遮阳系统又分为固定式遮阳和可调节式遮阳。固定式遮阳

梁世格,南京金星宇节能技术有限公司总经理,总工程师,南京 211806

的优势在于简单、成本低、维护方便;缺点是不能遮挡所有时间段的直射光线,以及对采光和视线、通风的要求缺乏灵活的应对性[2]。可调节式遮阳能够根据室外条件的变化自主调节,理论上来讲它的遮阳效果会更好,而且冬季可收起,不会遮挡阳光。另外,使用者可以自主的在遮阳和观景中取得很好的平衡。所以,在合理控制造价的情况下,鼓励采用室外可调节式遮阳系统。

如果按功能性质分,建筑遮阳系统还可分为专用的遮阳构件,如百叶窗、遮阳板,以及兼顾遮阳的功能性构件,如外廊、挑檐、凹廊、阳台等,包括绿化遮阳。可以看出,遮阳的种类繁多,在做建筑设计时应根据建筑所在的地区气候特征、墙体的朝向选择不同的遮阳方式,同时对各种遮阳方式的遮阳效果、视觉和通风影响、经济性等因素的综合对比加以考虑。外遮阳是一种较为理想的遮阳方式,是建筑节能较为关键的技术之一,是可持续性建筑重要的技术手段(图1)。同时在具体的工程中,建筑遮阳的设计应与平面功能、立面造型同时考虑,尤其是外遮阳的整体设计与安装,要做到既能达到良好的遮阳效果,又可增加建筑的整体性和现代感。

图1　建筑外遮阳
资料来源:无锡万科金域蓝湾

3　不同建筑遮阳系统的比较

3.1　综合比较

(1)内遮阳:是建筑外围护结构内侧的遮阳。内遮阳因其安装、使用和维护保养都十分方便因而应用普遍。内遮阳的形式和材料很多,包括百褶帘、百叶帘、卷帘、垂直帘、风琴帘多种款式,有布、木、铝合金等多种材质(图2)。用户可选择的样式很多。相比较而言,浅色的内遮阳卷帘的遮阳效果较好,因为浅色反射的热量多而吸收少。但内遮阳的隔热效果不如外遮阳,缺点是热辐射可以直接到达玻璃表面,并透过玻璃进入室内,还会使遮阳构件升温,并以长波辐射和对流的形式向室内散热。

图2　建筑内遮阳

(2)玻璃自遮阳:利用窗户玻璃自身的遮阳性能,阻断部分阳光进入室内。玻璃自身的遮阳性能对节能的影响很大,应该选择遮阳系数小的玻璃。遮阳性能好的玻璃常见的有吸热玻璃、热反射玻璃、低辐射玻璃。这几种玻璃的遮阳系数低,具有良好的遮阳效果。值得注意的是,前两种玻璃对采光有不同程度的影响,而低辐射玻璃的透光性能良好。此外,利用玻璃进行遮阳时,必须是关闭窗户的,会给房间的自然通风造成一定的影响,使滞留在室内的部分热量无法散发出去。所以,尽管玻璃自身的遮阳性能是值得肯定的,但是还必须配合百叶遮阳等措施,才能取得好的效果。综合来看,3种遮阳系统对比如下(表1)。

表1 外遮阳、内遮阳、玻璃自遮阳优缺点比较

类 型	优 点	缺 点	常用材料
外遮阳	将太阳辐射直接阻挡在室外,节能效果好,为推广技术	直接暴露在室外,对材料以及构造的耐久性要求比较高,价格相对较高,操作、维护不便	钢筋混凝土薄板,玻璃钢,金属、木或PV硬塑料
内遮阳	将入射室内的直射光漫射,降低了室内阳光直射区内的太阳辐射,对改善室内温度不平衡状态及避免眩光有积极作用。不直接暴露在室外,对材料及构造耐久性要求降低,价格相对便宜,操作、维护方便	遮阳构件位于建筑室内,无法避免遮阳材料本身的吸热储热,并在夜间放热,遮阳效果不直接	布帘,木卷帘,活动百叶
玻璃自遮阳	通过镀膜、着色、印花或贴膜的方式降低玻璃的遮阳系数	造价高,有可能影响室内采光,不影响立面造型,维护成本较高	选用遮阳系数较大玻璃,玻璃可调节系统

3.2 遮阳系数比较

一般来讲,室内百叶只可挡去17%的太阳辐射热,而室外南向仰角45°的水平遮阳板,可轻易遮去68%的太阳辐射热,两者间的遮阳效果相差甚大(图3)。装在窗口内侧的布帘,软百叶等遮阳设施,其所吸收的太阳辐射热,大部分将散发给室内空气。如果装在外侧的遮阳板,则吸收的辐射热,大部分将散发在室外的空气中,从而减少了室内温度的影响。

很显然,外遮阳和玻璃遮蔽也是外墙节能的重要手段,在玻璃材质中,高反射

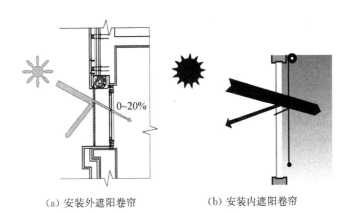

(a) 安装外遮阳卷帘　　(b) 安装内遮阳卷帘

图3 外遮阳与内遮阳对比

率的玻璃和吸热玻璃效果较好(反射率太大的反射玻璃会造成眩光污染的公害);相比之下,遮阳板、遮阳百叶等外遮阳的效果好。根据测试结果显示,相同方向的窗在有遮阳和无遮阳产品下进行红外线拍摄,在有遮阳的情况下,窗口部位温度降低4～5 ℃。通过安装遮阳系统,可有效降低15%～20%左右的建筑能耗,节约夏季空调费用和冬季暖气费用,从而达到节能环保功效。阳光经过遮阳系统的反射,将80%以上的紫外线、红外线、可见光阻挡于室外,只有约20%左右的热辐进入室内,保持室内温度,空调能耗更小[3]。

4 建筑外遮阳形式及材料

外遮阳按照适用方位可将其分为水平式、垂直式、综合式、挡板式、百叶式(图4)。

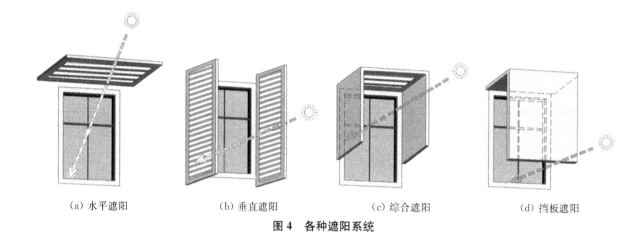

（a）水平遮阳　　　　　　（b）垂直遮阳　　　　　　（c）综合遮阳　　　　　　（d）挡板遮阳

图4　各种遮阳系统

4.1　水平式外遮阳

能够有效遮挡高度角较大，从窗口上方投射的阳光，适合用于南向窗口。悬挑的遮阳板可以改进为具有优化反射功能的构件，使进深较大的建筑空间光线均匀化（图5）。

4.2　垂直式外遮阳

可以弥补水平遮阳的不足，控制低角度光线的入射，特别对偏东、西方向的光线有较好的遮阳效果，但反光能力不如水平遮阳构件（图6）。

4.3　综合式外遮阳

可以根据窗口的朝向和方位而定，能有效的遮挡高度角中等的阳光，主要用于西南和东南向遮阳，其次用于东北或西北向。

4.4　挡板式外遮阳

这种形式的遮阳能够有效地遮挡高度角较小的、正射窗口的阳光，故它主要适用于东西向附近的窗口。挡板式外遮阳在遮挡太阳辐射的同时会影响室内采光，故多使用可调节的活动式遮阳方式，而固定式的挡板外遮阳使用受到一定限制，目前一般不采用。

图5　水平式外遮阳

图6　垂直式外遮阳

4.5　百叶式外遮阳

百叶式外遮阳分为固定式与活动式。固定式外遮阳构件具有很好的外观可视性，阻挡直射阳光很有效，但是阻挡散射和反射光效果不好（图7）。固定遮阳在高度角比较低的早上和下午不能有效地阻挡太阳辐射，尤其在东向和西向立面上。活动式遮阳一般指可以调解或可收缩的遮阳（图8）。可调节的外遮阳设施能够有效阻挡阳光，但需要时也可以允许阳光进入，能够使室内照度不过分降低，尤其在处理低角度直射、散射和反射光时非常有效。民用建筑中常用的活动式外遮阳有铝合金百叶遮阳系统、铝合金卷帘遮阳系统、面料轨道式遮阳系统、面料摆臂式遮阳系统、面料曲臂式遮阳系统等（图9）。

图7 百叶式遮阳

（a）竹子外卷帘 　　　　　　　　　　　　　（b）轻钢移动外门

图8 可调节移动外遮阳百叶

图9 活动式外遮阳

资料来源：无锡朗诗未来之家

　　综合来看，各种外遮阳系统的材料与形式如表2所示。从阻挡太阳辐射热进入室内和建筑节能的角度来讲，外遮阳的性能要远远优于内遮阳，建议优先采用建筑外遮阳。以下将进一步对"外遮阳""自遮阳"和"内遮阳"方式在绿色建筑中所起到的作用进行对比分析。

表 2 外遮阳形式与材料

遮阳系统	形式	材料	效果	组成	范围
水平式外遮阳	整体板式	钢筋混凝土薄板,轻质板材	遮阳效果好,但影响采光	与建筑整体相连	南立面
	固定百叶	钢筋混凝土薄板,轻质板材、木材等	遮阳同时可以导风或排走室内热量,较少影响采光	与建筑整体相连	南立面
	拉蓬式	高强复合布料,竹片,羽片	遮阳效果好,对通风不利,适用范围广,要维修	建筑附加构件	南、东立面
	可调节羽板式	钢筋混凝土薄板,轻质板材、PVC塑料,竹片,吸热玻璃	遮阳好,不影响采光,导风佳,适用广,是宜推广的遮阳方式	与建筑整体相连,建筑附加构件	任何立面
垂直式外遮阳	整体板式	钢筋混凝土薄板	遮阳效果不佳	与建筑整体相连	南立面
	可调节羽板式	钢筋混凝土薄板,轻质板材、吸热玻璃、轻质铝板	遮阳好,利于导风,不影响视觉与采光,适宜推广的遮阳方式	建筑附加体(整体相连)	东西立面
综合式外遮阳	整体固定	钢筋混凝土薄板	遮阳效果好,但影响视线	与建筑整体相连	任何立面
	局部可调节 竖向固定		遮阳极好,造价高	与建筑整体相连	东西立面
	横向固定		遮阳较好,易于导风	与建筑整体相连	南向立面
百叶式外遮阳	可调节	铝合金、高强复合布料、木材	遮阳好,造价高,	建筑附加构件	任何立面
	不可调节	木材、竹材、轻质板材	对直射阳光遮阳效果好	与建筑整体相连	东、西立面

5 外遮阳技术与建筑设计一体化

伴随着建筑设计在社会的发展,建筑技术也越发成熟。目前,在建筑技术领域,建筑遮阳不断更新,已发展成为一套完备的体系。在建筑设计的实践项目中,建筑设计可以与外遮阳的设计和施工统一起来共同考虑,从而生成建筑立面,这样的做法既满足了建筑技术的需求,同时也使建筑外立面的整体感更强。具体来说,就是不增加专门的遮阳部件,而是通过建筑外立面的整体结构构件突出或缩进、屋檐外挑、使用墙面具有秩序感的表皮、设计悬挑的外立面阳台等做法,使这些建筑立面的凹凸部位形成阴影,从而减少建筑外表面的辐射热,最终达到建筑自遮阳的目的。根据调研,有以下几种情况。

(1) 这类设计手法不同于传统的建筑遮阳设计模式,它不仅综合了建筑物理环境的优化和建筑的整体设计,而且在建筑外形上也更具有虚实对比和秩序性的美感,同时,在建筑空间上,使建筑室内和室外的过渡更加自然舒适,因此,目前这种模式已经被更多的建筑设计师所认可和运用。如沙特阿拉伯国家图书馆(图10),由外立面的钢结构建成了这座建筑具有动感的菱形纺织物遮阳蓬外表皮。通过立体的遮阳棚设计,使建筑内部的温度值不至于过高,而且使得图书馆拥有最优化的折射光,为室内人提供了最适宜的温度和光照环境。此外,这种外遮阳技术还采用了分层通风和地板热交换技术,大大降低了建筑使用中能耗的浪费。

(2) 如今的建筑遮阳设计已不是一个单独的系统,而是与建筑设计一同完成,并根据建筑使用类型的不同,采取不同的、与之功能和造型相匹配的遮阳措施。例如,已有专门适用于公共建筑和居住建筑的不同的建筑遮阳产品(图11,图12);此外,建筑遮阳产品设计还需与门窗设计公司合作,形成的一体化门窗产品既与遮阳系统相结合,也便于维修与更换。这类门窗产品的制造均采用先进的工业化生产线,可

图 10　沙特阿拉伯国家图书馆

以根据建筑的具体类型而考虑采用不同的遮阳方法,如外遮阳、内遮阳或中间遮阳。在此基础上,面对目前我国以高层和超高层居多的居住建筑的现实情况,以及我国玻璃幕墙式建筑越发普遍的现象,应大力研究设计出适用的、可以普遍推广的、针对各类不同建筑特别是玻璃幕墙建筑的遮阳方式、解决措施及构造做法。

图 11　上海世博主题馆

图 12　Mozartstrabe

(3) 在参数化设计盛行的今天,建筑外表皮设计同样要兼顾建筑遮阳设计,并将其作为一个重要的参考因素。反之,遮阳设施作为建筑的一个重要组成部分,对建筑的整个体形造型起着重要的作用。在建筑物的立面造型设计中,要强调其与建筑遮阳构件的融合与统一,并不断地将建筑遮阳设施作为建筑的一个有机组成部分,与建筑造型一起来加以重点考虑。

对于特定的建筑而言,空间使用者在不同时段对太阳光的需求量会有不同。不仅冬夏两季有着明显的区别,即使是同一天中的不同时段,使用者对阳光的需求也不尽相同。在建筑外立面保持相对固定的前提下,遮阳设施就可以作为具有充分灵活性的建筑要素,即起到阳光调节器的作用,为内部使用者创造良好的光环境。

6　建筑外遮阳技术的发展趋势

21 世纪的今天,以注重绿色生态为设计手段的一代建筑师正在积极探索新的、更加高效节能的遮阳方式,以往采用混凝土的遮阳格栅做法显然无法适应今天的需要,在新建筑上要求充分体现现代新材料、新技术的利用,要充分展现现代科技的氛围与精巧;设计师已致力于寻求通过新的工艺和造型产生相当程度上的艺术震撼力[4]。

6.1 遮阳材料和工艺

目前,最为流行的遮阳构件当属金属、钢格网遮阳,同时具有很高的结构强度,可以满足人员走动和上下通风的需要,广泛应用在可通风的双层玻璃幕墙中。

(1)轻质的铝材可以加工成室外遮阳格栅,遮阳卷帘以及室内百叶窗。在生产工艺方面,今天广泛使用的金属遮阳构件的生产已早就不依靠人工打制,而采用电脑控制生产,使每个构件看起来都精美挺拔,而且已具备同时大规模批量生产的技术能力。

(2)采用高性能的隔热和热反射玻璃制成的玻璃遮阳板,以及结合光电光热装换的遮阳板,则使遮阳材料和技术更上一层楼(图13)。

(a)无锡尚德太阳能隔热墙　　　　　　　(b)清华大学办公楼光电隔热遮阳板

图 13　太阳能光电遮阳板

6.2 多功能遮阳产品

采用双层玻璃幕墙综合解决了遮阳和通风问题,也是现代建筑围护结构的一个亮点(图14)。今天,双层幕墙在技术方面更趋成熟完善,特别在改善和提高玻璃幕墙的隔热性能及节省能源消耗等方面具有很大的突破。

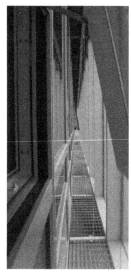

图 14　双层玻璃幕墙

6.3 可调节的遮阳产品

有些新建筑在双层玻璃幕墙上的空气夹层中,安装了由遥控操作的活动式水平遮阳百叶窗帘,利用空气夹层内自然产生的气流,达到其透过百叶窗帘驱散热气的效果。同时由于双层玻璃幕墙采用通透的玻璃组合而成,用户可以根据阳光的强弱程度,自行调节水平百叶窗帘的角度,从而可以有效地控制室内光线、减少吸热量,以适应不同季节的天气。

6.4 自动控制的遮阳产品

对于高层建筑来说,需要依赖自动调节设施,特别是高层建筑的遮阳构件尺寸比较大,操控有困难,安装要求更高,因此对遮阳板调节的自动化程度提高了。但在具体的工程中,为了营造出一种美妙的光影效果和气氛,采光遮阳窗就要使用最前卫的技术和构造技巧,如阿拉伯世界研究中心(图15),主立面用框架和滤光器的手法处理采光,并覆盖格栅,可以根据阳光作出精确调节,达到采光和遮阳的目的[4]。它是极富现代感的金属材质,纤细、精巧的金属节点,一种使用反射、折射和逆光效果的装置创造了采光和遮阳的奇迹。

图15 阿拉伯世界研究中心

6.5 人性化的遮阳产品

人性化的遮阳构件通过细部设计充分展现材料特征,展现材料美、技术美,遮阳设计与地方性、文化性的吻合,利用现代技术把传统材料、民族风格等地方因素融合到当地的遮阳设计理念中去。总的来讲,遮阳构件是建筑功能与艺术和技术的结合体,是现代高技术和精致美学的完美体现,给建筑师和设计拓展了新的天地。

6.6 窗型材与遮阳构件一体化技术

目前,建筑一体化遮阳产品主要采用窗型材与遮阳构件一体化技术,可实现传统窗分别于卷帘、百叶等遮阳构件一体化生产与安装。遮阳与窗的一体化,一方面简化工艺流程,提升窗的结构强度,避免窗框导轨间漏水;另一方面在满足建筑使用功能,保证住宅舒适度的基础上,节约建筑成本,美化外立面景观。

6.7 外遮阳硬卷帘、抗风百叶及布卷帘构造技术

外遮阳硬卷帘系列产品,采用优质铝合金,内部填充聚氨酯材料制成,在满足遮阳的同时,兼顾了保温、隔音等需求(图16)。相比于一般卷帘,硬卷帘外遮阳的帘片、导轨、罩壳等部件为挤压铝材质,加厚设计。硬卷帘的防上推履带,表面粘有消音棉降噪,减少轴与帘片之间的摩擦。卷帘完全关闭时,能防止帘片由上而下的推动。采用铝挤压而成梅花轴的硬卷帘,有多条加强筋,抗弯、抗扭力强。同样高度下卷帘收卷直径更小,搭配防上推履带,契合更紧密。硬卷帘结合抗风压罩壳,高强度挤压铝型材,加厚设计,厚度2 mm,抗风性能更卓越。底部毛刷设计,可自动清洁帘片,提高卷帘使用寿命。聚氨酯发泡帘片等多种节能设计,保温隔热、节能环保,降低夏季冷气和冬季暖气用电开支。

外遮阳抗风布卷帘系列产品,采用优质的遮阳面料,满足遮光遮阳的基本要求,同时产品更加轻巧,外观更加简洁(图17)。抗风布卷帘针对中国沿

图16 外遮阳硬卷帘

资料来源:上海宝山朗诗绿岛

海地区湿热、风力较大的气候特点的技术产品。外遮阳金属百叶系列产品,采用优质的铝合金材料制成,满足遮光遮阳的同时,产品可实现多角度采光调整(图18)。

图17　外遮阳抗风布卷帘

图18　外遮阳金属百叶
资料来源:万科玲珑湾幼儿园

6.8　植物遮阳系统

在建筑附近、或屋面种植树木,攀援植物、灌木,并与一些建筑结构如藤架、梁结合形成屋顶绿化,建筑墙面上的垂直绿化等,夏季可以充分利用植被在建筑表面形成有效遮挡,降低建筑表面和周围微环境的温度(图19)。

图19　植物遮阳系统

植物的遮阳效果主要决定于植物的类型、品种和年龄,即取决于树叶的类型和植被的密度。一般而言,落叶树木可以在夏季提供遮阳,常青树可以整年提供遮阳。

相关的实测结果表明,植物遮阳系统可使室内环境温度较室外环境温度低约3～9 ℃,绿化状态下室外环境温度可降低约4 ℃,可减少空调负荷约12.7%;在中午高温时刻,峰值温降作用更为明显,可达至6 ℃,减少空调负荷20%[5](图20)。

图20　2010 年上海世博会阿尔萨斯馆立面绿化系统

7　结语

建筑节能是我国经济快速发展的国策,建筑遮阳是节能的有效途径和不可或缺的有效技术手段,遮阳与节能建筑的结合和推广,有利于节能减排、环境保护。绿色建筑在进行遮阳产品的选用时,应按照其使用性能、环境安全性、功能性和环境负荷等综合因素进行考虑。

近年来建筑遮阳已有了很大的发展,今天在科技发展和可持续发展理念的推动下,现代建筑遮阳将朝着全过程化、复合化、智能化、地域化、生态化的道路不断前进。

参考文献

[1]　白胜芳. 我国建筑遮阳发展概述. 建筑遮阳技术[M]. 北京:中国建筑工业出版社,2013.
[2]　冯凌英. 建筑立面一体化设计中遮阳构件的运用研究[J]. 住宅产业,2011,05:41-43.
[3]　王立雄. 建筑遮阳技术发展前景广阔. 建筑遮阳技术[M]. 北京:中国建筑工业出版社,2009.
[4]　岳鹏. 建筑遮阳技术的发展趋势. 建筑遮阳技术手册[M]. 北京:化学工业出版社,2014.
[5]　李峥嵘,赵群,展磊. 建筑遮阳与节能[M]. 北京:中国建筑工业出版社,2009.

村镇建筑拆除中建筑材料资源可持续利用技术策略研究 *

——以中国陕西西安地区为例

任 韬 赵西平 周铁钢

近几年,建筑及其相关产业的产能过剩和城乡建设的大拆大建引起了社会各界的广泛关注。这一状态不仅造成了大量自然资源的浪费,也给生态环境带来了很大的破坏。以目前的现状而言,这种增长无疑是不可持续的;其产值越大,产量越高,给自然环境造成的压力和破坏就越大。就已有的知识和技术基础而言,建筑拆除材料相关处理技术已经十分丰富,却因为我们认识的疏漏和对既得利益的不放手而使国内的生态文明和建筑文化在这一方面止步不前。

1 拆除项目现场调研

项目为 1 幢民居建筑,位于陕西省西安市长安区兴隆街办高桥村东(34°06′14.1″N,108°49′43.5″E),G210 国道与西太路之间,三星城项目浐河生态公园范围内。

该住宅为 3 层框架结构建筑,框架抗震等级为二级,一层层高 3.6 m,二三层层高均为 3.3 m,建筑面积 573.54 m²。该建筑拆除前外观现状如图 1,其设计方案中平面图如图 2。

图 1 建筑实例外观(位于中国陕西省西安市长安区兴隆街办高桥村)

图纸中阳台均为北向,且此地有条件良好的户外活动场地,故实际建造时没有实施阳台部分设计;院落内边缘增建有单层房屋若干,作为杂务用房。

2 建筑实例拆除工作分析

2.1 项目拆除材料清单

该住宅基础、梁、柱以及楼板采用全现浇方式建造,内、外墙均采用实心黏土砖砌筑。因此其主要建

任韬,赵西平,周铁钢:西安建筑科技大学,西安 710055
* 基金来源:"十二五"国家科技支撑计划资助项目(2012BAJ03B04-2)。

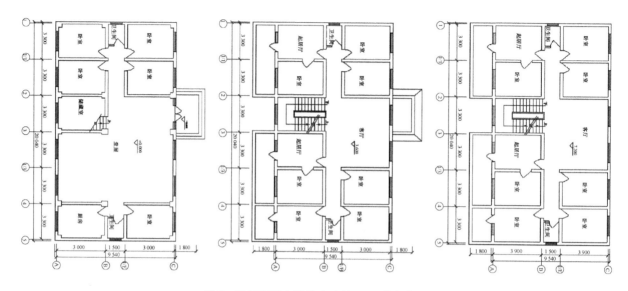

图2　计算实例中的住宅建筑1～3层平面图

筑材料为混凝土、钢筋、空心砖,辅助建筑材料有瓷砖、琉璃瓦、玻璃、铝合金以及钢管等。

根据其结构施工图纸及建筑实际情况,计算可得其建造时材料用量如表1所示。

2.2　项目拆除技术策略

按照该地区现行的拆迁方法,在居民履行土地使用权的交割手续后,为了防止安全事故发生,当天即对相应建筑物采用挖掘机进行破坏式的拆除,不清运拆除废弃物,1～2人即可完成工作,工作量约为0.3～0.5台班。除了居民拆迁补偿的核查工作中对房屋的建筑面积进行统计,并没有其他的建筑拆除废弃物量估计等内容。

若要对即将拆除的建筑所使用的材料进行回收与再利用、再循环,首先应对建筑的具体状况进行核查,做好相应的技术、人员、机械准备。在拆迁较多的城中村、城郊乡村区域,民用住宅的建造施工图纸大都较为简单,实际建筑状况与原始图纸不符的情况很常见,因此实地调查、核查就显得至关重要。首先是对建筑的使用状

表1　住宅建筑实体所含材料资源量统计[i]

材料类型	构造名称或位置	计量单位	数量
混凝土	基　础	t	149.80
	梁　柱		329.97
	楼　板		286.64
	其他构造		213.19
钢　材	钢　筋	t	15.31
	焊接钢管	kg	333.80
烧土制品	空心砖	t	217.96
	琉璃瓦	m²	172.82
	外立面瓷砖	m²	474.52
玻　璃	565中空玻璃	m²	119.88
金　属	铝合金	kg	927.99
	铸铁散热器		1 563.68
高聚物改性沥青油毡	屋面防水层	m²	184.140
土　壤	开挖土方量	m³	907.878

说明:*i* 本表中的所有数据均为根据建筑结构设计图纸、相关产品规格参数和实际使用状况计算所得,为建筑本体所含实际材料的量。

况进行确认,详细记录其结构形式、结构安全状况、管线设备状况和周边市政管网情况。接下来应根据其实际调查结果,编制建筑材料再利用与再循环的可行性报告,内容包括估算的可获得经济价值和环境效益,与较为具体的拆除施工方案,并对拆除后的预期结果进行强制性规定。拆除施工时,应首先确保周边管线的安全防护已经到位,并支设防护措施防止拆除活动对周边人员以及建筑的安全产生较大影响。

拆除现场应根据可行性报告的相关情况安排拆除作业人员与机械,落实现场负责人员及其责任,明确施工组织和安全生产责任制。

拆除顺序方面,应先对室内装饰与建筑设备进行拆除,然后从上至下依次拆除非结构性的建筑构造和建筑主体结构,最后对建筑地基实施拆除并处理拆除后场地。在施工条件允许并且不影响材料再利用价值的基础上,应首先考虑机械作业;人工作业主要采用小型电动机械设备,辅助以手动工具,以保证较高的拆除效率,并把人机成本控制在合理范围内。在本案例中,由于建筑周边有闲置场地可供使用,因此可以按大型建筑构件进行吊拆,置于空场地后再进一步进行材料的分解拆除,吊拆和分解统筹安排,同步进行,达到缩短工期的目的。

对于评估报告中认为其有再利用价值的建筑构件,应精细化拆除,兼顾施工效率的同时尽量保证其再利用经济价值;对于评估报告中认为其可进行再循环的建筑材料,以及作为固体废弃物填埋处理的材料,应进行一般化拆除,即按照材料性质和尺寸对建筑构件拆解归类,做好分类管理与保护;材料的现场处理应大致满足运输与后续处理的基本条件。最后,按照土地规划的要求处理原建筑场地,并交由相关单位管理使用。

3 建筑实例可持续利用价值分析

3.1 建筑单体材料循环利用的经济效益分析

按照拆除方式的不同和回收利用方式的差异,对上述建筑实例的拆除进行成本估算和废旧建筑材料处理的利润估算并对结果进行比较。

首先统计其施工项目清单,如表2所示。该表中,人工单价、机械台班单价均按照西安市2014年行情估计,现有拆除及回收方式的材料回收率是根据调研状况进行取值,而集中进行废弃建筑加强材料再利用的拆除方式(即方式二,现有拆除及回收方式为方式一)的材料回收率是根据目前该项工作已较为成熟的国家相关数据进行了估计。

表 2 住宅建筑实例拆除项目清单

项目		现有拆除及回收方式	加强材料再利用率的拆除方式
人工单价(元/工日)		120.00	120
拆除人工耗时(工日)		1.00	30
机械使用工时(台班)		0.50	4
施工机械台班单价(元/台班)		1 400.00	1 200
材料回收率(%)	混凝土	0	80
	钢材	70	≥95
	烧土制品	30	≥80
	玻璃	0	≥95
	铝合金	90	≥95
	铸铁	90	≥95
	沥青油毡	0	90

根据以上计算,可得费用及收益对比表3。

表3 建筑拆除费用及收益对比表（元）[i]

项目	现有拆除及回收方式（方式一）	加强材料再利用率的拆除方式（方式二）
人工费	−120.00	−3 600.00
机械费	−700.00	−4 800.00
回收材料出售收入	30 652.81	51 910.51
建筑垃圾清运及填埋费用	−36 916.00	−3 918.40
拆除及回收总利润	−7 083.19	39 592.11

说明：i 表中方式二的回收材料清运费用已在回收材料出售收入中扣除，不包含在垃圾清运填埋费用中。

比较两种拆除方式，平均每平方米建筑面积利润增加 69.03 元；如果废弃的混凝土块、烧土制品能够在当地新建项目的基础建设中加以利用，则这一利润还可能继续增加。方式一中的人机成本和清运费用主要由政府部门相关项目支付，而废弃材料出售收入部分由拾荒者获得，还有一部分由建筑拆除公司纳入营收，建筑拆除公司的主要收入来源是政府相关项目支付的经费。而方式二中，建筑废弃材料的初步分类处理、收集出售不但可以完全负担拆除工作的人机成本，还可以形成可观的较为集中的经济利润。分析造成这一方式的主要原因，便是建筑废弃材料物资的回收路径不畅通，建筑材料再循环处理相关产业的规模小，在建筑材料资源回收路径上形成了瓶颈；同时，建筑废弃材料的抛弃成本低，从自然中直接获得建筑材料原料的成本也很低，也给回收过程造成了经济障碍。

3.2 区域内建筑拆除材料资源循环经济价值分析

将建筑拆除材料进行再利用和再循环的经济价值不仅仅来源于它们的拆除和市场流通过程。在整个循环经济的体系中，均有其价值所在。

建筑拆除材料的回收利用对于建筑业节能减排具有重要意义。建筑拆除材料的再循环和再利用，可以减少建筑工程对新材料的需求，降低副产物的排放量和降低碳排放量。此外，再利用的方式使得利用建筑拆除材料的能耗进一步降低，使自然系统、建筑材料系统的熵增速率与再循环利用相比更小。

建筑拆除材料的大量填埋对自然环境造成的污染不可忽视。建筑垃圾填埋主要以污染周边水体的方式造成环境污染，易产生的污染物主要是金属离子其化合物，而这些种类的污染在自然环境的自我清洁机制下是较难除去的；让这一状况雪上加霜的是，西安市目前还有大量的建筑拆除材料非法倾倒行为。很显然，这些非法倾倒造成的环境污染更加分散，也更难控制。

根据估算，若 2013 年的建筑拆除材料全部进行填埋处理，需要 1 894.882 万 m³ 的建筑垃圾填埋场容量，按填埋库区深度 30 m 计算，将占用 1 000 亩左右的土地，这些土地在未来很长的一段时间内都很难另作他用。由于回收利用可产生的经济效益和填埋需求的减少，能够大幅减轻垃圾填埋可能造成的环境影响。同时这也将会对改善西安市及其周边局部区域的生态环境，提升西安市人居环境水准，加快经济发展方式转变做出可观的贡献。

4 建筑拆除中建筑材料资源可持续利用技术策略

目前，我国建筑拆除材料回收率整体较低，难以适应现阶段建筑拆除量大，新建建筑总量不断攀升，而人居环境却不断恶化的状况。为此有必要确定一系列技术策略来推动这一产业体系的规模化运作。

（1）建筑拆除方式的改进

目前，建筑拆除工作主要由房地产开发商或政府相关部门主导，建筑拆除公司执行，环境监察部门仅进行社会文明性质为主的约束,拆除工作较为粗放。若以建筑垃圾资源化企业为主导,使建筑拆除成为单独的盈利项目,则较容易控制其过程。

（2）扩大现有再循环建筑拆除材料的技术措施应用规模,并不断应用新技术

目前,西安市每年建筑拆除材料回收利用量约为 5 万～6 万吨,仅占年产建筑拆除材料总量的千分之一。如果能够在充分利用其生产能力的条件下合理扩大其生产规模,相关产业还有很大的发展空间。

此外,不断应用新技术也是促进相关产业发展的重要途径。一方面由于市场的成熟和建筑技术的进步,势必对循环材料的产量、品种和品质都会有更高的要求;另一方面,由于建筑产业的发展成熟,建筑拆除量在可预见的未来可能发生减少,就要求有新的技术能够维持相关产业的持续和转型。

（3）设施整合与信息平台构建

由于相关产业涉及的行为主体较多,要求其物流系统基于整合理念来建立设施整合,专业化,共同化的设施与管理网络。信息网络的通畅与完全开放也是提高资源循环效率的重要因素。目前材料资源的循环信息网络运行仅限于金属行业,且不能够进行有效的双向沟通。如果要充分发挥信息流通在建筑拆除材料循环中的作用,势必要对各种材料的循环信息都予以纳入。完全开放的网络更有助于系统运营状况的反馈,方便及时调整系统细部,促进系统发展。

（4）加强城市规划和建筑设计中对建筑拆除的重视

对于建筑材料的可持续利用,最有效的方式之一就是在经济合理的情况下,尽可能地延长建筑材料的寿命周期。此外,在建筑设计上充分考虑利用原有的建筑主体结构,亦能够大大减少建筑拆除材料的产生量,延长其中所用建筑材料的寿命周期,并且增强新建建筑的地域认同感和人文历史积淀。这一策略在近年来西安市老工业厂房的改造上收效明显,如西安建筑科技大学华清学院及老钢厂设计创意产业园、纺织城艺术区、大华·1935项目等,这些老工业建筑及其所在建筑群的改建项目多以文教、娱乐功能为主,配以商业配套,在"老西安都知道"的工业历史区域营造地域文化中心,同时兼顾了经济效益。

（5）充分开展建筑拆除的环境影响评价工作

建筑拆除活动的环境影响评价深入开展不仅能够促使目前作为国民经济支柱产业之一的建筑业加快转型,更能够使得建筑拆除中建筑材料资源的可持续利用的相关产业取得更好的发展前景。

参考文献

［1］ 李南,李湘洲.发达国家建筑垃圾再生利用经验及借鉴[J].再生资源与循环经济,2009,2(6):41-44.

［2］ 陶建格,薛惠锋,卢亚丽,等.资源系统工程的研究与应用[J].资源科学,2009,(2):336-342.

［3］ Sara B, Antonini E, Tarantini M. Application of Life Cycle Assessment (LCA) Methodology for Valorization of Building Demolition Materials and Products[J]. Proceedings of the Spie, 2001,4193:382-390.

［4］ 袁玉玉,王罗春,赵由才.建筑垃圾填埋场的环境效应[J].环境卫生工程,2006,14:25-28.

［5］ 贡小雷.旧建筑材料再利用技术研究[D].天津大学,2007.

［6］ 赵雅娟,王萍,廖金凤.资源开发利用与可持续发展关系的问题探讨[J].资源与人居环境,2000,3.

［7］ 郑凯.建筑循环物流系统构建与实证研究[D].北京交通大学,2009:108.

［8］ 雒新杰.西安市建筑垃圾循环利用管理体系研究[D].西安建筑科技大学,2012.

绿化屋顶与夜间通风联合降温模拟研究*

胡琪曼　唐鸣放

随着经济的发展，新农村的建设，农村居民对于居住建筑的舒适性要求也在不断提高。在已有的重庆地区调查中，普遍存在农宅的顶层房间温度较底层房间高，以及农户更愿意居住在底层房间的现象。顶层房间的围护构造中，屋顶所占比例较大，屋顶成为影响顶层房间夏季得热的重要环节[1,2]。而农村地区由于经济条件、人们生活习惯等因素的限制，更适合采用被动式降温技术。在已有的被动式技术中，绿化屋顶使用广泛，对屋顶降温明显[3]，而夜间通风能够有效降低房间温度，改善室内热舒适性[4,5]。因此，将绿化屋顶与夜间通风结合能够有效改善农村住宅顶层房间热环境。下面基于绿化屋顶实验数据，模拟分析绿化屋顶与夜间通风联合降温的效果。

1　研究方法

根据已有的绿化屋顶实验，采用 Design Builder 软件建立实验建筑模型，并用实验数据对模型进行验证；然后选择有代表性的典型日气候，对绿化屋顶模型进行夜间通风模式下的室内温度计算以及屋顶内表面吸放热模拟分析。

1.1　实验概况

实验对象为重庆大学测试分析中心实验楼的两个顶层房间，其位置及平面见图 1 所示。两个实验房间的面积均为 18 m²，其中一间房间的屋顶布置了景天科植物绿化，另一间对比房间屋顶无绿化。实验房间的室内温度由空调控制在舒适范围，测量内容主要为室内空气温度、屋顶表面温度以及热流、室外气温以及太阳辐射照度等数据，测量时间为2006 年 7～8 月份。

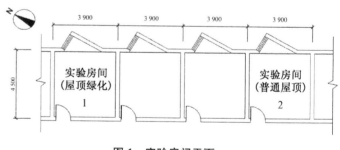

图 1　实验房间平面

1.2　模型建立及验证

1.2.1　模型建立

按照实验建筑的实际尺寸和相关构造，应用 DB 软件建立简化建筑模型。建筑各部[1]位构造做法参

胡琪曼，唐鸣放：重庆大学建筑城规学院，重庆 400045

　* 国家自然科学基金项目(51478059)资助

照实验建筑,外围护结构设置及热工参数见表1,绿化层的土层厚度为0.1 m,植物高度为0.1 m,土层的热物性参数和植物叶面积指数按实验测量取值。

1.2.2 模型验证

选择测量期间呈现周期性变化天气中的一天测量数据进行模型验证。模型计算选取《中国建筑用标准气象数据库》重庆典型气象年中与测量天气相近的一天气象数据进行周期性天气的模拟计算,室内按空调工况设置温度为26 ℃,得到屋顶内表面温度和热流的模拟值用于与测量值进行比较。

图2和图3为两种屋顶参数的模拟值与测量值的比较。裸屋顶的内表面平均温度和平均热流的模拟值与测量值相差3.5%和0.5%,绿化屋顶的相差0.4%和6.6%。可见,两种屋顶的模拟与实测结果比较接近。

表1　围护构造及热工参数

围护结构	构造	传热系数（W/m² · K）
屋顶	水泥砂浆面层 20 mm	1.67
	钢筋混凝土 40 mm	
	炉渣 280 mm	
	钢筋混凝土空心板 120 mm	
外墙	混合砂浆 20 mm	1.78
	多孔砖 200 mm	
	混合砂浆 20 mm	
窗户	单层玻璃	5.7

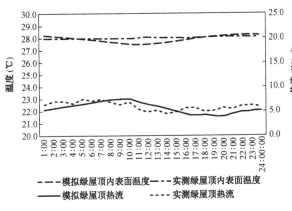

- - - 模拟绿屋顶内表面温度　—— 实测绿屋顶内表面温度
—— 模拟绿屋顶热流　- - - 实测绿屋顶热流

图2　裸屋顶的实测与模拟比较

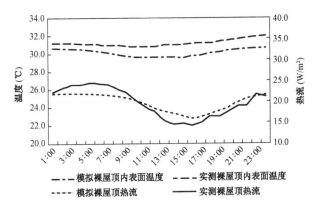

- · - 模拟裸屋顶内表面温度　- - - 实测裸屋顶内表面温度
- - - 模拟裸屋顶热流　—— 实测裸屋顶热流

图3　绿化屋顶的实测与模拟比较

1.3 模拟工况

在模型验证的基础上,采用重庆典型气象年数据,选择夏季温差大于8 ℃的一天作为典型日气象数据(图4),进行周期天气模拟。夜间通风时间段设置为室外气温低于其平均温度30.7 ℃的时间段:22:00—10:00时(第二日)。设置3种模拟工况:全天关闭门窗不通风、夜间开窗通风、夜间开门窗通风(穿堂风),模拟室内温度。

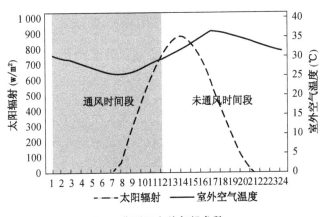

- - - 太阳辐射　—— 室外空气温度

图4　典型日室外气候参数

2　模拟结果分析

2.1 室内降温比较

图5为绿化屋顶与裸屋顶在两种模拟工况下的室内温度比较。在全天关闭门窗不通风的模式下,裸

屋顶的室内空气平均温度为34.3 ℃,最高温度为34.7 ℃;绿化屋顶的室内空气平均温度为33.3 ℃,最高温度为33.7 ℃。在夜间开启门窗通风模式下,裸屋顶的室内空气平均温度为30.1 ℃,最高温度为32 ℃;绿化屋顶的空气平均温度为29.5 ℃,最高温度为31 ℃。相比全天未通风的裸屋顶房间,夜间通风的绿化屋顶房间室内空气平均温度降低了4.8 ℃,最高温度降低了3.7 ℃。可见,单独采用绿化屋顶技术或者夜间通风技术的降温效果都低于联合采用该两项技术。因此在重庆适宜的室外气象条件下,采用绿化屋顶与通风联合技术可获得良好的室内热环境。

2.2 通风量对降温效果的影响

在绿化屋顶的情况下,3 种模拟工况对应房间内 3 种不同的通风量。从图6、图7可以看出,在全天关窗门窗的模式下,房间通风量为 0 m³/s,室内空气平均温度为 33.3 ℃;在夜间开启窗户通风模式下,形成单侧通风,房间夜间平均通风量为 0.2 m³/s,室内空气平均温度为 31.1 ℃;在夜间同时开启门和窗户的模式下,形成房间穿堂风,房间夜间平均通风量为 0.4 m³/s,室内空气平均温度为 29.5 ℃。可见,随着房间夜间通风量的增加,房间空气温度也随之降低。因此,对于夏季夜间室外风速较低的重庆地区,农村住宅可以设置换气扇增大通风量,提高房间降温效果。

2.3 屋顶内表面吸放热比较

在夜间开启门窗形成穿堂通风的模式下,两种屋顶内表面的热流变化为夜间通风时段的热流大、白天关闭门窗时段的热流小,并且裸屋顶全天热流为正,绿化屋顶夜间热流为正、白天为负,如图8所示。这是因为裸屋顶白天吸收了大量的室外热量,储存在屋顶结构层中,夜间通风时屋顶内表面吸收通风冷量、放出蓄热量,但并没有释放完结构层中的蓄热量,白天仍然向室内散热。绿化屋顶白天吸收并储存在屋顶结构层中的热量少,夜间通风时屋顶内表面吸收通风冷量、释放全部蓄热量,还能储存一部分通风冷量,用于白天室内温度升高时向室内放冷。因此屋顶外侧隔热越好,夜间通风时内表面的吸冷、储冷量就越大,室内降温效果就越好。

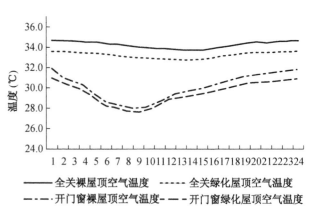

图5　不同措施下室内空气温度

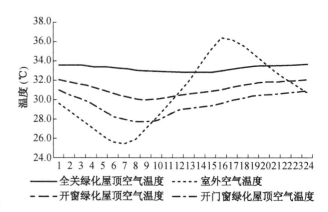

图6　绿化屋顶的室内空气温度

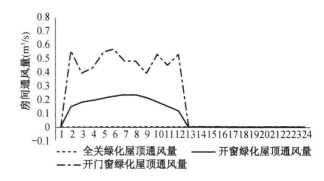

图7　房间的通风量

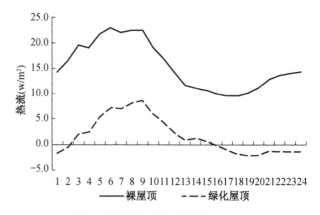

图8　裸屋顶与绿化屋顶热流比较

为了比较不同屋顶隔热方式对夜间通风降温的影响,在原有的裸屋顶上采用反射隔热和增加隔热材料两种方式进行模拟。采用反射隔热后屋顶外表面吸收系数取为 0.1,采用隔热材料的导热系数为 0.08 W/m·K,厚度为 100 mm。图 9 显示了两种隔热屋顶在夜间通风状态下的内表面热流变化,可以看出,反射屋面的热流量大于隔热屋面,这是因为隔热屋面能隔绝太阳辐射热与空气传热,而反射屋面只能隔绝太阳辐射热。

绿化屋顶与绝热屋顶相比较,绿化屋顶对夜间通风的储冷、放冷量高于隔热屋顶,说明绿化屋顶不仅具有良好的隔热性能,还能提高屋顶夜间通风的蓄冷能力。

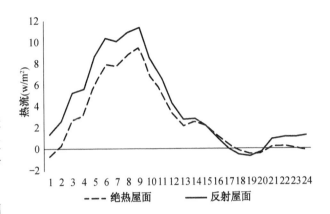

图9　两种隔热措施下的屋顶热流比较

3　结论

在重庆夏季气象条件下,被动式房间采用绿化屋顶与夜间通风联合降温技术,可获得良好的室内热环境。当夜间通风采用穿堂风时,平均通风量可达到 0.4 m³/s,室内空气平均温度可降低 4.8 ℃。在夜间通风工况下,绿化屋顶不仅具有良好的隔热性能,还能提高屋顶夜间通风的蓄冷能力。

参考文献

[1]　马秀英. 重庆已建新农村住宅热环境现状及改善研究[D]. 重庆大学,2014.
[2]　韩杰,张国强,周晋. 夏热冬冷地区村镇住宅热环境与热舒适研究[J]. 湖南大学学报(自然科学版),2009(06): 13-17.
[3]　赵定国,唐鸣放,章正民. 轻型屋顶绿化夏降温冬保暖的效果研究[J]. 建筑节能,2010,04-03.
[4]　丁勇,苏莹莹,等. 自然通风改善室内热环境的效果分析[J]. 工业建筑,2010,40:46-50.
[5]　付祥钊,高志明,康侍民. 长江流域住宅夏季通风降温方式探讨[J]. 暖通空调,1996,3:27-29.
[6]　孟庆林,张玉,张磊. 热气候风洞内测定种植屋面当量热阻[J]. 暖通空调,2006,36(10).

重庆江津农村住宅空调使用情况及热环境测量*

方巾中　唐鸣放　宋　平

随着社会经济的发展，农民生活水平不断提高，对农宅室内热舒适要求也在向城市靠拢，使得空调在农村住宅中的使用量逐渐增大。根据对重庆江津地区部分农村住宅的调查，农村自建房使用空调的农户超过了 50%[1]，新农村住宅安装了空调的家庭超过了 65%[2]。目前报道的农村住宅热环境的调查和实测研究中，更多的是针对被动式农宅[3-5]，对有空调农宅的热环境改善状况的研究较少。根据统计，中国农村住宅商品用能正在以每年 10% 以上的速度增长[6]，研究农村空调的使用特点和行为方式，有助于找到适合农村发展的建筑节能方式。

1　测量对象及方法

在重庆农村经济发展较好的江津地区，通过调查 60 户农村住宅，有超过半数的农户家里安装了空调。农户反映，冬季很少使用空调采暖，空调设备主要用于夏季高温期间室内降温。为了解空调用户使用空调的实际情况和室内热环境状况，选择两户结构与功能布局、人员组成都相似，且每户都各安装了 1台空调，但空调所在房间楼层以及居住人员都有明显差别的农村住宅，对两户住宅的主要房间进行室内热环境测量。

1.1　测量住宅结构布局

住宅 A、B 户的立面和平面图如图 1 所示。两户住宅均为当地常见的二层砖混结构自建房，结构与功能布局类似。平面均为紧凑型布局，入户口向内凹，堂屋居中，堂屋与卧室的两侧布置了附属用房，二层均布置客厅与卧室。屋顶均为坡屋顶且带有阁楼层。外窗为铝合金单层玻璃窗，外墙为实心砖墙，未做保温处理，立面贴有瓷砖。

1.2　常住人员及设备情况

A、B 户均为一家三代，孩子都在城里读书，常住人口为中年人和老年人，中年人都在当地务农、打工，白天主要是老年人在家。两户家庭经济条件较好，都有常见的家电设备，如电冰箱、洗衣机、电视机、电饭锅等，还安装了太阳能热水器和空调。A 户的空调安装在二楼主卧室，由 2 个中年人居住；B 户的空调安装在一楼卧室，由 2 个老年人居住。两户堂屋都安装了吊扇，夏季主要通过开启门窗通风和使用电风扇降温，冬季都有局部取暖设施，如烤火炉、电暖器等。

1.3　测量内容与方法

测量内容主要为农宅使用频率较高的堂屋和常住卧室温度，被测房间为图 1 中的灰色房间。测量仪

方巾中，唐鸣放，宋平：重庆大学建筑城规学院，重庆 400045

* 国家自然科学基金项目(51478059)资助

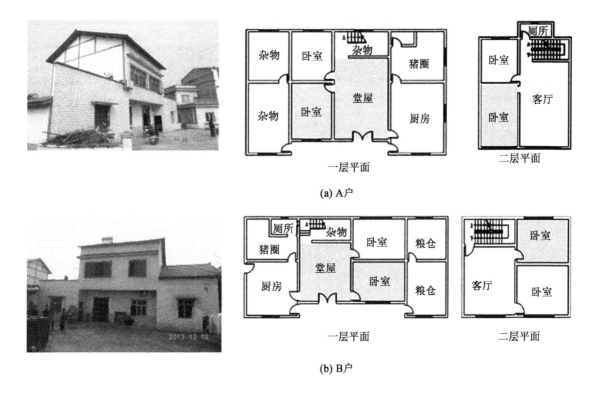

图1 测量住宅及平面图(灰色为测量房间)

器使用 TR-52 型自记温度仪,仪器精度为 0.3 ℃,记录间隔为 1 小时。室内温度测量仪布置在被测房间中离地面 1 m 左右的高度,室外温度测量仪布置在屋檐下空气流通处,同时避免太阳辐射的影响。测量时间分为冬季与夏季时段,其中冬季为 2013 年 12 月 17 日—2014 年 1 月 9 日,夏季为 2014 年 7 月 20 日—2014 年 8 月 25 日。

2 测量结果分析

2.1 冬天室内温度

测量期间,多为阴云天气,室外平均温度为 6.5 ℃,选取天气情况较稳定时间段中的 12 月 25 日为典型日,分析冬季室内热环境情况。

图 2 为 A 户主要功能房间室内温度。可以看出,二楼卧室温度最低,平均温度为 7.1 ℃。一楼房间中,堂屋温度最高,平均温度为 8.8 ℃。但堂屋温度波动大,温度曲线在白天有明显下降,尤其是早晨堂屋大门开启后,温度下降幅度大,夜间堂屋大门关闭后,温度较高且平稳。一楼卧室白天温度较低,夜间有小幅上升,说明这时采用了局部取暖措施。

图 3 为 B 户主要功能房间室内温度,仍然是二楼卧室温度最低,平均温度为 7.6 ℃,比 A 户略高。温度最高的房间是一楼卧室,全天温度在 9~10 ℃ 内波动,平均温度为 9.5 ℃,白天温度普遍较高,表明用户使用了取暖设施。虽然两户都有卧室安装了空调,但室内温度仍然很低,最高温度不到 10 ℃,说明用户基本上未使用空调采暖。

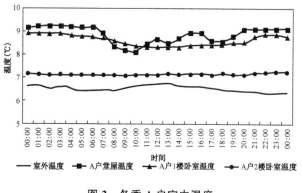

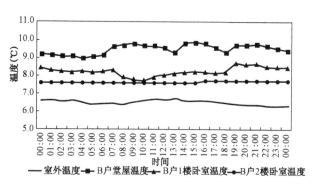

图 2　冬季 A 户室内温度

图 3　冬季 B 户室内温度

2.2　夏季室内温度

2.2.1　两户室内温度变化

夏季测量期间的 7 月底到 8 月初为连续高温天气,最高气温达到了 38 ℃,平均气温超过 30 ℃。取高温天气中 7 月 29 日 7:00 至 7 月 30 日 7:00 这 24 小时的测量数据分析两户农宅的室内热环境情况。

图 4 为夏季 A 户主要功能房间室内温度,一层卧室和堂屋为被动房间,室内温度比较接近。二层卧室安装了空调,室内温度变化大,最高温度为 36.1 ℃,最低温度为 24.1 ℃。二层卧室白天持续高温,在夜间 21 时左右发生大幅度降温,幅度约为 10 ℃,温度降到波谷后迅速上升。这是因为居住者为中年人,白天在外打工,回家后多在堂屋活动,仅于晚上休息时间开启空调。从图可知空调运行时间约为 21:00 至第二天 2:00,持续时间为 5 小时,空调运行时间短暂。说明使用者运行空调到达舒适温度后关闭,通过房间蓄冷能力维持一段时间低温热环境,且结合使用电风扇等降温方式,以较为经济的方式改善室内热环境。

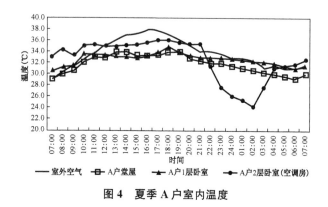

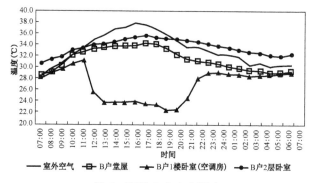

图 4　夏季 A 户室内温度

图 5　夏季 B 户室内温度

图 5 为夏季 B 户主要功能房间室内温度,堂屋与二层卧室为被动房间,且二层卧室温度高于堂屋温度。一层卧室安装了空调,全天室内温度为主要功能房间中最低,且温度变化大,波动范围为 23.6～31.8 ℃。由图可知,一楼卧室温度在 11:00—22:00 为空调运行时间,降温幅度约为 8 ℃,持续时间为 11 个小时,持续温度为 25 ℃左右。说明老人们的全天活动几乎都在一层,且耐热能力较差,所以在室外温度较高的时段通过长时间运行空调以改善室内热环境。而夜间住宅一层温度较低,加之结构的蓄冷作用与吊扇等其他降温设施,在关闭空调的状态下室内温度也达到舒适状态。

A、B 两户夏季炎热天气时期均使用空调进行降温,降温效果明显,虽然空调房使用者的生活方式和经济状况的差异性呈现不同的特点,但均有结合多种方式,间歇使用空调的以达到降温目的。

2.2.2 空调降温程度分析

由于两户住宅的建筑结构和功能布局以及居住人员情况具有较大的相似性,故选取高温天气将两户相同楼层的卧室温度进行 24 小时比较,对比说明使用空调对室内热环境的改善程度。

图 6 为两户一层卧室温度对比。B 户空调房间在 11 时至 22 时为空调运行状态,温度明显比 A 户被动卧室低,逐时温差大于 8 ℃ 的持续时间为 8 个小时,最大温度差值达到 10.4 ℃,降温效果明显。由于 B 户一层卧室使用空调的时间长,且墙体和地面都具有较好的蓄冷性,因此在关闭空调的时间段内,B 户一层卧室的温度仍然比 A 户一层卧室低 1~2 ℃。24 小时内,空调房内的平均温度为 27.8 ℃。

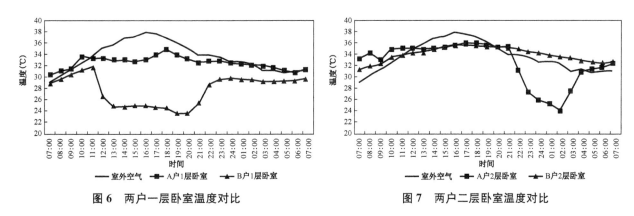

图 6　两户一层卧室温度对比　　　　　　　图 7　两户二层卧室温度对比

图 7 为两户二层卧室温度对比。两户二层卧室白天温度曲线相似,夜间 A 户空调房间在 22 时至第二凌晨 4 时温度明显比 A 户被动卧室低,逐时温差大于 8 ℃ 的持续时间为 3 个小时,最大温度差为 9.5 ℃,夜间降温效果明显,但持续时间短。这也说明农户考虑了使用空调的电费成本和自身的承受力。在 A 户二层卧室使用时间范围内,即 21:00 至第二天 7:00 的室内的平均温度为 29.4 ℃,比同时间段的 B 户二层卧室的平均温度低 4.3 ℃。

2.2.3 平均温度

在夏季高温天气中,以两户均使用空调的 7 月 26 日—7 月 31 日的实验数据为依据,计算两户主要功能房间的室内平均温度,列于表 1。可见,被动房间的室内温度都比较高,但一层被动房间的平均温度比室外温度低 0.9~1.6 ℃,而二层被动房间的平均温度比室外温度高 0.9 ℃。两户空调房间的温度有较大的差别,一层空调房间基本上达到了舒适温度,二层空调房间的平均温度仍然高于室外温度。主要原因是两个房间空调运行时间的长短不同,此外,二层房间的外墙与屋顶受到太阳辐射的影响,室外传入的热量比一层房间更多。

表 1　夏季室内平均温度

室外温度(℃)	农户	堂屋温度(℃)	一楼卧室温度(℃)	二楼卧室温度(℃)
32.6	A 户	31.0	31.7	32.7
	B 户	31.5	28.3	33.5

3　结语

通过测量与分析两户使用空调的典型农宅冬夏两季的室内热环境,表明农村住宅冬季几乎不使用空调采暖,室内温度低,最高温度不超过 10 ℃。而农村住宅空调使用时间主要集中在夏季酷暑阶段,长时间使用空调的房间在炎热天气下全天的平均温度可达到 28.3 ℃,而仅夜间短时使用空调的房间在其使用时间内的平均温度为 29.4 ℃,低于结构情况类似的被动房间 4.3 ℃,降温效果明显。农户通过间歇性使用空调结合使用自然通风、电风扇等多种降温途径,以较经济的方式满足热舒适需求。底层被动房间的平均温度比室外温度低 1 ℃左右;而顶层被动房间直接受太阳辐射影响,平均温度比室外温度高 1 ℃左右,表明为改善室内热环境,降低能耗,应增大围护结构和门窗的热工性能。

参考文献

〔1〕 宋平.重庆地区农村住宅冬季热环境现状调查[J].云南建筑,2014.

〔2〕 马秀英.重庆已建新农村住宅热环境的现状及改善研究[D].重庆大学,2014.

〔3〕 谢冬明.湖南农村住宅冬季热环境及能耗的调查与分析[J].中国科技论文在线,2007.

〔4〕 金熙,徐峰,石英.湘北农村住宅气候适应性调查分析[J].建筑科学,2011,27(6):24-29.

〔5〕 唐方伟,胡冗冗,刘加平,成辉.四川传统民居夏季室内热环境质量测试分析[J].建筑科学,2011,27(6):15-18.

〔6〕 清华大学建筑节能中心.中国建筑节能年度发展研究报告[M].北京:中国建筑工业出版社,2012.

墙体保温系统抗震试验研究

黄振利　王　川

1　外墙外保温系统抗震的基本要求

当遭受低于本地区抗震设防烈度的多遇地震时，外保温系统应不受损坏或不需修理可继续使用；当遭受相当于本地区抗震设防烈度的地震影响时，应允许外保温系统出现小面积开裂，经一般性修理仍可继续使用；当遭受高于本地区抗震设防烈度的预估的罕遇地震影响时，外保温系统应不致脱落。

2　外墙外保温系统抗震试验实例

2.1　试验目的

为了验证胶粉聚苯颗粒贴砌模塑聚苯板外墙外保温贴瓷砖系统在地震力作用下的破坏状态，在混凝土基层上设置两个外墙外保温系统（A 和 B），模拟北京地区设防烈度状态的抗震试验，分析胶粉聚苯颗粒贴砌模塑聚苯板外墙外保温贴瓷砖系统的抗震性能，研究系统应用于高层建筑的可行性。

2.2　抗震试验

2.2.1　试验原理

将外墙外保温系统构件安装于振动台上，利用模拟地震振动台输入一定波形的地震波，观测外墙外保温系统构件在模拟地震作用下，各部分的地震反应。

2.2.2　试验试件

抗震试验墙构造如表1所示。

表 1　系统构造

	基层墙体①	混凝土墙或砌体墙	
面砖饰面	界面层②	界面砂浆	
	保温层③	贴砌浆料＋EPS板＋贴砌浆料	
	抗裂层④	抗裂砂浆＋热镀锌电焊网或加强型耐碱玻纤网（用锚栓⑥固定）＋抗裂砂浆	
	饰面层⑤	面砖黏结砂浆＋面砖＋勾缝料	

黄振利，王川：北京振利节能环保科技股份有限公司，北京 102615

2.2.3 加载及测试方案

试验从北京 8 度设防烈度地震加速度 0.2 g 开始分级进行,每级增加 0.1 g,共 5 级,即 0.2(1 倍)、0.3(1.5 倍)、0.4(2 倍)、0.5(2.5 倍)、0.6 g(3 倍)。同时考虑垂直于墙体表面的水平地震波对非结构承重材料破坏性最大,选择水平正弦拍波,每次振动大于 20 s 且大于 5 个拍波。本试验考虑不同地区以及建筑物的不同位置地震反应谱不同的情况,参考《建筑抗震设计规范》(GB 50011—2001)第 5.1.4 节地震影响系数曲线分频段进行。试验频率按 1/3 倍频程分级,即:0.99、1.25、1.58、2.00、2.50、3.13、4.00、5.00、6.30、8.00、10.0、12.5、16.0、20.0、32.0 Hz。

2.3 试验结果及分析

2.3.1 试验结果

试件经过了 10 h 两个周期的振动试验。在第一个周期当加速度达到 0.5 g 时,钢筋混凝土母体材料有部分脱落及裂缝产生。外保温系统 A、B 的保温材料及装饰层材料均无开裂、无损坏、无脱落,粘贴的瓷砖均无脱落松动现象。

对抗震试验后外保温系统 A、B 的瓷砖作拉拔试验,测得瓷砖胶黏剂的黏结强度为 0.73 MPa,完全可以满足粘贴瓷砖的要求。

2.3.2 结果分析

在外保温面层上进行粘贴瓷砖与在坚实的混凝土基层上粘贴瓷砖使用条件是不同的。在外保温面层粘贴瓷砖必须考虑保温材料面层的承载能力、瓷砖胶黏剂的黏结能力以及在地震作用下的抵抗剧烈运动的柔性变形能力。由于外保温中基层墙体与饰面层瓷砖是通过保温材料进行柔性连接的,因而在受力时基层墙体与饰面层瓷砖不能看成一个整体,它们的受力状态是不同的,所以在选择瓷砖胶黏剂时,也要选用与保温材料相适应的具有一定柔性的瓷砖胶黏剂,从而形成一个柔性渐变的系统。在这次抗震试验中选用的瓷砖胶黏剂粘贴瓷砖后的拉伸黏接强度为 0.40~0.80 MPa,压折比小于 3.0,弹性模量小于 6 600 MPa,具有适当的柔韧性,符合柔性渐变、逐层释放变形量的技术要求。瓷砖胶黏剂的可变形量小于抗裂砂浆而大于瓷砖的变形量,完全能够通过自身的形变消除两种质量、硬度、热工性能完全不同的材料的形变差异,从而进一步确保了每块瓷砖像鱼鳞一样独立地释放地震作用产生的力,不会因为地震作用发生变形而脱落。

胶粉聚苯颗粒浆料与建筑物墙体的黏结能力好,抗震性能优,其柔性构造能够缓解地震力对面层的冲击力,保温墙瓷砖胶黏剂的弹性设定值比较适宜,可以控制瓷砖在罕遇强度等级地震的振动作用下不开裂、不脱落。而且,选用孔径为 12.7 mm×12.7 mm 热镀锌电焊网代替耐碱玻纤网,增强其安全性和抗震能力,致使面层粘贴的瓷砖在罕遇地震作用下也不会脱落。当在保温层上粘贴瓷砖的最大荷载为 600 N/m² 时,经过抗震试验后没有出现问题。因此,在保温层上可以附加不大于 600 N/m² 的荷载。

2.3.3 小结

综上所述,外保温系统具有整体性好、表观密度轻、柔性构造等特点,在地震作用下的破坏通常发生在结构之后。

汶川 5.12 特大地震后,相关专家的调查表明:凡按标准要求建造的外保温系统未见异常,抗震表现正常。

外保温系统的抗震性能得到了业内专家普遍认可,并在《胶粉聚苯颗粒外墙外保温材料》(JG/T 158—2013)修编时取消了地震试验,同时业内不再作外保温系统抗震性能的检测验证。

3 外保温复合聚苯颗粒自保温墙体抗震性能研究

3.1 试验目的

验证外保温复合聚苯颗粒自保温墙体系统的抗震性能。

3.2 试验方法

按照《建筑抗震试验方法规程》(JGJ 101)中的方法进行拟静力试验,试验尺寸 2.6 m×3.4 m。

拟静力试验是以预先设定的荷载或位移控制模式对试体进行低频往复加载,旨在获得试体的荷载-变形特性(本构关系)的结构抗震试验。伪静力试验亦称拟静力试验、往复加载试验或恢复力特性试验,是结构或构件抗震性能研究中应用最广泛的一种准静力试验方法。

3.3 墙体构造

墙体构造如图 1 所示。

3.4 试验结果与分析

3.4.1 试验结果

试验过程中主要试验现象见表 2。

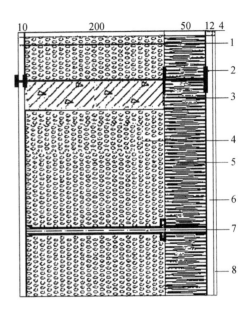

图 1 外保温复合聚苯颗粒自保温墙体

1.内模板(硅酸钙板);2.双"H"连接件;3.混凝土系梁;4.自保温墙体(聚苯颗粒泡沫混凝土);5.外模板(增强竖丝岩棉复合板);6.胶粉聚苯颗粒浆料找平层;7.穿墙管;8.抗裂防护层

表 2 试验过程中主要试验现象

控制加载级别	试验现象
±2.6 mm (1/1 000 层间位移角)	未见裂缝
±3.3 mm (1/800 层间位移角)	未见裂缝
±5.2 mm (1/500 层间位移角)	内墙出现微小裂缝,宽度 0.02 mm,外墙未见裂缝
±10.4 mm (1/250 层间位移角)	外墙出现微小裂缝,宽度 0.02 mm
±17.3 mm (1/150 层间位移角)	两侧墙体裂缝继续发展,外墙裂缝宽度达到 0.5 mm
±26 mm (1/100 层间位移角)	裂缝继续发展,外墙竖向出现裂缝,宽度 1 mm,内墙沿拼接缝出现较长水平裂缝,局部出现挤压鼓起
±32.5 mm (1/80 层间位移角)	内墙水平裂缝继续发展,外墙竖向裂缝上下贯通,最宽裂缝达到 10 mm
±52 mm (1/50 层间位移角)	内墙裂缝沿拼接处大量出现,最宽处达到 10 mm;外墙未见新裂缝
±65 mm (1/40 层间位移角)	原有裂缝继续增宽,未见新裂缝

3.4.2 试验结论

在 1/250(加载位移 10.4 mm)层间位移角之前,墙体裂缝宽度 0.02 mm。

在 1/40(加载位移 65 mm)层间位移角之前,除局部挤压鼓起外,未见墙体材料脱落现象墙体未倒塌。

通过试验,该墙体"中震不裂,大震可修"。

3.4.3 结果分析

图 2 和图 3 分别是加载位移为 52 mm 时试件内外墙裂缝示意图和内墙裂缝图。从裂缝产生的情况看,内墙出现裂缝的位置主要是内模板(硅酸钙板)的板缝位置,硅酸钙板为刚性材料,在受到地震力破坏时,硅酸钙板将应力通过传递累积的方式,最终集中在板缝位置。外墙产生裂纹的位置是芯柱位置,其他位置基本完好,芯柱材料为 C20 混凝土,为刚性材料,外墙裂缝产生的原因也是刚性材料引起,说明了整体的柔性构造抗震性远强于刚性构造。

 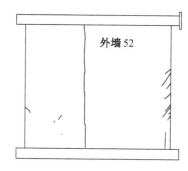 

图 2　加载位移为 52 mm 时试件内外墙裂缝示意图　　　　图 3　加载位移为 52 mm 时试件内墙裂缝图

该墙体系统中在加载至 1/40 层间位移角时,仍没有出现坍塌,主要源自于聚苯颗粒泡沫混凝土自保温墙体和外保温的整体柔性构造。增强竖丝岩棉复合板是一种弹性材料,能够释放地震试验过程的大量应变,聚苯颗粒泡沫混凝土骨料为聚苯颗粒,具有弹性,形成的墙体具有一定的准弹性和低弹性模量的特性,受到抗压破坏时,无明显脆性破坏。另外,该墙体材料表观密度小于 500 kg/m³,抗压强度达 1 MPa,墙体自重轻、整体性好,地震发生时,所承受的地震力小,震动波的传递速度比较慢,且结构的自震周期长,对冲击能量的吸收快,因而它具有较显著的减震效果,可适用于高设防裂度的建筑设计。

外保温复合聚苯颗粒自保温墙体是整体浇筑,且外保温层自重轻、具有柔性,在地震过程中,不单自身抗震能力强,其柔性构造能够缓解地震力对饰面层的冲击力,降低饰面层脱落的危险。

4　结论

通过对外保温系统及轻质墙体的抗震试验,发现在地震力作用时,柔性构造能保持系统吸纳、缓释地震产生的变形,轻质的特性不会使外保温和自保温墙体对结构产生大的破坏力,良好的整体性能够保证地震力下系统的完整性,避免墙体的坍塌,提高系统的抗震能力。

参考文献

[1]　王德明. 节能保温轻型抗震房屋的研究[D].安徽理工大学,2012.

[2]　刘倩. 节能保温抗震轻型房屋的抗震设计与研究[D].安徽理工大学,2012.

[3]　张建平. 外墙外保温系统抗震设计研究[J]. 建筑,2011,16:64-72.

[4]　任瑜. 外墙外保温系统的地震作用分析[D].南京理工大学,2010.

自然通风技术在现代小住宅中的应用

张　华

自然通风可以在不增加能耗的前提下带走室内污染的空气，提升室内的空气质量，提高室内的热舒适度，改善室内环境。作为一种实用的被动式节能技术，自然通风一直在住宅建筑中发挥着重要的作用；在可持续发展、绿色健康的理念深入人心的今天，自然通风更应受到重视。

1　自然通风的原理[1]

建筑的自然通风是指通过合理空间组织，促进建筑室内外的空气流动，达到建筑空间通风换气的目的。当建筑物的洞口两侧存在压力差，空气就会在压力差的作用下流过该洞口，这就是自然通风形成的基本机理。建筑物洞口形成压力差的动力主要有两种，风压作用和热压作用；自然通风根据形成原因不同也分为风压作用下的自然通风和热压作用下的自然通风，但在实际的情况中，两种作用是同时存在的，只是时而风压通风为主，时而热压通风为主。

1.1　风压作用下的自然通风

风压作用下的自然通风是指当外界的气流吹向建筑时，会在建筑的迎风面产生正压力，同时在建筑的侧面和背风面产生负压力，在迎风面和背风面之间产生压力差；如果建筑的不同侧面之间有合适的开口及室内气流通道，室外气流就会在压力的作用下穿过建筑，这就是风压作用的基本原理。风压通风的计算公式为：

$$p = K \frac{v^2 \rho_e}{2g}$$

式中：p——风压，kg/m^2；v——风速，m/s；ρ_e——室外空气密度，kg/m^3；g——重力加速度，m/s^2；K——空气动力系数。

风压差与建筑周围的环境、建筑的布局、来流风的角度等多种因素有关。良好的外部环境及合适的建筑布局能够产生较好的外部风环境，为建筑内部的通风创造良好的条件。

1.2　热压作用下的自然通风

热压作用下的自然通风是指利用建筑不同高度的开口附近的空气温度差形成热力差，促进空气流动，即我们常说的"烟囱效应"。

当建筑物内外的平均气温不一致的时候或者建筑不同高度的开口附近存在空气温度差的时候，空气密度也会产生差异，由此而造成空气压力差，带动了空气的流动。热压是由室内外空气的温度差和进出口之间的高度差所决定的；室内外温差越大，进出口高差越大，热压通风作用越强。计算式为：

张华：东南大学，南京 210018

$$\Delta p = h(\rho_e - \rho_i)$$

式中：Δp——风压，kg/m^2；ρ_e——室外空气密度，kg/m^3；ρ_i——室内空气密度，kg/m^3；h——进、出风口中心线间的垂直距离，m。

促进建筑热压通风的关键就在于通过空间形态的创造和组织形成局部的温度差，或增大不同开口之间的高度差，以形成良好的热压作用下的自然通风。

与风压作用下的自然通风相比较，热压作用下的自然通风更适用于变化无常的外部风环境；在建筑设计中，可利用建筑物内部竖向通道——中庭、楼梯间等高差形成热压通风，并设置可以控制的开口，根据外界情况灵活变化，促进建筑内部的热空气流出，形成自然通风。

1.3 风压与热压的共同作用下的自然通风

在实际的情况中，风压和热压不是单独存在的，建筑物的通风一般是风压和热压共同作用下的结果，两种压力有时会在同一方向上起作用，有时则在相反的方向上起作用。压力差的大小受风速、风向、室内外温差、开口高度差等因素的共同影响。综合作用的通风量计算式为：

$$Q = [Q_w + Q_h]^{\frac{1}{2}}$$

式中：Q——风压和热压综合作用下的通风量，kg/m^3；Q_w——风压单独作用下的通风量，kg/m^3；Q_h——热压单独作用下的通风量，kg/m^3。

由公式可知，当风压和热压共同作用时，通过建筑的气流量并非两者的分别作用时的简单代数和，而是比两者之和要小。

风压通风和热压通风在建筑中是紧密联系在一起的，互为补充的。通常在建筑设计中，建筑进深较小的部位大多利用风压作用直接通风，而在建筑进深比较大的部位则利用热压作用达到通风效果，但在设计时要避免风压通风和热压通风方向相反而相互抵消。

2 自然通风在现代小住宅中的应用

随着可持续发展的概念深入人心，以研究生态建筑而著称的现代建筑师哈桑·法赛、查尔斯·柯里亚、杨经文等对气候适应性设计都提出了不同的见解，并且都把自然通风放在相当重要的位置。在自然能通风设计方面，注重建筑设计与空气流动的整合，通过合理的布局及形体、巧妙的室内空间组织及适当的导风构造设计，提高自然通风效率，实现建筑与环境的融合。

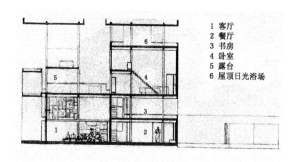
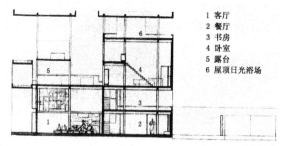

（a）西南-东北剖面   （b）东南-西北剖面

图 1　肖特汉住宅剖面图

资料来源：W·博奥席耶等编. 勒·柯布西耶全集 第 6 卷

柯布西耶在印度的建筑实践中考虑了当地的气候和当地建筑的地域性特征,印度传统建筑中深深的窗框、雨篷,各式各样的屏风、中庭,为通风而设置的拱廊,这些构件通过自由组合,为建筑增添了适应环境的机能,这些都促使柯布西耶修正了自己的现代建筑设计手法,创造了适应当地气候的小住宅,如萨拉巴伊住宅、肖特汉住宅。

肖特汉住宅以当地的太阳辐射及主导风向作为设计的主要考虑因素,平面布局简单明了,房间在形式和尺度上却有着惊人的可塑性;屋顶的阳伞以及经过组织的空中花园,带来宜人的气流;建筑物通过混凝土构架之间巧妙的角度,在内部产生自然气流,而且彼此相互产生阴影,以适应当地的气候条件[2]。

印度建筑师柯里亚提出了形式追随气候的设计理论,在建筑设计的时候综合考虑当地的气候、场地的环境等因素,选择适宜的建筑形式;提取传统建筑的设计因素并在现代建筑设计中融合运用,开创了独具魅力的建筑形式。

管式住宅是柯里亚提出的一种适应印度湿热气候的狭长的住宅模式,管式住宅利用被动式的方法组织室内自然通风,通过室内空间设计改善住宅的室内空气品质,提高住宅的居住品质。管式住宅将坡屋顶与剖面设计相结合,在内部形成连贯的空间,以形成持续不断的自然通风。白天热空气随着顶棚上升,利用文丘里管的良好效果,从顶部排风口排出,底部吸收新鲜的空气,形成良好的自然通风循环体系,见图2;另外在住宅入口处设置可调节百叶窗,调节进风口空气的速度、流量、方向。

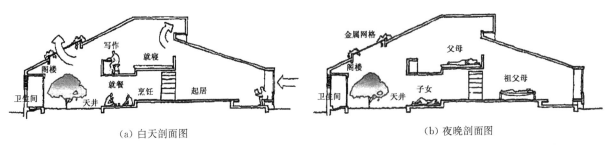

(a) 白天剖面图   (b) 夜晚剖面图

图2 管式住宅

资料来源:汪芳.查尔斯柯里亚

帕里克哈住宅是柯里亚设计的另一座住宅,为了适应夏季和冬季不同的气候特征,该住宅的同一个室内空间在不同的季节有两个不同的剖面,见图3。在夏季巨大的基座和窄小的屋顶剖面贯通在一起,形成正金字塔,利用烟囱效应来拔风,促进室内的自然通风。冬季的剖面形式正好相反,呈倒金字塔形,以便引进更多的阳光进入室内[3]。

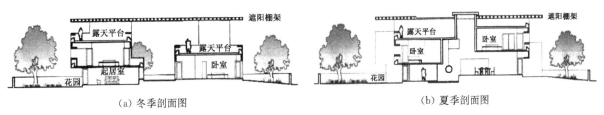

(a) 冬季剖面图   (b) 夏季剖面图

图3 帕里克哈住宅

资料来源:汪芳.查尔斯柯里亚

张家港生态农宅采用室内"文丘里管"式渐缩断面的设计策略引导自然通风,见图4。当室温高于室外温度的时间段,例如夏季的傍晚,即使在无风的条件下,也可以利用热压形成局部的负压,来加强自然能通风的效果,形成适度的吹风感,以改善夜间人体的热舒适感。利用"文丘里管"式渐缩断面的设计策略,增加了室内的通风,加强了室内通风降温的效果[4]。

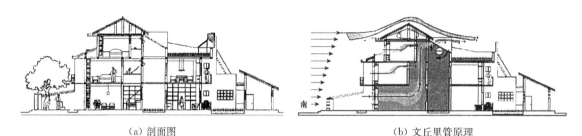

（a）剖面图　　　　　　　　　　　（b）文丘里管原理

图4　张家港生态住宅

资料来源:江亿等.住宅节能

获首届中国建筑传媒奖之最佳建筑提名的安吉新乡土住宅,是任卫中先生设计建造的新生态住宅,自然通风是该生态屋设计构思中重要的一个方面。住宅以乡土材料建造,分前后两部分,前面一层带天井,天井居中,天井中有水池和水井;后面两层,底层为客厅,二层为卧室。

该住宅在开窗的时候注重窗户的形式、面积、大小及位置,形成良好的风压通风环境;同时在空间组织的时候,利用天井、楼梯间,形成热压通风。该住宅在二层的走廊端头留了一个小天井,联通了上下层的空间,结合天井的水院,大大促进了室内的通风;楼梯间和天井一样,利用热压通风的原理,促进了室内的空气流通[5]。

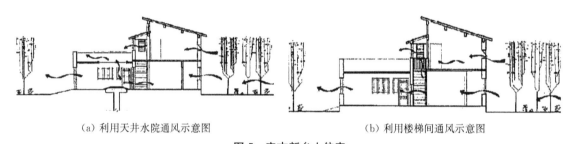

（a）利用天井水院通风示意图　　　　　　（b）利用楼梯间通风示意图

图5　安吉新乡土住宅

资料来源:许丽萍,马全明.自然通风在新乡土民居生态设计中的应用

3　辅助式自然通风设计措施

现代小住宅的自然通风可结合建筑设计的要求,选用适宜设计措施,融合到建筑设计中去,提高自然资源的利用效率,以创造舒适、健康、安全、节能的室内环境,常见的自然通风设计技术措施有被动式通风塔、被动式通风墙体等。

3.1　被动式通风塔

被动式通风塔有两种促进通风的动力:风力和浮力。当通风塔在建筑的迎风面开口时,室外的空气在正压的作用下流入室内;当通风塔的开口在建筑的背风面,室内的空气在负压的作用下流出,从而促进空气的流动,这是在风力作用下的通风。当通风塔上部的空气在阳光的照射下吸热升温,在浮力的作用下上升,从上部的开口排出,在通风塔内形成负压,室内的空气在压力的作用下流入并通过通风塔排出室外。通风塔可以和中庭、楼梯间等结合,有效组织空气的流通。

3.2　被动式通风墙体

被动式通风墙是将外墙做成带有空气间层的空心夹层墙,并在空心墙的上部和下部分别开有进出风口,风口可以根据需要进行调节。当空气夹层内的空气受热上升,在夹层内部形成压力差,从而带动空气的流动,促进建筑的自然通风。空气夹层相当于给建筑的外墙增加了一层隔热层,可以很好的阻挡建筑内外的热量传递,而且当日照越强烈的时候,空气夹层的隔热效果越好。在设计时需要根据当地的气候条件及建筑的功能进行综合考虑,根据使用的需求,在不同的季节对通风的措施进行调节,以获得良好的室内环境。

3.3 建筑构件的引风导风

随着建筑技术的发展,建筑设计和遮阳、通风构件的结合越来越紧密,甚至形成了新的建筑造型。经过整合设计的建筑构件,具有遮阳、引风、导风等多种功能;如外遮阳构件,不仅可以在夏季遮挡多余的阳光进入室内,而且可以改变靠近窗口的气流的速度及方向,对室外风具有一定的引导作用;可调节遮阳构件,可以根据太阳的高度角调节遮阳板的角度,也可以根据气候的变化控制通风量,实现室内的舒适通风。引风、导风等建筑构件对室内风环境产生了显著的影响,改善了室内的通风状况,提升了建筑适应环境的能力。

4 结语

自然通风是生态建筑普遍采用的低成本的技术手段之一,它具有节能、清洁的优点,体现了可持续发展的理念。尽管自然通风的应用还存在一定的不足,但它作为一种降低室内温度、改善室内空气质量和舒适度的传统方式,在建筑的可持续发展中具有重要的地位。

参考文献

[1] 朱颖心.建筑环境学[M].北京:中国建筑工业出版社,2005.
[2] W·博奥席耶,等.勒·柯布西耶全集(第6卷 1952—1957年)[M].北京:中国建筑工业出版社,2005.
[3] 汪芳.查尔斯·柯里亚[M].北京:中国建筑工业出版社,2003.
[4] 江亿,林波荣,曾剑龙,等.住宅节能[M].北京:中国建筑工业出版社,2006.
[5] 许丽萍,马全明.自然通风在新乡土民居生态设计中的应用[C]//2007全国建筑环境与建筑节能学术会议.2007.
[6] 龚波,余南阳,王磊.自然通风的策略形式及模拟分析[J].节能,2004,7:30-33
[7] 林宪德.绿色建筑:生态·节能·减废·健康[M].北京:中国建筑工业出版社,2011.
[8] 陈晓扬,郑彬,傅秀章.民居中冷巷降温的实测分析[J].建筑学报,2013,2:82-85.
[9] 叶晓健.查尔斯·柯里亚的建筑空间[M].北京:中国建筑工业出版社,2003.

巴渝传统民居竹编木骨泥墙热工性能研究

田瀚元　杨真静

传统民居的内涵非常丰富,现在一般指使用了传统技术和传统材料所建造出来为普通人民群众所居住的建筑,是蕴含了不同地区的历史、文化、民俗的载体。然而随着社会的发展,这些传统民居的现状令人堪忧,一方面因为城镇化的进行,让曾经遍布各地的它们受到了极大的威胁,在核心城区已然消失而"退守"农村;另一方面,不良的居住环境和现代人的要求相去甚远,使得很多居住者不得不抛弃传统民居。对于巴渝地区的传统民居也面临同样的状况,作为国家城乡统筹一体化的试点地区,如何解决这样的困境就成了一个亟待解决的问题。一方面从规划和政策方面对其进行保护,另一方面就需要尽量改善其居住环境以适应现代人的要求。本文就以巴渝传统民居中最具有代表性且使用最广泛的竹编木骨泥墙为对象进行研究其热工性能。

1　竹编木骨泥墙构造解析

针对传统民居,华南理工大学的陆元鼎主张,要从传统民居的形成规律和特点来作为传统民居研究的依据[1]。因此针对巴渝地区来讲,因为盛产竹子,而利用竹子作为材料来建造当地的民居也是有其存在的道理。

竹编木骨泥墙,又名编竹夹泥墙或竹篾泥墙,在巴渝传统民居中被广泛应用,遍布重庆广大的农村和传统古镇中,竹编木骨泥墙有简单易行、经济实用的特点,同时因为竹篾的存在它不易折裂的优点[2],如图1、图2。它始于原始人的木骨泥墙,即以木为柱,以土筑墙。而又加入编织过的竹篾,这种墙体很薄,因此保温性能不佳。在巴渝地区,气候相对北方温暖,因此在过去,当地对于室内热环境要求不高而使用这种墙是最为合适的[3]。

图1　重庆中山古镇

图2　重庆吴滩古镇街景

竹编木骨泥墙构造做法是在建筑的主要构架如柱、枋之间编好竹篾的壁体,壁体以3~4尺为佳,竹篾卡在上下两端的枋上,然后在壁体内外抹泥,泥里可以适当掺和碎秸秆或谷壳。待泥稍干后即抹石灰,

田瀚元,杨真静:重庆大学,重庆市 400045

整个墙体厚约1寸多,大户人家的墙面抹的很光滑细腻,厚可达两寸。其表面光洁轻盈,是川渝地区民居建筑最为典型的特征之一[4]。竹编木骨泥墙通过生土中加入适量秸秆,增加内部摩擦力,起了"加筋"的作用,而提高了土的抗剪强度,同时抗压强度较素土都有明显的提高。除可提高材料的力学性能,增强其抗震性能外,还可减少墙体开裂[5]。竹编木骨泥墙的这些传统构造做法保证了完全可以就地取材,同时便于修缮,在小农经济的过去非常实用。

2 竹编木骨泥墙热工性能的现场测量

针对竹编木骨泥墙类型的民居,笔者选取位于重庆市铜梁县安居古镇火神庙街一处民宅作为典型户,进行实地测量以研究竹编木骨泥墙的热工性能。测量数据为墙体内外表面温度和热流,测量建筑及部位见下图4。测量仪器采用 HOBO 温湿度记录仪,每10分钟记录一次数据。测量时间为2013年8月27日中午12点到2013年9月15日中午12点结束,共19天。测量时间段室外温度比较平稳,没有出现室外平均温度超过30 ℃的高温天。

图3 竹编木骨泥墙细部

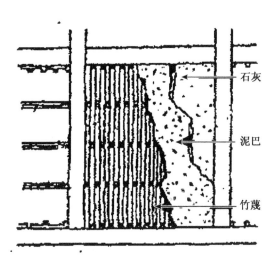

图4 竹编木骨泥墙细部

资料来源:《中国建筑类型及结构》绘制

被测量建筑为两层"一"字形布局,小开间,大进深,且正东朝向。典型的竹编木骨泥墙民居,三合土地面,木质楼板,小青瓦屋面,木窗框,墙体厚度为50 mm,建筑平面图见图5。布点选择北向没有阳光直射的墙体。

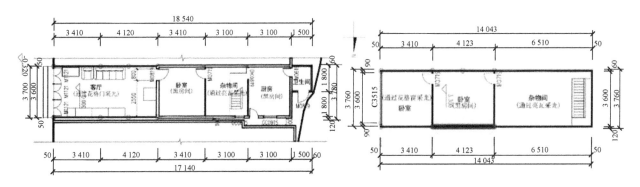

图5 典型户各层平面图(左为一层,右为二层)

选择测量时间段中连续 4 天中天气稳定的一天,墙体的内外表面温度见图 6。

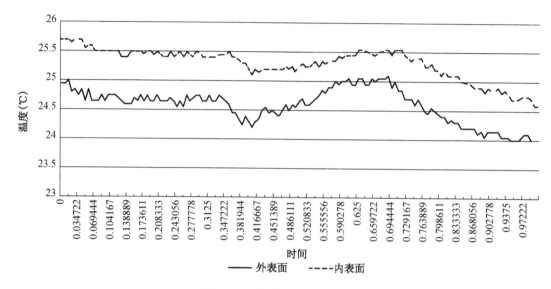

图 6　室内主要房间温度变化

由曲线可以看出,测量时间段中,墙体内表面温度高于外表面,热流方向为由内到外。当天温差较小,在 1 ℃以内。内外表面平均温度分别为 25.3 ℃ 和 24.6 ℃,存在有 0.7 ℃ 左右的温差,一天中的温度比较稳定,温差较小。墙体内外表面的温度变化极为同步,且振幅接近。因测量过程中室外气候特点,按照稳态传热,得到竹编木骨泥墙的平均热阻为 0.30 m² · K/W。

3　竹编木骨泥墙热工性能的实验室测量

由于农村现存的竹编木骨泥墙民居最少都有几十年历史,所以现在农村掌握这门技术的人已经很少,砌筑墙体在实验室用热箱法进行实验不太现实。因此,按照传统工艺用小试件,根据 GB/T 13475—2008《绝热、稳态传热性质的测定、标定和防护热箱法》,近似将非均质的竹编木骨泥墙当做单一均质材料处理,采用防护热板法测定其当量导热系数[6]。

3.1　试件制作

对于试件的制作,考虑到实验尺寸要求,均制作为边长 300 mm 的正方形试件,厚度为 30 mm 左右。

其制作过程见图 7。主要工序为:①选择处于成熟期的竹子,保证其含水量较稳定,不会有太多的失水变形;②将竹子进行切割,首先切割成长为 300 mm 的短柱,而后将之再切割为宽约 15 mm 左右的竹条;③将竹条进行编织,纵向竹条内互相覆压,交错压住横向 3 根竹条;④将编制好的试件表面敷泥,总厚度控制在 30 mm 左右;⑤最后将做好的试件阴干,防止水分散失过快而产生裂缝,待其自然状态下含水量达到稳定后,修复其表面裂痕,达到平整度的要求。

3.2　实验测试

本实验采用沈阳·紫薇机电设备有限公司产的 CD-DR3030 导热系数测定仪。实验时间为 2014 年 1 月初。

3.2.1　参数设置

实验中主要参数设置见表 1。

图7　制作试件全过程

表1　参数设置

计量板中心给定温度(℃)	35	试件规格(mm)	300×300×30
左冷板给定温度(℃)	15	采样次数	4
右冷板给定温度(℃)	15	状态调节	二级环境标准

3.2.2　实验结果

在冬季进行了自然状况下和干燥状况下的实验,结果见表2、表3。

表2　自然状况下试验结果

左侧试件相关温度(℃)				右侧试件相关温度(℃)				平均导热系数 W/m·K	计量板加热功率(W)
计量板	计量板边缘	防护板	冷板	计量板	计量板边缘	防护板	冷板		
35.125	35.063	34.953	15.000	34.888	34.946	35.071	15.050	0.182 7	5.476
35.097	35.067	34.950	14.997	34.928	34.957	35.076	15.048	0.184 5	5.533
35.113	35.085	34.966	14.998	34.947	34.983	35.088	15.057	0.185 4	5.564
35.136	35.107	34.992	15.013	34.971	35.004	35.109	15.093	0.184 9	5.546
35.118	35.081	34.965	15.002	34.934	34.973	35.086	15.062	0.184 4	5.530
35.136	35.107	34.992	15.013	34.971	35.004	35.109	15.093	0.185 4	5.564
35.097	35.063	34.950	14.997	34.888	34.946	35.071	15.048	0.182 7	5.476
设备修正系数 0.990 1				修正后导热系数:0.182 6					

表3　干燥状况下试验结果

左侧试件相关温度(℃)				右侧试件相关温度(℃)				平均导热系数 W/m·K	计量板加热功率(W)
计量板	计量板边缘	防护板	冷板	计量板	计量板边缘	防护板	冷板		
35.063	35.024	34.961	14.950	34.950	34.993	35.094	15.013	0.124 7	3.745
35.040	35.025	34.954	14.998	34.964	35.000	35.082	15.044	0.125 0	3.745
35.043	35.027	34.953	15.016	34.966	35.001	35.082	15.061	0.125 6	3.762
35.047	35.031	34.961	14.990	34.971	35.004	35.092	15.041	0.125 4	3.760

续　表

左侧试件相关温度(℃)				右侧试件相关温度(℃)				平均导热系数 W/m·K	计量板加热功率(W)
计量板	计量板边缘	防护板	冷板	计量板	计量板边缘	防护板	冷板		
35.063	35.027	34.957	140 989	34.963	35.000	35.008	15.040	0.125 2	3.753
35.063	35.031	34.961	15.016	34.971	35.004	35.094	15.061	0.125 6	3.762
35.040	35.024	34.953	14.950	34.950	34.993	35.082	15.013	0.124 7	3.745
设备修正系数 0.990 1				修正后导热系数:0.124 0					

3.3　数据分析

通过实验得到,竹编木骨泥墙在自然情况下得到的当量导热系数为 0.18 W/(m·K),完全干燥情况下当量导热系数为 0.12 W/(m·K)。按照自然状态下导热系数 0.18 W/(m·K)计算。在常见厚度30～50 mm 情况下,热阻值的范围为 0.17～0.28 m²·K/W。

4　讨论

以同等厚度 50 mm 的竹编木骨泥墙为例,实测计算出来的热阻值 0.30 m²·K/W 和实验室实验数据 0.28 m²·K/W 有 0.02 m²·K/W 的差距。其原因首先是夏季典型户测量时间段温度不是很高;其次实验测量和现场测量分属冬夏两季,冬季湿度较夏季湿度低,导热系数随湿度增大而增大;还有墙体厚度测量方面的误差。建议对于常见厚度为 50 mm 墙体情况下,取其平均值 0.29 m²·K/W 作为校正值进行以后的研究,对其他厚度,参考实验所得导热系数 0.18 W/(m·K)进行计算。

5　结论

竹编木骨泥墙民居是川渝地区常见的一种民居类型,本文对于此类民居的研究结果如下。

1) 通过实验测定,自然状态下竹编木骨泥墙导热系数为 0.18 W/(m·K)。在常见厚度 30～50 mm 情况下,实验得到热阻为 0.17～0.28 m²·K/W。结合现场测量结果,建议厚度 50 mm 墙体取 0.29 m²·K/W 比较恰当。

2) 竹编木骨泥墙的热工性能和其他类型的围护结构进行对比:材料简单造价低廉,适于就地取材,便于建造和修缮;拥有轻薄和透气的性能可以防止梅雨季节室内结露;但是它热阻较小,热惰性不佳,对于抵抗重庆炎热的夏季不利,需要进行改善。

参考文献

[1]　陆元鼎.从传统民居建筑形成的规律探索民居研究的方法[J].新建筑,2005,3.

[2]　刘致平.中国建筑类型及结构(第三版)[M].北京:中国建筑工业出版社,2000.

[3]　王朝霞.地域技术与建筑形态——四川盆地传统民居营建技术与空间构成[D].重庆大学硕士论文,2004.

[4]　曾宇.川渝地区民居营造技术研究[D].重庆大学硕士论文,2006.

[5]　石坚,李敏,王毅红,王春英.夯土建筑土料工程特性的试验研究[J].四川建筑科学研究,2006,32(4):86-87,110.

[6]　GB/T13475—2008《绝热、稳态传热性质的测定、标定和防护热箱法》.

苏皖农村轮窑被动式新风系统研究

于长江　钱　坤

　　轮窑是在公元 1858 年由德国人富里多利·霍夫曼（Holfmann）所设计的一种连续式窑炉，因此也称霍夫曼（Hoffman）窑，这种连续生产的焙烧设备，曾经是我国砖瓦工业生产中广泛使用的一种窑型，我国各地的工匠师傅在原型的基础上进行了因地制宜的改进，具有梦幻窑空间、高耸烟囱的砖窑是我国村镇地区独特的建筑景观。就其对环境的影响而言，轮窑除了在烧砖的过程中产生二氧化硫、一氧化碳、氨氮化物等对大气污染外，取土造砖会破坏大量农耕土地。对环境资源的极大破坏限制了其进一步发展利用，出于对耕地的保护，国家出台相关政策限制黏土砖，目前，很多地区停止烧砖，多数砖窑已拆除或即将拆除。本文在已有研究的基础上，提出保护并改造某些砖窑的量化分析数据，并进行可能性分析。

　　烧砖的工艺要求产生了轮窑独特的建筑空间和优良的热工性能，尤其是提高燃烧效率的被动式新风系统更是人们改造利用大自然的完美策略。在建筑的全过程周期中，建筑材料和建造过程所消耗的能源一般只占其总的能源消耗的 20% 左右，大部分能源消耗发生在建筑物运行过程中。建筑运行时的能量消耗主要表现在维持室内空气环境条件、光照条件、日常工作娱乐设施运行等，其中室内空气环境的维持造成的能耗值得关注，尤其是空调用电量在总用电量占据了相当部分的比例。从人的角度来看，长时间停留于空调维持的环境，虽然免除了过高或过低环境温度给人们带来的不适，但较封闭的室内空气条件改变了人在自然环境中长期形成的热适应状况，由此产生了空调不适应症，对人体健康有一定影响[1]。

　　笔者基于已有资料的查阅和对南京周边苏皖农村轮窑的调查，对轮窑被动式新风系统进行了较为全面的研究分析。证明轮窑改造成为适宜人活动的空间场所的可能性，进一步量化分析轮窑独特建筑空间的独特价值。

1　轮窑工作原理

1.1　轮窑运作过程

　　霍夫曼窑常见的平面形式如运动场跑道的环形，内部窑室为一条中空的穹窿形长隧道，环绕成一圈。多为两层，一层为烧砖窑腔，二层为投煤的窑棚，窑棚多由当地建筑材料搭建。窑体旁有阶梯或是窑桥连接到二层窑棚。烧制方法是将砖坯排设于窑室内，从二层窑棚投煤孔投入煤炭。开火后，火会慢慢推进，一间接着一间窑室燃烧，夜以继日，

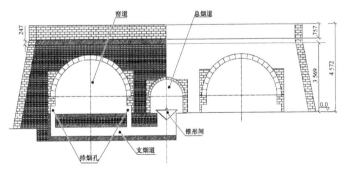

图 1　国内霍夫曼窑横向剖面、立面形式

　　于长江，钱坤：东南大学建筑学院，南京 210096

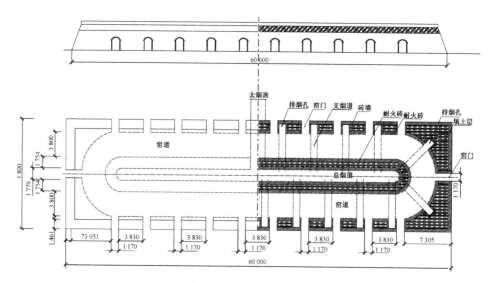

图 2 国内霍夫曼窑常见平面、立面形式

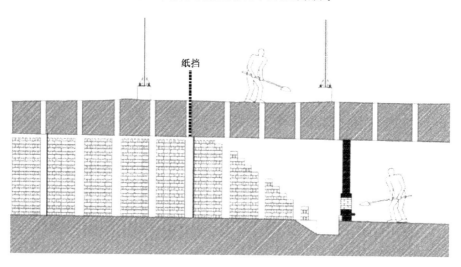

图 3 码转形式(《台湾霍夫曼窑之研究》作者绘)

终年不停。轮窑一方面利用燃烧时产生的热量干燥及预热砖坯,然后经由地下烟道从烟囱排出;一方面引入外部新鲜空气冷却已烧制完成的砖坯,并持续供给燃烧所需的氧气。每间窑室经装窑、干燥、预热、烧窑、保温、冷却、出窑等过程[2]。

传统的砖窑封窑后需逐渐加热到烧窑所需温度,待烧火完成后,又需待其自然冷却、缓慢降温,因此从入窑到出窑,整个烧制过程需花费很多时间和燃料。而霍夫曼窑之所以被称为现代化砖窑,主要是由于其改良了传统砖窑的缺点,将窑室环绕成一圈,中间无隔断,使得窑火可在窑室内连续推进,一间接一间循环烧制而无需停火,且霍夫曼窑合理利用了燃烧热与外部新鲜空气,提高了热能效率和生产效率,不但燃料使用较为节省,生产速度快、产量又大[2]。

1.2 烟囱——气体发生运动的装置

"烟囱效应"(chimney effect),从名称可知其最初来源是在真正的烟囱里发生的某种现象而得名。无论工业烟囱还是家用炉灶的小型烟囱,能够有效排烟的原因就在于产生了烟囱效应。这一现象可以简单描述为当烟囱底部的火炉生火时,火炉上的空气被加热、膨胀而密度减小,从而变轻在烟囱内上升,从烟囱顶排到空中,这时烟囱内原有的热空气已经运动到烟囱外,需要新的空气来填补,在烟囱底部形成负压将室外空气吸入,吸入的新鲜空气含氧量较高,因此火炉能够燃烧的更加旺盛。原先的炊事烟囱和工业烟囱主要起着排烟功能,但这种原理已经扩展运用到建筑自然通风方面,利用"烟囱效应"进行自然通风的建筑上设置的通风塔或通风管道形式也多样化[3]。通过有目的的设置门窗位置或利用通风构件能使室外新鲜空气有组织的进入室内,有效改善室内空气环境。

气体运动因各种阻力而消耗一定能量,要维持气体的连续不断运动,必须经常给气体补充能量。在自然通风的轮窑中,是依靠烟囱效应的抽力使气体不断获得能量以维持其运动[4]。

3 风环境模拟分析

3.1 Phoenics 软件模拟

3.1.1 Phoenics 软件简介

CFD 技术在室内热环境模拟中的应用基于室内不可压缩气体质量、动量、能量守恒微分方程的离散化处理及其数值解析。本文采用 CFD 类专业软件 Phoenics 进行模拟计算。

Phoenics 软件在 HVAC 领域具有较多的应用,采用控制容积离散法对控制方程组进行离散。Phoenics 在基于"object"的建模方式上可以快速建模,将通风系统中常见的各种物理模型如墙、人、进出风口和桌椅等以形象的实体模型表示,并提供了各种材料的物理性质数据库,满足了不同系统设计的需求。软件可以自动划分非结构化网格或结构化网格[5]。本章节中将采用 Phoenics 软件对房间内自然通风进行热舒适性模拟分析。

3.1.3 Phoenics 软件物理建模及边界条件设定

根据江苏省淮安市盱眙县官滩镇砖窑的现场测绘数据建立物理模型。为了简化模型,将某些部分设置成为 block。

为了简化问题,本文章做以下假设:

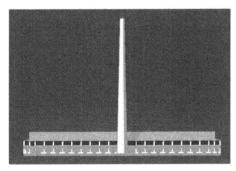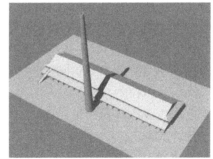

建筑物理模型立面　　　　　　　　建筑物理模型鸟瞰

图 4　建筑物理模型(作者自绘)

(1)室内气体为不可压缩气体且符合 Boussinesq 假设,即认为流体密度仅对浮生力产生影响;

(2)流动形式为稳态湍流;

(3)忽略四周墙壁及室内物体的辐射热;

(4)气流为低速不可压缩流体。

Phoenics 软件中,会根据预先给定的参数生成一个稀疏的网格,可以根据稀疏网格进行初步估算,来确定模拟所需的大概时间和解析解的范围,发现模拟过程中的问题,来随时调整网

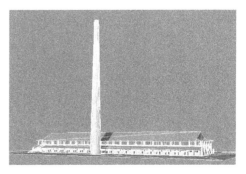

图 5　建筑物理模型透视效果(作者自绘)

格。为了得到更加准确的模拟结果,还需要对网格进行更加细致的划分来生成细密的网格[6]。

3.2　Phoenics 软件模拟结果及分析

本次分析采用盱眙县 4 月份的气候数据作为分析参数:气温 20 ℃,风速 2.4 m/s,风向东偏南 22.5°。气压值设为理想化的一个大气压。假设砖窑为废弃状态,窑门、投煤孔、风闸均为完全打开。

本次模拟运行 1 200 次,运行过程中出现收敛,分析趋于稳定,分析结果如图 6 所示。

以＋2.0 m 标高作为绘图平面,图中云图显示的风速差非常明显。砖窑背风侧风速下降,出现 0 风速区域。砖窑内部进风口一侧窑门位置风速较高,达到 3 m/s;窑腔转弯处风速略高,为 2 m/s 左右;其余部分风速基本控制在 0.5～1.5 m/s 之间。烟囱口处的风速甚至达到 60 m/s。

不同位置的温度基本上没有发生变化。近烟囱处北向风口附近发生温度降低,推测可能与模型建立有关系,有待进一步深入研究。

靠近烟囱的风闸及窑室的气压明显降低,降低的量往两侧逐渐减弱,而烟囱口的气压超过负一个大气压。通过气压的变化可以清晰地看出风的流动方向。

结合风速场与气压场的结果分析,烟囱起到了明显的拔风作用,越靠近烟囱,气压变化越剧烈,风速越大,新风效能越好。但是某些特别天气,如阴雨天的新风效能是否有效,还需进一步分析研究。

如果将窑室改造成为人活动的场所,开洞口的位置和大小将会直接影响到改造后建筑的新风效能。这成为改造砖窑的一个重要考虑因素。

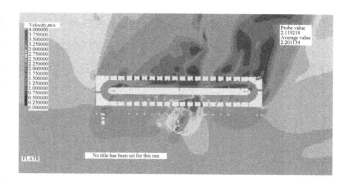

图 6　模拟结果风速场(作者自绘)

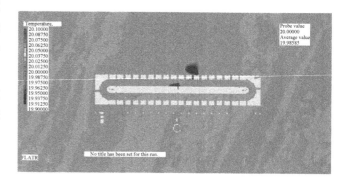

图 7　模拟结果温度场(作者自绘)

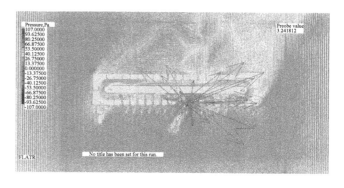

图 8　模拟结果气压场(作者自绘)

参考文献

[1]　马莹莹.适于自然通风的建筑构型优化研究[D].河北工程大学城建学院研究生论文,2014.
[2]　周宜颖.台湾霍夫曼窑之研究[D]."国立成功大学"建筑学系研究生论文,2005.
[3]　王妍卉.作为建筑自然通风的"烟囱效应"实验研究[D].华中科技大学建筑设计及其理论研究生论文,2010.
[4]　王启标.轮窑快速烧砖的理论与实验[M].北京:建筑工程出版社,1959.
[5]　张伟捷,晋文,盛晓康,等.基于CFD建筑热环境模拟的建筑方案优化设计研究[D].暖通空调,2010,40(3).
[6]　王福军.计算流体力学——CFD软件原理与应用[M].北京:清华大学出版社,2005.

村镇地区轻型建造产品系统应用研究*

王海宁　张　宏

我国在过去的 5000 年中一直是世界上最大的农业大国,现阶段仍然是非城市户口人数大于城市人口,村镇地区非农业用地占地面积更是远远大于城市地区。如此众多的人口基数及辽阔的空间,对于房屋建筑的要求与城市相比具有一定的区别,而随着经济水平的发展和国民文化素质的提高,村镇地区的人员生活习惯、产业结构调整以及生态容纳密度等诸多因素均深刻影响着该区域的建筑系统。考虑到村镇地区的实际情况,本文提出了利用轻型结构房屋系统解决其居住、商业、行政等具体需求这一策略。

1 村镇地区建筑系统特点及要求

1.1 生活生产形态

现阶段村镇地区的耕地分配情况不固定,往往经过一个承包周期后,一般经行政单位将耕地进行重新承包分配。因此这就造成了宅基地与生产地的空间距离会发生变化,而造成交通时间变多。村镇人员的宅基地一般情况下不会发生变动,但是考虑到我国从 10 年前就开始着手进行的新农村规划建设,小型的自然村被进行整合调配,耕地与宅基地之间进行切换,而重型结构特别是钢筋混凝土重型结构在拆除后不光带来了大量固态垃圾要被清运走,也导致了该地基部分土质已经不适宜作为耕地继续使用。

1.2 新兴产业结构的调整

由于经济体制改革、政策因素、生产成本、城市扩张等原因,原先村镇地区单一的农业经济体制已经成为过去,工业、商业形态的介入提高了人们的生活质量和当地税收以及带动了基础设施建设的飞跃。但是复合经济形态的进入对于建筑系统提出了新的要求,首先该区域应以农业发展为主,耕地的占用往往带来不可恢复性,这是国家层面极力避免的;其次,工商业活动的本身具有一定的风险,后如果经济无法支撑下去,工厂可以关闭,营业执照可以注销,但是房子建了之后没法变成原先的建筑材料,只能变成建筑垃圾,特别是对于耕地的影响是长期的。

1.3 能源物质分配

村镇地区不同于城市,物质和能源的集中程度较低,特别是能源方面,相同基数的能源分配供给往往意味着更大的代价及更低的效率。同时,现阶段该区域的液体及固体废弃物处理水平较低,甚至大部分区域的处理能力为零,垃圾和生活废水直接排入自然系统中。由于该区域的职能主要为农业生产为主,大量有害物质进入生态系统,渗透到地下水系统中,在危害居民身体的同时亦有可能污染农业产品,从而

王海宁，张宏：东南大学建筑学院，南京 210096

* 本论文受到"十二五"国家科技支撑计划课题(2012BAJ03B04)资助。

导致有害物质突破地理因素进行无序扩散,进而难以进行控制。

1.4 人口构成及增长

村镇地区的人员构成也发生着很大的变化,不同于城市地区独生子女政策得到很好执行,该区域人口生育水平较高,一般家庭普遍生育2~3个子女甚至更多。此种情况导致了房屋短缺的情况发生,大量的住房缺口要进行填补,填补的主体不同于城市地区的政府或商品房开发商而是居民自身,"盖房娶儿媳"已成为一种普遍的情况。而建造房屋是一个专业系统的过程,村镇地区建房过程缺乏有效监管,为安全及后续质量控制留下了一定隐患。

2 系统产品介绍

该轻型结构房屋系统产品为东南大学建筑学院建筑技术科学系的多年研究成果。为了保证研发进度的顺利推进,在项目启动之初就形成了围绕建筑全生命周期的产业联盟,其中以建筑技术科学系为主导,东南大学能源与环境学院、材料学院、土木工程学院等单位为技术研发支持,相关合作工厂辅助技术转化。

为了实现快速现场建造,本系列产品从设计阶段、材料构件加工、工厂装配到现场吊装,均采用了信息化系统进行全程辅助控制,高效高质量地完成,是目前国内建造速度最快的房屋系统。本系统采用了模块化的内外围护结构体系和标准化的连接构造,在工厂预制加工组装,并通过集装箱模式进行高效物流运输。建筑以铝合金为主要材料,围护体系运用了无机高效保温隔热材料,具有良好的防火性能。此外本系列产品研发各部分以及产业联盟各企业,在工业化建造、建筑材料研发、太阳能光电技术及太阳能与建筑一体化技术系统、供水排水、空调系统、建筑性能控制系统领域均拥有技术积累。其中具有代表性的产品有:多层复合中空保温装饰板;建筑雨水利用收集系统;分散式生活污水生物处理系统、基于分布式光纤的建筑节能监测远程软件;在线反演建筑围护材料热导率软件等,可配套选用于本轻型房屋系列产品,形成不同档次的层级化产品及其应用。

3 产品技术特点

考虑到村镇地区建筑类型及实际特点,该系统经过一系列有针对性的系统优化开发设计,可以满足该区域特征及业主对其功能使用要求,主要具有以下技术特点。

3.1 具有快速的建造速度

由于本系统工业化预制程度高,工厂化完成百分比达到93%以上,现场所需工作量极少。采用模块化装配理念,复杂部件已经"封装"在各模块中,现场装配工作量低。按照该体系实验房数据检验,8个经过产业培训的技术工人经过6小时作业即可完成12个模块的主体装配工作,且全部装配施工时间不超过3天。基础处理后当天就可以将主体模块合拢,安装工作第2天甚至当天就基本可以转入室内,为工人提供更为舒适的工作环境的同时也可进一步保证装配施工质量。

3.2 建造过程对耕地破坏小

本系统自重每平方米不足100 kg,设计采用活动可调基础,经测算及实验,地耐力达到5 t时即可不进行场地硬化或地基土置换,简单夯实后即可进行基础模块安装。场地无需进行平整,仅处理基础地脚所在处方圆0.6 m范围内土体即可。由于采用可调活动基脚,基础各点标高无需进行精确校准,高差范围在 15 cm 内均不影响后续建造工作进行。因此相对于传统砖混、钢筋混凝土框架等重型结构来讲,该系统对耕地影响较小,普通情况下对于地基部分耕地土质没有影响,建筑搬迁后原有场地可以迅速恢复成耕地状态。

3.3　快速吊装

本系统吊装方式简便,即采用普通小吨位汽车吊即可。由于可滑动滑轨的采用,使得原本复杂繁琐的就位过程变成了简单"引导式"吊装就位。就位过程中相邻模块无需贴合,模块间留有一定间隙,模块吊装到位后与所属滑轨紧固后沿导轨方向移动,并通过相应连接构造进行紧固。

系统模块通过普通中型卡车运输至施工现场,采用汽车吊或者轮式起重机进行吊装作业。根据实际情况采用 15~25 吨米吊车即可,以 25 吨米吊车为例,1 日 8 小时台班租金价格仅为 1 000~1 500 元。

3.4　可快速周转重复使用

本系统中各模块充分考虑运输、吊装过程中的各种受力状况,保证经过多次重复周转后仍能达到结构稳定和各功能完备,极快的建造速度也在另一方面为多次重复周转提供可能。采用铝合金作为结构材料最大的优点在于轻质高强,此种特点也为多次周转重复使用提供了基础。由于该优势的体现,使得该体系房屋可以达到 50 次的拆装设计寿命。

3.5　适合多种使用功能

由于本系统采用模块化设计思维,可以采用模块化定制的手段来解决不同的使用要求。由于其特殊的构造处理措施,可以形成贯通大空间的同时也为不同功能模块的加入创造了条件。而空间使用模块和功能辅助模块相对独立,为后续的维护检修创造了便利。相应"接口"的设置也为后续功能模块的扩展提供了可能。如居住功能与商业功能可以在短时间内进行快速切换,1 栋建筑满足多种使用需求而不是单一功能而造成多次建设的浪费。

3.6　空间可变与使用功能拓展

本系统在空间分布和室内功能布置上具有完善的设计理念。不同于一般传统意义上的静态空间使用要求,多样的使用要求和相对有限的室内空间形成矛盾。因此在空间使用方面,本系统秉承动态设计思维,通过室内家具的可变性来集中解决这一冲突,可实现不同使用功能的快速切换,在节约空间和造价的同时赋予空间本身更多的功能。同时,由于采用主体模块化拼接设计理念,为后续空间拓展预留接口。如村镇地区普遍存在子女成家原有老房空间不够的现实问题,推倒重盖新房的方法成本太高且对环保低碳极为不利,原先旧房除钢筋外,完全成为垃圾,从而对环境造成进一步的破坏。如采用该轻型结构,由于空间可以在原有基础进行扩展,因此原有结构可以得以保存并继续参与建房的下一生命周期。

3.7　自保障能力

该轻型结构产品具有完善的辅助模块系统,根据使用需求及预算,可以模块化置入太阳能光电一体化系统甚至分散式生活污水生物处理系统。在能源、物质等层面提供了最大程度的自保障,有效保护村镇地区脆弱的生态环境。

太阳能光电一体化系统集合了光电、光热等系统,对太阳能资源进行最大程度的利用,以减少对于化石能源的消耗,降低使用成本和后勤负担。同时光电一体化模块与屋顶模块整合在一起,屋顶模块就位的同时,光电一体化模块同时安装完成,直接进入后续系统调试工序。

分散式生活污水生物处理系统基于小型生活污水的生物生态处理原理,有机物主要通过生化方法去除,氮磷营养盐在生态处理单元依靠基质和植物根系的过滤、吸附、吸收等过程实现资源化利用。该模块独立于主体模块之外,通过相应污水、中水以及电路管线与主体模块连接。

以上自保障系统均采用模块化封装,设计预留安装接口,除污水处理系统的相关微生物菌群需要建立外,其余自保障模块可在结构模块合拢的次日进入工作状态。

4 结语

综上所述,可移动轻型结构房屋系统满足村镇地区的使用要求,为该地区居住、工农业生产、商业等活动保障提供了新的方式。同时先进的设计生产建造思想、紧密合作的产业联盟机制以及各种环境友好型技术的使用,确保了该系统可以高效、健康、稳定的在建筑全生命周期有效运行。

参考文献

[1] 秦笛.建筑的可移动性研究——以工业化住宅为例[D].东南大学建筑学院建筑设计及其理论,2009:1-83.
[2] 张宏,丛勐,甘昊.用于既有建筑扩展的铝合金轻型结构房屋系统[J].建筑科技,2013,13:60.
[3] 王海宁,张宏,唐芃,高坤.工业化住宅至铝制建筑发展历程——以日本铝制住宅发展现状为例[J].室内设计与装修,2010,192(8):108-111.
[4] 董凌,张宏,王海宁,张弛.工业化住宅简述:从结构材料和结构类型的发展探讨中国工业化住宅发展之路[J].室内设计与装修,2010,191(7):118-121.

预制装配式建筑构件的定型及运输装备研究*

刘　聪　张　宏　张方晴

随着我国人口红利的淡出,分散的、低水平的、低效率的传统粗放型建造方式所积累的问题和矛盾日益突出。因此,国家在几个重要文件中从不同角度都提出了推进建筑产业现代化的发展要求。住宅是大量性建筑,在居住建筑中采用预制装配的方式是建筑业实行产业现代化改革的重要途径,它为实现建筑结构体构件、围护体构件、装修体构件的定型设计和发展创造了条件。将房屋建筑纳入产品范畴,是实现建筑产业现代化可靠保证。笔者根据装配化建筑生产和运输的特点,调研了预制装配框架结构建筑的构件工厂生产及运输工具装备。

1　构件定型装备

1.1　混凝土构件生产线

过去的建筑构件大多在施工现场来完成。固定式的混凝土工厂是随着这类构件应用的扩大发展而来,预制构件只有满足特定的规范条件才能作为合格的产品出厂并投入使用。目前各省都有不少这样的企业,为预制构件厂提供自动化生产装备的企业也很多,知名的有德国 AVERMANN、芬兰的 ELEMATIC、上海的宝钢机械等。这类构件加工企业的生产装备规模体现其年生产能力,3 000～10 000 m³ 属于小型企业,10 000～40 000 m³ 者属于中型企业,年生产能力超过 40 000 m³ 者属于大型企业。

工厂的生产程序分为主要工序和次要工序,主要工序包括模板的准备和装配、浇灌混凝土、成型与振捣、混凝土凝固、脱模,次要工序包括混凝土的提供、钢筋加工和预埋、预制构件养护、预制构件的检验等。各个工序由混凝土构件生产线上的机具设备来完成。预制构件的生产方法主要分为平卧法和立法。平卧法生产是将构件平卧在底模上进行制作,包括构件的叠加生产;此法是目前现场预制构件最常用的,一般用于混凝土矩形梁、屋架、柱子、薄腹梁等构件的预制。立法生产是将构件垂直架立起来进行制作的方法,一般用于吊车梁,也可用于屋架及薄腹梁的预制。

根据构件生产的模台的运行方式可分为固定式和循环流水式两种。固定模台式是一种传统的制造预制构件方法,模台固定于地面,工人或设备围绕工作台生产,生产灵活性较大,兼容性好,适合各种不同形状的构件(图 1)。循环流水式是指模台绕固定线路循环运行,通过各个工位与专用设备,生产效率较高,但材料输送路径较长,耗时增加,根据循环方式的不同可分为中轴式和周圈式两种(图 2、图 3)。

刘聪,张宏:东南大学建筑学院,南京 210096;张方晴:江苏省交通规划设计院股份有限公司,南京 210014

* 十二五国家科技支撑计划课题(2012BAJ16B03)资助。

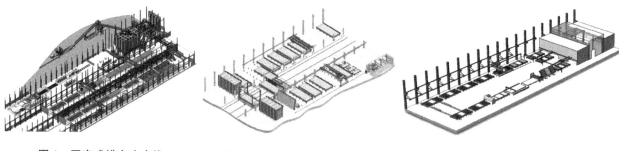

图 1　固定式模台生产线　　　　图 2　中轴式模台流水生产线　　　　图 3　周圈式模台流水生产线

1.2　模具制作

模具优先由钢、木制成,工厂加工的模具普遍具有通用性强、拆卸方便、周转次数多、周转使用后原材料可再回收利用等特点,决定采用哪种材料主要取决于用同一种模板生产的构件数量。据统计,木模板平均使用寿命为 40 次,而钢模约为 600 次。因此,对于较小批量的预制件以木模板为有利,而对于大批量则只有采用钢模板。

住宅建筑从设计到施工装配完工的大流程来讲,模具制作只是其中一个小环节(图 4),但却是一个至关重要的环节,因为模具装配形式和大小决定了构件的外形尺寸,模具的加工精度决定了构件的美观程度。通过调研,模台的长度通常为 9、12 m

建筑设计　构件拆分　　　　构件加工　物流运输　构件装配

模具设计及制作

图 4　模具制作环节

两种,而宽度已达到 3.5 m,单位面积承载力为 650 kg/m²,混凝土布料机的布料宽度为 3.2、3.5 m 两种,模板通常采用 3 mm 或 6 mm 的钢板制作,需经过展开放样、制作样板、画线下料、模板装配这几道工序方可制作完成。

在模具加工装配时需注意。

(1) 工厂里模具采用的是模块化的设计加工方式,根据工厂的模具加工尺寸进行构件设计,可以使一套模具在成本适当的情况下满足"一模多用",因而模块化是降低成本重要手段。同时单个构件在设计之初要考虑模台的宽度和长度要求,避免尺寸过大,带来生产难度和成本的增加。

(2) 控制构件的垂直度和平整度,用方角尺认真检查,保证构件各部位形状、尺寸和相关位置的准确。

(3) 固定在模板上的预留孔洞及预埋件要保证数量和位置的准确,安装必须牢固。

(4) 一般情况下,预制工程以及预制构件本身的实际尺寸,与设计时的构造要求尺寸是不完全一致的,这两种尺寸之间的差别叫做尺寸公差,它是一个允许的限值,因此构件标识尺寸应该包括建筑构件尺寸和接缝尺寸。

(5) 每隔 2~3 m 的距离加 1 道槽钢支撑,应用螺栓紧固,以加强模板的强度和刚度,防止胀模。

(6) 模板支架宜用槽钢焊接完成,支架高度为 60 cm 左右,以利于工人的操作,减小劳动强度。

1.2　钢筋加工装备

钢筋是混凝土的受力骨架,主要用来提高混凝土抗剪和抗拉能力,因而是混凝土建筑结构的主要材料。在工厂进行构件混凝土浇筑前,钢筋需要按照一定的规格和形式置入模具中,称之为钢筋笼的制作,其加工通常包括钢筋拉伸、调直、剪切、弯曲、连接、捆扎等过程。由于钢筋用量大、手工操作难以完成,因而采用专用的钢筋翻样和加工机械来进行操作。这类机械称之为钢筋加工装备。依据钢筋加工过程的不同,通常分为钢筋调直切断机、钢筋弯箍机、钢筋网焊接设备和辅助装置等。国外钢筋加工机械的主要厂商有意大利 Schnell、德国 PEDAX、丹麦 Stema 及美国 KRB 等公司。通过调研,钢筋调直切断机的最小锯切长度为 0.75 m,最大锯切长度为 12 m。钢筋弯箍机的最大加工长度为 12 m,单根钢筋加工直径范围为 $\phi6\sim20$ mm 之间,双根钢筋加工直径范围为 $\phi6\sim10$ mm 之间,最大弯曲角度为 $\pm180°$,钢筋网片经过折弯或弯曲加工可制成长方

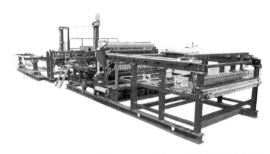

图 5 天津建科机械 GWCZ 型自动钢筋网焊接设备

体、圆柱体及变异形体的箍筋笼,大小范围在 200 mm×200 mm 至 800 mm×800 mm 之间。钢筋网焊接设备(图 5)的网宽通常不大于 3.3 m(大型机械可达到 6 m),纵筋间隔不小于 75 mm,横筋间隔在 50～400 mm 之间,最大焊接能力为 12+25 mm(表 1)。

表 1 加工尺寸要求

型　号		GWCZ2400	GWCZ2800	GWCZ3300
	最大网宽 Max Mesh Width	≤2 400 mm	≤2 800 mm	≤3 300 mm
	纵筋间隔 Line Wire Spacing	50 mm 倍数递增	50 mm 倍数递增	50 mm 倍数递增
	横筋间隔 Cross Wire Spacing	50～600 mm	50～600 mm	50～600 mm
	纵筋直径 Line Wire Diameter	5～12 mm	5～12 mm	5～12 mm
	横筋直径 Cross Wire Diameter	5～12 mm	5～12 mm	5～12 mm
	最大焊接能力 Max. Welding Capacity	12+12 mm	12+12 mm	12+12 mm
	工作速度 Welding Speed	60～100 次/min	60～100 次/min	60～100 次/min
	焊点数量 Welding Spot	24	28	32
	电力需求 Power Supply	630 KVA	750 KVA	850 KVA
	控制方式 Control Mode	工业级 PLC 可编程控制器＋终端显示器 PLC Control＋Terminal Display		
	模块化图库设计,个性化编辑,可与 TJKMES 系统软件配合使用 Application Software			选配 Optional

通过上述专业机械设备制成钢筋成品供应给预制构件生产厂家,可以实现钢筋加工产品化。但目前在钢筋加工厂加工的钢筋量占全国总量的 15%,大部分采用在工地现场手工绑扎的方式,甚至采用卷扬机拉直的方法代替钢筋调直,破坏了钢筋的机械性能;钢筋的弯曲、弯箍也采取简易方法,造成

形状、尺寸不准;更有甚者采用不合格的钢材,造成工程的隐患。我国钢筋加工产品化刚刚起步,目前粗钢筋弯曲成型、细钢筋箍筋成型的生产方式比较落后,应加快开发适合国情的自动化或半自动化的生产设备。

2 物流运输和堆放装备

2.1 墙板、楼板运输车

预制构件运输是工厂预制与施工现场之间的联系环节。一般通过道路运输,因此预制件的道路运输必须符合道路运输交通允许的规定。根据《中华人民共和国道路交通管理条例》车辆装载部分规定,"大型货运汽车载物,高度从地面起不准超过 4.0 m,宽度不准超出车厢,长度前端不准超出车身,后端不准超出车厢 2 m,超出部分不准触地"(图 6)。在我国运输车辆的宽度不得超过 3.0 m,由此可以推导出构件在这方面的最大尺寸为 3 m,总高度可以采用 4 m,车体运输长度限值见(表 2)。

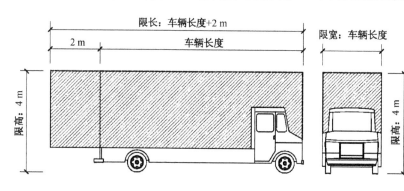

图 6 道路运输交通规定

表 2 不同运输车车体装载长度要求

运输车车体类型	构件限制长度(米)
双　轴	10.0
三轴及多轴	12.0
半挂车	14.0
一辆挂车	18.0
双挂车	22.0

为了保证预制成品构件在水平运输过程中不受损坏,国内外的混凝土预制件大多采用了专门的汽车运输。目前市面上使用的墙板、楼板运输车主要有两种,一种是外挂式,载重量为 16 t,适用于内外墙板和大楼板的运输(图 7)。这种运输方式是将墙板或楼板靠放在车架两厢,板顶吊环与车架顶部用绳索拉紧固定。另外一种是内插式墙板运输车,载重量为 40 t,适用于内外墙板的运输,将墙板插放在车体货厢内部,与支架连接固定(图 8)。这两种运输车相比,外挂式有起吊高度低、装卸方便、速度快和有利于构件成品及外饰面保护等优点,而内插式具有装载构件数量多、载重大的优点。

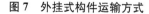

图 7 外挂式构件运输方式

图 8 内插式构件运输方式

2.2 墙板、楼板插放架

墙板、楼板等预制构件从工厂生产完成后经检测需运往吊装机械工作半径范围内存储,存储量一般为 1～2 层的构配件。墙板插放架是采用存储吊装法，现场存放墙板构件的工具(图 9)。用工字钢或角钢焊接制成，底部有方木，上横杆留有销槽，便于横档随墙板厚度移动，上部纵向用钢管或脚手板与支架连接，使所有构件与插放架连城整体。

图 9　墙板插放架

2.3　多用途吊具

多用途吊具适用于内外墙板、楼板、楼梯等各种构件的吊装定位。使用时可根据各类构件的大小以及角度的不同，选用合理的吊钩。这种吊具改变了传统吊装机具只能适用少量预制构件吊装的单一结构，多用途吊装钢梁与构件连接形成通用节点，实现多种构件吊装只使用一种吊具，具有结构简单、通用性强和节约施工成本的优点。

图 10　多用途吊具

3　总结

通过对上述预制装配框架结构建筑的构件工厂生产及运输工具装备的调研不难发现，采用工厂预制和工具装备化运输的方式是对钢筋混凝土建筑最有成效的方法，并带来经济方面的利益。相对于传统手工的建造方法来讲，使用预制装配有以下主要优点。

(1) 通过把构件加工的主要过程移送到固定的工厂中进行，提高了劳动生产效率，同时也节约了资源，使节能减排这一政策落到实处。

(2) 建筑构件预制时，施工工期可以显著缩短，从而达到投资的迅速周转。由于预制，可使除安装本身以外的其他工序同时进行，如结构体构件加工、围护体构件加工、装修及管线构件加工，也使得各个工序并行协同工作成为可能。在预制装配施工过程中，构件加工制作约占总工时的 65%，运输占 10%～15%，现场安装只占 20%～25%。

(3) 操作工人劳动条件的提升，即减轻了重体力劳动，也提高了工作的安全性，体现对劳动者的尊重，这将加快劳动者的专业分工，使其向技能型产业工人转变。

(4) 现场建造时充分应用工厂定型的和标准的预制构件，通过基于 BIM 技术的三维信息化模型将设计和组织信息更好的传递给后期施工、运营等阶段，为合理编排施工场地布置和组织安装计划争取了宝贵的时间，实现现代化的组织形式，这是对产业化理念的诠释。

采用预制装配的方式建造的住宅建筑，将明显的提高房屋质量。因为各个工序都将落实到具体的生产厂家，这在房屋后期的运行维护阶段提供了较为有利的条件，势必会推动建设领域的技术创新，促进新技术、新材料、新装备和新工艺的大量运用。工地现场的机具设施是帮助现场施工工人实现构件定位安装的重要装备，也同样具有调研意义，笔者将延续这方面的工作。

参考文献

［1］　L. 莫克，E. 栾凯. 钢筋混凝土装配式建筑[M]. 北京：中国建筑工业出版社，1985.
［2］　张晓勇，等. 预制全装配式框架结构构件工厂化生产技术[J]. 结构施工，2012，03.

南京周边地区霍夫曼连续窑的基础研究

钱　坤　于长江

中国近代建筑史在过去20年来获得了巨大的进展，但其着眼点多聚焦于位于城市中的建筑，对于乡村的建筑，尤其以乡村的工业建筑的研究不免相对清冷。南京大学的鲁安东教授对江浙一带的蚕种场蚕室建筑的过程进行研究，并以此为线索探讨设计研究的方法和意义。台北"国立成功大学"的周宜颖的硕士论文《台湾霍夫曼窑之研究》对霍夫曼窑引入台湾的时间背景与机缘以及台湾现存霍夫曼窑的实际调查，对其建筑类型与构造形式进行了分析比较。但是在大陆对于霍夫曼窑的调查不免相对萧瑟，本文试图对南京周边霍夫曼窑的调查报告，探讨霍夫曼窑在中国的现状以及其未来发展及改造的可能性。

1　乡土工业建筑

乡土工业建筑在中国特定的时期，有着特定的意义。这是在西方与非西方背景下的历史演变，是现代主义中"本土的"与"普遍的"两者之间的张力，是个人意图与技术和乡土规则之间的互动，也是第三世界现代化的效果。在我国工业迅速发展的初期，兴建了很多工业建筑，而在乡村的语境下，一方面由于本土的独特的建造方法；另一方面则是因为就地取材的缘故。融合了劳动人民智慧的乡土工业建筑体现出与西方工业建筑不同的独特魅力。

乡土工业建筑从蚕种厂、酒厂（图1、图2）到面粉厂（图3）、轮窑（图4）等，种类多样。这些乡土工业建筑具有历史学、社会学、建筑学和科技、审美价值的工业文化价值。它们见证了近现代中国社会以及乡村工业的变革与发展。

图1　蚕种厂（资料来源：自摄）

图2　酒厂（资料来源：自摄）

钱坤，于长江：东南大学建筑学院，南京 210096

图3 面粉厂(资料来源:自摄)

图4 轮窑(资料来源:自摄)

2 霍夫曼窑

2.1 轮窑的历史

砖窑在中国有悠久的历史,在营造法式中就有窑作制度的记载。而从古至今,砖窑的演变大约分为3个阶段。从古代的独门开口窑(图5),到近现代引入的霍夫曼连续窑,再到当代的向隧道窑转型(图6)。

图5 独门开口窑(资料来源:自摄)

图6 隧道窑(资料来源:自摄)

霍夫曼窑由德国人F·霍夫曼于1856年改良设计,1857年5月27日获得专利,因而以其姓氏称此窑为霍夫曼窑[1],又称轮窑。

1897年在上海(清光绪二十三年),浦东砖瓦厂建了一座18门轮窑[2],这是上海地区第一座轮窑,也是目前为止可考的中国最早的轮窑。轮窑可循环连续焙烧、生产效率高、耗煤低、余热还可利用,从此,轮窑成为上海砖瓦企业的首选窑炉。1923年,振苏砖瓦厂建成36门轮窑。1931年,大中砖瓦厂建成34门哈夫式轮窑。轮窑的规模及产量进一步扩大[2]。

南京目前可考的第一座轮窑建于1929年创办的京华第一机制砖瓦厂,位于西善桥,主要设备为18门德式轮窑和英式轮窑各1座[3]。

台湾省早期砖材使用不普及,砖材的需求长期依赖大陆的供给。1900年由日本引入了霍夫曼窑(日本最早的霍夫曼窑于荒川畔小菅寸建造的圆形的霍夫曼窑,并于1872年开始生产红砖[1]),使得台湾省的制砖方式进入了一个崭新的时代[1]。

2.2 霍夫曼窑的技术特征

霍夫曼窑的平面通常是像运动场跑道的环形或圆形,有时也会是矩形或 U 字形。而窑体可分为两层,其中地面层的外观多为砖造,少数为石造,旁边会有阶梯或空桥通往第二层设有木制或钢制屋架的窑顶。至于窑室则是一条环绕成一圈的中空穹窿型长隧道,通常会被分割成 12 个或更多的窑室,而这些窑室之间并没有隔间,而在两个或两个以上的窑室旁会设置有树枝状的烟道与调节阀,以便将烟引导到主烟道再从烟囱排出,至于烟囱的位置有些会安排在窑体的中央,有的会安排在窑体外的某一侧,有时还会数座窑共用同一根烟囱。

在还没有点火前,可先装满 5 个窑室的砖坯,1 间窑室约可装 2 000 块左右的砖坯,而窑室之间会先用报纸或牛皮纸箱隔着,除了点火的第 1 间窑室外,其他的窑室的窑门会先用砖完全堵住,而等点火之后,同时间也只会有 1~2 间窑室在烧,等待烧的窑室利用燃烧的热量先预热和干燥,烧过的窑室进入保温状态再逐渐冷却,从入窑到出窑需 15 天左右的时间,当停止烧制的时,需要清扫烟道以保持畅通。

2.3 霍夫曼窑建筑要素之分析

2.3.1 烟囱

烟囱是窑内气体流动的动力,它一方面把窑内的水汽和废气排出窑外;另一方面使窑内不断补充新鲜空气,所以烟囱是轮窑的重要组成部分。它的造价和所需工时都比较大,因此在个别轮窑采用鼓风机代替烟囱。

霍夫曼窑烟囱的位置,有位于窑体中央、窑体端头以及位于窑体一侧 3 种类型,以下就对 3 种类型加以说明。

1. 烟囱位于窑体中央

霍夫曼窑早期的模式,平面呈圆形,构造形式较为简单。霍夫曼在柏林的事务所在 1875 年为英格兰西部的什罗浦郡设计了圆形霍夫曼窑。烟囱位于窑室的正中央圆心处。后来霍夫曼窑逐渐改进为矩形的跑道式环形平面,而烟囱位于中央的形式被保留,只不过位置不一定在窑室平面的几何中心,可能偏于一侧。

2. 烟囱位于窑体一侧

随着霍夫曼窑的不断演变,出现了烟囱位于窑体一侧的做法。笔者推测出现这种形式的原因是烟囱位于窑体中央占用了大量面积,给投煤工作带来诸多不便。将烟囱放至在外侧可以扩大在砖窑二层投煤层的面积。与此同时,拥有完整的屋面可以更好的组织排水,增加使用寿命。此种形式的代表是盱眙县砖窑。

3. 烟囱位于窑体端头

烟囱位于端头是位于一侧的 1 种变体。烟囱立于窑体山墙面旁,代表为昆山祝家甸砖窑。

2.3.2 窑棚

窑棚是窑体二层用于遮风挡雨的棚子。在已调研的案例中,徐州的霍夫曼窑并没有窑棚,而苏中、苏南的霍夫曼窑都有窑棚,笔者推测其原因是苏北地区降雨相对较少,并不需要窑棚这一构件,而苏南地区降雨较多,窑棚为必须。在窑棚屋架的材料上,有角钢屋架、竹屋架、木屋架、钢木组合屋架 4 种形式。

1. 角钢屋架

角钢屋架运用较多,每两榀屋架之间还有斜撑,使得结构更加稳定。角钢屋架使用的典型案例为盱眙县砖窑以及昆山祝家甸砖窑。值得一提的是,在盱眙县砖窑中,为减少用料,用钢筋作为屋架的下弦杆的材料。

2. 木屋架

木屋架的使用多为就地取材,节约材料,当遇到跨度较大的情况时,多将屋面作为勾连搭。典型例子见于安徽来安县砖窑。

3. 钢木组合屋架

钢木组合屋架的典型案例见于浙江金华武义县砖窑。具体做法将为上弦杆、下弦杆为木质,而腹杆为角钢。

4. 竹屋架

竹屋架见于浦口砖窑,现已拆,现存案例尚不可考。

2.3.3 烟道

烟道有上烟道、下烟道两种,两者的效果造价基本相同,但各有利弊。

1. 上烟道式的特点

(1) 由于总烟道筑在窑门之上,地面下无烟道设施,因此解决了地势低洼、水位过高的问题;

(2) 这种烟道布置拐弯少,阻力少,减轻了烟囱的负荷;

(3) 在烧高灰分燃料时,哈风道不会发生阻塞。

缺点:①总烟道在窑门圈顶之上,因而窑门圈比较长,窑室内光线就不充足;②当窑室大拱圈有损坏需要大修理时,总烟道和窑棚就要拆除。

2. 下烟道式特点

(1) 总烟道砌在窑中间,轮窑大修理时可以不拆;

(2) 总烟道放在中间以后,可以内外哈风间隔使用,有利于窑内火行平衡,用砖也少。

缺点:下烟道式的烟道是在窑底平面以下的,通常要建在地势较高处。假如在地势低,水位高的地方,阴雨天的时候烟道中就会充满水和水汽,严重阻碍烟囱的排烟作用,以致造成轮窑焙烧被迫停顿。

在目前调研的砖窑中,淮阴县砖窑、浙江金华武义县砖窑为上烟道型,其他多为下烟道型,其中盱眙县砖窑在2014年底进行改造,由下烟道型转为上烟道型。

2.3.4 总结

霍夫曼窑的形式多种多样,主要是基于一个原型的不同的要素的变化。对于霍夫曼窑来说,不变的是其窑室,基于这个原型,烟囱、窑棚以及侧廊有着各种各样的变化,笔者对其进行了类型学的研究(见表1)。

表 1　关于轮窑形式要素的类型学研究

| 坡侧廊 | 无侧廊 | 平侧廊 |

| 二层勾连搭 | 原型 | 二层有小屋 |

| 烟囱位于山墙面 | 烟囱位于窑中央 | 烟囱位于一侧 | 烟囱另寻他处 |

3 南京周边霍夫曼窑分析

3.1 案例分析(见表2、3、4)

表2 南京附近霍夫曼窑平立剖图绘制

名　称	平面图	立面图	剖面图
江苏徐州铜山区三铺镇徐村砖瓦厂	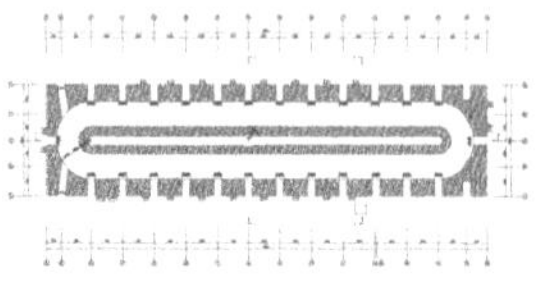	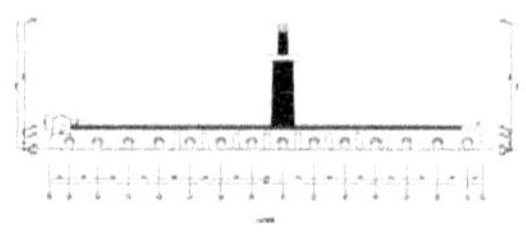	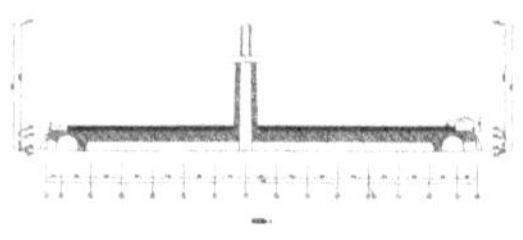
江苏盱眙官滩镇盱眙砖瓦厂	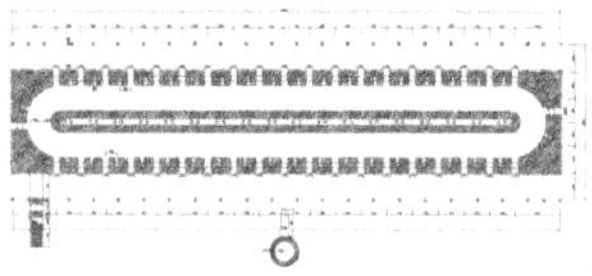	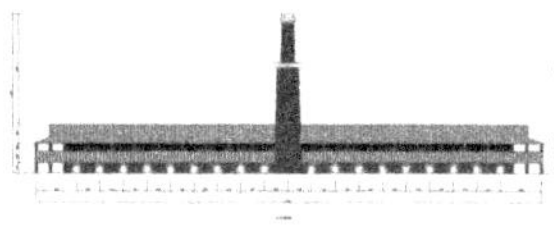	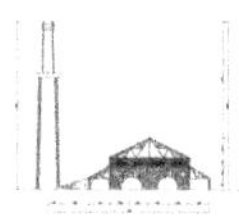
江苏高淳砖瓦厂	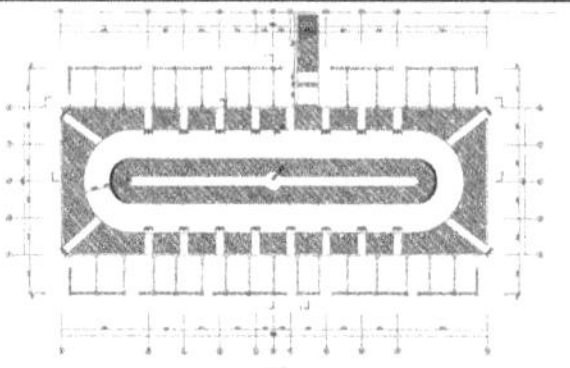	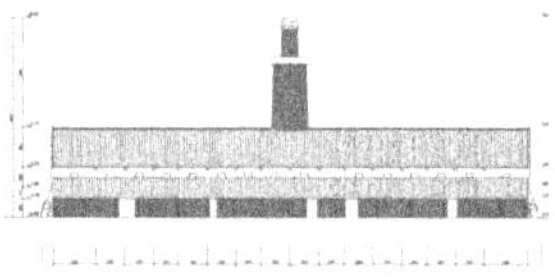	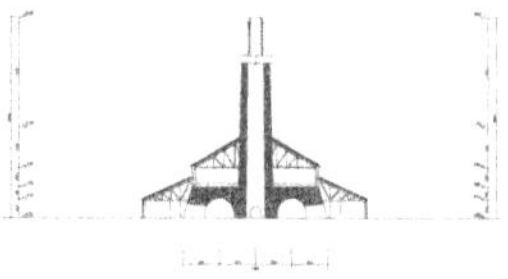
浙江武义桐琴镇石上青村砖窑	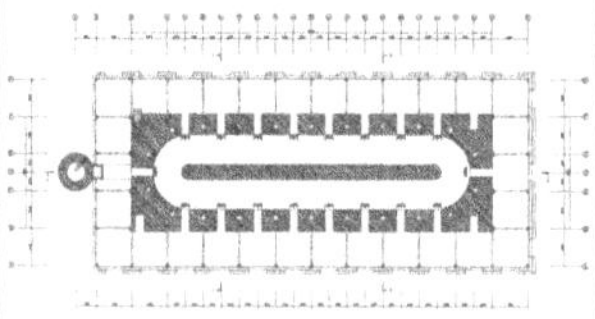	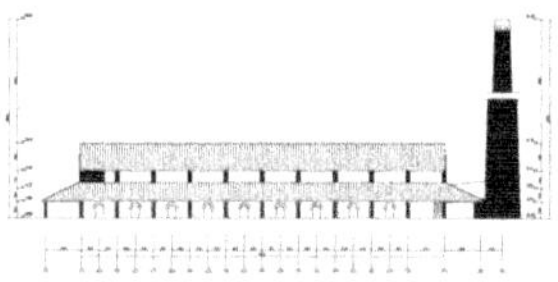	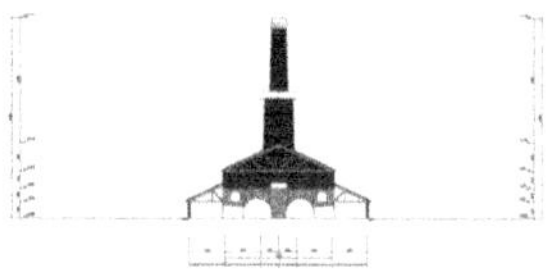

表3 南京附近霍夫曼窑GPS图及其实景照片

名　称	GPRS卫星图	实景照片
江苏徐州铜山区三铺镇徐村砖瓦厂		
江苏盱眙官滩镇盱眙砖瓦厂		

续 表

名 称	GPRS卫星图	实景照片
江苏昆山市祝家甸殿西砖瓦厂		
浙江武义桐琴镇石上青村砖窑		

表 4 南京附近霍夫曼窑窑体基本数据统计

厂 名	窑 数	烟道类型	有(无)顶棚侧廊	烟囱高度	是否采用抽风机	运送燃料方式
江苏徐州铜山区三铺镇徐村砖瓦厂	30门(26门可用)	下烟道	无顶棚无侧廊	48 m	不采用	简易提升装置运煤
江苏淮安盱眙县砖厂	40门	原下烟道现上烟道	有顶棚前后侧廊	60 m	(大修中未知)	窑桥送煤
江苏苏州昆山潋西砖瓦二厂	36门	上烟道	有顶棚一圈侧廊	未知	(已废弃未知)	窑桥送煤
浙江金华武义石上青村砖瓦厂	20门(18门可用)	上烟道	有顶棚一圈侧廊	48 m	不采用	简易提升装置运煤

表 5 南京附近霍夫曼窑基本情况统计

厂 名	长×宽×高(m)	窑门宽×高(m)	窑室高度(m)	窑室宽度(m)	投煤口间距(m)	投煤口排(m)
江苏徐州铜山区三铺镇徐村砖瓦厂	70.00×16.00×3.20	1.20×1.50	2.50	3.60	0.55+1.30+0.85	1.00
江苏淮安盱眙县砖厂	93.10×25.60×3.80	1.10×1.78	2.60	4.20	1.10+1.30+1.10	8.50~9.40
江苏苏州昆山淀西砖瓦二厂	95.20×16.90×4.00	1.10×1.65	2.50	4.00	1.00+1.50+1.00	1.00
浙江金华武义石上青村砖瓦厂	50.00×15.00×4.00	1.10×1.80	2.70	4.00	1.00+1.40+1.00	1.00

3.1.1 江苏徐州铜山区三铺镇徐村砖瓦厂

轮窑位于徐州市铜山区,为36门轮窑,长约88 m,宽约17 m(图7)。烟囱位于中间偏左的位置,最大的特点是无窑棚,这与北方降雨少的缘故有关。另外,轮窑为河南工匠师傅所砌筑,相对来说工艺较为粗糙。很多窑门的拱券结构变形严重。

图7 铜山区砖窑
资料来源:作者自摄

3.1.2 江苏省淮安市盱眙县砖窑

位于江苏省盱眙县。厂区选址颇为讲究,背靠一山,可从山上挖取制砖的原料黏土。同时,厂区靠近河流与公路,交通便利,焙烧好的砖可以方便的运往各地。厂区内有两座轮窑,其中1座已废弃,另外1座目前正在进行更新改造工作。

此轮窑较大,长约90 m,宽约25 m,有40个窑门(图4),窑门两侧有遮雨的棚。烟囱位于窑一侧,窑棚为大跨生铁屋架。垂直上下的交通除了窑桥外在角落仍有一部楼梯可供上下。

笔者在进行调查测绘时,正碰到砖窑在进行换胆工作。所谓换胆,是一种只留外皮,内部全部重建的工作。此次换胆工作由来自安徽来安县的工匠师傅们负责。借着这次换胆,笔者有幸可以看到砖窑的建造过程。此次改造,主要是将原来的下烟道模式改成上烟道模式。给笔者留下印象最深的是窑室的砌筑方式。在中间的直线状的窑室中,工匠们利用木模板砌筑,而在两边的环形曲线窑室中,无法运用单一的木模板,工匠们则用堆积的砖头作为模板砌筑。着实体现了工匠们的巧思精工。

3.1.3 江苏省南京市高淳县轮窑

轮窑位于江苏省高淳县,为20门轮窑,长约60 m,宽约20 m(图8、9)。窑门两侧有雨篷。烟囱位于窑中心,高约60 m,此轮窑采用下烟道模式,窑棚为生铁屋架。与盱眙与来安轮窑不同的是,高淳轮窑在窑的4角开门。

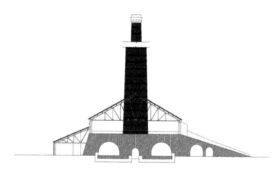

图8 高淳县轮窑剖面图
资料来源:作者自绘

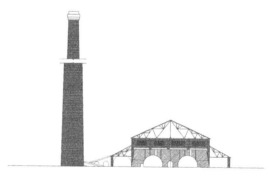

图9 高淳县轮窑剖面图
资料来源:作者自绘

3.1.4 江苏省昆山市祝家甸窑

轮窑位于昆山锦溪镇,建于1981年。为34门轮窑,现已停产(图10)。在轮窑附近有现今仍然生产的土窑,现今已经作为遗产公园保护。砖窑选址合理,紧靠水面,窑体一侧便有通向镇区的道路。距离著名景点周庄的距离不到5 km,交通运输极为方便。

作为苏南霍夫曼窑的代表,祝家甸窑精细的工艺给人留下了很深的印象。窑一侧山墙面甚至用水泥砂浆粉出"殿西砖瓦二厂"几字。烟囱位于另一侧山墙,因年久失修的缘故已有歪斜现象。整个砖窑处理的极为轻盈,特别以窑体一侧的窑棚为例。在结构的处理上,并没有形成完整的三角形桁架系统,而是运用了混凝土预制梁以及木斜撑的方式,既节省了材料,同时也达到了轻盈的效果。而在角部,由于两柱之间跨度

图10 江苏省昆山市祝家甸窑
资料来源:作者自摄

较大,更是有在混凝土梁上继续加短柱的做法。总体说来,祝家甸窑的施工更为精美细致,在一些结构做法上也是轻盈大胆,显示出与其他砖窑与众不同的地方。

3.2 总结与分析

通过以上 4 个南京周边地区的轮窑,我们可以得到地域与轮窑建造之间的关系。第一,气候对于不同地区轮窑有很大影响,主要体现于窑棚上。越往南的地区,由于降雨越多,窑棚必不可少。而往北边的地区,由于降雨少的缘故,窑棚并不是最重要的部分。第二,在对于窑棚材料及形式的选取上也与地域有着极大的关系,从以上 4 个轮窑可以看出,经济条件好的地区,窑棚选取的材料多为生铁,同时在窑门口建雨篷,而经济条件相对较差的地区,窑棚选取的材料多为木、竹等天然的、造价较低的材料。同时窑门口的雨篷也被省去。第三,在工艺的精致程度上,南方地区轮窑砌筑较为精致,而北方地区砌筑工艺相对粗糙。

4 霍夫曼窑的改造利用

工业建筑的空间适应性强,分割灵活,再生利用时可以发挥的余地较大。在乡村中基础设施不完备的背景下,对工业建筑遗产的改造是解决这个问题的方法之一。同时,工业建筑遗产也具有相当的艺术价值,它所表现出来的结构逻辑和秩序突出了一种特殊的技术美。在隧道窑逐渐成为主导,轮窑逐渐被淘汰的大时代背景下,如何对轮窑进行改造利用成为了我们要研究的对象。

4.1 霍夫曼窑的形式之美分析

轮窑建筑之美的形象主要体现在建筑要素与室内空间上,建筑要素主要是拔地而起的烟囱,敦实的底座,充满韵律感的窑门。这些要素构成了轮窑的特殊形象。而室内空间的美主要体现在连续空间以及转角空间的变化上。另外,基于实用目的的轮窑不加任何粉饰,直接体现出原本的建造于形式逻辑,展示出了理性的秩序美,而其外表砖砌的材质表现,体现出轮窑本身的粗犷之美。

4.2 霍夫曼窑的优势与需改进之处

1. 霍夫曼窑的优势

(1)霍夫曼窑作为烧制砖的工业建筑,有着自己先天的优势。首先,霍夫曼窑的被动式新风系统使建筑内的风环境良好,节约能源。

(2)霍夫曼窑的墙较厚,可以达到 2 m 多,其中有回填土,这使得建筑的保温性能很好。

(3)霍夫曼窑作为特定历史时期下的产物,在农村里仍有存在。对其进行改造利用相当于就地取材,既省去了拆迁的麻烦,也减少了新建的开支。

2. 在实际的改造运用中,遇到一些问题需要改进

(1)霍夫曼窑作为工业建筑,又是在乡土的环境中,即使有着较好的被动式新风系统,但是由于工艺相对粗糙,并且在初始设计建造中是为着工业生产而不是为着人的活动,实现功能置换的同时需要进行相应的措施使其更满足人居。

(2)作为乡土工业建筑的霍夫曼窑,在长期生产的过程中,经过焙烧的墙面脱落损坏严重,而起支撑作用的砖柱由于施工工艺及长期使用的缘故,产生了不同程度的歪斜,使得霍夫曼窑的结构变得岌岌可危。对其进行加固修复工作是眼下关键的问题。

(3)由于国家大力推动隧道窑,在 22 门以下的霍夫曼窑逐渐被拆除。如果不加以保护及改造,这一工业遗产会逐渐消失。

（4）根据笔者的了解，即使是在黄土高原上，人们也逐渐不愿意住在窑洞里，对于不愿意居住在"窑"这个观念的破除，一方面需要改造出舒适的人居环境。另一方面，需要让人们逐渐消除这种文化偏见。更好地利用乡土工业建筑的资源。

4.3 轮窑的再利用方向

针对砖窑本身的情况，可以将其功能置换，形成新的用途。具体为保留外部的形象，而内部则更新功能。就轮窑来说，在农村基础设施不完备的条件下，可以将轮窑作为公共设施，如活动中心、养老院、小学等。鉴于其良好的保温性能，也可以将其改造为浴室。另外，考虑到窑室中连续的空间，可以改造作为展厅。

因此，对于农村轮窑来说，我们需要要用一些方法来保护旧建筑，同时也通过改造再生让其获得良好的使用效果。如何更好地保护乡村工业遗产，从宏观上的策略和微观上的操作，仍然需要继续探讨。

5 总结

回顾中国近几十年来的发展历史，在更加先进，更加成熟的技术问世后，相对落后的技术往往被代替。如今隧道窑正逐渐取代霍夫曼窑的地位。然而，作为特定历史时期的工业建筑，同时又有着良好的物理性能与建筑品质，笔者认为是应该部分的保留并利用的。并且在城市不断发展，在一定程度上忽略了乡村的发展的大背景下，改造与再利用霍夫曼窑对公共设施匮乏的乡村来说，是刻不容缓的。

参考文献

［1］ 周宜颖.台湾霍夫曼窑之研究[D]."国立成功大学"建筑学硕士学位论文,2005.
［2］ 姜在渭.上海建筑材料工业志[M].上海:上海社会科学院出版社,1997.
［3］ 南京市地方志编纂委员会.南京建筑材料工业志[M].南京:南京出版社,1991.

江南水乡地区农村住宅空调采暖能耗
模拟及节能分析

王建龙

我国农村住宅能耗问题正逐渐得到全社会的关注。农村能源的消耗、供应和消费数量、质量以及结构等各方面发生变化,能源短缺、资源浪费等问题也逐渐凸显出来。随着社会的发展,农村居民对生活舒适性的要求也在不断地提高,农宅的商品能源总量已达到城镇建筑的 1/3,其中主要以空调能耗的增长幅度最大,有可能成为未来主要的能源缺口。

相比而言,中国对住宅建筑能耗的研究较晚,落后于发达国家,农村又落后于城市,夏热冬冷地区又落后于北方寒冷地区。在 2013 年,中央提出建设"美丽乡村"的奋斗目标,新农村以及"美丽乡村"建设为解决农村住宅能耗问题提供了一个机遇。因此,笔者选取夏热冬冷地区中具有代表性的江南水乡农村住宅作为研究对象,通过软件模拟探讨其采暖空调能耗问题。考虑到软件使用的便捷性、结果的准确性,针对论文研究对象的特点,本文的能耗模拟主要使用 Designbuilder 软件。

1 建立模型

建立江南水乡典型农村住宅能耗模型,首先根据调研和统计结果从住户情况、建筑形式、用能习惯三方面确定典型农村住宅;然后利用软件,对典型农村住宅外部气候环境、建筑本体、建筑运行等进行参数化描述。

1.1 气候条件

气候条件是影响空调能耗的最大因素。调用 Designbuilder 软件自带气象数据库中上海虹桥的气象数据,气象文件 CHN_SHANGHAI_IWEC,包含 2002 年典型气象年全年 8759 小时的逐时干球温度、湿球温度、相对湿度、风速、水平面总辐射强度和水平面散射辐射强度等的气象参数,如图 1 所示。通过分析可知,其气候主要特征为:亚热带季风气候,全年潮湿,过渡季节短暂,冬季、夏季周期长,夏季炎热潮闷,冬季阴冷寒凉。

1.2 建筑模型

以苏州东山某农宅为基础建立模型。该建筑为 1 栋坐北朝南的 3 层坡屋顶住宅,常住人口 4 人,总建筑面积约 250 m²。一层为卧室、客厅、厨房、洗手间,夹层次卧;二层为主卧、起居室、封闭阳台、次卧;三层阁楼用做杂物堆放、粮食储藏。

围护结构的构造形式及热工性能如表 1,《农村居住建筑节能设计标准》(GB/T 50824—2013)中对夏热冬冷地区围护结构传热系数限值作为参照。

王建龙:苏宁置业集团有限公司 210014

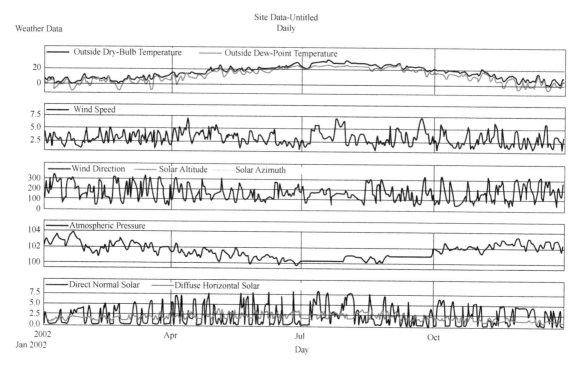

图1　全年气象数据分布图

表1　典型农村住宅围护结构热工参数

围护结构	构造(单位:mm)	传热系数 W/(m² · K)	
		实际值	"标准"限值[2]
外　墙	20 厚石灰砂浆＋240 厚普通黏土砖＋20 厚水泥砂浆	2.05	1.8
地　面	40 厚混凝土＋100 厚碎石	3.13	—
楼　面	20 厚水泥砂浆＋80 厚混凝土＋20 厚石灰砂浆	3.05	—
屋　顶	25 厚屋面瓦＋100 厚钢筋混凝土屋面板	2.23	1.0
外　窗	铝合金框＋6 厚普通浅色玻璃	6.12	3.2
外　门	35 厚实木门	3.16	3.0

1.3　参数设置

家用空调是目前该地区农村住宅中最常用的空调设备。本文以调研获得的现阶段该地区农村住宅现状及住户的生活习惯为依据进行设置,见表2。

表2　典型农村住宅模型空调采暖参数设置

	夏季	冬季
设备类型	空气源热泵型分体式空调	
使用房间	一层卧室、二层主卧	
能效比	3.2	2.2
设计计算温度	28 ℃	12 ℃
使用时间	周一至周五:12:00—14:00、19:00—23:00 周末:12:00—24:00	周一至周五:19:00—23:00 周末:12:00—24:00

续 表

	夏季		冬季
自然通风	3 ac/h		1 ac/h
室外气象计算参数	典型气象年		
室内的热强度	根据实际人员热扰、室内家电情况确定		
设备类型	吊扇	小型座扇	电热毯
设备个数(台)	1	2	3
设备功率(W)	70	30	100
运行时间(h/天)	1	5	1

设定空调器夏季制冷效率 3.2。虽然设备冬季名义制热效率可达 $3.3 = \dfrac{2\,750\text{ W}}{833\text{ W}}$,但由于冬季工况不理想、压缩机品质等原因,很难达到。使用时一般自动开启电辅加热,估算其实际制热功率为 $2.2 = \dfrac{2\,750\text{ W} + 800\text{ W}}{833\text{ W} + 800\text{ W}}$。

除了空调,住宅中也会使用电风扇、电热毯等,这类设备虽然对整个房间的温度改变有限,但可以提高人的舒适感。风扇带动室内空气流动,可降低人的体感温度,一般在吃饭、睡觉时使用,通过调研确定其每日工作时间;电热毯使用习惯为睡前使用 1 小时左右,待床铺温度升高后关闭电源睡觉。农村住宅非空调设备采暖降温能耗情况见表 3。

房间热扰主要指室内人/设备在活动或工作过程中产生的热量,会对空调采暖能耗产生直接影响,主要包含人员活动热扰、设备(家电)工作热扰、照明热扰 3 部分。依据《夏热冬冷地区居住建筑节能设计标准》JGJ 134—2010 中的规定,确定房间内部热扰:室内照明 0.587 5 W/m²,室内人员、设备等 4.3 W/m²。

表 3　典型农村住宅非空调设备采暖降温能耗情况

非空调设备	夏季		冬季
设备类型	吊扇(1 台)	小型座扇(2 台)	电热毯(3 个)
设备功率(W)	70	30	100
运行时间(h/天)	1	5	1
运行周期(天)		122(4 个月)	152(5 个月)
月耗电量(kW·h)		11.3	7.6
年耗电量(kW·h)		45.1	38.0

2　模拟计算

经过软件模拟,典型农村住宅模型全年冷、热负荷变化趋势如图 2 所示,结果可得,江南水乡地区农村住宅夏季空调需求主要分布在 7、8 月,最大冷负荷出现在 7 月 20 日,为 15.1 kW·h;冬季采暖需求主要分布在 12、1、2 月,最大冷负荷出现在 1 月 12 日,为 17.3 kW·h。夏季空调设制冷耗电量为 272.8 kW·h,冬季设备采暖耗电量为 362.2 kW·h。

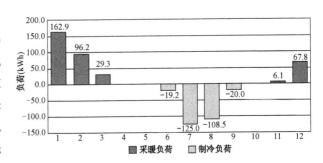

图 2　典型农村住宅空调全年负荷分布图

总体上,典型农村住宅全年负荷分布季节性明显。过渡季节约 3 个月的时间,热舒适度住户可以接受,无需运行空调采暖设备。全年采暖负荷相对于制冷负荷,总量大、持续周期长。夏季高温时间段分布集中,且 7~8 月平均室外气温约 29.7 ℃,与设计计算温度 28 ℃相差较小;冬季低温持续时间长,12 月至来年 2 月平均室外气温仅 6.5 ℃左右,与设计计算温度 12 ℃相差较大。另外,家用空调侧重于制冷功能,采暖效能相对较低,也是影响因素。

典型农村住宅模型全年空调器耗电量 635 kW·h。单位建筑面积(只考虑供暖空调区域)空调供暖设备年耗电量分别为 4.8、6.4 kW·h/(m² · a),总耗电量 11.2 kW·h/(m² · a),虽然低于长江流域城镇住宅单位建筑面积供暖空调能耗 17.6 kW·h/(m² · a),但不可否认这是在降低农村室内热舒适度的基础上实现的,并不是真正意义上的"节能"。

3 变化趋势

3.1 住户需求的变化

随着经济水平的提升,农村住户的需求也随之改变。其中最主要的就是农村住户对热环境的要求会不断提高。上文调研结果表明,当前农村住宅普遍室内热环境差,住户舒适满意度很低。当住户经济条件允许时,势必会增加空调采暖能耗的投入。

住户对热环境的要求的提高反映至能耗模型的参数变化上,主要体现在空调目标温度设定的改变、空调使用时间的延长、采暖空调区域的扩大。考虑到农村居民的生活习惯、观念意识,相对于延长空调开启时间(整晚使用),扩大采暖空调区域(在客厅安装空调),调整空调目标温度最容易实现。图 3、4 给出了调整设计计算温度,典型农村住宅空调采暖的耗电情况。随着不断缩小舒适温度区的范围,即降低夏季制冷设定温度,提高冬季采暖设定温度,空调采暖耗能大幅度提升,且增长幅度越来越大。

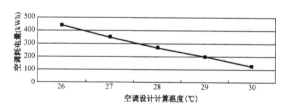

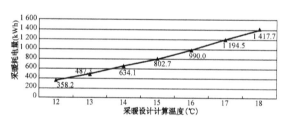

图 3　不同设计计算温度下典型农村住宅空调耗能变化情况　图 4　不同设计计算温度下典型农村住宅采暖耗能变化情况

当缩小至节能标准划定的舒适范围(18～26 ℃)时,总耗电量增长至 1 862.4 kW·h,增长近两倍,接近目前典型农村住宅总耗电量,能耗强度达到 29.3 kW·h/(m² · a),远高于城镇水平。空调、采暖负荷相比于模拟值(12～28 ℃)分别增加了 63.0%、295.8%。在现有住宅围护结构和空调设备的条件下,未来空调采暖能耗的增加不可避免,尤其是冬季,由于身体舒适温度与实际温度相差过大,采暖耗能极有可能成倍增长。

3.2 农村住宅建筑的变化

相比于城镇住宅建设日渐规范化和标准化,农村住宅建设的管控还较少。与空调采暖能耗密切相关的围护结构构造形式、材料热工性能等,并没有强制规定和干预,仅有一些推荐作法。相应的建筑节能标准很难贯彻执行。农宅的建造很大程度上还是农民的自主行为。

建造习惯和经济成本依然是该地区农民建房的决定性因素,成本较高、构造复杂的保温构造材料形式,短期内很难在该地区推广。以墙体为例,虽然黏土实心砖早在 2010 年已被国家明令禁止使用,本地区也没有砖窑厂,但调研过程中发现,住户宁愿购买由浙江河运而来的黏土实心砖,在住宅建设时使用,也极少使用新的材料和构造做法。

随着禁令的进一步落实,在改变住户建房材料的同时,可以适时推广一些利于节能的构造做法,应该以相对简单、成本不高的自保温体系为主。对于典型住宅,建筑与室外环境进行热交换,各部分比例为:外墙47%、屋顶26%、外窗16%、地面11%。外墙所占比例最大,同时外墙优化也是相对容易实现的,因此,以外墙优化为例,研究围护结构变化下农村住宅能耗改变情况。《农村居住建筑节能设计标准》(GB/T50824—2013)对夏热冬冷地区有相关保温做法作了推荐,本文选取了两种自保温作法与典型住宅现有做法进行对比,具体见表4。

表4 典型农村住宅外墙优化对比

类　别		典型住宅	外墙优化	
编　号		0	1	2
名　称		黏土实心砖墙体	非黏土实心砖墙体	多孔砖墙体
构造层次		1-20厚石灰砂浆 2-黏土实心砖 3-20厚水泥砂浆	1-20厚石灰砂浆 2-非黏土实心砖 3-20厚水泥砂浆	1-20厚石灰砂浆 2-多孔砖 3-20厚水泥砂浆
构造简图				
主体结构		240厚黏土实心砖	370厚非黏土实心砖	370厚多孔砖
保温层		—	—	—
传热系数 W/(m²·K)		2.05	1.54	1.363
负荷(kW·h)	冬季	797	702	657
	夏季	873	795	812
节能率		—	10.6%	13.0%
不使用空调采暖设备情况下	冬季小于8℃小时数(h)	970	905	889
	夏季大于30℃小时数(h)	877	872	881
造价(元/m²)		70	110	170
成本增量(元)		—	8 800	22 000

方案1和方案2构造做法下传热系数都已经达到"标准"对外墙1.80 W/(m²·K)的限值。经过模拟,热负荷和冷负荷都有所降低,节能率分别为10.6%、13.0%,年减少耗电量67、77 kW·h。对于室内热舒适度的影响,不开启空调采暖设备的情况下,冬季室内小于8℃的时间减少了65 h,而夏季情况变化不大,甚至有高温时间增多的可能性。外墙优化对节能和提高室内热舒适度的影响有限,尤其考虑到增量成本,对于住户来说"得不偿失"。

该地区农村住宅空调采暖设备有"部分时间,部分空间"的使用特点,典型农村住宅典型住宅中空调房间(两个卧室)仅占总建筑面积的30%,空调采暖时间仅有4个小时左右,用能频率仅为1/6。这就决定了套用以整栋建筑为单元进行全时节能设计,且只注重外围护保温的北方城镇模式,是不适合本地区的。因此,以该地区目前空调采暖模式,通过提升维护结构保温性能降低空调采暖需求效果有限。

4 节能技术研究

通过以上研究,提高维护结构性能方面解决该地区农村住宅空调采暖能耗,成本高、效果有限,同时阻力较大。笔者认为,针对农宅节能问题,在做好被动式节能设计的同时,应该更多得从新能源利用的角度探索新的思路。江南水乡农村地区可再生资源丰富,如太阳能、地热能等都可以加以利用,通过引入低成本的相关技术,可以有效解决该地区住宅空调采暖能耗问题。

例如水空调技术,地热能利用的另外一种形式,又被称为水冷式空调。在我国古代就有所应用。原理十分简单,利用低温地下水(或江河水等)作为冷媒水,地下约 15 m 的水温通常是 18 ℃左右,夏天用深井泵抽取地下水,流经室内风机盘管与空气换热释放冷量,再由回灌井注入原水层中,完成循环。整个过程住户仅需负担风机、水泵耗电。

对于夏热冬冷地区村镇住宅建筑,使用合理的地下水空调,可以将夏季室温维持在 28 ℃左右,同时具备一定除湿作用,完全可以满足农村住户对热舒适度的要求,系统运行 COP 平均 5.9,选用合适水泵型号 COP 可达 9.4,远高于普通空调。江南水乡地区水资源丰富,具备使用水空调的自然条件,该地区夏季多持续高温,住宅有降温的需求,再加上以上所述水空调的诸多优势,因此适宜发展水空调技术。

其他诸如太阳能采暖技术、地源热泵空调、太阳能-地源热泵复合技术都是针对农村住宅空调采暖能耗的有益探索。

5 结语

在供暖空调典型模式运行下,使用 DesignBuilder 对典型住宅进行能耗模拟,全年空调采暖耗电量 635 kW·h,设备开启时间有限,但显然这是以牺牲舒适度为代价的。当提高舒适度时,总能耗和能耗强度都有大幅增加,甚至有可能超过城镇水平。因此农村既有建筑和新建住房节能工作迫切而严峻。

以该地区目前空调采暖模式,通过提升维护结构保温性能降低空调采暖需求效果有限。由于农村地区传统的建造习惯和施工条件限制,复杂的围护结构保温构造难于推广。因此应该更多得从新能源利用的角度探索新的思路,水空调等低成本、低门槛的技术可以在农村地区进行推广。

江南水乡地区的农村相对于其他地区,经济社会发展水平较高,有改善热环境和实现住宅节能的条件和可实现性。对于该地区新农村建设,适当引入节能优化措施,循序渐进落实"标准",给农民以新的政策扶持,让农民切实得到好处。进而在全国范围内对农村住房进行有计划、有步骤地改建和新建有节能措施的住房,从而形成以点带面的示范作用,推动我国全面小康社会的建设。

参考文献

［1］ 清华大学建筑节能研究中心.中国建筑节能年度发展研究报告 2012[M].北京:中国建筑工业出版社,2012:4-8.
［2］ 农村居住建筑节能设计标准(GB/T 50824—2013)[S].北京:中国建筑工业出版社,2013:14.
［3］ 农村居住建筑节能设计标准(GB/T 50824—2013)[S].北京:中国建筑工业出版社,2013:29.
［4］ JGJ 134—2010,夏热冬冷地区居住建筑节能设计标准[S].
［5］ 孙雨林,林忠平,王晓梅.上海农村住宅围护结构现状调查与供暖空调能耗模拟[J].建筑科学,2011,27(2):38-42,70.
［6］ 常利强,张华玲.重庆农村住宅热环境调查与能耗模拟分析[J].煤气与热力,2014(4):13-17.

基于 BIM 的江南水乡村镇住宅节能设计分析与优化

程　呈　杨维菊　黄　琳

随着社会、经济的快速发展,城市化进程的加快,环境问题越来越突出,而建筑的建造是影响自然资源和环境变化的最大因素之一。从总体上说,加速建设美丽乡村,发展可持续的绿色村镇住宅建筑,需要一个包含建筑全部信息的数字化模型,和一个高效便捷的、信息识别度较高的建筑性能分析工具。另一方面,建筑节能可以大幅度的缓解能源消耗,这得益于当今领先的计算机运算技术对建筑师设计过程中的帮助。良好运用计算机模拟来提高能源的利用率,对生态环境的保护良有裨益。

本文旨在利用 BIM 技术模拟并改善住宅环境的同时,提高能源的使用效率,使被研究对象的能耗状况维持在国家相关标准的情况下和当地能接受的合理水平,以寻求江南水乡住宅的适宜性节能技术和设计方法。

1　初始模型的建立

1.1　初始模型的建立

本案选用初始模型为江阴市周庄镇山泉村独立式住宅单元之一,该户型为江南水乡地区较为典型的形式,具有一定的代表性。该住宅共 3 层,各层平面图见图 1。

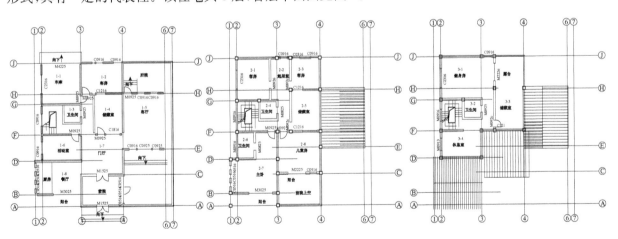

图 1　初始模型平面图

资料来源:作者自绘

在 Revit 中,平面、立面、剖面、透视都是同时生成的,比起传统的 2DCAD 设计方法来说省去很多重复工作,减少了人为操作中不可避免的误差。图纸设计的工作都是由建筑师在同一套系统中独立完成,

程呈,黄琳:中衡设计集团股份有限公司 苏州 215000;杨维菊:东南大学建筑学院,南京 210096

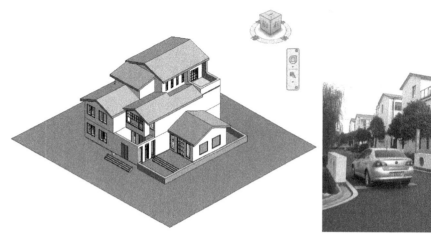

图2 初始建筑 Revit 模型

资料来源:作者自绘

在设计过程中,方案有任何的改动都可随时反应在整套图纸上,大大节省了作图时间。图2所示即为上图中的平面图在 Revit 中自动生成的三维图。

1.2 初始模型热工参数

初始模型围护结构的材料参照目前江南地区民居中普遍的做法,由于240厚实心黏土砖在民居建筑中占很大比重,于是本初始模型外墙的主要材料为在该地区具有普遍代表性的240厚实心黏土砖,屋面材料主要是120厚混凝土屋面板,外窗为普通木框单层玻璃窗。围护结构具体参数如表1.1所示。

表1 初始模型基本构件设置(由外-内)

构件名称	材 料
外 墙	20厚水泥砂浆＋240厚普通黏土砖＋20厚石灰水泥砂浆
内 墙	20厚水泥砂浆＋240厚普通黏土砖＋20厚石灰水泥砂浆
屋 面	12厚小青瓦屋面＋50厚细石混凝土＋20厚水泥找平＋120厚钢筋混凝土屋面板
外 窗	木框单层玻璃窗

资料来源:作者整理

表2～4所示分别为墙体、屋面主体部分的热工计算。

表2 墙体热工计算(由外-内)

各层材料名称	厚度 mm	修正后导热系数 $\lambda[W/(m \cdot K)]$	修正后蓄热系数 $S[W/(m^2 \cdot K)]$	热阻值 $R(m^2 \cdot K/W)$	热惰性指标 $D=R \cdot S$
水泥砂浆找平	20	0.930	11.306	0.022	0.24
普通黏土砖	240	0.810	10.550	0.296	3.13
石灰水泥砂浆	20	0.870	10.750	0.023	0.25
合 计	280	—	—	0.341	3.62
墙体传热阻	\multicolumn{5}{c}{$R_0 = R_i + \Sigma R + R_e = 0.501$(其中 $R_i = 0.11$, $R_e = 0.05$)}
墙体传热系数 $K[W/(m^2 \cdot K)]$	\multicolumn{5}{c}{$K = 1/R_0 = 1.99$}

资料来源:作者整理

表3 屋面热工计算（由外-内）

各层材料名称	厚度 mm	修正后导热系数 $\lambda[W/(m \cdot K)]$	修正后蓄热系数 $S[(W/(m^2 \cdot K)]$	热阻值 $R(m^2 \cdot K/W)$	热惰性指标 $D=R \cdot S$
小青瓦	12	930.000	284.882	0.000	0.00
C30 细石混凝土	50	1.740	17.060	0.029	0.49
水泥砂浆找平	20	0.930	11.306	0.022	0.24
钢筋混凝土屋面板	120	1.740	17.060	0.069	1.18
合　计	202	—	—	0.120	1.91
屋顶传热阻	$R_0 = R_i + \Sigma R + R_e = 0.28$（其中 $R_i = 0.11$, $R_e = 0.05$）				
屋顶传热系数 $K[W/(m^2 \cdot K)]$	$K = 1/R_0 = 3.57$				

资料来源：作者整理

综上所述，初始建筑的各围护结构参数见表4。

1.3　室内环境参数设定

成功安装 Designbuilder 能耗分析软件之后，会在 Revit 界面上方找到一个对接口，可将 Revit 模型直接转移至 Designbuilder 软件中去。由于

表4　初始模型基本热工参数

构件名称	传热系数 $K[W/(m^2 \cdot K)]$
外　墙	1.99
屋　面	3.57
外　窗	4.70

资料来源：作者整理

Designbuilder 是一款能耗分析软件，建模功能是以房间和空间为主，因此建模不如 Revit 完善和精确，Revit 模型的直接导入可提高模型的精确性。导入模型见图3所示，可以看到界面左侧是与 Revit 设置中对应的房间分隔。

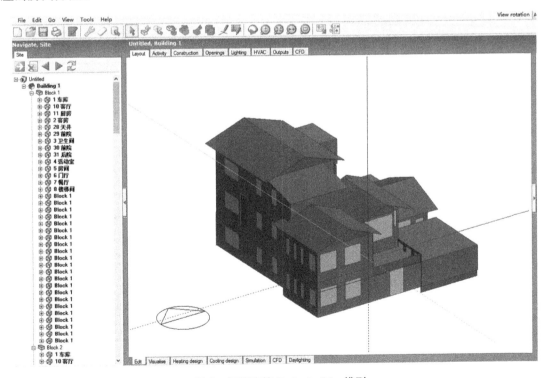

图3　初始建筑 Designbuilder 模型

资料来源：作者自绘

与常用能耗分析软件不同的是，Designbuilder 需要对每个房间进行相应的"活动量"（activity）设置，设置界面如图 4。其中包括区域类型（zoon type）、使用情况（occupancy）、人体新陈代谢量（metabolic）、环境控制（environment control）、设备使用情况等。其中，根据《夏热冬冷地区建筑节能设计标准》规定，空调房间室内计算温度为夏季全天26 ℃，冬季全天18 ℃；采暖和空调时，换气次数为 1.0 次/h。

除此之外，还可以在 Designbuilder 中进行围护结构（construction）、门窗洞口（opening）、自然通风、遮阳状态等进行设置。设置完毕后，即可开始计算所需时间段的建筑能耗。

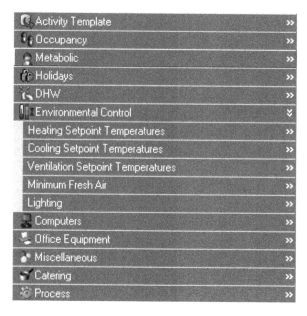

图 4　Designbuilder 活动量设置

资料来源：作者自绘

1.4　初始模型能耗分析

Designbuilder 可以对气象数据、模型数据进行多方位的模拟分析，包括全年气候条件、热舒适度、碳排放以及全年能耗等。

1.4.1　全年气候条件分析

图 5 所示为上海地区全年气候条件分析，其中包括室外干球温度、室外空气湿度、风速风向、太阳高度角、太阳直射量等信息，与上文提到的 WeatherTool 分析工具功能类似，这里不做赘述。

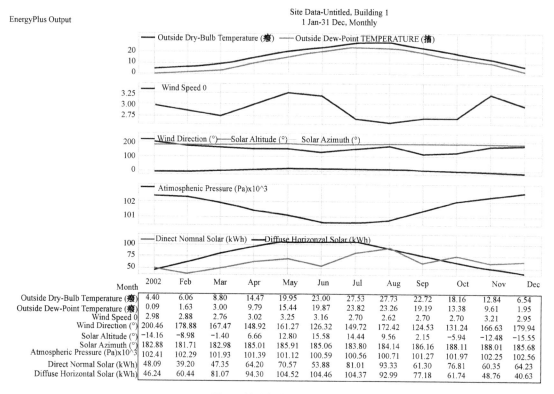

图 5　基地气象数据分析

资料来源：作者自绘

1.4.2 初始模型热舒适度分析

热舒适度一直是住宅用户最直观的感受,在进行节能研究分析之前有必要对其进行分析,可使后续的研究有的放矢。下面首先对初始模型进行全年热舒适度的模拟计算,得出以下数据(图 6)。可以看出,在制冷和采暖设备的控制下,建筑全年室内温度均在 16~28 ℃之间,但是冬季为达到理想室温,必须消耗比较大的电能。

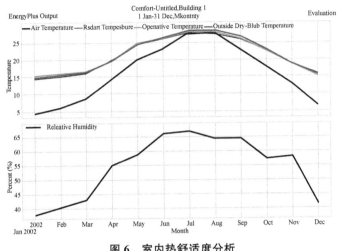

图 6 室内热舒适度分析

资料来源:作者自绘

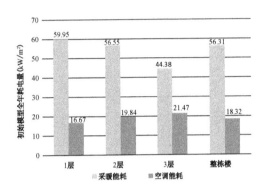

图 7 全年耗电量分析

资料来源:作者自绘

1.4.3 初始模型能耗分析

图 7 为计算得出的初始建筑全年能耗。计算结果显示,该初始模型的采暖年耗电量为 56.31 kW·h/m²,制冷年耗电量为 18.32 kW·h/m²。可以看出制冷年耗电量仅为采暖年耗电量的 1/3 左右,因此在江阴这样典型的夏热冬冷地区,冬季保温应当为建筑节能工作的重点,同时兼顾夏季防热。

同时,建筑设计是一个针对每个使用空间的设计改善过程,了解了住宅模型能耗的大致分布后,还需要了解单独每个采暖房间的耗电量,以便得到节能设计的侧重点。笔者根据模拟数据,对每个房间的耗电量进行了整理,得出了表 5 的数据。

表 5 的数据可以得到以下结论。

(1) 位于首层的房间由于受到大地稳定温度的影响,夏季制冷耗电量普遍低于位于二层、三层相同朝向的房间;

(2) 位于三层阁楼层的房间受到屋顶影响较大,导致热稳定性较差,夏季制冷耗电量较大;应加强屋顶部分的节能构造设计;

(3) 西面的房间受到的热辐射比较大,应减少西墙开窗面积或使用遮阳百叶达到降温的效果,减少制冷能耗。

表 5　各房间能耗数据

房间编号	朝向	采暖年耗电量 (kW·h/m²)	制冷年耗电量 (kW·h/m²)
1-2	北	65.27	13.36
1-6	南	46.75	24.72
1-7	西	29.26	23.59
1-8	南	24.43	27.35
2-1	西北	70.18	31.98
2-2	北	59.38	19.48
2-3	北	62.58	19.43
2-7	南	44.00	25.35
2-8	南	42.11	26.02
3-1	西北	65.26	26.22
3-4	南	39.16	32.48

资料来源:作者整理

1.4.4 初始模型室内采光分析

采光分析采用 Ecotect 生态大师设计软件,该软件中的采光系数采用的是 CIE(国际照明委员会)全阴天模型,即最不利的采光情况。江阴山泉村所在地为江苏无锡,所在方位为东经 120.3°、北纬 31.6°。根据《建筑采光设计标准》GB/T 50033—2001,无锡地区属于Ⅳ类光气候区,室外天然光临界照度值为 4 500 lx。首先将建筑模型从 Revit 中以 gbXML 格式导出并导入到 Ecotect 中去。

根据《建筑采光设计标准》(GB/T 50033—2001)规定,居住建筑各功能的采光系数标准值应符合表 6 的规定。

表 6 居住建筑各功能的采光系数标准值

房间名称	侧面采光	
	采光系数最低值(%)	室内天然光临街照度(lx)
起居室(厅)、卧室、书房、厨房	1.0	50
卫生间、过厅、楼梯间、餐厅	0.5	25

资料来源:《建筑采光设计标准》GB/T 50033—2001

而无锡地区属于Ⅳ类光气候分区,相应的光气候系数 K 值应取 1.10,因此,表 6 中两类房间实际应达到的采光系数最低值分别是 1.1% 和 0.5%。由于底层是整栋建筑采光系数相对较小的楼层,因此我们只分析底层的采光效果。接下来用 Ecotect 软件对该建筑室内采光系数和采光照度进行了模拟分析,分析结果见图 8、9。

从模拟结果可以得到以下几点结论:

(1)由于户型进深较大,中间区域的采光系数在 1.1% 以下,采光照度在 50 lx 以下,采光效果不理想;南向客厅由于 3 面都有窗户和门,采光系数有所提高,在 2.0% 左右,采光照度在 80~120 lx 之间。

(2)建筑四周由于窗户的存在,采光系数与照度均较内部空间强,且差距较大,为避免眩光,建议在窗口增加格栅或遮阳措施。

1.4.5 太阳辐射分析

太阳能取之不尽,用之不竭,有效利用太阳能可以减少建筑能耗、改善建筑物理环境。因此,太阳能的利用是建筑技术当今乃至未来发展的一个方向。作为建筑师,更应引导行业提高太阳辐射的利用效率,避免能源消耗在不利于建筑节能的方面。Ecotect 为用户提供了强大而丰富的太阳辐射分析功能。图 10 为初始模型夏至日的总体辐射分析结果。

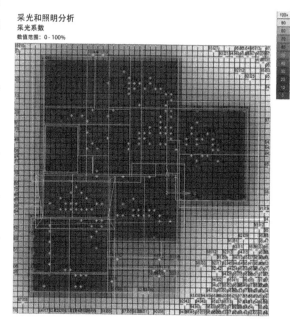

图 8 初始模型采光系数分析
资料来源:作者自绘

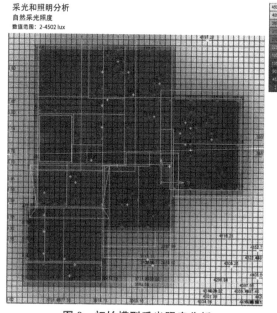

图 9 初始模型采光照度分析
资料来源:作者自绘

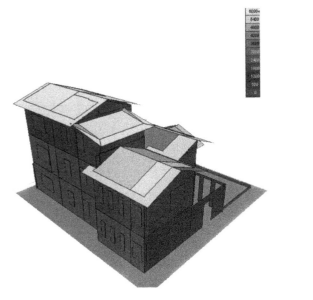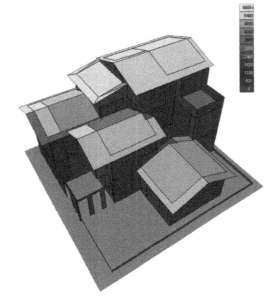

图 10　总体辐射分析（夏至日）

资料来源：作者自绘

从图中可以看到，由于建筑西侧房间较多，因此开窗面积较大，导致夏季位于西面的房间热辐射较大。针对此情况，对西侧立面进行大暑日热辐射分析，分析结果见图 11。

可以看到西墙面太阳辐热量较大，局部达到了 2 777.94 Wh，将严重影响西侧房间的正常使用。可以考虑在西墙进行防热辐射措施或安放太阳能光伏板。

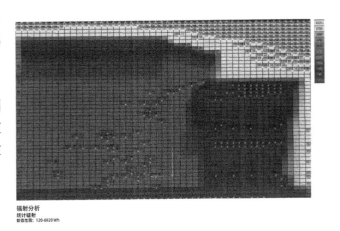

图 11　西墙总体辐射分析（大暑日）

资料来源：作者自绘

2　节能优化分析

2.1　围护结构节能优化

2.1.1　材料热工设定

由于江阴市山泉村民居围护结构的做法都比较简单和老旧，均未考虑到相应节能设计，这里首先对各围护结构材料进行重新定义，材料数据见表 7～9。

表 7　墙体主要材料热工计算（由外-内）

各层材料名称	厚度 mm	修正后导热系数 $\lambda[\text{W}/(\text{m}\cdot\text{K})]$	修正后蓄热系数 $S[\text{W}/(\text{m}^2\cdot\text{K})]$	热阻值 $R(\text{m}^2\cdot\text{K}/\text{W})$	热惰性指标 $D=R\cdot S$
涂　料	3	930.000	284.822	0	0
抗裂砂浆	6	0.930	11.310	0.006	0.07
岩棉板	90	0.052	0.910	1.731	1.58
水泥砂浆	20	0.930	11.310	0.022	0.24

续 表

各层材料名称	厚度 mm	修正后导热系数 $\lambda[W/(m\cdot K)]$	修正后蓄热系数 $S[W/(m^2\cdot K)]$	热阻值 $R(m^2\cdot K/W)$	热惰性指标 $D=R\cdot S$
ALC加气混凝土砌块	240	0.270	4.860	0.889	4.32
保温腻子	30	0.120	2.604	0.250	0.65
合 计	389	—	—	2.898	6.86
墙体传热阻 $(m^2\cdot K)/W$	\multicolumn{5}{l}{$R_0 = R_i + \Sigma R + R_e = 3.058$(其中 $R_i = 0.11$, $R_e = 0.05$)}				
墙体传热系数 $W/(m^2\cdot K)$	\multicolumn{5}{l}{$K = 1/R_0 = 0.33$}				

资料来源:作者整理

表8 屋面主要材料热工计算(由外-内)

各层材料名称	厚度 mm	修正后导热系数 $\lambda[W/(m\cdot K)]$	修正后蓄热系数 $S[W/(m^2\cdot K)]$	热阻值 $R(m^2\cdot K/W)$	热惰性指标 $D=R\cdot S$
小青瓦	12	930.000	284.820	0.000	0.000
塑料排水板	40	1.510	15.360	0.020	0.31
C30细石混凝土	35	1.510	15.240	0.023	0.35
岩棉板	100	0.052	0.910	1.923	1.75
防水卷材	3	0.230	9.370	0.013	0.12
水泥砂浆	20	0.930	11.310	0.022	0.24
现浇钢筋混凝土	120	1.740	17.060	0.069	1.18
合 计	330	—	—	2.070	3.96
屋顶主体传热阻 $(m^2\cdot K)/W$	\multicolumn{5}{l}{$R_0 = R_i + \Sigma R + R_e = 2.230$(其中 $R_i = 0.11$, $R_e = 0.05$)}				
屋顶主体传热系数 $W/(m^2\cdot K)$	\multicolumn{5}{l}{$K = 1/R_0 = 0.45$}				

资料来源:作者整理

表9 优化模型基本构件设置(由外-内)

构件名称	材料	传热系数 $K[W/(m^2\cdot K)]$
墙 体	同表7	0.45
屋 面	同表8	0.36
外 窗	塑料中空玻璃窗	2.50

资料来源:作者整理

2.1.2 室内环境参数设定

为保证模拟数据的对比性,优化模型的室内环境参数与初始模型保持基本一致,即根据《夏热冬冷地区建筑节能设计标准》规定,空调房间室内计算温度为夏季全天 26 ℃,冬季全天 18 ℃;采暖和制冷时,换气次数为 1.0 次/h。

首先将上节中新设定的围护结构材料输入到 Revit 中去,改变原有围护结构的热工属性,然后将模型信息再次导入到 Designbuilder 软件中去,在原有房间属性不变的情况下,模拟结果如图 12。

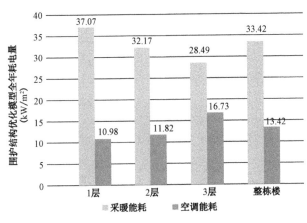

图 12　围护结构优化模型能耗分析

资料来源：作者自绘

经过分析计算得出，对围护结构进行过节能改造之后，建筑的采暖年耗电量为 33.42 kW·h/m²，制冷年耗电量为 13.48 kW·h/m²。前后能耗的对比见表 10。

表 10　围护结构节能对比

模 型 类 型	采暖耗电量 （kW·h/m²）	空调耗电量 （kW·h/m²）
初始模型	56.31	18.32
围护结构优化模型	33.42	13.48
节能率	40.6%	26.4%

资料来源：作者整理

从表中可以清楚地看到，建筑的围护结构对采暖耗电量影响比较大，对制冷耗电量影响比较小。由此可见，选用传热系数小，蓄热系数大的围护结构材料，因其热稳定性好，可以有效地减少制冷与采暖的能耗。江南水乡地区对新墙材研究颇为重视，有关部门正大力倡导新墙材的推广和使用，相信该地区围护结构很快能满足节能要求。

2.2　建筑采光与通风优化分析

可以从初始模型中看到该建筑在采光上有很大的不足，户型中间部分采光系数和采光照度都很低，可以从建筑平面入手，加入天井的设计；而西面的房间太阳辐射较大，需采取相应遮阳措施以改善室内热环境。

2.2.1　天井设计

根据初始模型发现，建筑内部的"储藏室"属于暗房间，且利用率并不高，可以考虑将它改为天井。加入天井元素后的平面图和 Revit 模型见图 13。

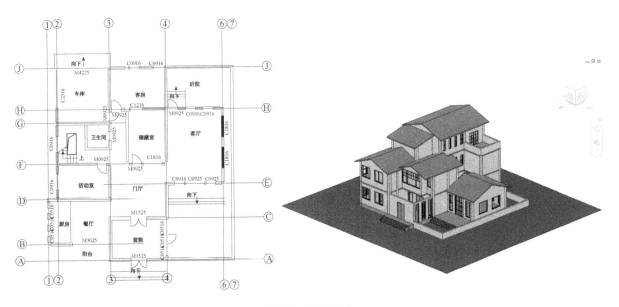

图 13　天井设计

资料来源：作者自绘

从设计上来看,天井元素的加入不仅使初始模型更符合江南水乡地区民居的特色,而且给建筑空间增加了通透性。在建筑性能上,笔者对优化模型进行了采光分析,分析结果见图14、15。

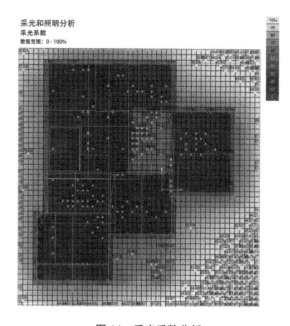

图14 采光系数分析

资料来源:作者自绘

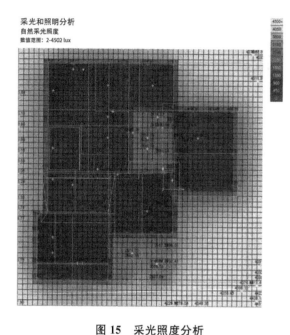

图15 采光照度分析

资料来源:作者自绘

从采光分析结果来看,天井设计很好地对四周房间的采光起到了改善作用,现在室内采光最低值是房间西侧的活动室为 1.8% 的采光系数和 27.58 lx 的采光照度,也已满足《建筑采光设计标准》(GB/T 50033—2001)中 0.55% 和 25 lx 的规定,室内采光基本符合标准。

2.2.2 通风优化分析

在江南水乡地区,乃至整个夏热冬冷地区的住宅中的自然通风设计并未得到足够的重视,特别是传统民居中往往通过窗户的开关来实现自然通风。而自然通风是影响室内热舒适度的重要因素。下面将通过自然通风条件下室内空气温度的模拟,探讨自然通风对室内热舒适度的重要性。

图16为将自然通风次数分别加大到5、10、15次时自然通风对室内温度的影响。选取的日期为夏季气象典型日8月1日,模拟时间为从凌晨2:00开始,每隔3小时计算1次。

模拟结果显示,当加入自然通风后,夜晚室温下降幅度大于白天,自然通风大于5次后下降尤其明显;与此同时,自然通风次数为10次和15次的数据基本重合,说明此时自然通风对降低室内温度的作用已接近极限。从模拟结果可以分析出,自然通风对提高夏季室内热舒适度有一定效果,特别是夜晚,可以有效降低室温5℃左右;但并不是通风次数越多越好,以1～10次/h为宜。

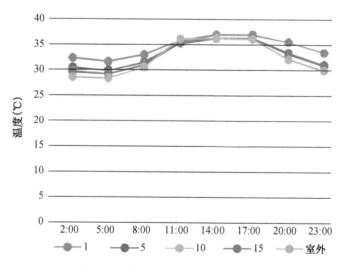

图16 自然通风对室内温度的影响

资料来源:作者自绘

2.3 建筑遮阳优化

住宅建筑中,阳光透过窗户进入房间,会造成室内温度过高,从而影响人体热舒适。因此,夏季外窗应采取遮阳措施,防止过多的直射阳光直接照射房间。从初始模型采光分析和热辐射分析结果来看,首先应加强西侧窗户的遮阳措施。Ecotect 可以根据气候条件和建筑综合情况生成可视化遮阳构件的图形,为建筑师进行遮阳设计提供参考。

我们以建筑西南面底层某房间为例,探讨适合在该建筑上使用的建筑遮阳的形式和遮阳效果。图 17 为该房间位置以及未加任何遮阳措施时夏季室内的热辐射情况,可以看到房间无遮阳措施时,南面和西面靠窗位置热辐射相当严重,日均辐射量最大值达到了 2 933.55 W/h,并且朝室内递减。

下面利用 Ecotect 的"遮阳工具"对该房间进行设计。Ecotect 软件提供了包括水平矩形遮阳、水平多边形遮阳、综合遮阳以及水平百叶遮阳等 6 种常见的遮阳形式。根据调试和综合考虑,初步判定在给出的遮阳措施中,南窗比较适合综合遮阳形式,而西窗比较适合水平百叶遮阳形式。

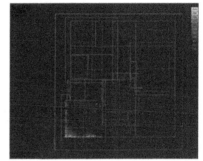

图 17　无遮阳措施房间辐射分析
资料来源:作者自绘

接下来对模型进行夏季遮阳效果优化前后的对比分析,分析结果见表 11。

表 11　遮阳优化前后对比

类别	初始值	优化值	差值	百分比
分析图				
平均值	58 110.59 Wh	46 082.52 Wh	12 089.09 Wh	86.62%

资料来源:作者整理

数据结果显示,对房间进行遮阳优化后,房间的夏季热辐射平均值降低了 12 089.09 Wh,特别是房间西南角蓝色区域热辐射下降最为明显,达到了 89 810.53 Wh;另外,优化前后热辐射下降的平均百分比为 13.38%。由此可见,遮阳措施可以有效减少夏季室内热辐射,同时减少夏季空调耗电量。

值得说明的是,Ecotect 虽然可以对基本遮阳形式做一个定性和定量的分析,但是由于软件限制,提供的遮阳形式有一定的局限性,有更多基本遮阳形式没有提供,这需要建筑师回到 Revit 中对建筑模型进行更深进一步的设计和推敲,最后再到 Ecotect 中做方案的前后对比。

2.4 太阳能与建筑一体化

虽然"太阳能与建筑一体化"课题在江南水乡村镇地区并未得到推广和普及,而由于其价格较高,《农村居住建筑节能设计标准》中也表示农村地区对太阳能的利用暂时不需要考虑光伏发电。但随着节能减排的想法越来越深入人心,"太阳能与建筑一体化"将不再是城市建筑的专利。太阳能构件也与其他任何建筑构件一样,只有使用得当才能发挥最大效率。为了使太阳能的收集能力最大化,笔者对初始模型的屋面进行分析和计算,并从中得到安装太阳能集热板的最佳朝向。

如图 18 所示,为初始模型的鸟瞰图和屋顶平面,为使操作方便,我们将 8 块大小一致(2 000 mm×

4 000 mm)的集热板放置在不同朝向的屋面上,然后将模型导入到 Ecotect 中,将 8 块集热板赋予"太阳能收集器"的材质,这里系统默认光电转化率为 12%。

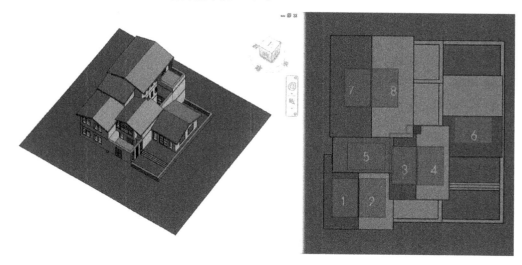

图 18　初始模型屋顶示意图

资料来源:作者自绘

设置完成后,我们对太阳能板的集热量进行分别计算。经过 8 次计算和分析,将数据统计如图 19 所示。

从数据中可以看到,发电量比较高的是 1、2、4、5、8 号 5 块光电板,其中 5 号的发电量是最大的,其次是 2 号和 8 号。可以由此推断,太阳能光电板放置在屋顶朝南位置时的发电量最大,发电效率最高。

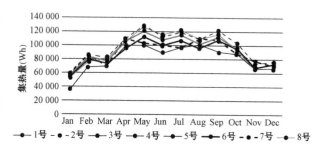

图 19　太阳能集热量

资料来源:作者自绘

3　优化模型能耗模拟

上一节分析的是单一节能措施的节能效果。从能耗模拟、室内舒适度等的分析,使各项节能措施的效果一目了然。然而,建筑节能技术是多个单项措施的综合效果,逐一分析需要庞大的多专业背景和软件操作能力。笔者将首先针对章节 1.2 中涉及的节能技术进行简单的整合,为优化模型的最终能耗模拟做一个梳理。

3.1　节能优化技术整合

3.1.1　外墙使用加气混凝土砌块作为主体材料,同时降低墙体传热系数

江南地区新墙材的发展很快,适合该地区的新型墙材日益丰富。对于该地区来说,应选用传热系数较低、稳定性较强的墙材。加气混凝土作为墙体主体材料,具有自重轻、保温隔热性能好、强度高等优点,同时结合岩棉保温板做外保温,可有效减小墙体传热系数。

3.1.2　屋面增加保温隔热层

江南水乡农村地区住宅大多以坡屋顶为主。坡屋面与平屋面相比,面积更大且受太阳辐射更直接,因此必须设置保温隔热层。本案做法是加 100 厚岩棉板,岩棉板的耐久性能相当出色,可以做到与结构寿命同步,此外它的保温、耐火性能都尤为优异,是非常理想的保温隔热材料。

3.1.3　设计中增加"天井"元素

初始模型不仅在方案设计还是在建筑热工性能上都不理想,主要原因是建筑中间的布局太过压抑,

不仅影响建筑整体的采光照度,同时也影响了空气的流通性。天井元素的加入很好地改善了原有方案的不足,既增加了空间通透性,更使空气得以南北对流,减小涡流,形成自然通风。

3.1.4 外窗增加遮阳措施

遮阳与通风往往是一对矛盾体,而两者都对降低空调能耗有着巨大的贡献;与此同时,遮阳与自然采光、冬季采暖都有着互相制约的关系。为做到多方面的兼顾,就应该在保证一定窗墙比的条件下提高建筑夏季的遮阳效果。2.3节的遮阳分析已经清楚地分析出增加遮阳措施对减少室内热辐射的作用,然而由于软件限制,未能更真实地模拟出与建筑结合地更自然的遮阳形式。这里考虑在受热辐射较强烈的南、西、东 3 面窗口增加活动式竖向百叶护窗。百叶护窗具有效果好、光线通透、使用灵活等优点,可以把遮阳、采光和通风三者的互相影响减少到最低限度。根据《夏热冬冷地区居住建筑节能设计标准》规定,活动竖百叶挡板式遮阳的外遮阳系数 $SD=0.39$。除此之外,窗户选用 6＋12A＋6 的塑料中空玻璃,遮阳系数为 0.83,可有效遮挡夏季太阳热辐射进入室内。

3.1.5 在屋面增加太阳能集热器

虽然生活热水系统对于采暖和空调的能耗没有影响,但生活热水也会消耗相当大的能耗,占居民生活能耗的一大部分。在本次优化设计中,考虑利用太阳能集热器来产生生活热水,减少居民生活能耗。

3.2 热工参数设定

根据优化设计中选用的围护结构材料,参照表9中相关内容。

室内环境参数与初始模型基本一致,但为了尽量利用自然通风来冷却夏季室温,将换气次数进行了调整,具体设定如下:

(1)室内计算温度:夏季 26 ℃,冬季 18 ℃;

(2)换气次数:自然通风时 1～10 次/h,空调时 1 次/h;

(3)空调季节:全年。

3.3 模拟结果与对比

3.3.1 模拟结果

模拟结果如图 20 所示。

从图 20 得知,优化方案的采暖年耗电量为 22.62 kW·h/m²,空调年耗电量为 8.72 kW·h/m²。建筑能耗仍然以冬季采暖为主,占了比较大的比重。

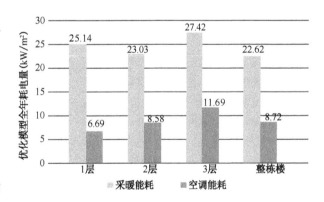

图 20 优化方案能耗模拟

资料来源:作者自绘

3.3.1 初始模型与优化模型能耗对比

初始模型能耗可以反映江南地区现有农村无节能措施住宅的普遍能耗状况;优化模型为经过多方面节能优化设计后的建筑能耗状况。表 12 为初始模型与优化模型的能耗对比。

从数据可以看出,在采暖能耗方面,由于提高了围护结构的保温性能,优化模型的采暖能耗下降了 40% 左右;另外,在其他节能措施的综合运用下,优化模型的采暖节能率最终达到 59.8%。在制冷能耗方面,在提高围护结构隔热性能、改善遮阳措施以及采光通风优化的综合运用下,优化模型的制冷节能效果也显著提高,节能率达到了 52.4%。

表 12 各阶段模型能耗对比

模型类型	采暖耗电量 (kW·h/m²)	空调耗电量 (kW·h/m²)
初始模型	56.31	18.32
围护结构优化模型	33.42	13.48
优化模型	22.62	8.72
节能率	59.8%	52.4%

资料来源:作者整理

4 小结

根据江南水乡地区适宜性节能措施,在结合 BIM 技术对初始模型进行节能优化的设计整合中加强了围护结构保温隔热、自然采光、建筑遮阳 3 方面的节能措施。经过优化设计后,建筑采暖年耗电量比初始模型降了 59.8%,制冷年耗电量降了 52.4%。同时,根据《江苏省居住建筑热环境和节能设计标准》中规定本省居住建筑节能应达到 50% 的水平,该建筑可基本达到要求。

值得说明的是,考虑到农村地区的经济水平和当地气候环境,本案在进行节能技术和材料的选用上注重适用性原则。比如外窗的玻璃,并未选择城市居住建筑中常用的 Low-E 玻璃,而是通过经济因素的考虑,选用普通双层玻璃。此外,本章还提出了运用 BIM 软件进行建筑节能优化设计的具体操作方式和设计流程,可为建筑师进行设计提供参考,从设计上保证建筑节能效果。

参考文献

[1] 清华大学建筑节能研究中心. 中国建筑节能年度发展研究报告 2013[M]. 北京:中国建筑工业出版社,2014. 3.

[2] 齐康,杨维菊. 绿色建筑设计与技术[M]. 南京:东南大学出版社,2011.

[3] 北京土木建筑学会,北京科智成市政设计咨询有限公司主编. 新农村建设建筑节能技术[M]. 北京:中国电力出版社,2008.

[4] 刘加平,谭良斌,何泉. 建筑创作中的节能设计[M]. 中国建筑工业出版社,2009.

[5] Autodesk, Inc. 主编柏慕中国编著. Autodesk Ecotect Analysis 2011 绿色建筑分析应用[M]. 北京:电子工业出版社,2012.

[6] 美国. LL. 麦克哈格. 设计结合自然[M]. 丙经纬,译. 第一版. 北京:中国建筑工业出版社,2002. 10.

[7] 何关培. BIM 总论[M]. 北京:中国建筑工业出版社,2011.

[8] 克里斯汀·史蒂西. 太阳能建筑//建筑细部丛书[M]. 大连:大连理工大学出版社,2005.

[9] Francois. BIM in small-scale sustainable design. Hoboken, N. J. :Wiley, 2012.

[10] Chuck Eastman, Paul Teicholz, Rafael Sacks, Kathleen Liston. BIMHandbook. John Wiley & Sons, Inc. 2011.

[11] 赵昂. BIM 技术在计算机辅助建筑设计中的应用初探[D]. 重庆大学硕士学位论文,2006.

[12] 李玉娟. BIM 技术在住宅建筑设计中的应用研究[D]. 重庆大学硕士学位论文,2008.

[13] 石莹. 基于 BIM 的太阳能建筑设计初探[D]. 天津大学硕士学位论文,2012.

[14] 席加林. 基于 BIM 技术的重庆地区办公建筑节能设计探索[D]. 重庆大学硕士学位论文,2013.

基于能耗模拟的寒地村镇住宅
精准化节能设计研究

李　岩

我国农村地广人多,农村民用建筑面积为 221 亿 m^2,占全国总建筑面积的 56%,农村地区每年生活用能达 3.2 亿 t 标准煤。随着村镇生产与生活水平的调整与改善,当下存折能源粗放消耗问题日趋明显。严寒地区冬季漫长且气候条件较为恶劣,出于住宅维护与室内热舒适的维持,更加重了村镇住宅在冬季的能源消耗。

通过对严寒地区黑龙江省、吉林省、辽宁省以及内蒙古自治区的部分村镇的农宅进行实地调研,总结出寒地村镇住宅普遍存在的能耗问题。首先,寒地村镇住宅生活耗能相比于城市偏大。在对部分村镇住宅进行气象数据、围护结构传热系数、室内温度数据等指标的实时监测取值,计算出其耗热量指标为 79.67 W/m^2,相当于城市居住建筑耗热量指标的 1 倍以上。其次,寒地村镇住宅室内热环境条件差,难以维持稳定的室内热舒适环境。寒地村镇布局较为松散,建筑密度低,易受到自然环境的影响;加之平日维持室内温度的热源主要为日常炊事余热,热量小,热源不稳定,难以保持恒定室温;严寒地区昼夜温差较大,加剧室内温度的波动幅度。此外,寒地村镇清洁能源的普及率很低,冬季主要采取燃烧秸秆的方式获取热量,加剧北方城市雾霾等空气质量污染问题。

由此可见,对寒地村镇住宅的节能改造与设计对提升寒地村镇居民生活质量,缓解中国能源压力,改善城镇生态环境有着至关重要的作用。本文从精准化设计的角度,借助计算机能耗模拟技术,通过比较寒地村镇住宅的能耗影响因子的敏感性,判断寒地村镇住节能设计的薄弱点,有针对性地提出相应的节能设计策略。

1　研究对象与模拟软件选择

1.1　研究对象

寒地村镇住宅多为低层院落式独户住宅,建筑平面形制以矩形、L 形为主,建筑层数为 1～2 层,本文选择此类住宅作为研究对象更能突出能耗问题。拟定建筑的体形系数、围护结构传热系数(包括屋顶、外墙、外门窗、地面)、各朝向窗墙比为寒地村镇住宅能耗影响因子,通过控制变量法,观察各自指标的变化所引起的住宅能耗变化情况,作为判断建筑能耗薄弱环节的依据。本研究对黑龙江省绥化市兰西县永久村的若干农宅进行调研与统计,并选择对比较有代表性的住宅进行能耗模型建立与能耗模拟,模拟对象如图 1 与图 2 所示。

李岩:黑龙江东方学院,哈尔滨 150066

图1　模拟对象现状

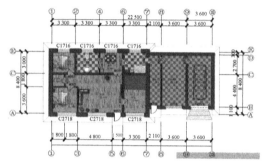

图2　农宅建筑平面图与立面图

1.2　模拟软件

由清华大学建筑技术科学系环境与设备研究所研发的 DeST 是建筑环境及 HVAC 系统模拟的软件平台,其住宅版本 DeST-h 主要用于住宅建筑热特性的影响因素分析、住宅建筑热特性指标的计算、住宅建筑的全年动态负荷计算、住宅室温计算、末端设备系统经济性分析等领域。本研究以 DeST-h 的房间功能模块为蓝本,根据寒地村镇住宅的自身特点,对相近似的房间功能模块进行了参数修正,形成适合寒地村镇住宅能耗模拟使用的房间功能模块。DeST-c 软件的用户界面方便使用者对不同的参数进行调整,通过改变参数从而改变建筑能耗,可以有效指导建筑节能设计。

2　能耗模拟与影响因子敏感性分析

2.1　体形系数敏感性模拟

建筑体形系数是影响建筑能耗的重要影响因素,建筑能耗随着建筑体形系数的不同存在明显差异。在此结论的基础上,本模拟结果旨在分析随着建筑体形系数的变化所带来的建筑能耗的变化的敏感性规律,观察能耗变化的突变点;寒地村镇住宅室内热扰参数的设置对不同形体与不同体形系数的建筑冷、耗热量的影响;分析随着建筑形体与体形系数的变化,分别对建筑冷、热负荷的影响程度。

通过调研可知,寒地村镇住宅体形系数取值可在 0.37 与 0.47 之间的范围内确定,并做适当外延,抽象出一系列体形系数模拟样本,即从 0.35 至 0.48 递增。在保证建筑形体基本不变的前提下,通过对建筑尺寸的调整来实现所设计的建筑体形系数。在保持其他因素不变的情况下,对模拟样本进行能耗模拟,分析不同建筑类型的建筑能耗随建筑体形系数与建筑形体之间的变化关系,L 形模拟样本见图 3 所示,能耗模拟结果见图 4 与表 1。

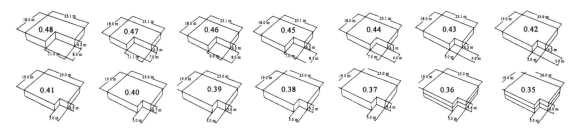

图 3　L 形体形系数模型样本建立

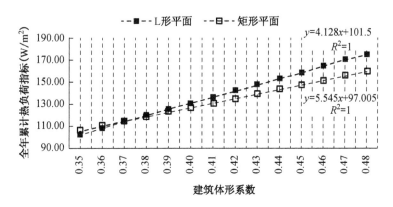

图 4　两种建筑形体不同体形系数的耗热量

表 1　两种平面形制住宅不同体形系数的能耗模拟结果

体形系数	0.35	0.36	0.37	0.38	0.39	0.4	0.41
矩形平面耗热量	105.62	109.75	113.88	118.01	122.14	126.26	130.39
L 形平面耗热量	102.55	108.10	113.64	119.19	124.73	130.28	135.82
体形系数	0.42	0.43	0.44	0.45	0.46	0.47	0.48
矩形平面耗热量	134.52	138.65	142.78	146.90	151.03	155.16	159.29
L 形平面耗热量	141.37	146.91	152.46	158.00	163.55	169.09	174.64

2.2　窗墙比敏感性模拟

建筑外窗是建筑热量获得与流失的薄弱环节,太阳辐射通过外窗作用于室内。在冬季,大面积的外窗可以获得更多的太阳辐射热,但是在夜晚会透过外窗将热量散失到室外,造成热量的流失。对于寒地村镇住宅来说,合理的窗墙比是降低建筑能耗的重要手段之一。本部分模拟结果旨在分析随着建筑窗墙比的变化所带来的建筑能耗的变化的敏感性规律;各朝向窗墙比的变化给建筑能耗带来的变化影响;得出能耗变化缓急的转折点所对应的各窗墙比的值,作为寒地村镇住宅外窗调整设计的依据。

通过对调研的寒地村镇住宅窗墙比进行计算,将窗墙比取值控制在在 0.3～0.8 的范围内。按照 10 种窗墙比所对应的 4 个朝向外窗对原模型得外窗进行了调整,外窗的传热系数统一取 $K=0.22$。通过能耗模拟,得出一系列与不同窗墙比对应的建筑耗热量,分析窗墙比与建筑能耗之间的关系,能耗模拟结果见表 2 与图 5。

表 2　不同窗墙比建筑耗热量模拟结果

窗墙比	0.20	0.30	0.40	0.50	0.60	0.70	0.80	0.90	1.00	1.10
全年累计耗热量	555.3	558.2	568.3	588.4	610.2	627.2	639.3	655.8	669.3	677.7

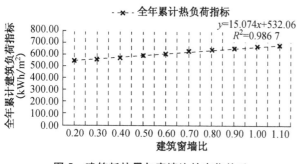

图 5　建筑耗热量与窗墙比的变化关系

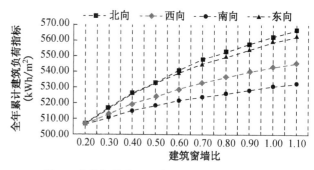

图 6　建筑耗热量随各朝向窗墙比的变化关系

建筑四个朝向的不同窗墙比对建筑能耗的影响程度各不相同,在保证其它能耗因素不变且 3 个立面窗墙比固定不变的前提下,单独递增一个朝向的窗墙比,观察不同朝向窗墙比的变化而引起的建筑采暖与空调能耗变化关系。图 6 给出了研究对象建筑耗热量随 4 个朝向的窗墙比增加而变化的模拟结果曲线。

2.3　围护结构敏感性模拟

建筑围护结构作为建筑减缓室内外热量传输的阻隔层,对建筑节能有着重要作用。一般来讲,随着传热系数的减小,建筑物的耗热量也随之减小。但有研究表明,建筑围护结构的传热系数减小到一定程度时,建筑能耗的减少量已经不明显了。本部分模拟旨在分析随着围护结构各部位传热系数变化所带来的建筑能耗的变化的敏感性规律;得出能耗变化缓急的转折点所对应的各围护结构部位的传热系数值,并作为研究对象围护结构调整的依据。

在寒地村镇住宅的实地调研的基础上,对不同建设年代、不同结构形式、不同保温性能住宅的构造做法进行了调查与统计。以计算不同部位的传热系数为基础并做适当外延,分别针对围护结构的 4 个主要组成部分(外墙、屋面、地面、外门窗)设置了 10 种工况下的传热系数。通过控制变量法,在保持其他 3 个不变的情况下,单独改变一种围护结构部位的传热系数,采用能耗模拟得出建筑耗热量。

2.3.1　外墙敏感性模拟

对外墙能耗敏感性的模拟结果见表 3。图 7 给出了研究对象在其他围护结构保持不变的情况下,单位面积全年耗热量随外墙传热系数变化的规律示意图。

表 3　不同外墙传热系数外墙工况的能耗模拟结果($kW \cdot h/m^2$)

传热系数	0.15	0.20	0.25	0.30	0.35	0.40	0.45	0.50	0.55	0.60
全年累计耗热量	294.92	295.95	297.89	303.79	310.56	319.68	332.28	350.21	379.27	407.19

如图可以看出随着外墙传热系数的增加,建筑采暖负荷不断增加;在 $K \leqslant 0.25$ 的区段,建筑耗热量曲线较为平缓,负荷增长幅度并不明显;在 $K \geqslant 0.25$ 的区段,建筑耗热量曲线开始上扬,负荷增长率逐渐增加。在整个变化过程中,建筑冷负荷指标曲线较为平直,只呈现细微的减小趋势。

2.3.2　屋面敏感性模拟

对屋面能耗敏感性的模拟结果见表 4。图 8 给出了研究对象在其他围护结构保持不变的情况下,单位面积全年采暖与空调负荷指标随屋面传热系

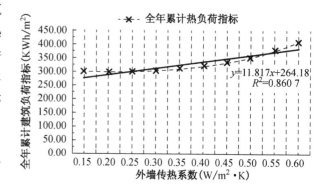

图 7　建筑耗热量与外墙传热系数的变化关系

数变化的规律示意图。

表4 不同屋面传热系数外墙工况的能耗模拟结果

传热系数	0.15	0.20	0.25	0.30	0.35	0.40	0.45	0.50	0.55	0.60
全年累计耗热量（kW·h/m²）	217.49	220.21	229.18	233.14	241.70	257.24	274.81	298.26	330.20	362.56

如图可以看出随着屋面传热系数的增加，建筑采暖负荷不断增加；在 $K \leqslant 0.25$ 的区段，建筑耗热量曲线较为平缓，负荷增长幅度并不明显；在 $K \geqslant 0.25$ 的区段，建筑耗热量曲线开始上扬，负荷增长率逐渐增加。

2.3.3 地面敏感性模拟

对地面能耗敏感性的模拟结果见表5。图9给出了研究对象在其他围护结构保持不变的情况下，单位面积全年耗热量随地面传热系数变化的规律示意图。

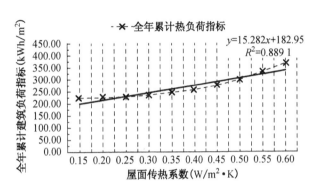

图8 建筑耗热量与屋面传热系数的变化关系

表5 不同导热系数地面工况的能耗模拟结果

传热系数	0.05	0.30	0.55	0.80	1.05	1.30	1.55	1.80	2.05	2.30
全年累计耗热量（kW·h/m²）	265.00	272.26	277.39	280.36	282.53	284.02	285.26	286.26	287.11	287.24

如图可以看出随着地面传热系数的增加，建筑耗热量不断增加，但是增长趋势较为平缓，建筑耗热量在 $K \leqslant 0.55$ 区段，随着地面传热系数的减小，建筑负荷减小率增加。因此对于寒地建筑来说，如果能够在 $K \leqslant 0.55$ 范围内最大限度减小地面传热系数，建筑能耗的降低还是相当明显的。

2.3.4 外窗敏感性模拟

对外窗能耗敏感性的模拟结果见表6。图10给出了研究对象在其他围护结构保持不变的情况下，单位面积全年耗热量随外窗传热系数变化的规律示意图。

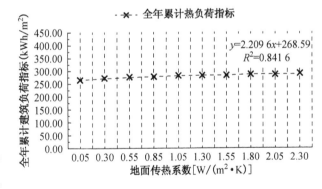

图9 建筑负荷指标与地面传热系数的变化关系

表6 不同传热系数外窗工况的能耗模拟结果

传热系数	1.8	2.0	2.2	2.4	2.7	2.9	3.1	3.3	3.5	3.9
全年累计耗热量（kW·h/m²）	209.98	212.60	216.43	217.49	220.46	221.16	223.70	226.05	244.42	259.67

如图10可以看出随着外窗传热系数的增加，建筑耗热量不断增加；在 $K \leqslant 2.2$ 的区段，建筑耗热量增长幅度较为平缓；在 $2.2 \leqslant K \leqslant 2.9$ 的区段，建筑耗热量增长程度明显；在 $K \geqslant 2.9$ 的区段，变化率再次减小。

3 寒地村镇住宅节能设计策略

3.1 体形系数节能设计策略

通过对建筑体形系数敏感性的研究,总结针对于寒地村镇住宅体形系数的基本调整原则,即通过对建筑平面的调整,减小建筑体形系数;规整建筑平面至规则几何形。根据前文的敏感性研究,建筑平面稍不规则,对建筑节能不利;相对于规则形体来说,体形系数的增加会使建筑能耗增长得更加明

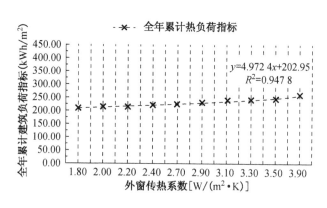

图 10　建筑负荷指标与外窗传热系数的变化关系

显。因此,对于建筑体形系数调整来说,首先应从住宅形体作为切入点,尽量将住宅平面规则化,在此基础上再对住宅的尺寸做必要的调整,以达到减小建筑体形系数的目的。

3.2 外窗节能设计策略

经过研究发现,控制窗墙比对于农村住宅来说能够起到显著的降低采暖能耗的作用,随着这一指标的减小,建筑的能耗也随之减小。参照建筑窗墙比敏感性研究结果,应将农村住宅的窗墙比控制在 0.4 以内对于建筑节能最为有利。另外,通过不同朝向窗墙比对建筑能耗的影响关系模拟分析得出,建筑北向、东向、西向的外窗面积对建筑采暖能耗的影响十分显著,建筑西向的外窗面积对建筑空调能耗的影响十分明显。因此对于寒地村镇住宅来说,应在将窗墙比控制在 0.4 以内的基础上尽量减小北向、东向和西向的开窗面积,同时兼顾西向开窗的夏季遮阳。

3.3 围护结构节能设计策略

寒地村镇住宅典型围护结构采用的建筑材料与构造作法多为寒地住宅普遍采用的,而且基本构造原理符合寒地的保温特点,具有一定的参考价值;但是根据前文的节能判断得出原构造方案围护结构不能满足节能要求。因此,围护结构新方案设计是在原方案的基础上进行节能调整。

3.3.1 外墙

寒地村镇住宅典型构造方案为外墙 370 厚砖墙,经计算传热系数为 $K=0.646$ W/(m² · K)。新方案外墙砌体改为 200 厚空心砌块,将保温材料更换为挤塑聚苯板,将厚度增加到 60 厚,经计算,传热系数为 $K=0.268$ W/(m² · K)。

3.3.2 屋面

寒地村镇住宅典型构造方案为屋面混凝土结构表面,经找平后铺 90 厚苯板保温层,经计算传热系数为 $K=0.458$ W/(m² · K)。由于在前的模拟实验中,得出屋面对寒地村镇住宅冬季耗热量的敏感性关系很大,因此在围护结构的调整中,对屋面部位加强保温性能。新方案屋面结构形式不变,而将挤塑聚苯板加厚至 80 厚,经计算,传热系数为 $K=0.308$ W/(m² · K)。

3.3.3 地面

寒地村镇住宅典型构造方案地面不作保温处理,经计算传热系数为 $K=2.584$ W/(m² · K)。考虑到地下冻土层对冬季耗热量的影响,因此对地面的保温处理是十分重要的。在围护结构方案的调整中,60 厚挤塑聚苯板保温层下为 100 厚素混凝土垫层,最下面素土夯实,经计算传热系数为 $K=0.414$ W/(m² · K)。

3.3.4 外窗

寒地村镇住宅典型构造方案外窗为普通中空窗,经查询其传热系数为 $K=3.1$ W/(m² · K);新方案

的调整是将原外窗更改为中空 3 层玻璃窗,经查询传热系数 $K=2.3$ W/(m² · K)。

3.4 住宅布局节能策略

为抵御寒地冬季严峻的气候环境,尤其是冬季季风对村镇庭院生活环境的影响,应改变村镇庭院内建筑零散的布局现状。首先应充分利用可灵活布局的仓储用房、禽畜圈舍等建筑实体,在冬季主导风向的迎风面对村镇庭院进行围合,阻挡冬季冷空气直接吹入庭院与住宅。其次应调整住宅入口方向,可使主要居住用房在冬季获得充足太阳辐射热。根据寒地气候特点,宜将住宅入口布置在北侧并加设门斗,或是将入口布置在东、西侧并南向开门。

4 结论

文章选取寒地村镇典型住宅作为研究对象,选取影响建筑能耗的因子作为变量,借助计算机能耗模拟技术,通过控制变量法得出不同变量所对应的能耗值,比较寒地村镇住宅能耗相对于各能耗影响因子敏感性,从而找出寒地村镇住宅节能建设与改造的不利之处,在此基础上有针对寒地村镇住宅的提出节能对策,实现精准化节能设计的目的,为寒地绿色村镇建设提供可参考的依据。

参考文献

［1］ 清华大学建筑节能研究中心. 中国建筑节能年度发展研究报告 2009［M］. 北京:中国建筑工业出版社,2010

［2］ 金虹,凌薇. 低能耗,低技术,低成本——寒地村镇节能住宅设计研究［J］. 建筑学报,2010(08):14-16.

［3］ 清华大学 DeST 开发组. 建筑环境系统模拟分析方法——DeST［M］. 北京:中国建筑工业出版社,2006.

［4］ 李江迪. 土地流转背景下村镇社区住宅优化设计研究［D］. 重庆大学,2013.

［5］ 袁青,王翼飞. 基于价值提升的严寒地区村镇庭院优化策略［J］. 城市规划学刊,2015(1):68-74.

专题四 传承与创新：传统村落的更新保护与可持续发展

三江源自然保护区乡村规划的地域性研究

张　宏　戴海雁　刘奔腾

1　乡村地域背景特点与转型趋势

1.1　地域背景特点

青海三江源自然保护区生态环境对全球环境有重要作用。一方面,其生态环境具有区域重要性的同时也十分脆弱。以道路交通建设的生态破坏问题为例:草皮很薄,一旦表皮被破坏,植被很难恢复,道路建设对草场的破坏非常严重。另一方面,这样的生态环境对于生活在其中的人来说是严酷的。以饮用水困难问题为例:农牧民冬季依靠降雪融水解决,但是非降雪季节饮用水获取困难,因为很多地表水或有条件获取的地下水因为含盐量或是其他问题而不适合人饮用。

游牧产业特点。牧场与居住地点远距离比例较高。村民的主要经济收入来源以采集冬虫夏草为主,还有养殖牦牛,种植青稞、芫根等农作物及少部分外出务工。每年1个月的政府管控下的虫草挖掘期为农牧民家庭提供了主要家庭收入,收入来源单一。

大分散、小集中。分散是乡村相对于城市的一个基本特征。与国内大部分地区比较,该地区的居民点的分散化程度更高,而且分散的具体形式又有差别:居民点的分散;居民点内的家庭分散;家庭内部因为游牧的生活方式在放牧季节分散。

"村-寺"结合体。藏民的宗教信仰以藏传佛教为主体,藏传佛教是复杂的体系,派系多、信众专一。一个行政村的几个自然村的居民信仰可能差别很大。通常1个或几个村庄的农牧民会集中供奉1个寺庙,虔诚的信仰下,寺庙僧人对村民的行为引导作用很大。自然村普遍有嘛呢堆、风马旗等藏族特色浓郁的标志物,与藏式民居以及高原的雪山、草甸构成了独特的高原乡村景观。

村落沿国道线近几年新建建筑较多,建筑风格多样,色彩浓烈的建筑比较多。远离国道线的村落新建建筑较少,保留着高原传统村落风貌。

各个村的公共服务设施差距较大,主要分成两种情况:一是作为乡政府驻地的村可能公共服务设施集中、基础设施相对完善。公共设施包含寄宿制学校、幼儿园、乡政府、卫生院、法庭、派出所、邮局、小卖部等,饮用水工程、光伏发电站、通信基站等。二是乡政府驻地以外的村几乎无公共服务设施,基础设施十分落后。自然村个别有安全的人畜饮用水,家庭化的小型太阳能供电较为普遍,集中供电未100％普及,无排水设施,个别村有集中的垃圾收集点和公共旱厕。

交通方面,与国道接近的村庄对外交通联系方便,绝大多数村庄内部道路处于自由发展状态,有长期使用形成的固定线路,但是没有硬化。道路修建对沿路的草原植被破坏也比较严重,部分路段在雨雪天

张宏,戴海雁:东南大学,南京 210018;刘奔腾:兰州理工大学,兰州 730050

＊　本项目受到"十二五"国家科技支撑计划课题(2012BAJ03B04)资助。

气难以通行。

地籍纠纷多。三江源地广人稀,新中国成立后草场长期没有固定的使用者,近年牧场开始设围栏,地籍纠纷多。同时,村域界限模糊,村域界限难以划定,牧场界限和村域界限未必重合。

1.2 转型趋势

乡村的转型其一要看村民生活的转型。村民不同年龄层的生活方式差异大。年轻人用电子设备和外界信息交流多,倾向于现代化的城市生活。中年人的生活来源对当地的依赖大,难以离开乡村,但同时又向往城市生活,在城市买房,是候鸟一族。老年人信息闭塞、生活传统。

乡村的转型其二要看区域政策的转型。国家层面,新型城镇化中将乡村的发展提升到一定的高度,"望得见山,看得见水,记得住乡愁",乡村的发展与转型是新时期的工作重点之一。

图1 青海省玉树藏族自治州囊谦县查秀村
资料来源:作者拍摄

图2 青海省玉树藏族自治州囊谦县多伦多村
资料来源:作者拍摄

2 乡村规划的缺失与困境

该地区用示范选点的方式进行了村庄规划、美丽乡村规划、传统村落保护与发展规划等乡村规划实践,在工作中存在很多问题。

因为游牧生活习惯和牧场的分布广大,点状的集中居住对应了巨大的面状生产空间。居民点越集中,生活地点到生产地点的距离就越远,牧民只能在放牧不便或者置办两处居所之间择一而行。因此,集中居住难以解决分散居住带来的生态环境破坏问题。因为宗教信仰的问题,不仔细考虑宗教信仰特点,村民集中居住也会产生潜在的社会问题。以上两点加上从以人为本的家园情怀角度出发,居民点全盘集中化的乡村规划是不现实、不人性化的。以集中为前提的城镇规

图3 青海省玉树藏族自治州囊谦县吉沙村
资料来源:周琪拍摄

划模式难以在乡村套用的同时,现行的规范化、标准化的乡村规划模式也难以在本地区实施,需要建立能体现地域特点的乡村规划技术方法体系。

地广人稀交通困难、通讯信号难以全覆盖、语言交流屏障、规划调研技术难以充分应用等原因导致自上而下规划的实施性差,自下而上的规划实际操作困难,此外,规划师无法长期、普遍提供现场服务,实施管理也十分艰难。上下结合、实施管理是难题。

推荐户型,不考虑建造层面的问题,导致乡村建筑安全管理困难,难以保障乡村人居环境安全,在施工中也会对生态环境产生破坏。

从个人发展与社会贡献两方面考虑,该地区的乡村规划应在双目标下寻找突破点:追求区域生态环境高线、提升农牧民生活环境品质。基于双目标的乡村规划模式应当是双目标并驾齐驱的。

3 乡村规划模式

三江源自然保护区需要怎样的乡村规划?地域化的乡村规划是必然的选择之一,应根据不同地区的实情落实差别化发展需求。其中,地域化的规划编制技术和实施管理的双管齐下如何实现?需要寻找切入点,符合地域特点与转型趋势的规划设计和落实到建造层面的建筑产品设计是两个层面的探索。下面从规划设计策略、建筑设计策略两个层面探讨地域化乡村规划途径。

3.1 规划设计策略

乡村规划从重视空间结构转变为侧重空间过程的引导。在引导空间过程的工作中,采用村民能主动地参与、实施中参与的模式。规划侧重生态高线目标的引导、生态底线目标的维系和空间的结构性把握。将建筑产品建造内容抽出作为居民规划编制、规划后实施的全程参与部分,甚至作为在缺失乡村规划指导时的建造引导。由此,规划、建筑专业人员可提供有效的技术支持,以确保政策和法规底线,让农牧民参与编制规划。

渐进规划的态度。从宗教信仰习惯、生活方式的个人选择的转变这些方面以人为本地考虑,乡村规划要有渐进规划的态度,应尊重农牧民行为规律、挖掘乡村自身的先进性,避免强调自上而下意愿而造成的规划的难以实施和规划暴力。

1. 产业转型

丰富乡村产业类型,通过产业转型改变生活收入来源单一的现状。同时通过产业的引导,将农牧民引向集中的居民点。发挥特色农牧业产业优势,借助青海省各个层面的旅游发展规划,有选择地建设村庄旅游配套服务设施,将农牧业与旅游观光相结合,努力营造风光壮美的田园生活场景。延续农牧业产业链——发展农副产品加工业,改变传统生产模式,延伸农牧业产业链。

2. 空间结构集中与分散结合

空间变化的过程中引导集中化的同时尊重分散化的现实需求,强调动态的建设观。尊重延续"村-寺"一体的藏区乡村单元模式。尊重仍将长期延续的农牧业决定的游牧居住特点,避免规划引起的高碳行为。

3. 规划内容采用结构化把握

严格控制村庄建设范围;对道路交通系统、基础设施系统规划设计;通则控制宅基地面积、院落出入口、建筑高度等内容。

4. 基础设施

采取集中居民点规模化供应或处理的方式,分散的居民点采用小型化微处理模式。

5. 规划实施

调动规划的多元实施主体,加大规划宣传,严格控制底线,提升生态环境品质。

3.2 建筑设计策略

乡村聚落不同于城市的特点之一是乡村是由村民在自下而上的自组织机制下缓慢建设而成,建造者基于个体微观而局部的视角观察基地环境特征并结合具体的自我需求进行建造。

乡村建筑设计采用工业化建筑设计,将规划与建造结合,在建造层面落实规划。工业化建筑采用产品模式,以社会需求为导向,以工业化模式制造、建造、装配,产品质量责任长期在企业,可对建筑全生命周期负责。产品模式打破了传统建筑设计的作品模式。作品模式中建筑师个人意愿强烈,是个人艺术倾向为导向的建筑设计,是手工模式,乡村建筑质量很难长期保证。

建造分3个层级来满足房屋的性能要求。第1层级:通过完成结构体、围护体、屋顶、楼梯、门窗,建造完成基本空间,其具有通用性;第2层级:根据使用功能,在基本空间的基础上细分空间;第3层级:建筑设备安装。

采用菜单化生产,农牧民可充分利用工业化低成本的优势,充分地自主设计家庭的整体空间,集中居民点和分散居民点可采取不同的产品,满足农牧民的具体需求。建筑层面预留标准化的对外接口,和规划充分衔接。

工业化建筑从建造层面考虑乡村建筑设计,能够保障建筑质量、减小施工对环境的破坏。通过3层级的建造后形成有性能的房屋,预留农牧民自主装饰、装修的余地,完成特色传承。

4 小结

能体现三江源自然保护区地域特点的乡村规划技术方法体系,可提升人居环境与生态环境互动的积极态势,削减消极态势。规划设计、建筑设计两个层面的乡村规划模式尊重了乡村的自组织模式的同时,将自上而下的规划与之结合,是一种地域化的乡村规划模式的探索。

参考文献

［1］ 张尚武.乡村规划:特点与难点[J].城市规划,2014,2:17-21.

［2］ 张尚武,李京生,郭继青等.乡村规划与乡村治理[J].城市规划,2014,38(11):23-29.

［3］ 赵之枫,郑一军.农村土地特征对乡村规划的影响与应对[J].规划师,2014,2:31-34.

［4］ 张尚武.城镇化与规划体系转型——基于乡村视角的认识[J].城市规划学刊,2013,6:19-25.

［5］ 戴帅,陆化普,程颖,等.上下结合的乡村规划模式研究[J].规划师,2010,26(1):16-20.

巴渝传统民居的可持续更新改造*

——以重庆安居古镇典型民居为例

熊　珂　杨真静

随着农村经济的快速发展和人们生活水平的不断提高,农村居民对居住环境的要求也越来越高[1-4]。国家"十二五"规划纲要指出,要改善农村的生产生活条件,坚持因地制宜,尊重村民意愿,保护特色文化风貌,合理引导农村住宅和居民点建设[5]。显然"纲要"说明改善环境应与保护特色风貌并行,传统民居是地域风貌的重要体现,更是农村住宅中重要的组成部分。但传统民居从空间形式、卫生条件、采光、室内热舒适环境上都无法满足现代的居住要求,目前农村推倒传统建筑,构建低质高能简易砖混房屋的现象比比皆是,既带来外部生态环境的严重破坏,也使得地域风貌逐渐丧失。传统民居如何进行保护、改造、继承与发展,是当前构建宜居村镇建设时期所面临的严峻任务。

重庆是全国城乡统筹改革示范区,对于大城市带大农村的基本现状,解决当地巴渝传统民居的可持续更新,提高更多人的居住质量,是实现"富民兴渝"战略的重要举措。本文在国家"十二五"科技支撑计划课题"传统民居统筹规划与保护关键技术与示范"(课题编号 2013BAJ11B04)的支持下,选取安居古镇典型民居为示范建筑,进行综合的定性与定量分析,解析民居空间布局,探索适宜于巴渝山地湿冷湿热气候条件下低能耗优化集成技术。

1 研究对象现状分析

1.1 安居古镇基本概况

铜梁安居古镇是重庆市批准的 20 个历史文化名镇之一(图 1),距今有 1 500 多年的历史,是重庆市北部重要的口岸城镇,自古便有"安居依山为城,负龙门,控铁马,仰接遂普,俯瞰巴渝,涪江历千里而入境"的说法。安居古镇保留有完好的城墙、城门、传统街区、宫庙、民居等。绵延起伏的青瓦屋顶、依山就水的民居院落、古朴的石板街,营造出亲切自然而又具震撼力的建筑环境[6]。传统街区由太平街、会龙街、火神庙街等组成。街道宽 4～6 m,两侧底层是鳞次栉比的临街商业,多为古朴典雅的木构建筑。民居之间紧密相连而不设间距或仅留有狭小的巷道。

1.2 典型民居现状

在古镇火神庙街选取一中间户作为研究对象(图 2)。

典型民居为"小面宽大进深"建筑格局,建筑功能沿进深方向一字铺开。该建筑西面靠山,东面临街,南北面均紧靠邻居。建筑屋顶采用深出檐的坡屋顶,出檐达 1.2 m。建筑形式采用穿斗式。建筑分为两

熊珂,杨真静:重庆大学建筑城规学院,重庆 400045
* 基金资助:国家科技支撑计划课题"传统民居统筹规划与保护关键技术与示范"(2013BAJ11B04-02)

村镇住宅低能耗技术应用

图1 安居古镇现状

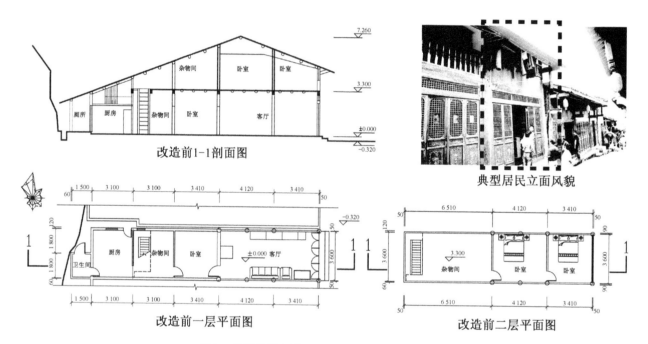

典型居民立面风貌

图2 典型民居实测平面图、剖面图以及立面风貌

层，一层净高3.00 m，二层净高2.65 m。

建筑主体为木结构，屋面为木构檩瓦体系。由于建筑年代比较久远，一楼部分墙体采用砖砌结构对其进行加固。地面为简易水泥地面，二楼楼面为木质楼板。原有门全部为木质门，厨房窗户为木窗扇并缺少玻璃，临街卧室窗户为木窗扇单层玻璃。

1.3 典型民居现存在的问题

1.3.1 建筑功能流线单一，私密性差

"小面宽大进深"主要是过去的传统生活方式所遗留下来的[7]，但是随着经济发展，城镇化的大力推进，这种建筑格局已经不能满足人们生活需求。

该民居的小面宽大进深的形式导致其流线单一，各功能房间穿套导致功能的私密性非常差。建筑的交通空间在主体尽端，导致前面房间均为穿套房间。二楼房间中卧室未设走廊，造成两个卧室流线交叉。起居室直接临街，这在过去是有利于邻居相互交往的。但随着旅游业的兴起，大量游客涌入古镇，使起居室的私密性受到了极大的影响。

1.3.2 室内物理环境恶劣

（1）建筑热工性能差。通过对该建筑的室内热环境测量，结果见表1。可以看出，建筑一层室内平均温度比室外低2.3 ℃，其最高温显著低于室外，但建筑二层卧室房间热环境最差，室内平均温度、最高温度和最低温度均高于室外，室内温度平均值达到32.3 ℃，峰值达到39.8 ℃，显然已大大超过人体热舒适要求。

表1　典型民居室内热环境测量结果（夏季）

	室　外	一层客厅	二层卧室
平均温度（℃）	31.5	29.2	32.5
最高温度（℃）	39.7	32.2	39.8
最低温度（℃）	24.0	28.2	27.3

（2）房间采光严重不足。由于该民居是中间户，采光只能通过东西两侧短边和屋顶采光，而西侧又是毗邻山体，建筑整体采光严重不足。一楼卧室、卫生间、杂物间以及二楼临近杂物间的卧室均为黑房间。一楼的厨房虽然是通过高侧窗采光，但这扇窗户离隔壁民居外墙仅有500 mm的距离，采光效果非常差。

（3）室内地面结露严重，尤其是靠山的卫生间与厨房。由于建筑整体进深过大，室内通风效果不好，侧窗也被隔壁外墙阻挡，无法形成有效的通风。与此同时，建筑西侧毗邻山体，雨水常年沿山体汇入西侧墙脚的排水沟，导致周边房间湿度过大，地面结露严重。据调研，在五月梅雨季节，室内地面会出现一层明水。

2　典型民居改造

建筑空间形态和围护结构热性能改善是实现生态民居的重要基础，这两方面是实现低能耗绿色巴渝民居的重要措施。

2.1　平面功能改造

根据分析典型民居存在的问题，对功能进行改造（图3）。在保证主体结构安全和沿街立面风貌不变的情况下，改造遵循以下3个原则。

（1）合理分区，减少房间穿套，增加房间私密性。将建筑分为对外和对内两部分。考虑到建筑处于古镇商业区，一楼对外服务，增加门市，为使用

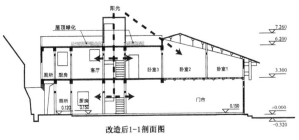

改造后1-1剖面图

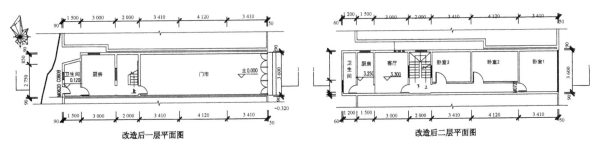

改造后一层平面图　　　　改造后二层平面图

图3　改造后平面图和剖面图

者增添一个额外的经济来源;二楼对内服务,主要是起居和卧室。将原有的杂物间改为楼梯间,增加的交通空间很好地解决了房间流线单一的问题。由于一楼门市可能对外出租,二楼新增卫生间和厨房供主人单独使用。二楼并排设计3间卧室,通过廊道解决房间穿套的问题。

(2)利用采光井解决内部房间采光。将原有的简易楼梯改为平行双跑楼梯,采用玻璃体直通屋顶,成为建筑采光井。能够很好地解决二楼楼梯间两侧房间的采光(见剖面图),较大的梯井将室外天光引入一楼,改善一楼厨房采光。二楼中间卧室(卧室2)则通过增加层高,使其高出西侧屋顶,采用高侧窗进行采光。考虑到建筑主体西面是紧靠山体,严重影响了西面的辅助用房的采光。改造后建筑整体的进深由原来的 18.64 m 改为 17.44 m,并在西侧增加窗户,使得建筑空气流通,在解决了辅助用房的采光问题的同时也改善了夏季通风效果。

(3)增加平屋顶,丰富休闲空间。由于典型民居处于中间户,西侧靠山,东侧临街,使用者没有任何的室外休闲空间。为保持沿街立面风貌,保留屋顶沿街部分,将西侧屋顶改为平屋顶,并设计屋顶绿化,在改善主要房间的热舒适性的同时也为该民居打造一个良好的视觉景观,丰富屋顶空间。

2.2 典型民居围护结构改造

围护结构是建筑抵挡室外恶劣气候的缓冲器,本文针对典型民居室内热环境对其墙体、门窗、地面及屋顶进行改造。具体改造措施如表2。

表2 典型民居围护结构改造措施

改造部位	改造前	改造后
墙 体	木骨泥墙和砖墙,无保温	采暖的房间内部增加 30 mm 复合岩棉保温板
门 窗	木质门,木窗扇无玻璃或木窗扇单层玻璃	采用保温门窗,沿街卧室木窗扇内测增加断桥铝合金窗扇(6+9A+6 中空玻璃)
地 面	地面潮湿,易结露	除卫生间外为架空地面
屋 顶	全为坡屋顶,天棚无保温	部分改为平屋顶,采用倒置式屋面做法,并设计屋顶绿化;坡屋顶房间内吊顶增加保温层

3 综合改造效果分析

由于改造正在进行,无法测量改造后的效果,因此选择软件 DesignBuilder 利用软件模拟的方式进行改造效果的预测。本文按照改造后民居的实际情况,在 DesignBuilder 软件中建立以改造后的该民居的各项参数(图3)为准建立模型。并采用《中国建筑标准气象数据库》中重庆典型气象年数据,选择典型日逐时模拟分析。改造后民居为砖混结构,并在采暖房间内侧增加 30 mm 厚复合岩棉保温板,采用保温门窗,地面架空及屋顶吊顶增加保温层。根据前面的分析,二楼东侧临街的卧室是该建筑中热环境最不利的房间。因此,选择冬夏典型日对该房间的室内温度进行模拟。通过对改造后民居东侧临街卧室的模拟数据与改造前民居东侧临街卧室室内实测数据的对比,结果见(图4、图5)。综合集成改造后,冬季典型日该房间的平均温度比改造前的平均温度提高了 1.18 ℃;夏季典型日,该房间的平均温度比改造前的平均温度降低了 1.47 ℃,且改造后,室内温度更为稳定,在冬季,改造后的室内温度波动值仅为改造前的1/3。

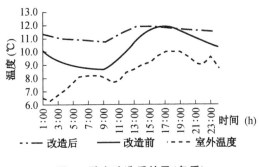

图 4　卧室改造后效果（冬季）

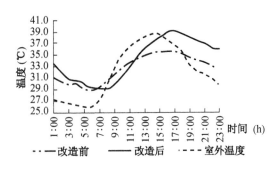

图 5　卧室改造后效果（夏季）

4　结语

在历史的长河中,民居的形式并不是一成不变的,而是随着经济水平、科学技术的提高动态发展的过程。传统民居作为宝贵的历史文化资源不可再生,在改造过程中,应充分认识传统民居的地域性,坚持保护与利用并行,尊重当地传统建筑风格和生活习惯,采取建筑功能和围护结构一体化改造措施,能为当地居民创造更健康、舒适的居住环境,实现传统民居的可持续发展,让传统民居在当代再次焕发出新的生命力。

参考文献

［1］　曹珍荣,龚光彩,等.夏热冬冷地区农村居住建筑冬季室内热环境测试[J].暖通空调,2013(S1):279-282.
［2］　武涌,刘兴民,等.三北地区农村建筑节能:现状、趋势及发展方向研究[J].建筑科学,2010(12):7-14.
［3］　王雷,张尧.乡村建设中的村民认知与意愿表达分析——以江苏省宿迁市"康居示范村"建设为例[J].华中建筑,2009(10):89-92.
［4］　郑军德.走生态文明之路的新农村住宅设计[J].浙江师范大学学报(社会科学版),2014(04):85-91.
［5］　国土资源部关于发布实施《全国土地整治规划(2011~2015年)》的通知[J].国土资源通讯,2012(13):25-35.
［6］　李泽新,赵万民.安居古镇[M].南京:东南大学出版社,2007:240.
［7］　邱光荣,胡英.泉州"手巾寮"传统民居的生态理念与现代传承[J].华中建筑,2010(06):58-61.

浅析无锡江南水乡历史街区的保护与利用

黄新煜　杨　芸

　　无锡,古称梁溪,位于太湖之滨,"长三角"中部,京杭大运河穿城而过,是一座江南的历史文化名城和重要的风景旅游城市。这里四季分明、物产丰富,拥有众多的文化遗产和秀美的湖光山色,素以"句吴古都,工商名城,太湖明珠"著称。

　　无锡是古代吴文化发源地和近代民族工商业发祥地,也是当代乡镇企业诞生地。无锡历史文化遗产丰厚,文物史迹众多,目前无锡文化遗产的点线面的保护格局已经形成,文化景点不断增多,特色旅游街区逐步形成。朴实、生动、鲜活、极富文化内涵的古村镇和历史街区,是中国传统建筑精髓的重要组成部分,反映了极富人情味的社会生活,凝聚了劳动人民的智慧,沉淀了民族的优秀文化,传承了丰富的历史信息,具有重要的历史、科学、文化、艺术、教育、旅游等价值,是宝贵的历史文化遗产。

　　对历史文化村镇和历史街区进行保护与再利用,更好地保留无锡江南水乡风貌、传统村落的"乡村遗痕"以及近代工商业的商业痕迹,并加以利用、赋予这些历史建筑以新的功能和生命。它们是无锡遗留不多的历史读本,保护它们、重新使用它们才能真正留住无锡的地域个性。

1　无锡市太湖新城的"巡塘镇"历史文化村镇

　　"巡塘镇"历史文化村镇保护项目位于无锡市南部的太湖新城,坐落于巡塘河畔,三面环水。"巡塘镇"始建于 1913 年,为当时无锡历史重镇之一,是连接华庄、雪浪、大浮、南方泉之重镇的交通要道,成为无锡南部货物交易、人员集散要地,虽然李静战乱,街市旧制度仍保存完好。

　　在太湖新城规划时,古镇被划入尚贤河湿地公园规划范围内,街镇居民迁离古镇一度面临被拆除的境地。后来,相关领导意识到历史文化村镇的重要性,决定将"巡塘镇"古村镇"保"下来,进行整体规划保护和修复,并且吸引社会力量加以修缮保护,同时充分利用原有街市格局,部分改造开发为商业用途。

1.1　现状

　　由于在太湖新城最初的规划中并没有将"巡塘镇"古村镇列为保护范围,建设尚贤河湿地过程中对古村镇的保护和修缮造成许多问题。

　　(1)古村镇在尚贤河湿地公园范围内,古村镇周边的环境与原有乡村风貌不符,原有以"河"为脉的水乡环境现在已为湿地,需要今后逐步调整到传统乡村风貌。

　　(2)由于前期修缮修复的不规范,小部分原有历史建筑修复过程,出现了不符合传统乡村建筑风格的建筑元素,需要在利用时进行复原和修缮。

黄新煜,杨芸:江苏博森建筑设计有限公司 无锡 214061

（3）部分后期修建的仿古建筑在规格、形式、比例上与传统建筑有出入,需要在利用时进行复原和修改。

（4）由于缺少乡村保护规划,近年来村民在使用时加建了一些与传统乡村风貌不协调的亭子、连廊等建筑物、构筑物,需要整理清除。

（5）古村镇内部环境也过多的被园林景观化的东西替代,需要重新恢复。

1.2　保护与修缮原则

虽然有上述问题,"巡塘镇"古村镇做为保存比较完整的江南水乡历史文化村镇,仍然在整体布局上保留了古村落历史空间肌理、弄巷传统格局尺度;保留有古村落、完整的商业老街、规格等级比较高的老宅、文保单位巡塘桥等多种形式的历史保护建筑物和构筑物;基本保持江南水乡传统风貌,超过65％的现状建筑符合苏南传统民居建筑的风格。根据这些条件,在"巡塘镇"历史文化村镇保护和修缮中遵循以下原则。

（1）依法修缮原则。依据法律法规完成全过程保护性修缮,包括按法定程序完成设计方案,依据法律法规的要求进行建筑结构安全鉴定,确定有资质的施工单位实施工程,并按照建设施工标准监督和验收。

（2）整体性原则。保护不仅要有效的保护文物本体,还要充分考虑保护文物所处的建筑环境和自然环境,维护文物的整体风貌。

（3）可识别性原则。保护建筑的原真性,除了缺失的构件以及鉴定后不能使用的构件外,不使用过多的新构件。

（4）合理利用的原则。对保护建筑的利用是为了更好的保护和彰显文物遗产的风貌与多层面价值。

（5）可逆性原则。对于历史建筑修缮所采取的手段应有"保护历史遗存是一项长期工作"的意识,不能急于求成,一劳永逸,对建筑的保护、修缮应是持续性的。当前采取的修缮措施、应用的材料、技术手段应是方便拆除的、可逆的。因为目前的处理不一定是最好的,应给以后更为科学合理的保护修缮手续留下余地。

1.3 保护与修缮方法

为了能使"巡塘镇"古村镇的乡村风貌更好的保留下来,在以上原则的指导下,"巡塘镇"历史文化村镇保护和修缮采用了以下方法。

（1）在整体布局上,遵循传统无锡江南水乡村落的布置,保留原来的乡村肌理,控制建筑体量,恢复传统村落空间形态及街巷格局。拆除一些与传统村落风貌差别大的建筑物、构筑物。

（2）在建筑形式和建筑风格上,对于原有建筑不使用过多的新构件,需要更换的构件须按原式样、原材质、原工艺进行维修修缮,并在隐蔽部位做出标识,使之具备可识别性,不和原有构件发生混杂;对于改扩建的基础设施建筑在符合传统江南民居的特征及格局的基础上进行修复和改扩建,尽量做到修旧如旧。禁止高规格、园林化、过大体量的建筑形式的出现。

（3）在景观空间上,营造水乡村落文化景观,展现了人类与自然和谐相处的生活方式。去除过多园林景观化的东西,例如连廊、亭子、船舫等等,恢复无锡传统的水乡村落的风貌,达到历史文化村镇的要求。

1.4 对历史文化建筑的新定位

对历史文化建筑的利用是为了更好的保护历史建筑和历史文化,彰显文物遗产的风貌和多层次的价值,使老建筑在新的历史环境下焕发出新的生命力。因此,我们对现有建筑功能和使用方式进行了合理定位,使新的使用和改造兼顾整体效果的协调,充分展现出文物建筑本身的建筑艺术魅力和村落空间特色。同时,在确保新的利用不会对原有建筑安全产生不利影响,根据新的使用功能要求适当考虑防火、防震的需求,新增水、电、空调、监控、音响等基础设施。

（1）巡塘南街为较完整的传统聚族居住的区域,在保护和进一步修缮的基础上增设一些水电基础设施,引进"书香世家"酒店管理公司,将南街改造为半封闭半开放的酒店区域,白天开放为供游客参观、游览的古村镇,傍晚封闭为具有乡村特色的酒店住宿。保留完整的江南水乡特色的街道、小巷和建筑,完善了在水网主导下形成的带状和团状的乡村空间肌理。

(2)巡塘北街原本为沿街沿河的集市,在增设一些基础设施后,引进一批层次较高或能体现无锡地方特色、地方风味的小吃铺、茶舍、手工作坊、书店、桑蚕作坊、老酒作坊等等,这些店铺大多沿用前铺后坊的格制,重现出农业文明时代的乡村经济和极富人情味的社会生活趣味,让这些老街道、老建筑焕发出新的生命活力。

(3)巡塘老宅原为民国时期钱凤高的旧宅,整个老宅前后四进,面阔五间加一备弄。该老宅做工讲究精致,保存完整,稍作修缮后作为"万和书院",进行国学研究,开展一些高端论坛讲座,进行传统文化教育、艺术培训、艺术品鉴赏展示的场所。

2 无锡市城中运河边的"日晖巷"历史街区

"日晖巷"历史街区位于无锡市人民中路与解放路的交汇处,面积不大,仅 150 米长,属于无锡老城的闹市区,西侧隔着解放路即是京杭大运河。

2.1 现状

"日晖巷"历史街区的建筑多为清末至民国时期建造,居住者为中等或小户人家,多以手工作坊和经商开店为主要营生。

(1)该历史街区属低层高密度的古运河民居集合区,建筑类型为住宅、前铺后住或前铺后坊上住等混合居住建筑类型。由于住户身份和社会地位一般,所以建筑用料比较普通,但花窗、转盘、砖雕门楼等仍做工精致,充分体现了无锡江南水乡民居的特色。

(2)现状民居大多破败,不适合居住,需要落架翻建。也有一些民居保存较好,属中上品质,应加以修缮保护,如日晖巷 22、26、45、47 号;西大街 48、50、70 号;庙街 12 号等民居,具有很高的文物价值,只需稍加修缮,保护原貌。基地上还有很多增建、搭建的临时建筑,一律拆除。

(3)京杭大运河是中国古代重要的漕运通道和经济命脉,当年沿河建筑的最大使用目的是交流贸易等商业活动。现存古运河穿城而过的城市只有无锡城,仍保留一些古运河水弄堂的特色。"日晖巷"历史

街区现今仍保存完好的茶楼、作坊等有着运河建筑原始风貌的代表。因此"日晖巷"街区曾被运河申报世界文化遗产考察组专家表示"京杭运河,像日晖巷街区这样保存原生态、反映工商文化、体现运河功能的街区已再难发现了",是"古运河上最后的珍宝"。在无锡这个城市保留消失殆尽的江南民居风貌和历史人文积淀中起重要作用。

2.2 保护性修缮及创新

在保护修缮规划中,"日晖巷"街区将作为古运河沿岸的城市景观资源,为无锡市民创造一个熟悉有序的景观背景。日晖巷将建成具有无锡传统民居形式的、承担休闲和小商业职能的历史保护街区,以展现无锡传统民居风貌为主要功能,并赋予一定的休闲商业功能。

日晖巷现状照片　　　　日晖巷现状照片

日晖巷现状照片　　　　日晖巷现状照片

(1)在总体布局上,利用街道原有空间格局和地块肌理,做到空间组织收放有序,功能相对集中、动静分开。对历史建筑和环境重新利用,维持该历史地段的活力。在修缮保护文物建筑的过程中,侧重对"原汁原味"的尊重,维持仍是"历史建筑"的整体感觉,坚持"修旧如故"的文物保护原则,对民居建筑进行保护性修复,还其原貌。

(2)在总平面设计中,地块主入口设于人民中路,另外3条道路均有次入口进入基地,解放路设有次入口1个,西大街设次入口3个,庙巷设次入口3个。地块内有纵向步道两路,横向步道四路,环绕中心广场,形成棋盘状道路结构。由于要保持日晖巷的历史风貌,主要步道宽为2～3 m,次要巷道宽为1.5～2 m,在原有步道基础上略加拓宽。由人民中路与解放路进入基地的入口处,为硬地广场,上植香樟树等具有无锡本地特色的树木,并设入口标志,并建议在西大街进入日晖巷地块处,恢复原有牌坊。

（3）在空間布局上，根據日暉巷現有空間格局，保留原有低層高密度的建築肌理，因此在設計中，左片保留原有單層坡頂民居樣式，中片以兩層坡頂民居建築為主，局部有單層建築，右片亦以兩層坡頂民居建築為主，局部3層。在整體空間布局上，形成左低右高的低層密集的格局。

（4）在建築造型上，仍保留無錫民國時期的傳統民居樣式，其使用性質由原來的前店後住的傳統居住模式改為以小商業、休閒等功能為主。建築層數為1～2層，均以店鋪為主，並設有衛生間、茶水間等輔助用房。建築以兩坡硬山頂為主，上覆小青瓦，屋脊兩端封以具有無錫傳統特色的馬頭樣式，有些屋面上開設有老虎窗。落架翻修的建築採用鋼筋混凝土框架結構，牆面抹老漿灰，樓板、欄板、橫梁、柱等構件以鋼筋混凝土為骨架，外包木皮，刷紅色油漆。保護建築保留原有木結構，用新構件替換損壞構件，並以鋼筋混凝土加固，同時做好標識。

2.3 修繕後合理變更功能

根據"日暉巷"街區現存建築和規劃修復建築的功能和狀況，我們在確保再利用後不會對老建築、老的街區格局以及空間肌理造成不利影響的前提下，將原來前鋪後住或前鋪後坊上住的居住模式改為以小商業、休閒等功能為主的商業街區，圍繞著中心廣場和入口小空間布置設計了無錫地方特色餐飲、百年老店、旅遊紀念品店、工藝品作坊、民居客棧、特色住宿、民俗體驗等等，還充分利用城中區較成熟的基礎配套設施，盡可能減少新增設施對原有建築格局的影響，同時又充分展示出無錫江南水鄉沿河建築的魅力，讓無錫地區的歷史人文能夠發揚傳承。

3 總結

通過對上述兩個工程設計案例的分析，我們認識到對歷史文化街區和歷史保護建築的保護修繕工作應該在思想上重視，方法上科學，意識上常態。對歷史保護建築不能簡單地"保"起來、"包"起來，還應該深層次發掘他們在所處歷史時期的作用和展現的藝術風采，結合當今社會環境和條件下，賦予它們新的功能、新的作用，讓歷史建築重新煥發出新的生命力，將光輝燦爛的歷史文明繼續傳承下去。

西南地区传统村落空间格局保护的
内容与方法研究

董文静　周铁军

我国 2012 年开始中国传统村落的调研,随着第一、二批名单的公布,全面开展传统村落保护工作已经成为一项紧要任务[1,2]。近年来,我国传统村落在街巷空间、历史建筑、人文环境等方面的研究得到了极大的发展,但整体空间格局的保护研究尚处在起步阶段,西南地区传统村落保护研究更是滞后于全国整体水平。村落空间格局直观、全面地

表 1　西南地区传统村落分布表

	第一批	第二批
重　庆	14	2
四　川	20	42
云　南	62	232
贵　州	90	202

反映出整个村落的历史演变、价值特色,是历史文化资源和山地传统村落保护的重点所在,但是,随着社会经济快速发展,由于不合理的建设和开发,加之保护不力,传统村落空间格局的破坏日趋严重[3],因此,对西南地区传统村落空间格局的保护提出了更深层次的要求,亟须寻求一种更加科学的、动态的传统村落先期保护模式,从而保证山地传统村镇保护的长效性和全面性。

1　传统村落的保护发展历程

1.1　国内外传统村落的保护发展

传统村落是指拥有物质形态和非物质形态文化遗产,具有较高的历史、文化、科学、艺术、社会、经济价值的村落。传统村落的称谓在国外研究中多见"历史小城镇"和"古村落"等,已有相当多的案例可考。20 世纪 30 年代,法国的《风景名胜保护法》已经将小城镇和古村落列在保护对象之中。在 60 年代之后,欧洲建筑遗产的保护对象范围逐渐扩展,从单体建筑到城镇肌理,从著名古迹到整体城市和乡村,经历了逐步拓展和深入的研究历程。美国、英国、日本等国家的相关保护研究工作也随之展开[4]。

在 20 世纪中期,随着社会的不断发展,传统村落的开发力度骤然加大,部分学者开始重视传统村落的前瞻性保护评价与动态监测预警。笔者团队在 21 世纪初期开始对西南地区村镇的动态监测和预警研究,并将在传统村落的保护研究中继续深化[5]。

1.2　西南地区传统村落的研究现状

对于西南地区传统村落而言,学者们现有的基础研究和保护规划已经相当深厚,季富政对西南地区村落的调查研究,一系列著作提供翔实的资料[6];戴志忠等从文化生态学的角度分析了西南地区传统村

董文静:重庆交通大学,重庆 400074;周铁军:重庆大学,重庆 400045

落形成的文化脉络[7];李建华在邬建国的景观生态学研究视角的基础上,着重分析了西南山地村落的三维概念[8];余压芳等利用生态博物馆的理论对西南地区村落文化空间的保护理论进行了深入探讨[9,10];王昀在田野调查的基础上对西南部分村落进行了数学模型的量化分析[11];赵勇等对历史文化村镇的保护评价已经形成较为完整的理论体系[12,13];赵万民等在吴良镛的人居环境学引导下,创建了山地人居环境学的新领域,并对松溉、龚滩、龙潭等西南地区传统村镇进行了深入全面的基础调研和保护规划[14],为西南地区传统村镇空间格局的保护研究奠定了坚实的基础。

2 西南地区传统村落的现状

2.1 西南地区传统村落的空间分布与价值特色

为促进传统村落的保护和发展,住房和城乡建设部、文化部、财政部于 2012 年组织开展了全国第一次传统村落摸底调查,在各地初步评价推荐的基础上,经传统村落保护和发展专家委员会评审认定并公示,确定了第一批共 646 个具有重要保护价值的村落列入中国传统村落名录[15]。2013 年 8 月 6 日,住房和城乡建设部发通知公示第二批中国传统村落名录,全国共 915 个村落列入其中[16]。从空间布局上看,西南地区分布范围最广,西南地区传统村落在历史文化、地貌特点、民居形态等方面独有的山地特色应予以重视。

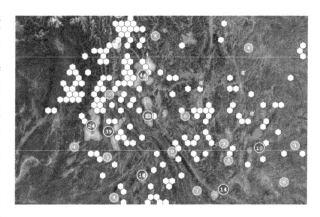

图 1 西南地区传统村落分布密度图

表 2 西南地区部分传统村落名单

西南地区传统村落	村落特色	地 区
涪陵区大顺乡大顺村	红色革命历史	重 庆
涪陵区青羊镇安镇村	民居瑰宝	重 庆
江安县夕佳山镇五里村	传统文化,建筑遗产	四川宜宾
忠县花桥镇东岩古村	川东民居,四合院,汉族古寨	重 庆
赤水市丙安乡丙安村	革命历史,景观环境,建筑遗产	贵州遵义
傣族自治州景洪市基诺族乡巴亚村委会巴坡村	环境景观,传统民俗	云南西双版纳
石柱土家族自治县金岭乡银杏村	建筑遗产土家吊脚楼,自然景观	重 庆

2.2 传统村落与历史文化名村的价值特色对比

从 2003 年起,由住建部和国家文物局共同组织评选了共 5 批中国历史文化名镇名村,主要是保存文物特别丰富且具有重大历史价值或纪念意义的,能较完整地反映一些历史时期传统风貌和地方民族特色的镇和村[17]。

通过对比"中国历史文化名镇名村评价指标体系"和"中国传统村落评价认定指标体系(试行)"[18],我国对于两者的认定指标偏向各有不同,因此在进行保护研究时,也应当根据不同的情况进行相应的研究。与历史文化名镇名村对保护规划的重视不同,现有的众多传统村落中,有相当大的一部分散落在较为偏远的地区,尚未进行大规模的开发利用,保护规划的参与也相对薄弱。因此,下文以整体空间格局作为研究对象,展开对其保护要素的分析。

表3　评价指标体系对比

指标体系	中国历史文化名镇名村评价指标体系	中国传统村落评价认定指标体系(试行)
相似性	一、价值特色 历史久远度、文物价值(稀缺性)、重要职能特色或历史事件名人影响度、历史建筑与文物保护单位规模、历史建筑(群)典型性、历史环境要素、历史街巷(河道)规模、核心保护区风貌完整性、历史真实性、空间格局特色功能、核心保护区生活延续性	一、传统建筑评价 久远度、稀缺度、规模、比例、丰富度、完整性、工艺美学价值、传统营造工艺传承 二、选址和格局评价 久远度、丰富度、格局完整性、科学文化价值、协调性
差异性	二、保护规划 保护规划、保护修复措施、保障机制	三、承载的非物质文化遗产评价 稀缺度、丰富度、连续性、规模、传承人、活态性、依存性

3　西南地区传统村落空间格局的保护内容与方法

3.1　西南地区传统村落空间格局的保护内容

村落空间格局形态是指村落的总体布局形式,包括街巷、民居、水系、公共空间等物质和空间要素的布局构成和肌理、风格。这些不仅体现着传统村落规划布局的基本思想,记录和反映着一个个村落的历史变迁,更记载着一定历史条件下人的心理、行为和村落自然环境的互动、融合的痕迹[19]。西南山地传统村落空间格局反映了村落的形成、演进过程以及自然资源、社会资源的配置状况,是其特征的集中体现。

3.1.1　整体空间环境

村落的形成与发展是自然环境、经济社会、历史文化等综合作用的结果,对于位置偏僻、经济相对落后的西南地区传统村落而言,客观的自然山水环境是与其关系最为密切的因素,如地形有利、水源充足、阳光充沛、农田丰富等,此外,山的阳坡或依傍河谷的平坦地带,东西北三面有山环抱,冬季不受寒风侵袭,夏季候风循河溪吹进都是传统村落最初的选址倾向,也是传统村落得以保存至今的关键原因。[20]

3.1.2　村落选址规划

西南地区传统村落多数有着悠久的历史,其演变过程在相对封闭的地理空间环境中进行,因此,村落现有选址形成年代,村落选址、规划、营造都反映着科学、文化、历史、考古价值,具有典型的地域特色或历史背景。保存完好的传统建筑占地面积、传统村落空间形态及风貌和谐度、村镇聚落与自然环境融合度能明显体现选址所蕴含的深厚的文化或历史背景,在传统村落保护中应该予以重视[21,22]。

3.1.3　村落传统格局

中国传统村落街巷主次街巷等级分明,行程阡陌交通、纵横交错的网络状街巷空间结构,把各个相对独立的建筑有序组织,形成传统村落的特有肌理。传统村镇的肌理感表现了原始居民对周边环境的尊重顺从统一的自然生长规则的引导逐步发展,使整个村镇获得一种和谐的内在秩序和整体协调一致的肌理感。

表4　西南地区传统村落空间格局保护内容

A1 整体空间环境	B1 自然山水环境
	B2 外部空间容量
A2 村落选址规划	B3 村落选址规划
A3 村落传统格局	B4 传统街巷空间
A4 历史环境要素	B5 传统节点空间
	B6 传统标志物

3.1.4 历史环境要素

历史环境要素是村落空间格局的基本表现单元,河道、商业街、楼阁、城门、码头、古树、景观小品及其他历史环境要素,以自身的存在阐述着村落空间的发展与变化,也是传统村落空间格局保护的基本要素。传统村落的街巷空间通过建筑界面的退让,对街巷空间进行局部的放大,形成了节点空间,这些节点通常位于村落的集合中心,是村落地理空间和心理空间的重要节点。

3.2 西南地区传统村落空间格局保护的方法

笔者研究团队在既有的西南地区历史文化村镇研究中,曾将动态监测理论引入保护理论,并进行实践检验,取得了良好的效果,以此为基础,在西南地区传统村落空间格局的保护中提出了动态监测的研究方法,即是指对传统村落一定时期的空间格局状况进行分析与评价,包括对空间格局的变化情况进行监测,分析评价其质量变化,通过保护内容要素变化量的分析,预测其未来发展状况,确定空间状况和变化的趋势,并且根据具体变化情况提出发出警戒和提出防范对策(图2)[23-25]。

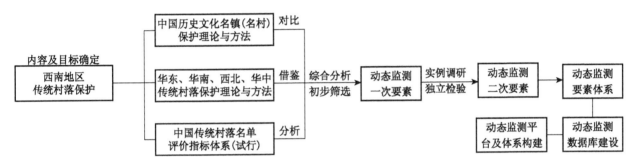

图2 西南地区传统村落空间格局动态监测研究路线

西南地区传统村落空间格局的保护历程,正在面临着城乡统筹发展的重大挑战,现有的基础研究和保护规划对于村落的快速发展而言已经相对滞后,迫切需要更加先进的前瞻性保护方法作为指导。[26]动态监测是组织的一种信息反馈机制,随着科技发展的推进,动态监测的研究在经济、社会、人口等其他领域得到了广泛应用,方法迅速地向其他领域和学科延伸,在空间格局的研究成果可以预期取得良好的效果。

4 结语及展望

西南地区传统村落是我国传统建筑文化的重要组成部分,是不可再生的宝贵资源,本研究提出动态监测的思路与方法,逐步进行动态监测要素筛选、数据库建立、监测平台构建,从而对传统村落空间格局进行前瞻性的动态监测和保护预警,完善传统村落保护理论体系。在今后的研究中,笔者将继续深入监测要素的筛选,通过对西南地区部分村落进行实地调研,分析要素相关性进而进行要素补充和二次筛选,随着数据收集的丰富和研究的深入,动态监测要素体系将逐步完善,为西南地区传统村落空间格局的监测平台奠定基础。

参考文献

[1] 中华人民共和国住房和城乡建设部,中华人民共和国文化部,中华人民共和国文物局,中华人民共和国财政部. 关于切实加强中国传统村落保护的指导意见,建村〔2014〕61号. http://www.mohurd.gov.cn/zcfg/jsbwj_0/jsbwjc-zghyjs/201404/t20140429_217798.html.

［2］ 柯善北.保护传统村落的整体空间形态与环境——《关于切实加强中国传统村落保护的指导意见》解读［J］.中华建设,2014(07).

［3］ 邓春凤,黄耀志,冯兵.基于传承传统村落精神的新农村建设思路［J］.华中科技大学学报(城市科学版),2007,04.

［4］ 张松.历史城市保护学导论［M］.上海:上海科学技术出版社,2001.

［5］ 重庆地区历史文化名镇名村保护规划技术研究项目［R］.重庆:重庆大学,"十一五"国家科技支撑计划项目(2008BAJ08B02).

［6］ 季富政.巴蜀城镇与民居［M］.成都:西南交通大学出版社,2000.

［7］ 戴志中,杨宇振.中国西南地域建筑文化［M］.武汉:湖北教育出版社,2002.

［8］ 李建华.西南聚落形态的文化学诠释［A］.重庆:重庆大学出版社,2010,14-20.

［9］ 余压芳.论西南少数民族村寨中的"文化空间"［J］.贵州民族研究,2011(02):32-35.

［10］ 余压芳,生态博物馆理论在景观保护领域的应用研究——以西南传统乡土聚落为例［D］.东南大学,2006.

［11］ 王昀.传统聚落结构中的空间概念［M］.北京:中国建筑工业出版社,2009.

［12］ 赵勇.中国历史文化名镇名村保护理论与方法［M］.北京:中国建筑工业出版社,2008.

［13］ 赵勇,历史文化村镇保护规划研究［J］.城市规划,2004(08):54-59.

［14］ 赵万民.山地人居环境研究丛书［M］.南京:东南大学出版社,2009.

［15］ 中华人民共和国住房和城乡建设部,中华人民共和国文化部,中华人民共和国财政部.关于公布第一批列入中国传统村落名录村落名单的通知［EB/OL］,[2012-12-17],http://www.mohurd.gov.cn/zcfg/jsbwj_0/jsbwjczghyjs/201212/t20121219_212340.html.

［16］ 中华人民共和国住房和城乡建设部,中华人民共和国文化部,中华人民共和国财政部.关于公布第二批列入中国传统村落名录的村落名单的通知［EB/OL］,[2018-08-26],http://www.mohurd.gov.cn/zcfg/jsbwj_0/jsbwjczghyjs/201308/t20130830_214900.html.

［17］ 赵勇.我国历史文化村镇保护的内容与方法研究［J］.人文地理,2005,1:68-74.

［18］ 住房城乡建设部等部门关于印发《传统村落评价认定指标体系(试行)》的通知［建村[2012]12号］［EB/OL］.2012-08-22.http://www.mohurd.gov.cn/zcfg/jsbwj0/jsbwjczghyjs/201208/t20120831_211267.html.

［19］ 李百浩,万艳华.中国村镇建筑文化［M］.武汉:湖北教育出版社,2008.

［20］ 方明,薛玉峰,熊燕.山地传统村镇继承与发展指南［M］.北京:中国社会出版社,2006.

［21］ 王云庆,韩桐.传统村落建档保护的思考［J］.城乡建设,2014(06).

［22］ 白佩芳,杨豪中,周吉平.关于传统村落文化研究方法的思考［J］.建筑与文化,2011(08).

［23］ 杨鹏程,周铁军,王雪松.山地传统村镇保护的居民参与机制研究——基于利益主体关系的分析［J］.新建筑:2011,04:126-129.

［24］ 赵勇,张捷等.山地传统村镇评价指标体系的再研究——以第二批中国历史文化名镇(名村)为例［J］.建筑学报,2008,3:64-69.

［25］ 赵勇,刘泽华,张捷.山地传统村镇保护预警及方法研究——以周庄历史文化名镇为例［J］.建筑学报,2008,12:24-28.

［26］ 冷泠,周铁军,王雪松.山地传统村镇外部空间保护预警要素分析［J］.新建筑,2011,4:130-133.

农宅坡屋顶通风改良策略*

——重庆永川农宅设计研究

覃 琳 张沂川

农村自建房在近现代经历了形态与建造方式的多次改变。西南地区的农宅屋顶形式，从传统的坡顶，到近现代的平顶，再因各种原因进行屋顶改造，呈现非常多元的发展面貌。当前，坡顶在重庆各区县的农村仍然占主导地位。农宅屋顶的演变过程中，建造者多出于生产生活的需求，选择最适应当时经济技术条件的屋顶形式。课题组于 2014 年对位于渝西的永川地区进行了农村自建房调查。目前屋顶形式主要有 4 种：坡屋顶、平屋顶、架空彩钢瓦屋顶和平坡结合屋顶，各种形式所占比例见图 1。永川地区自建农宅大部分为两层带坡屋顶阁楼。坡屋顶成为主导屋顶形式的原因，一是从建造者的防水选择；二是政府近些年的风貌改造引导。这一类坡屋顶的构成，有一个共同特点，就是坡顶覆瓦是在顶层钢筋混凝土屋面板（楼板）之上，形成堆放、晾晒和水箱等设备空间。课题组 2014 年夏季对永川农宅的实地调研中发现，不少坡屋顶的通风效果较差，一定程度影响了农民的生活。"冬天住二楼，夏天住底楼"成为不少新建砖混坡顶农宅的季节性选择[①]，当地村民认为"夏天楼上很热"。且二层在夏季的舒适度问题并未在平顶建筑、架空彩钢瓦屋顶中凸显。

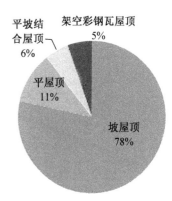

图 1 永川地区各屋顶形式所占比例[②]

课题组受永川规划局委托，编制《2015 重庆市永川新农宅方案推广图集》。为了使图集具有多元化的推广可能，新农宅方案必须回答屋顶的功能样式问题。在初步的调查判断中，坡屋顶因其封闭性而带来的"闷楼"，被预设为导致坡顶农宅二层夏季热舒适性差的一个不利因素。本文尝试从永川农宅的坡屋顶通风现状对二层居室温度的影响出发，分析其热压、风压作用的可能性，对改善坡屋顶通风的设计策略探讨进行阐述。

1 坡屋顶通风现状及通风可能性

1.1 坡屋顶通风现状及对二层居室的影响

坡屋顶农宅的坡顶空间在外围护状态上主要分为两种：一是阁楼完全封闭的"闷楼"，没有开窗（图 2）；二是山墙面开对口窗（图 3）。在"闷楼"状态下，室内外空气不流通。太阳辐射得热经瓦屋面传入室内，阁楼空气间层成为缓冲空间，通过空气间层以对流及长波辐射的方式和二层天花板进行热交换，再

覃琳，张沂川：重庆大学建筑城规学院，重庆 400045
* 国家自然科学基金项目（项目号：51108474）

① 在具体调研访谈的农户中，有 62.9% 的夏季居住在一层，冬季居住在二层，而夏季住二层的家庭大多数都安装了空调降温。
② 根据课题组 2014 年 5～11 月调研数据汇总。

传入下层(图4)。同时,下层空间散热也有部分通过阁楼空气间层。此时,阁楼的围护结构与其内的空气间层就相当于一个蓄热体,室内热量难以散出。在炎热的夏季,这样的蓄热效果往往是非常明显的,直接导致了大多数农民夏季住一层,冬季住二层的生活习惯。

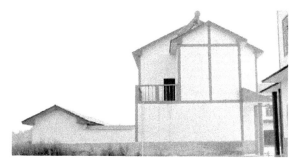

图2　阁楼不开窗屋顶　　　　　　　　　　　图3　阁楼开对口窗屋顶

图3所示阁楼开窗的屋顶,山墙的开口有可能引导穿堂风,减少空气间层的蓄热作用,从而间接影响屋顶内部辐射换热,对阁楼热舒适度的改善有十分重要的意义,同时也减少了通过楼板向二层传递的热量(图5)。

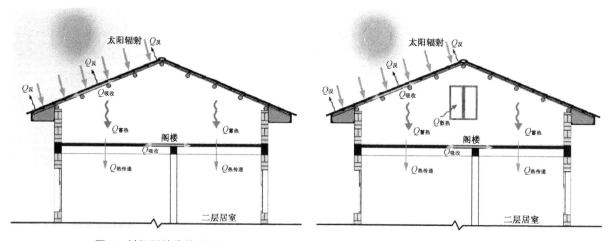

图4　封闭阁楼传热原理　　　　　　　　　　图5　开窗阁楼传热原理

但是,山墙开窗面积一般较小,当建筑有多个开间时,内部横墙对通风效率有一定影响。此外,开口方式也受风向、风速的限制。"平改坡"带来的大量坡顶,在建造中较多强调了"风貌"的整体性。风貌整治对山墙面的处理,更重视"构架"的形式而非开窗的合理性,甚至完全忽略开窗。这些都导致了屋顶成为夏季的"蓄热体"。

1.2　风压与热压的通风可能性

阁楼的实际空气流动状况在热压和风压的综合作用下形成。这两种作用的方向可能相同,也可能相反。当方向相同时,通风效果叠加,对散热有利;当方向相反时,二者作用会部分抵消。"即使二者的作用方向一致,通过窗洞口的气流量也仅比在较大的一种单独作用下所产生的气流量稍多一些(最多达40%)[2]。"

如希望利用风压实现建筑室内自然通风,首先要求建筑有较理想的外部风环境(平均风速一般不小于3～4 m/s)。其次,建筑应面向夏季夜间风向,房间进深较小(一般以小于14 m为宜),以便于形成穿堂风[1]。根据城市的气象数据,永川地区的平均风速小于3 m/s,较难利用风压作用形成穿堂风。而微环境的差异仍然具有通风的可能,如山地沟谷的风压差带来的局部风速加大等。永川农村居民点布局分散,受地形影响较大。据 2005 年的统计数据得出,全区面积小于 1 hm 的居民点占总数的 93.86%,小规模的居民点零星分散在山地、丘陵地区,很多选址都依附周边水系,或选在山区较为平坦处。每个居民点由于具体地形地貌的因素,往往呈现出与城区十分不同的小气候①,而这些往往成为农村地区风资源大于城市的主要因素。因此,充分利用居民点周边环境,使屋顶利用风压作用改善通风有较大可能性。对风力的利用主要靠合理的风环境设计,需要从规划选址和建筑群组合上做探讨。对于农宅个体,在局部风环境不确定的情况下,只能尽量创造开口条件,引导风进入居室内创造良好的自然通风。

热压通风效果取决于进出风口的温度差和高度差。就农宅屋顶而言,阁楼高度一般不会超过平均层高。如利用增加高度差来加强热压通风,涉及结构安全和面积计算限定,因此并不现实。屋顶周围最高温差存在于檐下被遮挡部分和山墙向阳面,这二者的温差是促进热压通风的可利用条件。

由于阁楼本身的高度限制,热压通风作用效果不如风压通风明显,占整个屋顶通风总量比重较小。但是风压通风随机性较强,难以控制。因此夏季主要利用风压通风的同时,仍需要尽量兼顾热压通风。

2 改善通风的屋顶设计

风压和热压在设计中均指向围护界面。由于农宅整体的围护界面较多,楼层界面与屋顶界面也在通风条件设置上有关联。而楼层的界面、农宅中具有通风辅助作用的竖向"井道空间"(如楼梯、烟囱等)在具体单体中有复杂的个性化差异。因此,本文对于屋顶通风的探讨,不讨论楼层界面的共同作用,而是假定在同样的楼层界面条件下,仅就屋顶本身的改善,来改善建筑顶部混凝土结构板的夏季蓄热。这一蓄热的结果是向下层居住空间的辐射,而其得热来源是阁楼空间的蓄热。因此,减少阁楼自身的得热是设计的关键点。

根据农宅所处的环境特征,影响阁楼通风的要素有:①屋顶的开口状况,即开口位置和大小,可以改变室内风压的分布和气流速度;②屋顶的界面材料影响阁楼得热量,从而影响建筑的热压通风;③屋顶形式影响开口位置和大小,间接影响阁楼通风;④屋顶的构造设计,如屋面铺设层次、特殊节点设计等,影响阁楼得热和通风状况。

由于永川地区农宅屋顶都习惯采用个体建设便于操作的木屋架和就近生产的机制瓦,基于现实可推广性,课题组认为从材料创新方面改变屋顶得热量不是屋顶改良的首选。通过屋顶形式、开口方式以及构造设计改良通风效果较为现实,而这 3 方面归根到底都是从围合界面的开口位置和大小两个因素影响屋顶通风的。

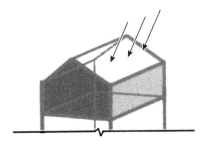

图6 农宅屋顶 5 个围和界面抽象示意

2.1 屋顶围合界面开口的可能性

围合阁楼的界面可以抽象为 5 个(图6)。从结构属性上讲,5 个界面可以分为 3 类:山墙、平墙和屋面。总体上限制开口位置和大小的影响因素有:①结构稳定性。保证山墙承重的最低要求,不能在承重部位随意开口。②为保证阁楼的正常功能使用,四面围合墙体保证 0.3 m 的最低保护高度,具体高度可视住户的实际需求而定。③屋面开口须满足防水需求,出檐达到一定深度,保护下部墙体。

每类界面的开口可能性分析归纳如下:

---

① 主要有山阴风、山谷风、水陆风、林源风、山垭风等。

表1 屋顶围护界面开口的可能性

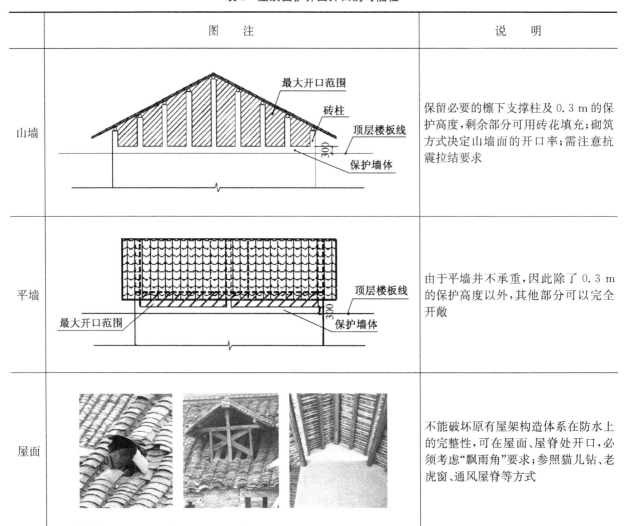

	图 注	说 明
山墙	最大开口范围 砖柱 顶层楼板线 300 保护墙体	保留必要的檩下支撑柱及0.3 m的保护高度,剩余部分可用砖花填充;砌筑方式决定山墙面的开口率;需注意抗震拉结要求
平墙	顶层楼板线 300 保护墙体 最大开口范围	由于平墙并不承重,因此除了0.3 m的保护高度以外,其他部分可以完全开敞
屋面		不能破坏原有屋架构造体系在防水上的完整性,可在屋面、屋脊处开口,必须考虑"飘雨角"要求;参照猫儿钻、老虎窗、通风屋脊等方式

2.2 有效的开口策略

开口的部位和大小提供的仅仅是界面开口的可能性。提高通风效率还必须对进出风口的位置进行合理的组合设置。由于将进出风口设在同一个界面时室内空气流动效果较差,因此考虑将5个界面之间两两组合,调整进出风口的位置,将各种可能性分析汇总如下(表2)。

表2 屋顶界面开口组合表

	山墙开口	檐下开口	屋脊开口
山墙开口	风压作用,一面进,一面出	檐下进,山墙出,此时山墙开口应与檐下开口之间有一定的高度差	山墙进,屋脊出,二者开口应有一定高度差,增强热压作用
檐下开口	—	风压作用,一面进,一面出	热压作用,檐下进,屋脊出

依据可能出现的开口组合状况,提出以下几种改善阁楼通风的设计策略(表3)。并以减少空气流动障碍物为原则,讨论相应设计策略的适用条件。

表3 6种改善屋顶通风方式

开口组合	图 注	说 明	适用原则
（1）山墙面全开，最大程度利用风压通风		除去必要的结构构件，尽可能敞开山墙面的非承重部分，最大程度利用风压通风。可在必要的砖柱范围外直接以镂空的砖花填充。砌筑方式决定开口大小	隔墙阻挡空气流动，因此适用于只有一个开间或多开间但无隔墙的情况，为缩短空气流动路径，最好不在多开间使用
（2）檐下开口作为进风口，山墙面高处开口作为出风口		利用阁楼内部最大高度差（檐下和山墙顶部）。檐下墙体受屋檐遮挡，温度较太阳直射山墙顶部低，空气由檐下进入，至山墙顶部开口溢出，带走阁楼部分热量	与上种方式类似，为减少室内空气流动阻碍，适用于阁楼单开间或多开间但没有隔墙的情况，但尽量不在多开间使用
（3）檐下开口作为进风口，高处老虎窗作为出风口		利用热压通风，能良好地改善阁楼的通风效果。单个老虎窗风口较小，且受风向影响较大，因此可以对称设几个老虎窗来扩大出风口面积，减小风向影响	室内空气流动路径相对较短，不受进深和隔墙影响，适合进深大的户型。可根据需求增设，适用范围广
（4）檐下开口作为进风口，高低屋面开口作为出风口		坡面一边高起与另一边形成高差，空气从二者之间溢出。但侧向开口决定空气流动方向，一旦逆转，侧向开口进风，热压和风压作用抵消，效果甚微	该种屋顶形式受风向影响很大，可根据常年风向决定侧向开口朝向，在运用中灵活变通
（5）檐下开口作为进风口，通风屋面作为出风口		利用热压通风，均匀分布的开口简化气流运动场分布。承重横墙中间部分凸起，砖叠涩方式出挑，上覆屋顶构架	对进深较大户型而言，该方式提升屋脊高度，加重山墙荷载。因此适用进深不大的户型
（6）檐下开口作为进风口，预制混凝土板压顶作为出风口		承重墙体中间砌高少许，流出通风空隙，上覆现场预制混凝土板。必须保证压顶预制板有足够的出挑，满足飘雨角要求	与上种方式类似，也不适用于进深大的户型

3 小结

提升农宅的整体通风效果,并不仅仅依赖屋顶部件,仍然需要对建筑个案的整体研究。6 种改善阁楼通风的方式,是基于单纯的屋顶对象进行的探讨。这一推导过程并未考虑农宅单体的其他围合界面。限定于屋顶界面开口参数的变化,便于进行数据模拟验证。课题组的研究中,利用 FLUENT 等软件模拟,对过程中的基础判断进行了验证。模拟并不追求全面的、完整的农宅界面参数变化。因为界面更为复杂多元的组合在现实中是"无穷尽"的。课题组就 6 种通风屋顶的建议策略,结合《2015 重庆市永川新农宅方案推广图集》的编制,对所设计的 8 类户型及其多元化变体给出了特定条件下的设计组合建议。基于当前农宅个体建设所能够得到技术支持条件和可推广性的现实,本文仅就"屋顶能够减少蓄热"的相对性改善给出策略方向,认为在此基础上,屋顶自身能发挥局部的环境改良作用,并给出设计建议。

参考文献

[1] 王鹏,谭刚. 生态建筑中的自然通风[J]. 世界建筑,2000,4:62.

[2] B·吉沃尼. 人·气候·建筑[M]. 北京:中国建筑工业出版社,1982:252.

[3] 杨宇振,覃琳,孙雁. 谨慎的积极:浅议农村住屋建造体系及其技术选择[J]. 中国园林,2007,9.

[4] 覃琳. 西部开发中的地方建筑技术策略探寻[J]. 四川建筑科学研究,2006.6.

[5] 覃琳. 重庆新农村居民点建设实施调查——以永川为例[C]. 乡村发展与乡村规划研讨会论文集,2015,5.

[6] 杨宇振,覃琳,张沂川. 双村记——农村的困境与介入新农村建设的方式[J]. 时代建筑,2015.

文化适应策略下的美好乡村构建

桂汪洋

在我国城市化快速进程不断加速的过程中,农村城市化和小城镇建设逐渐成为城市化的主体。而农村与城市的本质差异,导致了乡村文化与城市文化的二元结构(表1),城市文化作为主流文化和强势文化使绵延了几千年的农村文化面临着前所未有的文化冲击,严重制约着新农村建设的顺利推进。巩固乡村文化阵地,推动乡村文化的自觉,促进乡村文化与城市文化的整合,尽快实现城乡一体化,已成为当前新农村建设面临的一项紧迫任务。

表1　我国城乡二元结构在文化上的表现

表现方面	城　市	农　村
物质文化	建筑风格上,城市高楼林立,规模宏大;交通体系健全,与外界通达度高;基础设施完备,居民生活便利;商业活动频繁,市场发育完善;服饰和饮食文化表现为现代和多元的特征	乡村建筑多为独门院落,房屋低矮,村落布局零乱;交通不便,与外界通达度低;基础设施简陋,农民生活极不方便;农业生产为主体,市场发育较差;服饰和饮食文化较传统单一
制度文化	国家经济制度高度向城市倾斜,法律制度、户籍制度、劳动就业制度、社会保障制度、教育制度等一系列度在城市逐一实施。城市居民的社会结构是由职业、职务、职称、文化水平等因素决定的,社会行为受法律法规、规章制度及公共道德约束	资金缺乏,人地矛盾逐渐增大;各种经济制度、教育制度、社会保障制度不健全,社会结构多呈家族式,有既定的谱系和辈分,宗法和其他约定俗成的非正式制度对其行为较大影响,传统伦理习惯规范较大
精神文化	城市人口流动频繁,交往面大,人多注重个人的价值和人格尊严。血缘宗族的观念淡漠,民主和独立意识强烈。文化特质多具理性化,大众艺术活跃,流行时尚多变	乡村人口流动较少,交往范围狭窄,个体意识较弱;血缘关系和地缘关系浓。姓氏具有很强的凝聚力和向心力。乡村的文化特质多具感性化、传统性,宗教习俗观念重。艺术形式带有浓厚的乡土气息

资料来源:兰勇,陈忠祥.论我国城市化过程中的城乡文化整合[J].人文地理,2006(06):46

1　文化适应的概念

学者们从不同的角度对文化适应问题做了研究,人类学家和社会学家关注于群体的文化适应研究,心理学家关注个体层次的研究。1883年鲍威尔首次给"文化适应"做了定义。人类学家雷德菲尔德、林顿和赫斯科维茨给出了现在普遍认可的经典界定。贝瑞借鉴人类学的理论和方法在两个层面完善了概念:一是在文化层面或群体层面上的文化适应,也就是文化接触之后在社会结构、经济基础和政治组织等方面发生的变迁;另一个层面是指心理或个体层面上的文化适应,也就是文化接触之后个体在行为方式、价值观念、态度以及认同等方面发生的变化[1]。保持传统文化和身份的倾向性,以及和其他文化群体交流的倾向性的双维文化适应理论模型是目前使用最广泛的[2]。

桂汪洋:东南大学建筑学院,南京 210096

2 文化适应的策略

根据个体在两个维度上的不同表现,贝瑞区分出了 4 种不同的文化适应策略:整合、同化、分离和边缘化(图 1)。

2.1 整合的文化适应策略

当文化适应个体既重视保持原文化,也强调与其他群体进行日常交往时,其使用的就是"整合"的文化适应策略[2]。城市与乡村在文化适应上应是一种相互吸纳的文化整合模式。这种整合既可保留乡村文化的地域性,也可促使乡村文化的自我更新。美丽乡村行动在推动城市文化和乡村文化整合的过程中,既要保持原有的乡村文化,也要促进其对城市文化的吸收,创造出更加绚丽多彩的新文化。

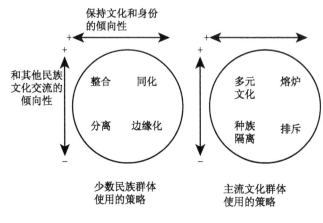

图 1 双维度理论模型

2.2 同化的文化适应策略

当个体不愿意保持他们的原有文化认同而追求与其他文化群体的日常互动时,其使用的就是"同化"的文化适应策略[2]。现在众多的乡村已经失去了以往的地域特征,传统的乡土建筑和乡村文化正在被城市同化。我国新农村通过短时期设计和建造与长时期受环境和社会文化影响形成的传统聚落属于两种截然不同的形成机制,在设计者、建造者、使用者完全分离,建筑作为批量生产的商品的建造机制下,传统民居建筑许多有价值的文化特征与建造技术可能会被忽略或抛弃。[3]

2.3 分离的文化适应策略

当个体在重视自己原有文化并希望避免与其他群体进行交流,这时就出现了"分离"[2]。分离对于保持乡村文化的完整性、原真性,促进乡村文化的稳定性有一定的意义。在这种模式中乡村原有文化基本无改动,在文化上保持独立。运用这种模式的前提是原乡村文化底蕴深厚,具有优质的强文化,当地居民不愿文化有所改变,可常见于我国的偏远地区。

2.4 边缘化的文化适应策略

当个体对保持原来文化和与其他群体进行交流都没有太大兴趣时,其文化适应策略就是"边缘化"[2]。我国中西部地区的一些乡村在与城市的接轨过程中,就因为经济发展的边缘化,导致了其文化的边缘化。这种乡村既放弃了自己的传统文化,同时又不愿意接受外来文化,处于一种文化的迷茫状态,最终在城市文化的整合下而消失。

乡村在城市化的建设过程中,要融入到整个经济体中,成为建设的主体,既要保持传统文化的原真性,也要避免被城市文化同化和边缘化,这就需要在对乡村文化自身的提炼与传承的基础上,促进乡村文化与城市文化的整合,把城市文化中先进的内容融入到乡村文化中,从而促进乡村文化的提升、创新和可持续发展(表 2)。

表 2 乡村文化适应模式示意图

模　式	模式 1	模式 2	模式 3	模式 4
	整　合	同　化	分　离	边缘化
模式图示	优质城市强文化 ＋ 优质乡村弱文化 劣质乡村强/弱文化	优质城市弱文化 ＋ 优质乡村弱文化 劣质乡村弱文化	优质城市强文化 优质城市弱文化 ＋ 优质乡村强文化	城市劣质文化 ＋ 乡村劣质文化
整合策略	吸收式	渗透式	分离式	消亡式
整合结果	新优质强文化	新优质强文化	文化延续	文化消亡

3 文化整合策略下的美丽乡村建构

3.1 美丽乡村的概念

20 世纪 20 年代初,晏阳初提出"乡村建设"的概念。30 年代后,梁漱溟提出要注重农民的教育问题,破除陈规陋俗。改革开放以来,在 1984 年中央 1 号文件、1987 年中央 5 号文件和 1991 年十三届八中全会《决定》中提出"建设社会主义新农村"。2005 年十六届五中全会提出要按照"生产发展、生活宽裕、乡风文明、村容整洁、管理民主"的要求,扎实推进社会主义新农村建设。2007 年十七大提出"要统筹城乡发展,推进社会主义新农村建设"。2008 年,安吉县提出"中国美丽乡村"计划,出台《建设"中国美丽乡村"行动纲要》,将农村文化建设提升到国家发展战略的高度。

3.2 基于整合的主体素质提升,农民城市化

要整合城乡文化,就要促进农民对城市文化的适应,增强农民文化主体意识,提高农民文化素养,引导农民理解乡村文化和城市文化,促进农民的城市化。而促进农民城市化,就是促使农民正确地对待自己的文明,理智的选择,从而摆脱各种无意义的冲动和盲目的举动,对其反思,做到有自知之明的"文化自觉"[4]。文化自觉是个艰巨的过程,这个过程首先是认识自己的文化。

文化适应前的乡村建设	环境恶化	建筑特色丢失	规划简单	基础设施落后
乡村文化适应优秀案例	现代化的美国乡村	有特色欧洲乡村	环境优美欧洲乡村	现代化的日本乡村
文化适应后的乡村建设	安吉余村	安吉高家堂	菖蒲镇水畈村	云南水碓村

图 3 文化适应视野下的乡村建设

资料来源:www.baidu.com

3.3 基于整合的乡村文化激活与强化

美丽乡村之所以美是因为其多姿多彩、独具特色的乡村文化。而要在城市化的浪潮中留住这些美，就要求我们在系统地发掘地方风貌、民族风情、生活习俗等优秀民间文化资源的基础上，激活地方乡土文化，开发具有民族传统和地域特色的农村文化活动，使地方文化得到提炼和利用，使传统民族文化得到弘扬和强化。乡土文化在不断吸收城市文明的同时，借以强化自身，城市文化也会吸收乡土文化中的精髓，从而使得城乡文化不断整合，使农村文化具有持久的活力。

3.4 现代文明的吸收，农村的现代化

自改革开放以来，我国城市经济得到了快速的发展，但农村发展远远落后于城市，与城市的差距越来越大，农民没有享受到改革带来的成果，城乡形成了二元对立的结构。建设美好乡村，就要促进农村文化对现代文明的吸收，就离不开农民的城市化和农村的现代化，在注重乡村文化传承的基础上，以现代科学技术对村庄科学规划，实现农业现代化、农村工业化、农村城镇化是农村现代化的必经之路（表3）。

3.5 乡村文化可持续发展

乡村文化的可持续发展既包含乡村文化的发展，也包括生态平衡、环境保护和资源可持续利用的问题。在确定乡村的价值定位的基础上，挖掘乡村文化要素和生态要素，引导乡村文化与生态的同步发展，实现乡村文化复兴与延续，实现乡村文化与经济、生态建设相互协调，共同发展，形成"乡村-文化-生态"一体化的可持续发展。促使人们重视乡村文化的保护、提升和持续利用。

4 结语

乡村是中国传统文化传承和发展的地方。没有乡村文化的发展，中国的现代化进程和城市化的目标就很难实现。因此，准确把握新世纪新形势下新农村文化发展的方向，增强乡村文化产品的吸引力和影响力，推动现代科技在乡村文化领域的广泛运用，推动乡村文化繁荣发展和创新，推动传统文化与现代文化、乡村文化与城市文化的相互适应，必将促进乡村的创新和可持续发展，促进我国新农村建设的繁荣，实现城乡的和谐发展。

参考文献

［1］ Berry J W. Psychology of Acculturation, in J. J. Berman(ed.), Nebraska Symposium on Motivation, 1989：Cross-cultural Perspectives, Lincoln：University of Nebraska Press, 1990,201-234.

［2］ Berry J W, Poortinga Y P, Segall M H, et al. Cross-Cultural Psychology：Research and Applications（2nd ed.）. Cambridge（UK）：Cambridge University Press[M]. 2002,345-383.

［3］ 杨豪中,韩怡. 地域性建设模式的同化性与异化性研究[J]. 西安建筑科技大学学报（自然科学版）,2012,6：376-381.

［4］ 费孝通,费皖. 费孝通在2003[M]. 北京：中国社会科学出版社,2005.

水体在传统聚落中的生态应用

——以泾县茂林镇奎峰村典型民居为例

张良钰　关慧姗

我国历史悠久，建筑文化源远流长，无论是在聚落选址、布局，单体构造、空间组织等方面，都留下了适应自然的营造技术。[1]而传统聚落是其中极有代表性的组成部分，对传统聚落的研究为我们提供了宝贵的生态应用的经验。当今中国，对生态建筑的需求越来越大，大力发展绿色生态建筑刻不容缓，研究适合我国现状的生态建筑技术成为中国当代建筑的发展趋势。

在建筑环境的组成元素中，水是重要的一分子，对水体的研究属于生态建筑课题研究的范畴。水纯净无色，变化无形，它不仅满足我们日常生产生活的多种功能需求，而且还有其独特的文化价值和生态价值，值得我们进行深入的研究。水既是能量储存和交换的载体和空气净化器，又是环境美化的重要手段。就中国的传统聚落而言，不管是何种类型的村落，其总体布局、内部结构和文脉的形成都多与水有关。水源常常作为古人建造聚落的依据，在聚落的最初形成时期就注重水体与聚落的关系，并对其进行合理利用，以创造良好的聚居条件。

基于江南水乡独特的地理气候条件，水体在众多生态因子中处于核心地位。在江南水乡地区，水体发达，有着极其丰富的水资源。从村镇的选址规划开始到建筑单体的修建为止，基本上都是依水而建，临水而居，与水体紧密结合，充分利用水的生态性能优势。通过实践过程的验证，水体的生态效应可以起到改善通风、调节温度、调节湿度等作用，还可以营造宜人的生态小气候。除此之外，水体是江南水乡传统聚落中有主导性的环境要素，可以改善室内的舒适性和室外的环境，为居民提供更为生态适宜的居住环境。

对于江南的定义，有两种纬度的界定：从广义上看，江南泛指宜昌以东，长江中下游以南，南岭以北地区；从狭义上看，江南是指江浙地区。本文的研究实例位于安徽省东南部的泾县茂林镇奎峰村，属于广义的江南水乡地区。

1　水体对传统聚落总体规划的生态影响

1.1　水体对传统聚落总体规划布局的影响

江南地区河网密布，水资源丰富。大多数江南水乡传统聚落都是背山面水而建，有的修建在靠近水源的地方，有的沿着河道修建，呈线性发展。水对人类生态居住环境有着重要影响，对人类文化形成也有促进作用，这种影响及作用从世世代代的聚落变迁中就能体现出来。

在江南水乡地区，根据不同的选址，有不同的聚落组织形式，对水系的利用也各不相同。平原地区的

张良钰，关慧姗：东南大学建筑学院，南京 210096

传统聚落选址多为背水、面街模式;丘陵山地地区的传统聚落选址多为枕山、环水、面屏模式。[2]江南地区的传统聚落生于水,成长于水,各个环节都与水密不可分。因此,在其平面布局的整体空间形态上与水体有着十分密切的关系,也因为水体情况的不同而呈现出不同的形态特征。

1.2　水体在规划布局中的生态影响

由于水有独特的物理特性,它的热容量高,比热大,传导率适当,内部对流频繁,表面反射率低,因此能有效地起到调节温度的作用。[3]江南水乡的传统村落大多临水而居,这样不仅给居民的生活提供了便利,同时也可以利用水体的生态特性调节水陆温差。由水体的热惰性形成的水陆风可以起到降低温度、排除湿气的作用,使聚落热环境更加优良。

在江南水乡地区,河道系统与街巷系统在组织交通流线的同时,也组织了通风。[3]由于顺水而建的建筑多面向水系,所以形成的巷弄多垂直于水系。江南地区住宅之间的巷弄多狭窄曲折,形成又窄又高的窄巷。窄巷被夹于两侧高大的山墙之间,不受阳光照射,形成大面积的阴影,其中的空气温度低于周边的空气温度。窄巷中的空气与周边的热空气形成较高的热压差,从而加速空气流通,形成天然风道。再加上水系的作用,尤其在夏天,从水面吹来的凉风沿着窄巷形成的天然风道进入聚落内部,起到通风散热、净化空气的作用,调节聚落小气候。

2　水体对聚落建筑的生态影响

2.1　水体在建筑中的生态作用

水体有调节局部微气候与环境温度的作用。由于水与陆地的热容性差异,气流会在水面与陆地间形成循环的水陆风。利用水体的这一特性可对建筑群的布局方式起一定的引导和制约,形成一定的滨水空间、亲水空间,如滨水景观小品、滨水广场等,是居民夏季纳凉休闲的好去处。另一方面,由于水蒸发吸收热量,在夏季能够起到良好的降温作用,调节建筑中的局部小气候。

此外,水还能够吸附空气中的尘埃,从而起到改善空气质量的效果。除了水的吸附作用外,水流也可以通过冲刷作用清洁地面,从而优化周边环境。在传统聚落中,也可以人为地在庭院与路径中创造地势差,利用雨水对地面进行净化,这在皖南民居的庭院中极为常见。

除此之外,节约用水、减少水资源的浪费也是一项重要的生态措施。可以通过节水器具的使用、废水回收利用、雨水收集等技术手段有效地减少建筑中的用水量,达到生态节能的目的。

2.2　水体在江南传统建筑中的生态作用

在江南水乡地区,为了更好地利用水体的生态效应,根据特有的地理环境,平原地区的建筑尽可能依水而建,而在背山面水的皖南山区,民居庭院则多以天井、水池等构成。有些庭院在引水进院的同时,种植绿色植物,在建筑内部形成舒适的局部微气候。这种天井庭院的引水手法有很多种,因地制宜,通过不同的引水方法,与周边建筑形成复杂多变的空间关系。此类庭院长宽大约 4 m 左右,有的甚至更小。

江南水乡的建筑多垂直于河道布置,呈长条状排列。建筑多采用天井院落形式。[4]在这一院落空间构成模式中,通过风向分析来组织风道,顺应风道设计来促进排风。院落与建筑两侧均为高大封闭的实墙,墙上有时会开设小窗口来疏通风道,从而促进通风排风。建筑朝向庭院和天井的外墙上的门窗多采用大面积开窗,从而形成开敞的庭院空间。通过开敞的庭院空间使建筑院落前后贯通,通过调节门窗的位置,使主要门窗形成一条直线。这样的设计更有利于穿堂风的形成,与水面相结合,引导降温处理的风进入建筑内部,提高了室内热环境的舒适度。

江南传统建筑还常常在厅堂背后留有一方面积不过几平方米大的天井。天井可起到促进采光、加强通风、集水排水的作用,在江南传统聚落中非常多见。一般围合形成的天井空间都是又高又窄,在光照充足的夏天,阳光在很长时间内都不会晒到天井当中,天井内的温度相对周围环境偏低。周围环境的空气温度比天井内的温度高,由温度差产生的气压差使室内热空气上升从天井排出,形成向上拔风的"烟囱效应"。再加上天井中通常有井和水池,通过水的吸热,进一步给天井内的空气降温,加大温差,从而促使室外凉风不断从门窗进入建筑内部,带走建筑内的湿热,起到通风散热的作用。[5]

3　案例分析

3.1　研究案例现状

安徽泾县茂林镇奎峰村地处茂林镇镇区。茂林镇属于皖南山区,位于太平湖和黄山的中心点上。茂林镇镇区包括奎峰村、茂林村、潘村3个组成部分。3个村子紧密相连,分别位居道路的两侧。其中奎峰村在镇区西北部,潘村在其西南部,茂林村在东部。奎峰村占地面积约 203 000 km²,东南西方向均有高山绵亘,最高峰赤坑山海拔 1 016 m,北部为丘陵地带,中部地势平坦,形成盆地。当地属热带季风性气候,温暖湿润、四季分明,年平均气温在 16 ℃ 左右。茂林镇奎峰村雨量充沛,年降雨量冬季偏少,夏季偏多。

镇区内水系发达,水资源丰富。镇内主要有濂溪河、思溪河、古溪河、铜山河(渣溪)等河流。奎峰村位于两条水系之间,西边是绵延连亘的西山,山下有条古溪;东边是濂溪(又名东溪河)。东溪河弯弯地绕过拔地而起的魁山,沿着茂林镇东侧与古溪汇合后流入青弋江。茂林镇位于两条河之间,恰似飘浮在水中的一张竹排,自然条件优越(图1)、(图2)。

图 1　茂林镇奎峰村水系现状图
资料来源:作者自绘

图 2　奎峰村水系实景照片
资料来源:作者自摄

随安居位于茂林镇西部,门厅为三角形,前面没有设置大门,西边为砖墙没有开设门窗。从门厅经过圆门后的一条过道,到达堂厅。堂厅前面有一对"蟹眼天井",东边为正房,正房上还有楼房。房前有长方形的天井和窄窄的廊檐,砌有花台,花台上放置绿植景观,形成淡雅的居住环境。左侧的山墙有一道门通往内院,其中有条小水沟从南边将水引入东边的院落。水沟旁边有一口深井,井边有石盆,井口有井栏,底部还凿有排水孔,主人在井边可以直接日常取水和清洗衣物,不用出门就可以满足日常用水。院中种植有一棵据说是从台湾引进的柿子树,还有其他绿色植物做点缀,形成温馨宜人的建筑环境,也调节了局部微气候。随安居依水而建,引水而居,有着江南水乡地区民居特有的以水体为主导的特色,是一个有科研价值的文化载体,值得我们进行更加深入的研究(图3)、(图4)。

3.2 水体在随安居中的生态作用

随安居东面和北面都有水系围绕,更有一条水系穿越院落,丰富的水系形成独特的建筑空间、环境空间,有很高的生态研究价值。

3.2.1 水体强化穿堂风

随安居是由一进一进复杂的天井院落组合而成,有着丰富的院落空间。通过顺应风向来组织进出风道,并调整内部院落中门窗的位置,形成通透的建筑空间,通过天井、庭院的布置使前后贯通,各建筑院落的主入口处于同一直线上,进一步形成穿堂风。再结合东面和北面的水体,将通过水的吸热作用降温后凉风引入,提高室内环境质量,改善局部空间小气候(图5)。

3.2.2 天井的作用

天井有拔风、促进通风的作用。尤其是当天井里有水体如水榭、水池存在的时候,可充分利用水体吸收热量,使天井内的空气温度更低,使"烟囱效应"更强。随安居中有多处设置了天井(图6),结合庭院绿植和环境空间水体的作用,通过室内外温差形成的气压差,加强"烟囱效应",达到促进通风、调节环境空间微气候的作用(图7)、(图8)。

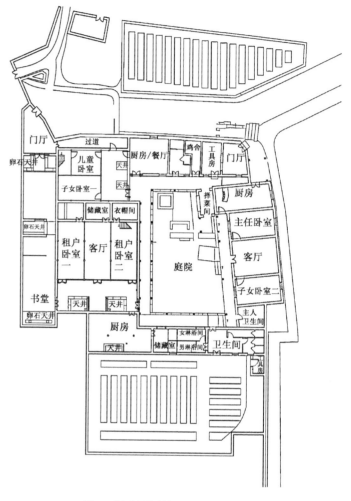

图3 随安居测绘图:一层平面图
资料来源:作者自绘

图4 随安居测绘图:剖面图
资料来源:作者自绘

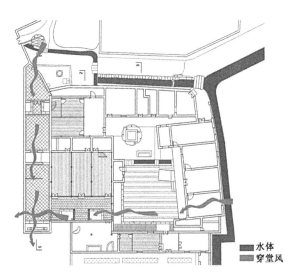 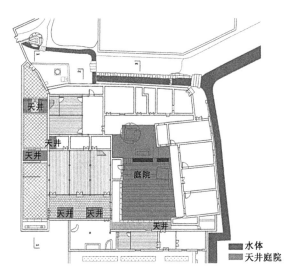

图 5　随安居穿堂风示意图　　　　　　　　　　图 6　随安居天井及庭院位置图
资料来源:作者自绘　　　　　　　　　　　　　　资料来源:作者自绘

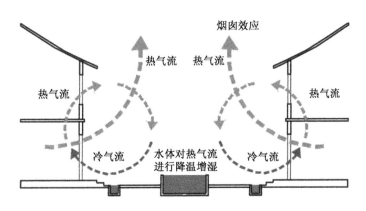

图 7　水体促进"烟囱效应"示意图
资料来源:作者自绘

图 8　庭院及天井实景照片
资料来源:作者自摄

3.2.3　生态铺地的作用

在对于地面材料的处理上,江南水乡地区的传统聚落十分讲究。通常采用透水性和透气性强的材料,如:石、砖、瓦、卵石等绿色建筑材料。用这些材料,使地面有很多缝隙,呼吸性能增强,从而能更好地涵养水源。多缝隙的地面材料的铺设可以吸收空气中的水分,起到降温及调节周围环境空间微气候的作用(图9)。

图9　铺地实景照片

资料来源:作者自摄

4　结语

水是万物之源,不仅是人类赖以生存的资源,也是人类文明进步的重要源泉,更是自然环境中不可或缺的元素。水体的生态应用研究对生态建筑的研究和推广有积极的促进作用。

在人类文化体系中,聚落文化是极其重要的组成部分,应充分认识其现有形态及发展规律,在对其保护和利用的过程中,以科学的态度去研究,从中发现宝贵的建筑经验,使之成为人类留存世世代代的永久性财富。本文通过对安徽泾县茂林镇奎峰村典型民居的研究,探讨水体在传统聚落中的生态应用,并为现代城市规划和建筑设计提供有价值的借鉴。

参考文献

［1］齐康,杨维菊.绿色建筑设计与技术[M].南京:东南大学出版社,2011:16.

［2］刘浩,蒋文蓓.江南水乡中的水空间[J].重庆大学学报,1999,(3):10-14.

［3］李敏.江南传统聚落中水体的生态应用研究[D].上海交通大学,2010,02.

［4］李雯雯.皖南民居空间环境研究[D].南京理工大学,2009,05.

［5］何颖.徽州古民居水环境空间研究[D].合肥工业大学,2009,04.

苏南地区养老住区的生态设计策略

——以"江苏省养老示范工程"常州市金东方老年颐养中心为例

李佳佳

目前我国严峻的人口老龄化已成为社会和政府高度关注的话题。党的"十八大"明确指出：应该积极应对人口老龄化，并大力发展老龄服务事业和产业。然而，面对国内未富先老及养老住区数量匮乏的现状，如何让老年人在健康舒适的环境下颐养天年，如何让养老问题不再沉重，已成为国家社会及有关部门必须制定相应措施来应对的关键问题。

养老住区作为一种长期运行的、高能耗的综合性公共建筑区，在国家发展绿色建筑、降低能源消耗的战略中发挥重要作用。推动养老住区建筑向绿色生态方向转型，不但有利于建筑节能减排，而且更能为居住于此的老年人提供利于身心健康的、优质生活环境空间，对减轻社会和国家的养老负担起着长期积极的作用。在设计初期，通过优化和整合养老住区的生态建筑设计手法，并加以利用适宜的可再生能源技术，可以让建筑为老年人营造出更加安全、健康、舒适、便利、绿色的生活环境空间。

1 养老住区建筑设计的特殊性

从老年人身体健康状况的角度，《老年人建筑设计规范》(JGJ 122—1999)中将老年人分为 3 类：自理、介助、介护老人。这 3 类老年群体是养老住区建筑的使用者，养老住区必须首先考虑到老年人日常生活的实用性以及使用功能的满足。养老建筑的功能组成(图 1)[1]。

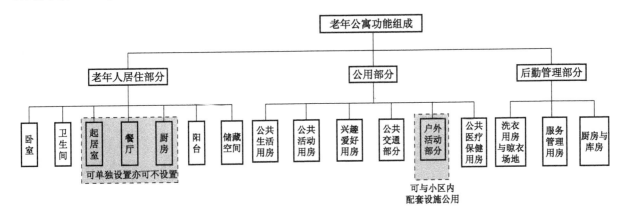

图 1 养老建筑的功能组成

老年人生活用房。养老住区首先需要满足老年人的基本居住需求，配备室内居住空间和储藏空间，满足日常的生活起居、良好的通风采光等安全和物理性能，做好室内的精细化设计，如安装卫生间、厨房、楼电梯等的适老化构件，参照规范进行合理的地面防滑设计、无障碍设计、扶手设计等，空间标准的配置

李佳佳：东南大学建筑学院，南京 210096

应以适老化方向发展。

医疗服务用房。基于老年人身体机能的衰退特征,养老社区中康复医疗和护理服务的设置是老年人必备的健康保障。功能配置上应该妥善安排有方便、快捷、智能的医疗区和养老服务设施,承担老年人体检、就医、取药等基本功能,在此基础上还可以扩展一些其他的辅助功能,为医疗空间就诊的老年人提供更多开敞舒适的交流空间,如理疗按摩、康复保健、养生大讲堂等,可以提高空间的利用率和娱乐性。

适合全家人及邻里共享的公共活动空间。老年人虽然居住在空间环境像家一样的居住单元中,但由于儿女无法陪伴在自己身边,入住老年社区又在一定程度上降低了与以往同事、邻里间的交流,生活缺乏空间的多样性和变化,因此他们无法真正像居家那样自由自主的生活,所以更加容易感受到孤独。由此可见,为了提高养老社区的活力,亟须配置探亲访友的交往空间。我们可以更多地设置儿女、亲戚等全家共享的活动场所,满足老年人希望家人可以经常陪伴的愿望,并在其中设置儿童游戏场地,为老人的孙子孙女提供玩耍的游乐场所,将它结合餐厅和茶室一同设计,方便在就餐时照看孩子。基于老年人喜爱散步的生活习惯,设计室内外兼顾的散步道,或者将它们与"购物街"空间相结合,增加老人散步和购物的乐趣。例如周燕珉设计的张家港市澳洋优居壹佰老年公寓内的"生活街"(图 2)[2],考虑到老年人更加喜欢散步这些活动习惯,喜欢漫步于自发购物的街道中以及结伴逛街的爱好而量身打造的老年室内活动场地。

图 2 "生活街"室内效果图

2 苏南地区江苏常州金东方老年颐养中心设计概况

江苏省常州市金东方老年颐养中心位于长江金三角的江南名城——常州市武进区,紧邻西太湖和武进主城区,距离淹城森林公园旅游区 1 km,距武进区商业中心 2 km,交通十分便利(图 3)。

金东方作为"江苏省养老示范工程",是一家专业性、公益性、非营利性的高端养老机构,并走在全国养老服务业发展的最前沿,先后获得"亚洲国际住宅人居环境奖""中国养老产业最具文化底蕴标杆"和"国家级居家养老住区"等荣誉奖项。总占地面积 176 000 m²,总建筑面积 320 000 m²,规划有 1 680 套养老住房以及 70 000 m² 的公共建筑配套设施,包括文化活动中心、商业服务中心、医疗护理中心和生活服务中心等。此颐养中心已成为我国最先进的养生养老胜地。

颐养中心以公园式的环境、家庭式的居住和酒店式的医疗服务融合在一起,一期工程已于 2014 年10 月正式交付使用,目前已入住会员 1 500 余人。金东方项目定位为中、高端老年住区,目标消费群体为本人或者子女为中、高收入的人群。以常州区域为核心,辐射"长三角"区域,将为常州、"长三角"乃至全国的老年人提供一个幸福、温馨、和谐的新家园,打造出:中国第一、国际接轨、世界一流的绿色生态高品

图3　江苏省常州市金东方区位图

质银发养生社区。

3　基于苏南地区的养老住区的生态设计应用策略

以苏南地区生态养生养老的典型——常州金东方颐养中心为例,从养老住区最主要的建筑布局及室外环境、室内居住空间、公共活动交流空间、能源资源利用和老年智能化设计这五个方面为出发点,提出针对特定地域特定人群的生态策略。

3.1　建筑布局及室外空间

《老年人建筑设计规范》(JGJ 122—99)和《老年人居住建筑设计标准》(GB/T 50340—2003)中明确指出,老年人建筑场地应保证主要居室有良好朝向、阳光充足、通风良好,冬至日时满窗的日照时间不宜小于2小时[3,4]。

养老住区需体现节地的绿色设计理念。基于场地内的自然特性,利用建筑单体之间的群体布局,形成更加优化微气候的良好界面。金东方颐养中心总体规划以"公园中的老年社区"为主题,以中心公园为核心,老年公寓围绕中央景观布置,住宅产品包括自然生态的亲水别墅、东方韵味的皇家四合院、风格典雅的临水花园洋房、风景无限的滨湖景观公寓。社区中央的人工湖、中式园林公园、滨湖中心会所组成中心公园,在其中布置了3层的中央会所;在地块东北角布置18层的商业服务中心及18层的医疗护理中心,和地块内的老年公寓形成合理的功能分区(图4)。

图4　金东方老年颐养中心总平面图
资料来源:金东方地产中心资料

在建筑之间的院落中尽可能多得布置绿植和水体,可以大大对微气候调节起到积极的作用,如上海有名的养老社区——东方太阳城(图5)[5]。又如养老社区泰康之家建于苏州的养老生态园吴园,绿化率高达55%,容积率0.6,是由美国知名的养老设计服务机构THW设计规划,园内将自由灵动中式园林景观和西方几何式规划布局相结合,为长辈提供即舒适、贴近自然,又有足够活动空间的家一般的居所(图6)。

图5 上海东方太阳城中建筑与水体的关系
资料来源:彭灿云、王庆

图6 泰康之家苏州吴园建筑整体鸟瞰图
资料来源:http://www.taikangzhijia.com/huoliyanglao/dujiate-seshequ/

养老建筑中的水面、河流、水景均可以在冬天创造热源。建筑也可以利用绿色植物和水面形成景观轴线和动态空间,围绕鲜明的景观主题,强化空间的场所感和可识别性,引导不同的私密空间及开敞空间,形成视觉丰富、舒适宜人的庭院场所。金东方颐养社区注重营造生态、自然、舒适、安全的社区开放空间,营造适合老年人心理和生理特点的居住环境。它沿延政西路及湖滨路的城市绿化带和地块南侧的大寨河构成了社区的外部景观系统,社区内部通过中心水景和园林式花园,形成社区内部景观。同时每个住宅组团之间又形成相对独立的组团景观,将整个社区的景观品质最大化,营造适宜的老人居住环境(图7)。

图7 金东方老年颐养中心整体规划图
资料来源:http://www.jindongfang.cn/a/jindongfangyiyangyuan/

3.2 室内居住空间

由于老年人一天中的大多数时间都待在室内,针对老年人身体机能衰退的特殊性需要进行无障碍设计外,室内的舒适度便成为老人住区最应该加以重视的问题。

设计首先要有适宜的建筑及空间尺度。老年人喜欢舒适安逸、尺度亲切的居住空间,建筑体量和空间大小都必须在合理的范围之内,老人行动缓慢,应以小尺度为宜。其次在环境设计上要满足适宜的光照、热舒适度及声音环境。如亲和源养老地产内的书斋平面图及热舒适度综合分析(图8)[7]。

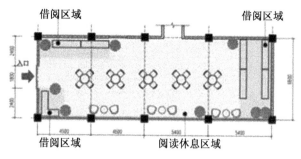

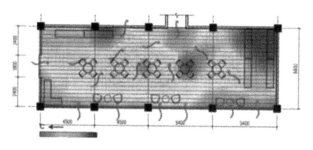

图8 上海亲和源老年地产的书斋平面及室内热环境分析
资料来源:刘若琳

金东方颐养中心居住建筑的户型分为通廊式和单元式两种类型(图9、图10)。要优先保证老年居室整个朝阳。不可设置北向房间,使老年人能在室内满足每日晒太阳的基本需求,同时建筑单元也需要面对良好的景观和朝向,有较大的面宽和较小的进深(一般小于 14 m 为宜),次要空间也要尽可能以自然采光为主,少量使用灯具。

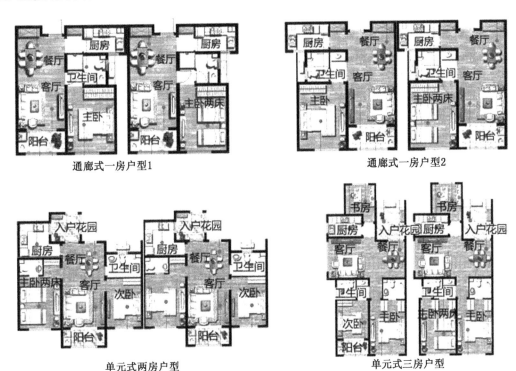

通廊式一房户型1　　　　　　　通廊式一房户型2

单元式两房户型　　　　　　　单元式三房户型

图 9　金东方颐养中心住区几种典型户型平面图

其次要有适宜并恒定的温度。老年人适宜的室温一般为 26.6℃,而他们对温差变化大的适应力又较弱,因此必须做好夏季纳凉和冬季保温的设计措施。在夏季,合理的开窗面积有利于在建筑内部形成穿堂风,带走多余的热量和污浊的空气。依据老人不习惯吹空调、对冷热风敏感的生理特征,居住空间宜以被动式设计为主,形成天然的、舒适度更适宜的生态技术策略。实施有效的通风、外窗遮阳和隔热是关键设计内容所在。采用中间有活动式窗扇的双层 Low-E 中空玻璃窗,在间层内充入惰性气体,使用断桥隔热窗框并加入密封条,配合设计活动外遮阳百叶,一是夏季可最大限度利用自然通风,二是在夏

图 10　金东方颐养中心住区典型户型立面效果图
资料来源:http://www.jindongfang.cn/a/jindongfangyiyangyuan/

季避免窗扇大量得热,三是避免在冬季损失室内过多的热量,同时,这些措施将对夏季太阳的辐射热起到积极的效果。

老年人听觉的机能也具有不同的特性。当老人处在没有任何声源的安静环境中时,会感受到耳内有"耳鸣"的声音发出,但如果在外界有声音的情况下,这种症状会明显改善。一般情况下认为,老年人居住的环境应该越安静越佳,可实际并非如此。老年人的心理都存在有些许孤独感,过于安静的环境反而能

够产生负面的心理感受。因此,室内空间的设计应该让老年人感受到外部世界的声音,如听到窗外的谈话声、自然界动物的鸣叫声等,感受到自己参与到各种交往活动中去。因此居住空间并不是很封闭,可以在与走廊交接的部位设置入户空间和窗户,结合入口花园,并配置宠物圈养的空间,便于为老人增加各种生活气息(图11)[7]。

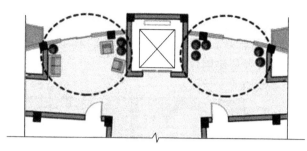

图 11　利于声环境的室内入户区交流空间
资料来源:刘若琳

3.3　公共活动交流空间

老年绿色公共活动空间在总体上要满足基本的阳光照射、良好通风和适宜的热舒适度条件,以金东方颐养中心为例,从以下3个方面分别论述。

绿色公共庭院设计。建筑形体通过围合形成内部的庭院空间,可以是纯室外、纯室内或半室外的灰空间。空间尺度上,既要满足个人或小群体使用的舒适性,又要满足大型老年人功能性聚会的要求。活动空间布置在建筑南向为原则。在庭院内可设置能自由活动的空间,也可对空间进行再利用,提高空间的可持续性。同时,增加庭院内的自然景观,利用天然采光窗布置的不同大小、形状和高低组合的植物,形成庭院空间的层次和结构,庭院植被的色彩也因地域性的特殊性而设置(图12)。

图 12　金东方颐养中心中央会所核心景观区
资料来源:http://www.jindongfang.cn/a/jindongfangyiyangyuan/

老年中央会所。会所设计以老年人文化活动为主体,集生活、休闲及运动为一体,设置有书画室、棋社、舞厅、多功能放映厅、图书馆等各种功能,让老年人相互交流、共同娱乐,促进彼此间的感情,增添老年人晚年兴趣爱好的愉悦(图13)。

图 13　金东方颐养中心中央会所图书室
资料来源:作者自摄

3.4　能源资源利用

养老建筑可利用天然的、取之不尽的能源——太阳能,以适宜的太阳能技术来获取更多的能源,太阳能应用包含两个方面,即太阳能热利用和太阳能光利用两大方面。

由于老年人对温度变化敏感,因此养老住区内需要全天性供应热水,而且水温维持稳定,因室内空间需要长年不间断得使用医疗服务设备,能耗巨大。因此该地区应采取太阳能生活热水系统和太阳能光伏发电这两项技术措施。太阳能集中热水系统是采用太阳能集热器收集太阳辐射热量,供老年人日常起居使用,建筑上是将太阳能集热器布置在屋面或墙面上,每套系统配备独立水箱,它的集成化程度高,便于使用及管理(图14)。太阳能光伏发电是采用光伏电池将太阳能转化为电能,为照明等电器设备提供能源(图15)。太阳能光伏建筑一体化BIPV(Building Integrated Photo Voltaics)是利用太阳能发电的新理念[8],它将光伏发电设备安装在建筑的外墙表面,但此类技术成本较高,短期回报率低,是可以作为下一步考虑安装的能源设备。

图14　太阳能热水系统
资料来源:网络

图15　太阳能光伏发电
资料来源:网络

雨水回收与再利用方面,可结合场地内现有景观水池,设计智能化的雨水收集及排放系统,屋面雨水就近汇入建筑附近的绿地,节约绿化用水,溢流口或坡面与绿化浅沟连接,采用水循环技术、设计中水站,雨水分流后通过污水管系统进入水处理站,最后排入雨水调蓄池,不仅可以防洪调蓄,还可以为住区内的浇花及洗车用水提供低成本的水资源,循环用水可用于植物灌溉、清扫路面、卫生间洁具的冲洗等等,由此措施和技术能最大限度利用天然水资源。

另外,由于地域内优越的天然地形条件,该地区的活动中心可采用地源热泵技术,利用地热能达到节能目的。夏季冷源由土壤热泵提供10~12 ℃左右的冷水,冬季热源由土壤热泵提供40°左右的热水,利用天然资源和先进技术的组合来节约能耗。在后续的长期使用过程中,实现可持续的经济与节能效果。

3.5　养老社区的智能化设计

养老社区的智能化设计也是养老住区建筑可持续发展的一项重要技术措施。金东方老年中心的护理中心与常州市第二人民医院金东方院区相结合(图16),医院以康复医学和老年医学为主,包括老年私人医生、医疗救治中心及康复护理中心,医疗设施远程遍布各个住区的室内房间内,使老人对医护人员可以随叫随到。为老年人配备智能化技术,例如紧急呼救系统、可视化对讲设施、电器双控开关、遥控开启门窗装置等,都为老年人生活中潜在的威胁排除在外,将居住建筑与医疗建筑的使用集合于一体,为老年人安享晚年提供双保险(图17)。

图 16　金东方颐养中心医疗护理中心
资料来源：作者自摄

图 17　卧室智能呼叫器
资料来源：作者自摄

4　结语

目前，我国对养老住区的建设尚处于初步发展阶段，养老住区的节能设计与技术应用还是一个新兴的课题，但在国家大力倡导养老设施建设和绿色建筑的战略下，我们应该更加着眼于老龄化所带来的技术发展机遇和挑战，在新的社会条件和不同气候地域下，充分考虑老年人对居住环境的特殊要求，研究学习新建的具有代表性的老年中心的特点和案例分析、总结已建老年中心的优缺点，为我国未来的老年建筑的发展提供适宜的设计方法和技术策略的研究，是一件非常有价值的工作。

参考文献

［1］袁振华. 基于城市社区养老模式下的小区老年公寓研究［D］. 重庆大学，2011.
［2］周燕珉，李广龙. 打造生活化的养老设施——张家港市澳洋优居壹佰老年公寓设计分析［J］. 建筑学报，2015，06：37-40.
［3］老年人建筑设计规范. 行业标准-建筑工业.
［4］中国建筑设计研究院，民政部社会福利和社会事务司，中国老龄协会调研部，等. 老年人居住建筑设计标准［M］. 北京：中国建筑工业出版社，2003.
［5］彭灿云，王庆. 生态与绿色、节能与环保的老年社区：东方太阳城［J］. 建筑创作，2007，09：82-89.
［6］梁添. 城市养老公寓设计研究与探讨［D］. 华南理工大学，2014.
［7］刘若琳. 上海亲和源养老地产公共空间环境研究［D］. 西安建筑科技大学，2015.
［8］赖家彬. 基于泉州地域和气候特点的高层住宅建筑节能措施研究［D］. 华侨大学，2011.